새로 쓰는

임상영양학

새로 쓰는

임상영양학

CLINICAL NUTRITION

양은주 · 원혜숙 · 이현숙
이은 · 박희정 · 이선희 지음

교문사

바람직하지 못한 식생활과 생활습관은 만성퇴행성 질환의 주요 원인이다. 만성퇴행성 질환의 예방 및 치료에서 식사의 중요성이 강조되고 있으나, 올바른 정보를 이용해서 개인의 질병 치료를 위한 식사를 계획하고 실행하는 것은 매우 어려운 일이다.

식사요법은 질병의 치료 및 치료 효과를 증진시키기 위해 각 개인의 질병 치료에 적절한 식사를 제공하는 것이다. 식사요법에 대한 관심이 증가하면서 영양과 질병과의 관계를 좀 더 깊이 있게 다루고, 체계적인 영양관리를 통해 질병을 치료하고자 하는 임상영양학 분야에 대한 필요성이 확대되고 있다. 질병 치료 및 건강 증진에서 영양관리에 대한 시대적인 요구와 함께 2010년 「국민영양관리법」이 제정되어 영양사의 역할과 자격, 임상영양사의 자격 등이 법제화되었고, 2019년에 제정된 「보건의료인력지원법」에 영양사가 보건의료 인력으로 포함되어 국민의 건강을 보호하고 증진시키는 필수 인력으로 인정받는 계기가 되었다. 이에 임상영양관리에 대한 정확한 이론과 함께 보건의료 현장에서 활용할 수 있는 사례가 적용된 구체적 지침서가 필요해졌다.

이 책은 식사 조절이 중요한 질병을 중심으로 질병의 발병 원인을 병리학 측면에서 설명하고, 질병에 따른 영양소 대사 변화를 자세하게 다루었으며, 각 질병 치료에 적합한 식사계획과 식단 작성, 임상영양관리방법 등에 대해 최근의 정보와 함께 현장에서 실제로 적용할 수 있도록 구성하였다. 특히 각 장에는 우리나라 병원에서 실제로 진단한 임상 사례를 제시하여 실무 능력을 강화하도록 하였다. 이 책이 식사요법 또는 임상 영양학을 공부하는 식품영양학 전공 학생, 병원이나 보건소 등에서 영양치료나 임상영양관리를 담당하는 영양사, 보건의료 분야에 종사하는 건강 전문가들에게 도움이 될 것으로 기대한다.

이 책이 완성되기까지 많은 도움을 주신 교문사 임직원에게 감사의 뜻을 전하고 싶다. 제자들에게 학자로서의 책임감과 가야 할 길을 알려주신 故 김화영 선생님께 이 책을 바치며, 선생님을 기억하며 만든 이 책이 선생님의 가르침에 부끄럽지 않은 책이 되기를 바란다.

2019년 7월

저자 일동

차례

CHAPTER 9 암

CHAPTER 10 면역질환

CHAPTER 11 수술, 화상, 호흡기계질환

CHAPTER 12 빈혈

CHAPTER 13 골격계질환

CHAPTER 14 신경계질환

CHAPTER 15 선천성대사질환

CHAPTER 16 약물과 영양

APPENDIX 부록

CHAPTER 1

임상영양학 개론

1. 임상영양관리의 중요성과 목적
2. 임상영양사의 정의와 역할
3. 영양관리과정
4. 임상영양관리 관련 의학용어와 병태생리

학습목표

1. 임상영양학의 개념을 설명할 수 있다.
2. 영양관리과정을 설명할 수 있다.
3. 병리학의 일반원리를 설명할 수 있다.

1. 임상영양관리의 중요성과 목적

올바른 식생활은 건강 유지에 가장 기본적인 요건이다. 식사는 단순히 배고픔을 해결하기 위한 수단을 넘어서 에너지를 공급하고 생명을 유지하도록 하며, 즐거움을 주고 스트레스 해소에 도움이 된다. 식사를 통한 적절한 영양 공급은 인간의 성장과 발달, 건강과 체력 유지에 중요한 요인일 뿐만 아니라 영양과 관련된 질병의 발생 및 예방, 치료에서도 중요하다.

급격한 사회·경제적 변화로 인해 초래된 바람직하지 못한 식생활이나 생활습관, 스트레스, 운동 부족 등으로 인하여 만성퇴행성 질병의 사망률이 지속적으로 증가하는 추세이다 표 1-1. 만성퇴행성 질병의 예방 및 치료에서 식사의 중요성이 인식되면서 식사조절을 통한 영양관리에 관심이 증가하고 있다. 또한 환자들의 경우에는 질병에 따른

표 1-1 우리나라 주요 사망 원인(1980년대 이후)

순위	1980년	1990년	2000년	2010년	2017년
1	고혈압성질환	암(악성신생물) (110.4)*	암(악성신생물) (122.1)	암(악성신생물) (144.4)	암(악성신생물) (153.9)
2	뇌혈관질환	뇌혈관질환 (75.6)	뇌혈관질환 (73.2)	뇌혈관질환 (53.2)	심장질환 (60.2)
3	위 악성신생물	심장질환 (47.4)	심장질환 (38.5)	심장질환 (46.9)	뇌혈관질환 (44.4)
4	결핵	운수 사고 (39.7)	운수 사고 (25.4)	자살 (31.2)	폐렴 (37.8)
5	중독	고혈압성질환 (35.6)	간질환 (22.9)	당뇨병 (20.7)	자살 (24.3)
6	간질환	간질환 (33.8)	당뇨병 (22.6)	폐렴 (14.9)	당뇨병 (17.9)
7	하기도질환 (기관지염, 폐기종 및 천식)	당뇨병 (11.8)	만성하기도질환 (16.8)	만성하기도질환 (14.2)	간질환 (13.3)
8	폐렴	호흡기결핵 (11.0)	자살 (14.6)	간질환 (13.8)	만성하기도질환 (13.2)
9	운수 사고	만성하기도질환 (10.5)	고혈압성질환 (8.9)	운수 사고 (13.7)	고혈압성질환 (11.3)
10	자살	자살 (9.8)	폐렴 (8.2)	고혈압성질환 (9.6)	운수 사고 (9.8)

*사망률 : 인구 100,000명당

자료 : 통계청, 2017

영양소 대사 변화와 생리적 변화, 이에 따른 필요량의 변화, 부적합한 식사 등이 더욱 심각한 영양문제를 유발하기 때문에 질병 치료를 위해서는 체계적인 영양치료가 요구된다.

임상영양학은 영양과 질병과의 관계를 공부하고, 질병의 예방과 치료에 적합한 영양관리를 통해 사람들이 건강을 유지하고 삶의 질을 향상시키는 것을 목적으로 하는 건강 서비스의 한 분야이다. 즉, 각 질병의 병리과정을 이해하고, 이에 따른 생리학·생화학적 변화와 영양소 대사 변화를 이해하며, 개인의 질병 치료에 부합되는 식사를 제공하여 질병을 치료하거나 관리하는 것이다. 각 개인에 적합한 영양관리 및 영양치료를 위해서는 영양학과 생리학, 병리학 등에 대한 지식뿐만 아니라, 환자에 대한 정확한 영양상태 평가 및 영양판정과 이에 따른 영양관리, 영양 교육 및 상담에 대한 지식이 필요하고, 이러한 지식을 바탕으로 체계적이고 종합적 관리능력이 필요하다.

2. 임상영양사의 정의와 역할

임상영양사는 '영양문제가 있거나 잠재적 위험요인을 지닌 개인 및 집단을 대상으로 질병 치료와 예방을 위하여 임상영양치료를 수행하는 전문인'으로 정의할 수 있다. 한국영양교육평가원에서 구체적으로 제시한 임상영양사는 '영양사의 업무 중 특히 임상영양과 관련되는 분야, 즉 병원, 보건소 등의 의료기관 또는 기타 영양상담 분야의 업무를 하는 영양사로서, 개인 또는 집단의 영양관련 자료를 수집, 검토, 분석하여 영양상태를 평가하며, 영양판정을 하고 이에 따른 영양진단 후 개개인에 적합한 영양 상담 및 교육, 조정 등의 영양중재를 시행하며, 타 의료진과의 협업, 관련 자료 모니터링 및 피드백을 통해 종합적인 영양관리를 제공하는 전문인'으로 설명되고 있다.

임상영양사 자격과 업무는 2010년 「국민영양관리법」 제23조 및 시행규칙 제22조에 명시되어 있으며, 2012년부터 임상영양사 자격시험이 시행되고 있다.

알아보기 **임상영양사 관련 법규**

「국민영양관리법」 제23조(임상영양사) ① 보건복지부장관은 건강관리를 위하여 영양판정, 영양상담, 영양소 모니터링 및 평가 등의 업무를 수행하는 영양사에게 영양사 면허 외에 임상영양사 자격을 인정할 수 있다.

「국민영양관리법」 시행규칙 제22조(임상영양사의 업무) 법 제23조에 따른 임상영양사(이하 "임상영양사"라 함)는 질병의 예방과 관리를 위하여 질병별로 전문화된 다음 각호의 업무를 수행한다.

1. 영양문제 수집·분석 및 영양요구량 산정 등의 영양판정
2. 영양 상담 및 교육
3. 영양관리상태 점검을 위한 영양 모니터링 및 평가
4. 영양불량상태 개선을 위한 영양관리
5. 임상영양 자문 및 연구
6. 그 밖에 임상영양과 관련된 업무

3. 영양관리과정

영양관리과정(nutrition care process, NCP)은 영양사들이 영양문제를 표준화된 방법으로 진단하고 영양문제의 원인에 따라 영양중재방법을 결정하여 효과적으로 문제를 해결하는 방법이다.

영양관리과정의 목적은 영양 불균형을 초래하거나 영양상태를 악화시키는 여러 요인을 변화시키고 영양상태를 회복하여 질병을 관리하고 건강상태를 개선하는 것이다. 영양상태에 영향을 미치는 다양한 요인과 상호작용으로 인하여 영양 불균형과 과부족의 원인을 규명하는 것이 매우 복잡하고, 영양문제의 원인에 따라 영양중재방법이 달라지기 때문에 체계적이고 표준화된 영양관리과정을 통하여 질 높은 영양관리가 가능해질 수 있다.

질병 치료에서 영양관리의 중요성이 대두되면서 의학영양치료(medical nutrition therapy, MNT) 개념이 도입되었으나, 표준화된 용어나 영양진단도구가 미흡하여 병원이나 담당 영양사에 따라 영양관리 수준이나 방법이 다르게 적용되었다. 이에 미국의 영양사협회를 중심으로 표준화된 용어를 사용하여 체계적·구조적으로 환자의 영양상태를 진단하고 관리하는 영양관리과정이 제시되었으며, 우리나라도 영양관리과정을 도입하여 임상영양관리에 점차 적용하고 있다.

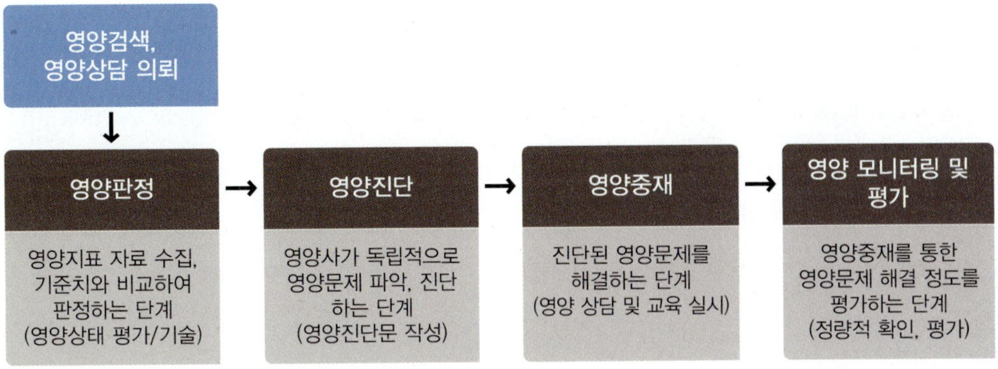

그림 **1-1** NCP 구성요소 및 단계

영양관리과정은 영양판정, 영양진단, 영양중재, 영양 모니터링 및 평가 등의 4단계로 구성된다 **그림 1-1**.

영양관리과정을 진행하기 위해서는 먼저 영양관리가 필요한 환자를 선별하는 과정이 필요하다. 모든 입원 환자를 대상으로 자세하게 영양판정을 하는 것이 현실적으로 어렵기 때문에 영양문제를 가진 환자를 신속하게 선별하는 영양검색과정은 필수적이다. 영양검색과정을 거쳐 영양불량 위험도가 높은 환자를 선별하여 영양관리과정을 우선적으로 시행해야 한다. 영양검색 시스템은 국제 및 국내 의료기관 평가의 영양부문 필수 평가항목이다.

영양검색 시 일반적으로 이용되는 영양불량 평가항목 및 기준의 예를 **표 1-2**에 설명

표 **1-2** 영양검색 시 위험요인 평가 항목 및 기준의 예

평가 항목	기준	
	위험	고위험
섭식 형태	치료식, 경관급식 금식/유동식 5일 이상	정맥영양(TPN)
진단명	신장·췌장·간·소화기 질환, 종양, 신경계질환 등	영양불량증
생화학검사	알부민 $<$ 3.3 g/dL 총 림프구 수 $<$ 1,500/mm^3	알부민 $<$ 2.8 g/dL 총 림프구 수 $<$ 1,200/mm^3
체중	이상체중의 75~90%	이상체중의 75% 미만

판정 : 1. 두 가지 이상이 위험인자를 가진 경우 위험 환자로 분류
2. 위험 환자 중 두 가지 이상의 고위험인자를 가진 경우 고위험 환자로 분류

하였다. 초기 영양검색에 이용되는 도구로는 NRS-2002(Nutritional Risk Screening-2002), MST(Malnutrition Screening Tool), MUST(Malnutrition Universal Screening Tool), NRI(Nutritional Risk Index) 등이 있다. MNA(Mini Nutritional Assessment), SGA(Subjective Global Assessment), PG-SGA(patient-generated subjective global assessment) 등의 영양판정도구들은 초기단계부터 환자의 영양불량 위험도 평가에 이용되는 방법이며, 종합적 영양상태를 평가할 수 있는 영양판정도구로서 다양한 질환의 환자에게 적용되고 있다.

1) 1단계 : 영양판정

NCP 과정 중에서 영양판정(nutrition assessment)단계는 개인의 건강과 영양상태 판정에 필요한 정보와 자료를 수집하여 영양상태를 평가하는 단계이다. 본 단계에서는 영양관련 문제와 원인을 결정하기 위해 자료를 모으고, 정해진 기준치와 비교하여 영양상태를 평가하고 확인한다. 대상자의 신체계측, 생화학·의학적 자료, 영양관련 신체검사 자료, 식품·영양소 관련 식사력 등을 조사하여 참고치와 비교하여 평가하고 대상자에게 적절한 영양필요량을 계산한다. 영양판정단계에는 초기의 자료 수집뿐만 아니라 1차 상

표 1-3 영양판정 영역 표준용어 및 세부지표

영양판정 영역	세부지표
환자의 과거력	• 환자 일반정보, 환자(가족)의 병력, 건강력, 사회력 등
신체 계측	• 신장, 체중, 체질량지수 • 성장률/백분위수(아동) • 이상체중 비율, 체중 변화 비율
생화학적 자료, 의학적 검사와 처치	• 생화학적 검사 자료(혈액, 소변 자료 등) • 의학적 검사 자료(위 배출속도, 안정 시 대사율)
영양관련 신체검사 자료	• 신체 관찰 시 소견, 근육 소모, 부종, 식욕 부진, 연하곤란, 소화기관련 증상, 호흡 등 • 활력 징후(혈압, 체온 등)
식품/영양소와 관련된 식사력	• 식품과 영양소 섭취 • 약물, 약용식품, 보충제 섭취 • 영양지식, 신념, 태도 • 영양적 측면에서의 삶의 질 • 신체활동
영양필요량	• 에너지 • 단백질

표 1-4 영양판정 서식 예

이름 :	등록번호 :	성별/나이 :

1차 방문일

영양판정	
환자의 과거력	주 진단 및 주 증상 : 병력 : 약물 처방 : 기타 특이사항 :
신체 계측	Ht : cm, Wt : kg, IBW : kg, PIBW : %, BMI : kg/m^2, Wt change : kg
생화학적 자료, 의학적 검사와 처치	Labs : (일시)
영양관련 신체검사 자료	소화기관련 증상 : 활력 증후 :
식품/영양소와 관련된 식사력	식사 처방 및 식사관련 경험 및 환경 : 식품 및 수분/음료 섭취 에너지 및 영양소 섭취량(입원 전 섭취량 기준) 에너지 kcal, C:P:F = 단백질 g, 당질 g, 지방 g 지식/신념/태도 : 약물과 약용식품, 보충제, 생리활성물질 : 알코올 섭취 및 흡연 신체 활동 및 기능
영양필요량	에너지 kcal (기준 체중 , 산출 근거) 단백질 g ( )

담 이후의 2차, 3차 상담 시 대상자를 지속적으로 재평가하고 분석하는 과정도 포함된다. 영양판정 표준용어는 표 1-3에, 표 1-4에는 영양판정 서식의 예를 구분하여 제시하였다.

2) 2단계 : 영양진단

영양진단(nutrition diagnosis)단계는 영양 전문가가 영양중재를 통해 해결하거나 개선할 수 있는 영양문제를 기술하거나 규명하는 단계로서, 영양진단과정을 통해 영양중재 목표를 설정할 수 있게 된다. 영양판정을 통해서 환자의 영양상태를 평가할 수 있으나, 각각의 개별적 건강지표를 평가하기 때문에 종합적으로 환자의 영양문제를 진단하고 그 원인을 찾는 영양진단과정이 필요하다. 영양판정 자료를 통합해서 영양진단을 하게 되며, 영양사 간의 정확한 의사소통을 위해 표준용어를 사용한다.

영양진단영역의 표준용어는 3개 영역(섭취영역, 임상영역, 행동-환경영역)으로 구분되며 표 1-5, 3개 진단영역의 표준용어를 사용하여 영양진단문을 작성해야 한다 표 1-6, 표 1-7. 영양진단문(problem-etiology-sign/symptom, PES)은 문제, 원인, 징후/증상으로 구분하여 작성하며, 정확한 영양판정 자료에 근거하여 병인과 관련된 영양문제를 단순하고 명확하게 서술해야 한다. 영양진단과정은 영양중재, 영양 모니터링 및 평가와 연결되며, 영양관리 수행과정에서 영양사가 독립적으로 영양문제를 파악하고 진단하는 영양사의 중요 업무영역이다.

표 1·5 영양진단 표준용어 분류

진단영역	정의	상세 분류
섭취영역	경구/영양 집중 지원을 통해 섭취한 에너지, 수분, 생리활성물질 섭취와 관련된 문제	• 에너지 평형, 경구 또는 영양 집중 지원 섭취, 수분 섭취, 생리활성물질, 영양소 섭취 등
임상영역	의학적/신체적 상태와 관련된 영양적 문제	• 기능(삼킴, 씹기장애, 위장관기능장애) • 생화학(영양소 이용, 검사결과 등) 자료, 체중(저체중, 과체중 등)
행동-환경영역	지식, 태도, 신념, 물리적 환경, 식품 이용과 관련된 영양적 문제	• 식품/영양 관련 지식, 태도, 신념 부족 • 신체 활동과 기능 • 식품 안전과 이용

표 1·6 영양진단문 구성

문제(problem)	원인(etiology)	징후/증상(sign/symptom)
• 영양상태 변화 기술 • 영양사가 해결할 수 있는 문제	• 영양문제를 일으키는 원인/잠재적 위험요인 • 원인 제거 시 문제 해결 가능한 요인	• 영양진단에 사용된 근거자료 • 영양판정에서 수집 • 모니터링의 근거 • 수치화, 정량화

표 **1-7** 영양진단문 작성 양식 예(영양판정 후 결과에 근거하여 작성함, 당뇨 환자 예)

문제(problem)	**원인**(etiology)	**징후/증상**(sign/symptom)
• 당질 섭취 과다	• 식품·영양 관련 지식 부족으로 당질 과다 섭취	• 당질 섭취비율 : 총 에너지의 75% • 매끼 밥 1.5공기 이상 섭취

3) 3단계 : 영양중재

영양중재(nutrition intervention)단계는 영양진단과정에서 발견한 영양문제를 해결하고 개선하는 단계이다. 영양진단단계에서 작성한 영양진단문의 원인이나 원인 해결에 초점

표 **1-8** 영양중재 영역별 표준용어

중재영역	정의	세부 내용
식품/영양소 제공	식품과 영양소를 제공하는 개별화된 방법	• 식사와 간식 • 장관과 정맥영양 • 보충제 • 식사 지원 • 식사 환경 • 영양관련 약물관리
영양교육	식품 선택, 식행동 관련 지식과 기술을 교육·훈련하는 정형화된 과정	• 초기/기본 영양교육 • 포괄적 영양교육
영양상담	상담자와 환자 간의 상호 협동적인 관계를 통해서 환자가 자기관리에 대한 책임감을 갖고 실천하며 문제를 해결할 수 있도록 도와주는 개별적 과정	• 이론적 근거/접근 • 전략
영양관리를 위한 다분야 협의	영양관련 문제 개선을 위해 타 분야 전문가나 기관과 협의	• 영양관리 중에 타 분야와 유기적 협조 • 퇴원 계획과 타 기관 의뢰

표 **1-9** 영양중재 작성 양식 예(표 **1-7** 연계)

<table>
<tr><th colspan="4">영양중재</th></tr>
<tr><td>영양처방</td><td colspan="3">당뇨식 1,500 kcal</td></tr>
<tr><td rowspan="3">영양중재</td><td colspan="3">□ 식품/영양소 제공 ■ 영양교육 ■ 영양상담 □ 다분야 협의</td></tr>
<tr><th>영양진단</th><th>중재 내용</th><th>목표/기대효과</th></tr>
<tr><td>• 당질 섭취 과다</td><td>• 당질 섭취와 혈당 관계 교육
• 당질식품 교육
• 1일 밥 섭취량 교육</td><td>• 당질 섭취비율 60% 이하
• 쌀밥 → 잡곡밥
• 밥 1.5공기 → 1공기 이하</td></tr>
<tr><td>제공 교육자료</td><td colspan="3">• 당뇨 환자 식사요법
• 당뇨 식품교환단위</td></tr>
<tr><td>사후지도 일정</td><td colspan="3">• 식사 섭취 정도 확인 위해 퇴원 전 사후지도</td></tr>
</table>

을 맞춰 영양중재를 시행해야 한다. 영양중재영역은 식품/영양소 제공, 영양교육, 영양상담, 영양관리를 위한 다분야 협의 등 4개 영역으로 구분된다 표 1-8. 영양중재과정은 영양처방, 영양중재방법 결정, 영양진단의 우선순위 결정 및 영양중재 내용과 목표/기대효과 설정, 교육자료 준비, 사후지도 일정 등을 포함한다 표 1-9.

4) 4단계 : 영양 모니터링 및 평가

영양 모니터링 및 평가(nutrition monitoring and evaluation) 단계는 영양중재 결과를 평가하는 단계로서, 영양진단 및 영양중재 목표와의 관련성을 규명하는 과정이다. 모니터링에 이용되는 지표는 1단계 영양판정에서 이용한 지표(식품/영양소와 관련된 식사력, 신체계측, 생화학적/의학적 검사와 처치, 영양관련 신체검사 자료)와 같다. 1단계 영양판정지표 중 환자의 과거력은 영양중재를 통해 변화되지 않기 때문에 모니터링 지표에서는 제외된

표 **1·10** 영양 모니터링 및 평가 작성 양식 예 (표 **1·9** 연계)

영양 모니터링 및 평가		
모니터링 목표	결과(목표 달성의 장애요인)	목표 달성 여부
• 당질 섭취비율 60% 이하 • 쌀밥 → 잡곡밥 • 밥 1.5공기 → 1공기 이하	• 당질 섭취 58% • 쌀밥 대신 잡곡밥 먹음 • 밥 140 g(1공기) 이하 섭취	■ 목표 달성 □ 목표 일부 달성 □ 상태 불변 □ 부정적 결과 도출

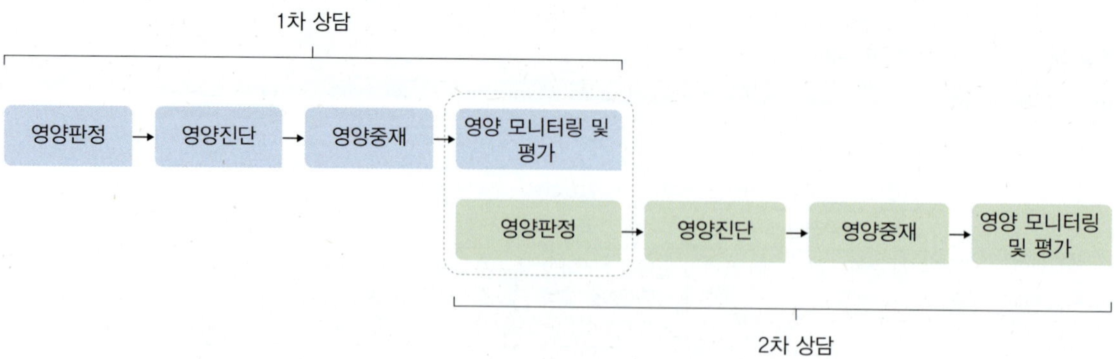

그림 **1·2** NCP를 활용한 상담 진행과정

* 부록 II 영양관리과정 사례 참조

다. 영양 모니터링 및 평가 내용은 모니터링 목표, 결과(목표 달성의 장애요인), 목표 달성 여부로 구분하여 기록한다 표 1-10.

영양관리과정의 4단계가 영양판정, 영양진단, 영양중재, 영양 모니터링 및 평가의 순서로 진행되나, 환자를 대상으로 2회 이상 영양 상담과 교육이 진행되는 경우에는 1차 상담 시 영양판정 및 영양진단, 영양중재를 실시하고, 2차 상담 시 영양판정을 통한 모니터링 및 평가, 영양진단, 영양중재 순의 단계로 영양관리과정을 진행한다 그림 1-2.

4. 임상영양관리 관련 의학용어와 병태생리

1) 기초의학용어

의학 분야에서 쓰는 전문용어는 학술언어이자 일종의 직업언어이기 때문에 실제 교육이나 임상 현장에서의 의사소통을 위해서는 그 정확한 뜻을 이해할 수 있어야 한다. 우리나라 의학용어는 『대한의사협회 의학용어집 제5판(수정판, 2015)』을 따르고 있으며, 의학용어위원회 홈페이지(http://term.kma.org)에서 검색이 가능하다. 의학용어의 기본적 구성요소로서 자주 사용하는 어간과 복합모음이 결합한 복합형 용어, 접두어와 접미어 및 기초의학용어를 표 1-11과 표 1-12에 수록하였다.

표 **1-11** 의학용어의 기본적 구성요소

어간/복합모음(o)	접두어	접미어
arthr/o : 관절	a-, an- : 아닌, 없는	-algia : 통증
cardi/o : 심장	ab- : ~에서 멀리 떨어진	-cele : 탈장
cyan/o : 푸른	ad- : ~를 향해	-centesis : 바늘로 뚫어서 액체를 제거하는 방법
cyt/o : 세포	ante- : 앞, 앞으로 post- : 뒤	-cyte : 세포
cyst/o : 방광, 물주머니	anti- : ~에 대항하여	-ectomy : 절제, 제거
dermat/o : 피부	auto- : 자신	-emia : 혈액의 상태
electr/o : 전기	brady- : 느린 tachy- : 빠른	-genesis : 생산, 형성

(계속)

어간/복합모음(o)	접두어	접미어
encephal/o : 뇌	contra- : ~에 대항하여, 반대의	-gram : 기록 -graph : 기록장치 -graphy : 기록과정
erythr/o : 붉은	de- : 부족한, 아래로	-itis : 염증
gastr/o : 위	dys- : 나쁜, 힘든, 비정상	-malacia : 연화, 물렁해짐
glyc/o : 당	ec-, ecto- : 바깥, 바깥쪽	-megaly : 확대
gram/o : 기록	en-, endo- : 속, 안	-oma : 종양, 덩어리
gynec/o : 여성	ex- : 바깥, ~에서 멀리 떨어진	-pathy : 질병 상태
hemat/o : 혈액	hemi- : 절반	-penia : 결핍
hepat/o : 간	hyper- : 지나친, 위의 hypo- : 부족한, 아래	-phobia : 두려움, 공포
leuk/o : 흰	infra- : 밑, 아래 inter- : 사이 intra- : 속	-plasia : 발생, 형성, 성장
nephr/o : 콩팥, 신장	macro- : 큰 micro- : 작은	-plasty : 복구수술
neur/o : 신경	pan- : 모든	-sclerosis : 딱딱해짐, 경화
oste/o : 뼈	para- : 옆, 근처	-scope : 눈으로 관찰하는 기구 -scopy : 눈으로 관찰하는 과정
onc/o : 종양	peri- : 둘러싸는	-spasm : 불수의근육 수축
	retro- : 뒤, 뒤로	-stomy : 입구를 만드는 수술
	sub- : 밑	-therapy : 치료, 요법
	syn- : 함께	-tomy : 절개, 자르다
	uni- : 하나 bi- : 둘	-trophy : 발생, 육성

표 **1-12** 일반적으로 사용하는 기초의학용어

의학용어	의미	의학용어	의미
A/N/V/C/D : anorexia/nausea/vomiting/onstipation/ diarrhea	식욕 부진/오심/구토/변비/ 설사	IM : intramuscular	근육 내
Abd : abdomen, abdominal	복부, 복부의	IM : internal medicine	내과
ABR : absolute bed rest	절대안정	imp : impression	진단
adm : admission	입원	IV : intravenous	정맥으로
AGE : acute gastroenteritis	급성위장염	LMP : last menstrual period	최종 월경 시기
AMI : acute myocardial infarction	급성심근경색증	MA : months ago	~개월 전
AP : anterior posterior	전방, 후방	MED : medicine	내과
ARF : acute renal failure	급성신부전	medi : medication	투약

(계속)

의학용어	의미	의학용어	의미
bid : twice a day	하루에 두 번	Mx : management	관리(치료)
BP : blood pressure	혈압	NP : neuropsychiatry	신경정신과
Bx : biopsy	조직생검	NS : neurosurgery	신경외과
C/C : chief complaint	주호소	OA : osteoarthritis	골관절염
C/W : consistent with	일관된	OMI : old myocardial infarction	진구성 심근경색증
Ca : cancer	암종	OP : operation	수술
CAG : chronic atropic gastritis	만성위축성 위염	OPD : out patient department	외래
CAPD : continuous ambulatory peritoneal dialysis	지속성 외래복막투석	OR : operating room	수술실
COPD : chronic obstructive pulmonary disease	만성폐쇄성 폐질환	p.o : by mouth	경구로
CPR : cardiopulmonary resucitation	심폐소생술	P/E : physical examination	신체 검진
CRF : chronic renal failure	만성신부전	PED : pediatrics	소아과
CSF : cerebrospinal fluid	뇌척수액	PH(PHx) : past history	과거력
CSG : chronic superficial gastritis	만성표재성 위염	P/I : present illness	현 병력
CTx : chemotherapy	항암화학요법	Pn : pneumonia	폐렴
Cx : cervix	(자궁)경부	PP2 : post prandial 2hr blood sugar	식후 2시간 후 혈당
D/C : discontinue	중지하다	prn : whenever necessary	필요할 때마다
D/C : discharge	퇴원	PT : physical therapy	물리치료
DA : days ago	~일 전	qd : one time a day	하루 한 번
DM : diabetes mellitus	당뇨병	qid : four times a day	하루 네 번
ds : disease	질병	R/O : rule out	의증(불명확)
DU : duodenal ulcer	십이지장궤양	rec : recommend	충고, 요망
Dx : diagnosis	진단	rehab : rehabilitation	재활
dz : dizziness	현기증(어지러움)	RT(RTx) : radiation therapy	방사선치료(방사선조사)
F/U : follow up	추적진료	RTC : return to clinic	재입원(통원)
FBS : fasting blood sugar	공복 시 혈당	s.c : subcutaneous	피하조직 내
Fx : fracture	골절	S/P : status post	~후 상태
GERD : gastroesophageal reflux disease	위식도역류질환	Sx : symptoms	증상
GS : general surgery	일반외과	tid : three times a day	하루 세 번
GU : gastric ulcer	위궤양	TX : treatment	치료
HA : headache	두통	UD : both eye	양쪽 눈
HBP : high blood pressure	고혈압	URI : upper respiratary infection	상기도감염(감기)
HBV : hepatitis B virus	B형 간염(보균자)	URO : urology	비뇨기과
hs : bedtime	취침 시	V/S : vital sign	활력징후(혈압, 체온, 맥박, 호흡)
HT(HTN) : hypertension	고혈압	VA : visual acuity	시력
I & O : intake & output	섭취량과 배설량	YA : years ago	~년 전

2) 질병

(1) 원인

질병의 원인은 내적 원인(intrinsic factor)과 외적 원인(extrinsic factor)으로 구분한다. 내적 원인에는 연령, 성별, 유전적 소인 등이 포함된다. 외적 요인은 주로 후천적 질병의 원인으로 영양불량, 병원성 미생물, 독소 등의 화학적 원인, 열과 방사선 등 물리적 원인, 비정상적 면역반응, 심리적 원인, 사회환경적 원인 등이 포함된다.

질병은 적용하는 기준에 따라 여러 가지로 분류될 수 있으며 진행과정과 경과는 특정한 단계를 밟아 진행된다. 신체 장기가 원인에 노출된 후 질병이 발생할 때까지 체내에서 진행되는 과정을 발병학(pathogenesis)이라고 말하고, 일정한 단계를 밟아 진행되고 치유된다.

(2) 분류

질병은 다음과 같이 분류할 수 있다.

- 출생을 중심으로 선천적 질병과 후천적 질병
- 질병 경과에 따라서 급성 질병과 만성 질병
- 형태 변화의 유무에 따라서 기질적 질병(organic disease)과 기능적 질병(functional disease)
- 병변의 범위에 따라서 국소적 질병(localized disease)과 전신적 질병(generalized disease)
- 질병 간의 인과관계와 발병시기에 따라서 원발성 질병과 속발성 질병
- 원인을 알 수 없는 특발성 질병(idiopathic disease)

(3) 경과

질병의 시작부터 종료될 때까지를 6단계로 나눌 수 있다.

- 잠복기 : 병원균이 침입하여 질병을 일으키기까지의 기간
- 전구기 : 질병 특유의 증상을 나타내기 이전의 부정적 증후를 보이는 질병 초기
- 침투기 : 질병 특유의 증상을 나타내고 질병이 악화되어 가는 시기

- 극기 : 병세가 최고 절정에 이르고 가장 격렬한 증상을 나타내는 시기
- 쇠퇴기 : 병세가 점차 쇠퇴되어 가는 시기
- 회복기 : 증후가 정지되고 회복되어 가는 시기

(4) 진단

환자의 체내에서 진행되는 병적 상태인 임상적 발현을 분석하고 종합하여 질병을 알아내는 과정을 말한다. 질병의 진단은 다음의 3가지 조사를 종합하여 이루어진다.

- 환자가 표현하는 자각적 증상(symptoms)
- 의료진에 의하여 발견되는 객관적 증후(signs)
- 임상검사에 의하여 발견된 결과(laboratory abnormalities)

어떤 증후가 특정 질병에만 나타난다면 질병의 진단은 간단해진다. 이때의 증후를 질병 특유(pathogenomic)의 증후라고 한다. 그러나 많은 질병은 비특정적 증후를 가지고 있어 질병의 진단이 간단하지 않다. 예를 들어, 고열, 피곤, 통증, 부종, 발진 등은 여러 가지 질병의 공통된 증후이다.

(5) 진행과정

다음의 5단계로 나누어 볼 수 있다.

- 원인(자극) 노출
- 인체의 반응 : 원인 노출 후에 발생하는 세포의 기본 반응. 염증반응, 면역반응, 세포 손상 등
- 형태 및 기능의 변화 : 질병으로 인한 조직 및 장기의 형태적, 기능적 변화
- 임상적 발현(clinical manifestation) : 잠복기 후에 나타나는 증상, 증후
- 치유 : 손상에 대하여 생리적, 생화학적 반응을 조절함으로써 이를 정상화하려는 기전

그러나 이러한 과정을 거치면서 치유되지 않는 경우에는 후유증이나 합병증이 발생한다.

3) 조직 손상과 적응반응

세포는 자극을 받으면 이에 적응하여 항상성을 유지하고 안정상태를 유지하려는 반응을 나타낸다. 그러나 자극의 정도가 심하면 병적 반응인 세포 손상이 나타난다.

적응반응은 정상범위 이상의 자극에 대하여 세포의 손상을 방지하고 정상기능을 유지하기 위한 생리적 반응이다. 예를 들어, 운동 시에 맥박이 빨라짐으로써 산소 공급을 원활히 하려는 것은 적응반응이다. 또는 세포의 원래 기능이 과다해질 경우에는 장기의 크기가 감소되거나 위축되는데 이것도 적응반응의 한 예이다. 즉, 호르몬제를 계속 복용하면 그 호르몬 분비 장기가 위축된다.

조직 손상은 자극이 세포가 감당할 수 있는 정도를 초과할 때 나타나는 병적 반응이다. 자극에 대한 적응반응이 일어나는 동안에 자극의 원인이 제거되지 못하면 세포와 조직의 손상이 일어나 생화학적 변화가 생기고 기능과 구조적 변화도 뒤따른다.

손상에는 가역적 손상과 비가역적 손상이 있다. 가역적 손상은 자극의 원인이 미약하고 짧은 시간 동안만 손상되었을 때 그 원인이 제거되면 세포가 원래의 상태로 회복되는 것을 말하며, 비가역적 손상은 자극의 원인이 강하고 오랫동안 지속되어 원인이 제거되어도 세포의 손상이 회복될 수 없는 상태를 말한다.

(1) 조직 손상의 원인

병적 반응으로 나타나는 손상의 원인으로는 물리화학적 요인뿐만 아니라 여러 가지 요인이 복합적으로 관여하기도 한다.

- 산소 공급의 감소 : 호흡기계질환, 심장순환계질환(죽상동맥경화증), 빈혈
- 물리적 요인 : 기계적 손상, 과열, 한냉, 화상, 방사선조사
- 화학적 요인 : 화학물질, 독소, 약물
- 감염성 인자 : 병원성 미생물, 기생충
- 비정상적 면역반응 : 알레르기, 자가면역질환
- 유전장애 : 악성빈혈, 선천성대사장애
- 영양불량 : 영양 부족, 영양 과다

(2) 조직 손상에 대한 적응반응

세포나 조직이 손상을 받으면 여러 가지 반응과 변화가 나타난다. 이러한 반응은 손상의 정도와 기간에 따라 그 범위와 중요성이 다르다.

① 세포 팽창(cellular swelling)

감염, 독소 등에 의해 손상된 세포막을 통해 수분과 전해물질이 세포질 내로 이동하여 세포가 커지는 상태로 신장의 근위세뇨관, 상피세포, 간세포, 심근세포에서 볼 수 있다. 세포 팽창은 세포 손상 시 제일 먼저 나타나는 형태적 변화이며 가역적 변화이므로 특이할 만한 기능장애는 없다.

② 위축(atrophy)

손상의 결과로 세포수가 감소되어 조직이나 장기의 크기가 축소된다. 위축은 처음에는 적응반응으로 나타나지만, 원인이 장기간 계속되면 병적 반응으로 되며 가역적 손상에 속한다.

③ 비대(hypertrophy)

세포수에는 변동이 없으나 세포 크기가 커져서 장기의 부피와 무게가 증가된 상태를 말한다.

④ 증식(hyperplasia)

세포에 자극이 지속적으로 가해졌을 때 세포분열이 가속되어 세포수가 증가한다. 병적 증식은 호르몬의 과잉 자극, 성장인자의 영향 등으로 발생한다.

⑤ 화생(metaplasia)

한 가지 세포가 자극에 더 잘 견딜 수 있는 형태의 세포로 바뀌는 것을 말하며, 이것은 적응현상으로 나타나는 가역적 손상에 속한다. 예를 들면, 만성기관지염 환자의 호흡기도의 기관지 섬모성 위중층 원주상피가 중층 편평상피세포로 대치되는 것을 들 수 있다.

⑥ 변성(degeneration)

변성은 정상세포가 변화되어 기능이 점차 퇴화하는 것으로 가역적인 손상에 속한다. 많은 경우에 세포의 변성은 괴사에 앞서서 나타나는 과정이다. 즉, 가역적 변화에서 비가역적 변성으로 이어지고 결국에는 괴사에 이르게 된다.

⑦ 괴사(necrosis)

괴사란 세포가 치명적인 손상을 받아 죽은 상태를 말하며, 노화에 따른 정상 세포의 사멸과는 구별된다. 세포가 괴사되면 핵, 세포소기관, 세포막이 분해되고 효소가 방출된다. 방출된 효소는 혈관으로 흡수되고 세포에 영향을 주어 세포 구조의 변화를 일으킨다. 신체의 일부분이 괴사되면 그 주위는 충혈되고 염증을 일으킨다.

⑧ 비정상적인 물질의 조직 침착

- 석회화(calcification) : 칼슘염이 철, 마그네슘, 다른 무기질염과 함께 침착된 상태로 괴사나 변성이 일어난 세포에 침착되어 석회화가 일어난다.
- 지방 축적 : 지방 대사의 이상으로 간, 신장, 골격근, 심장 등 무지방조직에 지방이 축적되고 지방이 정상적으로 이동되지 못하여 죽상경화증, 죽종, 황색종(xanthoma) 등을 일으킬 수 있다.
- 유전분 침착(amyloid deposition) : 단백질로 구성된 밀납 형태의 물질이 세포 외 조직, 특히 혈관과 기저막 주위에 침착하는 것으로 주로 폐, 심장, 장관, 간, 신장, 비장, 피부, 근육에 침착한다. 오랫동안 지속되는 활동성 염증이 있을 때 유전분이 침착된다. 유전분이 침착하면 혈관이 좁아져 혈액 공급이 감소되므로 인접 세포가 위축되고, 동시에 침착된 유전분이 인접 세포를 압박하여 세포가 위축된다. 다른 한편으로는 혈관의 투과력이 증가되어 단백질이 혈관 밖으로 누출된다.
- 색소 침착(pigmentation) : 여러 종류의 색소들이 축적되는 것으로 이러한 색소들은 화학적 구성과 기능이 각각 달라서 어떤 색소는 정상 세포의 구성성분이고, 어떤 색소는 비정상적 세포 내 축적물이 된다. 탄소, 석탄분, 중금속 등의 외인성 색소와 리포퓨신(lipofuscin), 멜라닌(melanin), 빌리루빈(bilirubin) 등의 내인성 색소가 있다.

- 글리코겐 축적 : 당질 대사의 이상으로 간과 신장에 글리코겐이 과량으로 저장되어 간종대, 신장종대가 발생된다. 그 결과로 저혈당이 오고 포도당 부족으로 당질 신생합성이 촉진되며 이에 따른 대사장애가 일어날 수 있다.
- 단백질 축적 : 신질환에서 단백질이 사구체 여과를 통해 누출되면 근위세뇨관의 상피세포에 의해 재흡수되어 세뇨관 세포의 세포질 내에 축적되며 분홍색 초자양(hyaline) 형태가 나타난다.

4) 염증반응, 감염반응

염증(inflammation)은 물리적, 화학적, 생물적 손상에 대한 세포 조직의 방어적 반응을 말한다. 염증반응은 염증 부위와 인접한 혈관이나 결합조직 내에서 일어나는데, 해로운 자극물질을 파괴, 희석, 중화, 격리시키고 손상 조직을 치유하는 역할을 한다. 그러므로 염증은 초기단계의 반응이고 염증의 후기단계는 치유라고 할 수 있다.

이러한 염증반응은 신체 어디에서나 나타날 수 있으며 통증, 열, 발적, 팽창 등의 증세로 나타난다. 염증은 미생물의 침입에 의한 감염과는 구별된다.

염증반응은 3단계를 거쳐 진행된다.

- 세포가 손상을 입으면 혈관이 확장되어 손상 부위로 혈액 공급이 증가한다.
- 모세혈관의 투과성이 증가하여 고분자물질인 항체(antibody), 보체(complement) 등이 손상 부위로 이동한다. 단핵구와 호중구 등의 백혈구가 손상 입은 곳으로 모여 항원과 싸우는 식균작용이 일어나며, 혈관 내에 식이섬유 침전이 생기고 대식세포에 의해 축적된 조직 파편을 제거한다.
- 염증 부위로 섬유아세포가 이동하고 새로운 정상세포를 형성하여 치유된다.

감염(infection)이란 병원미생물이 인체 조직에 침입한 상태를 말한다. 병원균은 피부, 점막을 통하거나 오염된 음식물이나 공기의 흡입에 의하여 체내에 침입한다. 인체에 침입한 병원균은 국소조직을 손상시키고 파괴한다. 감염의 결과로는 염증반응뿐만 아니라 변성과 괴사도 일어날 수 있다. 이때 백혈구의 식균작용, 국소적 염증반응 등 방어기전이 작용하지만, 만약 방어기전이 실패하면 감염성 질환이 발병한다(10장 면역질환 참조).

5) 치유과정

치유(healing)는 손상 후에 조직의 구조와 기능이 정상으로 복귀하는 과정을 말한다. 치유는 염증반응의 한 과정으로서 말기에 해당된다. 치유는 여러 단계를 거쳐 이루어진다.

- 소산(resolution) : 삼출액과 액체 형태의 부스러기를 흡수하는 과정
- 탈리(sloughing) : 죽은 조직이나 삼출액을 분리하는 과정
- 수복(repair) : 죽은 조직을 새 조직으로 대체하는 과정

상처의 회복 정도는 손상된 세포의 재생능력에 따라 달라진다. 분화된 세포는 성숙 후 분열능력에 따라 불안정세포(labile cell), 안정세포(stable cell), 영구세포(permanent cell)로 나눌 수 있다. 불안정세포는 일생 동안 계속 분열하는 세포이다. 예를 들어, 편평상피(squamous epithelium)는 계속하여 탈락되고 재생된다. 혈액세포도 계속 죽고 미분화된 줄기세포(stem cell)로부터 새로 만들어진다.

간세포(liver cell) 등은 안정세포로 성숙한 후에는 거의 분열되지 않는다. 그러나 손상을 받으면 손실된 부분을 보상하기 위하여 한정된 세포분열을 한다. 영구세포는 일단 성숙이 끝나면 어떠한 경우에도 재생되지 않는다. 신경세포, 골격, 심장세포 등이 이에 속한다. 또 어떤 세포들은 수는 변화하지 않아도 크기가 증가하는 경우도 있다. 운동에 의하여 커지는 근육세포, 체지방 함량의 증가에 따라 커지는 지방세포 등이 여기에 속한다.

재생(regeneration)은 손상 받은 부위에 남아 있는 세포의 분열에 의하여 기능이 회복되는 것을 말한다. 재생되기 위해서는 손상된 세포가 불안정 혹은 안정세포인 경우에 가능하며, 영구세포인 경우에는 분열하지 않으므로 재생되지 않는다. 일반적으로 분비샘(glandular organs), 내분비샘, 간질(stroma), 골격, 연골, 지방조직 등은 영구세포로 되어 있어 재생되지 않는 장기이며, 근육조직은 종류에 따라 재생능력이 다르다. 평활근은 일부 재생이 가능하나 심장근육은 재생되지 않는다.

결합조직의 회복은 재생과는 달리 결합조직 세포의 분열에 의하여 회복된다. 이때에는 모세혈관과 섬유아세포의 성장이 선행되고 다음에 섬유조직이 형성된다. 육아조직

(granulation tissue)은 상처의 치유과정에서 새로 생긴 분홍색의 부드러운 조직이다. 섬유성 교원질과 많은 모세혈관이 있는 것이 특징이다. 섬유화(fibrosis)는 손상이나 감염으로 상실한 정상조직을 대치하기 위해 섬유성 결합조직이 증식되는 과정을 말한다.

CHAPTER 2

환자 영양공급방법

1. 일반치료식
2. 특별치료식
3. 영양지원
4. 환자의 섭취량 평가 및 식단 작성

학습목표

1. 병원식을 정의할 수 있다.
2. 일반치료식과 특별치료식의 차이를 구분하여 설명할 수 있다.
3. 식품교환표를 이용하여 식단을 작성할 수 있다.
4. 영양지원방법에 대해 설명할 수 있다.

병원식이란 병원에 입원한 환자에게 적절한 영양상태를 유지하고 질병 치료에 도움이 되도록 의사의 처방에 따라 병원이 조제하여 제공하는 식사를 말하며 크게 일반식과 치료식으로 구분한다.

일반식은 질병 치료상 특별한 영양소 조정이 필요하지 않은 환자에게 제공하는 일상식에 가까운 식사로 환자의 상태에 따라 식사의 질감을 조절하기도 한다. 일상식과 비슷하지만 환자에게 제공하는 병원식은 병원의 영양관리위원회 인준을 받은 '식사처방 지침서'에 따라 위생과 안전이 확보된 치료식이다.

특별치료식은 질병을 치료하는 데 도움을 주는 식사로 문제가 되는 장기의 상태나 영양소의 소화·흡수·대사 능력을 고려하여 식사내용을 변형한 식사이다. 에너지조절식, 염분조절식, 단백질조절식, 지방조절식, 식이섬유조절식 등이 이에 속한다.

질병 치료에 도움이 되고 건강 회복을 위해서 양호한 영양상태를 유지하도록 개개인에게 적절한 양양소를 적합한 방법으로 제공하는 영양관리가 필요하다. 영양소를 공급하는 방법에 따라 입으로 섭취하는 구강영양(oral diet) 외에 영양지원을 위한 경장영양(enteral nutrition)과 정맥영양(parenteral nutrition)으로 구분한다 **그림 2-1**.

환자식의 궁극적 목표는 환자의 질병상태에 따른 적절한 영양소를 공급하여 입원 생활의 만족도 향상 및 질병 이환기간의 단축이라고 할 수 있다.

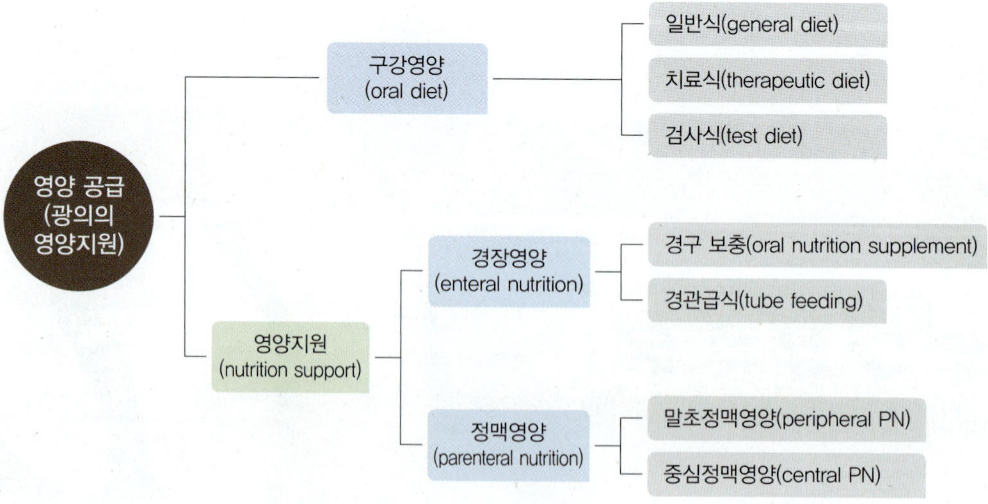

그림 **2-1** 영양 공급경로

1. 일반치료식

1) 일반식

일반식(general diet)은 질병 치료상 특별한 식사 조정이 필요하지 않은 환자에게 특정 영양소나 음식의 질감을 조정하지 않고 영양상태를 최적으로 유지할 수 있도록 제공하는 식사이다. 보통식(common diet), 정상식(normal diet), 표준식(standard diet), 일상식(regular diet), 전식(full diet) 등으로 부르기도 한다.

일반식을 계획할 때는 한국인 영양소 섭취기준, 식사구성안, 식품교환표를 기초로 하여 하루의 영양권장량을 충족시킬 수 있어야 하며, 되도록 환자의 기호를 고려하여 식사를 제공한다. 식단은 일반상식의 경우라고 해도 소화하기 쉽고 위장에 부담을 주지 않는 식품과 조리법을 선택하여 작성한다.

2) 연식

연식(soft diet)은 주식을 반고형식(죽)으로 제공하는 식사로 '죽식'이라고도 한다. 유동식에서 일반식으로 이행되는 중간단계 또는 소화기질환자, 구강이나 식도의 염증으로 삼키기 힘든 환자, 치과계질환자, 수술 후 회복기 환자, 고열환자, 식욕부진자 등 다양한 환자에게 적용 가능하다. 연식은 강한 향신료 사용을 피하고 식이섬유 및 결체조직이 적은 소화되기 쉽고 부드러운 식품으로 구성되어 있다. 지방과 결체조직이 적은 부위의 육류는 곱게 다지고, 튀김요리, 지방이 많은 생선, 훈제한 육가공품 등은 피한다. 연식은 일반상식에 비해 수분 함량이 많아 한 끼에 필요한 에너지와 영양소를 충분히 공급하기 어려우므로 영양필요량이 많거나 섭취량을 증가시킬 필요가 있는 경우에는 섭취빈도를 늘리거나 간식을 제공한다. 연식을 장기간 섭취하면 필수영양소가 부족할 수 있으므로 빠른 시일 내에 일반식으로 이행하는 것이 바람직하며, 질병의 종류나 수술의 종류, 환자의 식욕 정도, 음식의 수용 여부나 저작 및 삼키는 능력, 과거의 영양상태 등에 따라 차별화한다.

죽은 쌀과 물의 비율에 따라서 그 걸쭉함의 정도에 차이가 있으므로 병의 증세가 회복

표 2-1 연식에 사용 가능한 식품류

구분	연식	기계적 연식	퓨레식
국물류	자극적이지 않은 국류(맑은 고깃국, 된장국), 크림수프 등	맑은 고깃국 국물, 된장국물, 체에 거른 크림수프 등	맑은 고깃국 국물, 된장국물, 체에 거른 크림수프 등
음료	보리차 등 자극성 없는 음료류	보리차 등 자극성 없는 음료류	보리차 등 자극성 없는 음료류
어육류 및 콩류	흰살 혹은 부드러운 생선, 가금류, 기름기와 결체조직이 없는 육류, 두부, 순두부, 연두부	흰살 혹은 부드러운 생선살, 다진 고기, 달걀, 치즈, 두부(부드럽게 조리), 순두부, 연두부	곱게 갈거나 체에 거른 육류, 가금류, 생선살, 두부, 연두부
지방	버터, 마가린, 식용유, 크림, 샐러드드레싱	버터, 마가린, 식용유, 크림, 샐러드드레싱	버터, 마가린, 식용유, 크림, 샐러드드레싱
우유 및 유제품	두유, 우유, 플레인 요구르트, 아이스크림(알갱이 없는 것) 등	두유, 우유, 플레인 요구르트, 아이스크림(알갱이 없는 것) 등	두유, 우유, 플레인 요구르트, 아이스크림(알갱이 없는 것) 등
곡류	진밥, 흰죽, 흰빵, 잣죽, 호박죽, 우유죽, 감자죽, 으깬 감자 등	진밥, 흰죽, 흰빵, 잣죽, 호박죽, 우유죽, 감자죽, 으깬 감자 등	으깨거나 갈아서 체에 거른 흰죽, 잣죽, 호박죽, 우유죽, 감자죽 등
채소류	양념이나 향이 강한 채소와 식이섬유가 많거나 껍질이 있는 채소는 제한	향이 강하지 않고 부드러운 채소류를 부드럽게 익히거나 껍질을 벗겨서 조리	갈거나 삶아서 으깨어 체에 거른 채소, 주스
과일류	익히거나 통조림 과일, 바나나, 껍질을 제거한 감귤류, 과일주스, 과즙 등	익히거나 통조림 과일, 바나나, 껍질을 제거한 감귤류, 과일주스, 과즙 등	갈거나 으깨어 체에 거른 익힌(또는 통조림) 과일, 바나나, 껍질을 제거한 감귤류, 과일주스, 과즙 등
후식류	젤라틴, 셔벗, 커스터드, 푸딩, 카스텔라	젤라틴, 셔벗, 커스터드, 푸딩, 카스텔라	젤라틴, 셔벗, 커스터드, 푸딩, 카스텔라
당류	설탕, 꿀, 젤리, 시럽, 사탕 등	설탕, 꿀, 젤리, 시럽, 사탕 등	설탕, 꿀, 시럽 등
기타	약한 양념 또는 조미료	약한 양념 또는 조미료	약한 양념 또는 조미료

됨에 따라 점차 쌀의 비율을 높여주어 일반식으로 적응하는 데 어려움이 없게 해준다.

(1) 기계적 연식

기계적 연식(mechanical soft diet)이란 소화기관에는 장애가 없으나 음식을 씹는 데 곤란을 느끼는 환자의 경우 저작을 용이하게 하여 씹지 않고도 삼킬 수 있도록 다지거나 걸러 촉촉하고 부드러운 형태로 질감에 변화를 준 식사를 말한다. 주로 치아가 없거나 씹을 수 없는 경우, 식도·구강 및 인두의 장애 혹은 수술로 삼키는 것이 어려운 환자, 구강치료를 위해 방사선이나 레이저 치료 중인 환자에게 적용될 수 있다. 너무 뜨겁거나 찬 음식은 피하는 것이 바람직하며, 계속적으로 환자의 수용 여부를 확인하여 요구량만큼의 영양소를 섭취할 수 있도록 배려하는 것이 필요하다.

(2) 퓌레식

퓌레식(pureed diet)은 기계적 연식보다 더 부드럽고 삼키기 쉬운 형태로 만들기 위해 물, 우유, 국물 등을 첨가하여 유동성을 높인, 거의 씹지 않고도 음식을 삼킬 수 있는 형태로 체에 거른 것, 으깨어 농축시킨 것, 액상 음식으로 구성된다. 구강이나 식도에 염증, 궤양, 구조적으로나 운동기능상의 결함이 생긴 환자, 치아가 없는 환자, 구강이나 식도의 수술 혹은 방사선 치료 중인 환자 등 씹고 삼키는 데 어려움이 있는 환자들에게 제공되는 식사이다. 너무 뜨겁거나 찬 음식은 피해야 하며, 실온 정도가 적합하다. 과일주스, 우유, 으깬 감자, 거른 죽류, 커스터드, 꿀차 등이 가능한 음식이다. 삼키는 데 어려움이 있으므로 입에 달라붙는 음식은 금한다. 영양사는 지속적으로 환자의 식사 섭취 상태를 관찰하면서 기계적 연식으로의 변경 시기를 확인하거나, 섭취량이 부족하다고 판단되는 경우 영양 보충음료를 제공하는 것이 좋다.

3) 유동식

유동식(liquid diet)은 수술 후 회복기에 있는 환자, 음식을 씹어 삼키기 곤란한 환자, 급성 고열 환자 등에 사용된다. 주로 당질과 수분으로 구성되기 때문에 영양소가 부족하기 쉬우므로 되도록 단기간만 적용하고, 환자의 상태에 따라 연식 및 일반식으로 이행해야 한다. 만일 2~3일 이상 시행하고자 할 때는 의사와 임상영양사의 관리하에 경구영양보충제를 공급할 수 있다. 유동식은 일반유동식과 맑은유동식의 두 종류로 구분할 수 있다.

(1) 일반유동식

일반유동식(full liquid diet)은 전유동식, 일반미음이라고도 하며 수술 후 회복기나 정맥영양과 병행할 때, 씹거나 삼키기에 어려움이 있는 구강이나 목 부위 수술 환자, 감염증의 급성기, 소화기계 염증 환자, 고열 등 소화기능이 많이 저하된 환자에게 적용된다. 위장관의 자극을 최소화하고 쉽게 소화·흡수될 수 있도록 상온에서 액체이거나 반액체 상태인 음식으로 구성되며, 맑은미음과 연식의 중간 단계 식사이다. 제공되는 식품의 종류는 환자의 상태에 따라 다양해질 수 있지만 대부분의 영양소가 부족하기 쉬우므로 3일 이상 적용하는 경우에는 영양보충음료나 고에너지 유동식을 고려해야 한다.

(2) 맑은유동식

맑은유동식(clear liquid diet)은 맑은미음이라고도 하며 위장관의 자극을 최소한으로 줄이면서 탈수를 방지하고 갈증을 해소하기 위하여 공급한다. 주로 당질과 물로 구성되어 있으며, 위장관의 자극과 잔사를 최소화하기 위해 맑은 음료 위주로 제공한다. 맑은유동식은 정맥영양에서 일반유동식 혹은 고형식 단계로 이행되기 전 단계, 수술 및 검사 전후, 급성위장장애, 심하게 쇠약한 환자가 처음으로 경구급식을 시작할 때 이용된다. 에너지, 단백질을 비롯한 대부분의 영양소가 부족하므로 3일 이상 맑은유동식만 공급하지 않도록 한다.

(3) 찬유동식

찬유동식(cold liquid diet)은 편도 절제술 후나 목의 외과적 수술 후 화학적·물리적 자극을 최소화하기 위해 제공된다. 이것은 차고 자극성이 적은 음식으로 구성되어 수술 부위가 자극되거나 출혈되는 것을 방지할 수 있다. 처음에는 찬 음식부터 시작해서 점차 따뜻한 음식으로 이행할 수 있으며, 신 과일이나 주스, 마른 음식이나 뜨거운 음식 등은 제한한다.

표 **2-2** 유동식에 사용 가능한 식품류

구분	일반유동식	맑은유동식
국류	고깃국 국물, 건더기 없는 국물	기름기 없는 맑은 고깃국 국물, 맑은장국(콩나물국의 국물 등), 맑은 콩소메
음료*	보리차, 과일주스, 넥타 등	보리차, 맑은 사과주스 등
난류	푸딩, 커스터드, 달걀찜	–
지방	버터, 식용유 등	–
우유 및 유제품**	우유 및 떠먹는 요구르트(알갱이 없는)	–
곡류	대부분의 곡류 미음 형태(쌀, 조 등)	일반유동식보다 묽은 미음
후식류	젤라틴, 셔벗, 아이스크림 등	–
당류	설탕, 꿀, 사탕(입에 붙지 않는 것) 등	설탕, 꿀 등
기타	소금, 후추 약간	소금

*일부 수술 후 환자는 탄산이 포함된 음료를 제한할 필요가 있음
**일부 수술 후 환자들에게서 일시적 유당불내증이 나타날 수 있음

4) 수술 전·후의 식사

(1) 수술 전의 식사

일반적으로 수술 전날 저녁에 처방되는 식사로 이후에는 금식할 것을 권하고 있다. 위장관 내에 잔사물이 없어야 하는 경우라면 저잔사식을 제공하고, 결장수술 등을 하는 경우라면 맑은유동식이 적합하다.

수술 전 금식은 환자의 집중력을 떨어뜨리고 짜증을 불러일으키는 등 심리적으로 불안한 상태를 만든다. 수술 전 당질 보충음료를 마시는 것은 공복과 갈증을 줄이고 수술 후 인슐린 저항성을 감소시켜 회복을 돕기 때문에 수술 2시간 전까지 섭취하는 것을 권장한다. 최근에는 수술 당일 아침에도 상업용 당질 보충음료를 제공하기도 한다.

(2) 수술 후의 식사

수술 후에는 수술의 종류와 환자의 상태에 따라 맑은유동식, 일반유동식, 연식으로 진행할 수 있다. 수술 후 정맥을 통한 수분과 영양소의 공급이 가능하지만 되도록 빠르게 구강으로 음식을 섭취하도록 하는 것이 바람직하다. 수술 후 위장관이 정상적으로 작동을 시작하면 음식을 제공하는 것이 가능하다. 단, 복부에 가스가 차거나 다른 증세가 나타난다면 식사 공급을 일단 중지하고 환자의 상태를 살피는 것이 중요하다.

2. 특별치료식

특별치료식은 질환별로 영양소의 성분이나 함량 등을 조정한 식사와 영양 보충을 위한 식사이며, 당뇨식, 염분조절식, 단백질조절식, 신장질환식, 위절제후식, 저퓨린식 등이 포함된다 표 2-3. 질환별로 제안되는 식사는 각 질환에 따라 다루었다.

표 **2-3** 특별치료식의 종류

치료식	종류
에너지조절식	체중조절식, 당뇨식, 소아당뇨식, 임신성당뇨식, 저염당뇨식, 경저염당뇨식, 중저염당뇨식, 저단백당뇨식, 중단백당뇨식
염분조절식	저염식, 경저염식, 저염산모식, 경저염산모식, 중저염산모식
단백조절식	신부전식, 당뇨신부전식, 혈액투석식, 당뇨혈액투석식, 복막투석식, 당뇨복막투석식, 신증후군식, 신장이식후식, 간이식후식, 고단백식, 저단백식, 저염저단백식, 간성혼수식, 간경변식, 경저염저단백식, 중저염저단백식, 당뇨간성혼수식, 당뇨간경화식, 저염고단백식, 중저염고단백식, 경저염고단백식
지방조절식	고지혈증식, 저염고지혈증식, 경저염고지혈증식, 저지방식, 저콜레스테롤식, 저염저콜레스테롤식, 경저염저콜레스테롤식, MCT저지방식, 중저염고지혈증식, 당뇨저지방식, 당뇨저콜레스테롤식
위장관질환식	궤양식, 저잔사식, 저식이섬유식, 고식이섬유식, 대장수술후식, 위절제 후 1단계식, 위절제 후 2단계식, 위절제 후 3단계식, 위절제 후 4단계식
점도조절식	연하보조식 1단계, 연하보조식 2단계, 연하보조식 3단계, 연하보조식 4단계, 연하연습식 1단계, 연하연습식 2단계, 연하연습식 3단계
성분조절식	저퓨린식, 저칼륨식, 저칼슘식, 수산제한식, 저요오드식, 구리제한식, 비타민K제한식, 수분제한식
기타치료식	소아식, 산모식, 편도절제 후 식, 치아보조식, 멸균식, 저균식, 소아장염식, 소아케톤식, 저알레르기식, 외국인식(가능한 질환별 고려)

3. 영양지원

영양지원(nutrition support)이란 질병이나 수술 등으로 인해 일상적인 식사로 영양소를 충분히 섭취할 수 없어 영양상태를 유지하거나 회복하기 어려운 환자를 대상으로 경구 또는 관(tube)이나 카테터(catheter)를 통하여 에너지와 각종 영양소를 전부 혹은 일부를 공급하는 영양치료이다. 주로 사용되는 방법은 식사로 부족한 영양소의 일부를 영양 보충제로 급식하는 경구 영양보충, 위장관에 직접 영양소를 공급하는 형태인 경장영양 및 정맥을 통해 영양소를 공급하는 정맥영양방법이 있다 **그림 2-2**. 과거에는 환자에게 필요한 영양소의 대부분을 정맥을 통해 공급하는 중심정맥영양법이 많이 사용되었으나, 경제적으로 비용이 많이 들고 합병증 우려가 높아 최근에는 더욱 경제적이고 안전한 경장영양의 중요성이 커지고 있다.

환자가 영양불량이거나 과대사 상태에 있는 경우 영양지원은 질병 치료를 위해 반드시 필요한 치료방법이며, 이를 시행하기 위해서 의료기관에서는 다학제 간 전문인으로 구성된 영양집중지원팀(nutrition support team, NST)이 활동하고 있다. 그동안 NST 활동을 통한 영양지원이 질병의 임상적 결과를 향상시키고 의료비 절감에 기여한다는 것이 인정되어 2014년 8월부터 '영양집중치료료'가 건강보험급여로 가능하게 되었다. 영양집중치료료를 청구하기 위해서는 영양치료에 관한 소정의 연수를 수료한 상근하는 전문의, 간호사, 약사 및 임상영양사로 구성된 NST가 영양지원을 위해 활동해야 한다.

1) 경장영양

경장영양은 위장관기능은 정상적이나 구강을 통한 섭취량이 필요영양량에 비해 현저히 부족하고 이것이 장기화되는 경우 주로 사용되는 영양지원의 형태로 급식관을 이용한다는 의미로 경관급식(tube feeding)이라고도 한다. 경장영양을 하면 중심정맥영양 공급 시 가장 우려되는 장점막 위축과 물리적인 기능 상실의 위험성을 낮출 수 있어 위장관의 정상적 기능 유지에 도움이 된다는 장점이 있다. 그림 2-2에서 보는 바와 같이 경관급식 예상 사용기간이 단기간인 경우 대부분 코를 통해 위(비위관, nasogastric tube)나

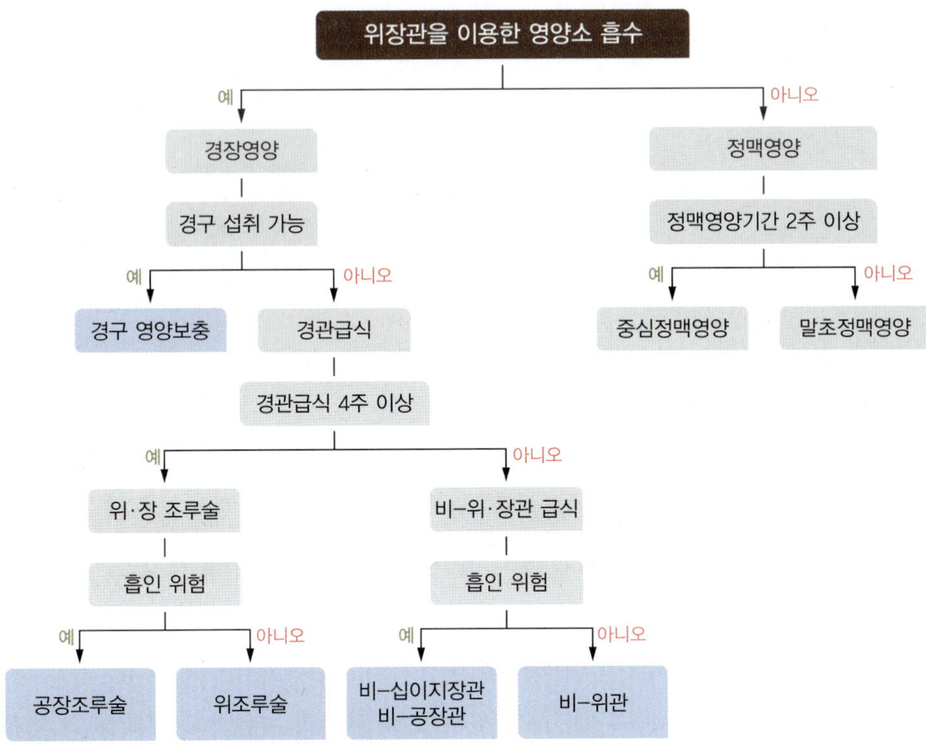

그림 2-2 영양지원방법 선택 흐름도

표 2-4 경장영양 적응증 및 금기

적응증	금기
위장관기능은 정상이지만 입으로 섭취할 수 없는 상태이거나 섭취량이 충분하지 않은 경우	위장관을 사용할 수 없는 경우
• 과대사 상태 : 대수술, 외상, 장기 이식, 패혈증, 화상 등 • 신경계질환 : 뇌졸중, 두부 외상, 연하곤란, 뇌종양 • 정신과질환 : 신경성 식욕 부진, 심한 우울증 • 위장관질환 : 단장증후군(잔여 장의 흡수력이 있을 때), 염증성장질환, 췌장염, 식도 폐색, 소량의 장누공 • 장기부전 : 폐기능부전, 중추신경계부전, 심부전, 신부전, 간부전, 다발성 장기부전 등 • 암 환자 : 항암화학요법, 방사선요법, 장의 흡수능력이 남아 있는 종양	• 위장관의 기능이 미흡하거나 오랜 기간 동안 장의 휴식이 필요한 경우 : 단장증후군(영양소를 흡수할 수 있는 부위를 절제한 경우), 장폐색, 마비성 장폐색, 소화관 허혈, 확산성 복막염, 심한 급성췌장염, 심한 설사, 고유출성 누공, 지속성 구토, 위장 출혈 • 경장영양의 문제점이 장점보다 많은 경우 : 말기 환자(경관급식으로 인한 흡인, 과수화의 위험이 높고 환자 불편감을 초래할 수 있는 경우), 질병 예후의 향상을 기대하기 어려운 환자 등

장(비장관, nasoenteric tube)으로 관을 연결하고, 4주 이상 장기화될 경우라면 위장관으로 직접 관을 연결하는 위·장관 조루술이 바람직하다. 또 흡인과 폐렴의 위험이 있는 경우라면 관을 위보다는 장으로 연결하는 것을 추천한다. 표 2-4에는 경장영양 적용이 가능한 경우와 불가능한 경우를 요약해서 나타내었다.

(1) 경관급식의 투여경로

경관급식의 투여경로는 예상 사용기간 및 흡인의 위험 유무에 따라 결정된다. 그림 2-3은 경관급식의 투여경로를 나타낸 것이며, 각 방법의 장단점은 표 2-5에 나타내었다.

(2) 영양소 필요량 결정

대상자의 영양소 필요량을 정하기 위해서는 환자의 영양상태 판정이 우선된다. 환자의 식사력, 신체 계측, 임상 및 생화학적 검사를 통해 환자의 영양불량 정도를 판정하고 영양 공급목표를 설정한다. 이와 함께 환자에게 적절한 주입방법, 경장영양액 선정 및 우려될 수 있는 합병증 등을 검토한다. 에너지의 경우 보통 1 kcal/mL의 농도가 적당하지만 환자의 상태에 따라 1.5~2.0 kcal/mL 정도까지 농축된 상태로 제공할 수 있다. 일반적으로 25~35 kcal/kg 정도의 에너지를 공급하며, 이 중에서 당질은 40~60%, 단백질은 8~20%, 지방은 25~45% 정도가 되도록 하되 환자의 질환과 상태에 따라 조정한다. 단백질의 경우 일반적으로 1~1.5 g/kg 정도가 적합하고 필요하다면 단백질 보충제

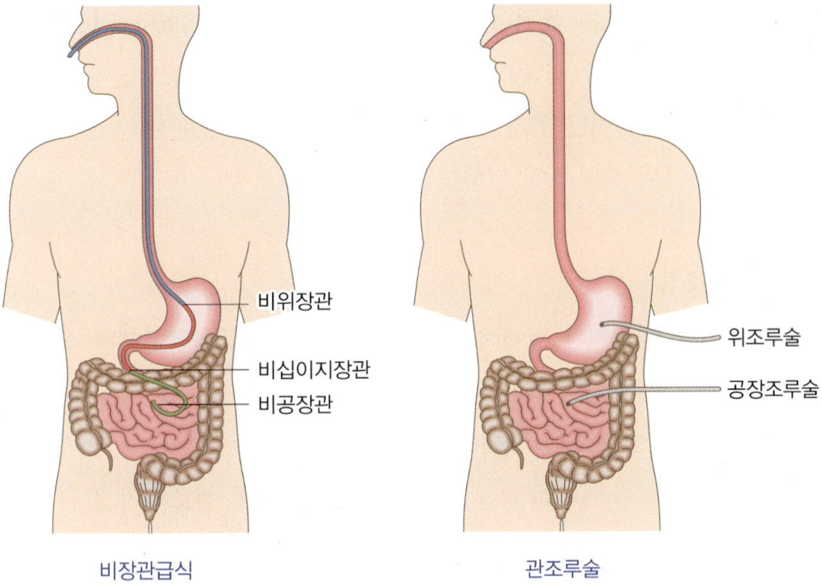

그림 **2-3** 경관급식 투여경로

표 **2-5** 경관급식 투여경로에 따른 적용대상 및 장단점

투여경로	적용대상	장점	단점
비위관(코 → 위)	• 식도로의 역류 위험이 없고, 개구반사 및 위장관기능 정상인 경우	• 급식관 삽입 용이함 • 위로 공급하므로 저장용량 큼 • 정상적 소화기능 사용	• 흡인 위험 높음 • 환자 불편 • 코를 자극함
비장관(코 → 십이지장, 혹은 코 → 공장)	• 위 기능 비정상 • 소장 기능 정상 • 흡인 위험이 높은 경우	• 급식관 삽입 용이함 • 흡인 위험 적음	• 영양액의 주입속도 주의해야 함 • 환자 불편
위조루술(gastrostomy)	• 경관급식을 4~6주 이상 장기간 하는 경우 • 비강으로 급식관 삽입이 어려운 경우 • 개구반사가 정상이며 역류 위험이 적은 경우	• 위장관 수술 시 병행 수술 가능 • 지름이 큰 관을 사용하여 막힐 우려 적음 • 환자가 급식관을 덜 의식함	• 급식관 삽입을 위한 수술 필요 • 흡인 위험 있음 • 급식관 삽입 부위 감염과 자극의 위험이 있음 • 관 제거 후 누공이 생길 수 있음
경피 내시경하 위조루술(percutaneous endoscopy gastrostomy, PEG)		• 외래에서 시술 가능 • 수술방법보다 비용 저렴 • 환자가 관을 덜 의식함 • 관 제거 후 상처 회복 빠름	• 흡인 위험 있음 • 급식관 삽입 부위 감염과 자극의 위험이 있음
공장조루술(jejunostomy)	• 경관급식을 4~6주 이상 하는 경우 • 비강으로 급식관 삽입이 어려운 경우 • 흡인의 위험이 높은 경우 • 식도역류환자 • 위기능이 비정상인 경우	• 위장관 수술 시 병행 수술 • 환자가 급식관을 덜 의식함 • 흡인 위험 적음	• 급식관 삽입을 위한 수술 필요 • 급식관 제거 이후 누공이 생길 수 있음 • 급식관 삽입 부위 감염과 자극의 위험 있음
경피 내시경하 공장조루술(percutaneous endoscopy jejunostomy, PEJ)		• 경피적 내시경시술로 급식관 삽입(수술 불필요) • 수술방법보다 비용 저렴 • 환자가 관을 덜 의식함 • 흡인 위험 적음	• 급식관 삽입 부위 감염과 자극의 위험 있음 • 급식관 제거 이후 누공이 생길 수 있음

자료 : Nelms et al., 2011; 대한영양사협회, 2008

를 첨가하거나 단백질 농도가 높거나 낮은 영양액을 선택할 수 있다. 각종 비타민과 무기질도 영양권장량을 충족할 수준으로 제공한다. 수분의 경우 정상인의 필요량은 체중 1 kg당 30~35 mL 정도이지만 환자들의 경우는 수분요구량에 차이가 많으므로 환자의 상태를 신중히 고려하여 수분을 조절하도록 한다.

(3) 경장영양액의 종류

경장영양액의 종류는 병원이나 집에서 직접 제조하는 혼합액화영양액과 상업용 영양액으로 구분할 수 있으며, 상업용 영양액은 영양소의 급원과 농도 등이 다양하므로 특정한 영양소를 제공할 필요가 있는 환자들에게 적합하다.

- 혼합액화영양액(blenderized formula) : 병원이나 집에서 제조하여 공급하는 형태의 영양액으로 일상식품을 분쇄, 혼합하여 액화시킨 형태로 위장관 기능은 정상이나 구강에 문제가 있거나 삼키는 데 문제가 있어 정상적으로 음식을 섭취할 수 없는 환자들에게 적합하다. 가격이 저렴하나 조제, 배선, 보관 시 오염의 우려가 크고, 입자의 크기가 크고 균질화되어 있지 않으며, 농도가 진해지기 쉬워 적응력이 떨어지고 관이 쉽게 막힐 우려가 있다.
- 상업용 영양액(commercial formula) : 혼합액화영양액보다 가격이 비싸다는 단점이 있지만 영양소 성분이 정확하고 삼투압이나 농도 등의 균일성이 보장되며, 보관과 준비가 쉽고 오염의 우려가 적다는 장점이 있다. 종류도 다양해서 중합체영양액(polymeric formulas), 단백질이나 당질 급원을 부분적으로 가수분해시킨 부분가수분해영양액(partially hydrolized formulas)은 물론 영양성분의 조정이 필요한 환자를 위해 영양소 구성을 변화시킨 특수질환용 영양액(special formulas) 및 특수성분을 함유시킨 영양액 등 다양한 제품이 출시되고 있다. 중합체 영양액의 경우 단백질의 급원은 카제인염, 대두단백, 유청이 주로 사용되고, 당질 급원으로는 말토덱스트린, 지방 급원으로는 중쇄중성지방(medium chain triglyceride, MCT)과 옥수수유 같은 장쇄지방산이 이용되며 대부분의 경우 위장관 내 문제를 일으킬 수 있는 유당은 제외된 형태가 많다. 영양농도는 1 kcal/mL가 일반적인 표준영양액이고 1.2 kcal/mL, 1.5 kcal/mL, 2 kcal/mL 등 질환에 따라 다양한 농도의 영양액이 있다. 삼투압이 높지 않고 잔사가 적은 편이며, 구강으로도 섭취가 가능하다. 부분가수

분해영양액은 위장관의 기능이 비정상적이거나 잔사량을 최소화시킬 필요가 있는 환자에게 사용되며, 단백질 급원은 단쇄펩티드(short chain peptides)나 아미노산이 사용되고, 당질 급원은 포도당 중합체와 덱스트린류, 지방 급원으로는 중쇄지방산과 소량의 필수지방산이 사용되는데 중합체영양액에 비해 삼투압이 높아 복부팽만감, 메스꺼움, 구토, 설사, 탈수 등을 쉽게 일으킬 수 있다.

(4) 경관급식의 주입방법

경관급식의 주입방법은 영양액의 투여경로, 환자의 상태 및 위장관의 기능 정도, 영양액의 종류와 환자의 영양요구량 등에 따라 달라진다. 크게 주입 펌프나 중력을 이용한 지속적 주입방법(continuous feeding), 간헐적 주입방법(intermittent feeding), 주사기를 이용한 볼루스 주입(bolus feeding)방법 및 주기적 주입방법으로 구분한다. 표 2-6에 경관급식의 주입방법별 적용대상 및 장단점에 대해 설명하였다.

영양액의 주입속도는 환자의 상태를 주의 깊게 관찰하면서 제공하고, 만약 부적응이 나타나면 즉시 주입속도를 늦추거나 주입방법을 바꾸어 준다.

영양액을 주입하기 전후로 관의 위치와 위 내 잔여물을 확인하고 흡인을 예방하기 위해서 주입 시 및 주입 후에는 약 30~60분간 상체를 30~40° 올려주는 것이 필요하다.

표 **2-6** 경관급식의 주입방법별 적용대상 및 장단점

<table>
<tr><th colspan="2">주입방법</th><th>적용 대상</th><th>장점</th><th>단점</th></tr>
<tr><td>지속적 주입</td><td>• 주입 펌프나 중력 이용
• 20~24시간 계속 주입</td><td>• 경관급식 초기 환자
• 중환자
• 소장으로 주입
• 간헐적 주입에 부적응 환자</td><td>• 흡인 위험이 적고 위 내 잔여물 최소화함
• 혈당 상승과 같은 대사적 합병증의 위험을 최소화함</td><td>• 행동에 제약이 있음
• 퇴원 후 가정에서 사용 시 비용 증가</td></tr>
<tr><td>간헐적 주입</td><td>• 주입 펌프나 중력 이용
• 4~6시간마다 30~60분 주입</td><td rowspan="3">• 중환자가 아닌 일반 환자
• 회복기 환자</td><td>• 주입시간 외에는 자유로움
• 지속적 주입과 볼루스 주입의 각 장점을 가짐</td><td rowspan="3">• 지속적 주입방법에 비해 흡인과 위장관 부적응의 위험 증가
• 주입속도 증가에 따른 위장관 부적응 초래
• 중환자는 적응하기 어려움</td></tr>
<tr><td>볼루스 주입</td><td>• 주사기나 중력 이용
• 단시간(15분 이내) 주입</td><td>• 주입이 간편함
• 저렴함
• 단시간에 주입하므로 행동이 자유로움</td></tr>
<tr><td>주기적 주입</td><td>• 주입 펌프나 중력 이용</td><td>• 행동이 자유로움(8~16시간, 낮 동안)
• 정상 식사 전환에 유리</td></tr>
</table>

또한 추가적인 수분 공급과 급식관 막힘을 방지하기 위해서 영양액 주입 전·후로 물 30~50 mL 정도를 급식관에 흘려보낸다. 지속적 주입의 경우에는 급식 전후와 4시간마다 공급한다.

(5) 경관급식 적용 시 주의점과 합병증

① 약물 사용

경관급식과 동시에 약물을 공급하고자 할 때는 약물 간의 상호작용 또는 영양소와의 상호작용에 주의하여 약물을 투입한다. 약물을 주입하기 전 따뜻한 물로 관을 세척하고 약물을 따로따로 투입한다.

② 설사

경관급식을 시행함에 있어 가장 빈번히 문제가 되는 것은 위장관의 부적응으로 인한 설사이다. 설사의 원인은 세균 감염으로 인한 오염, 약물(항생제, 하제남용 등)의 사용, 일시적인 유당불내증, 고장성 영양액의 사용, 빠른 영양액 주입속도와 위장 기능 저하 등 다양하므로 정확한 원인을 파악하여 적절하게 대처하는 것이 필요하다.

③ 급식관 삽입 부위 자극

경관급식에 사용되는 관의 재질이 나쁘거나 관의 굵기가 굵은 것을 오랫동안 사용하게 되면 인두나 코 등 관이 닿는 부위를 자극하여 염증이나 궤양을 초래할 수 있으므로 실리콘이나 폴리우레탄과 같은 양질의 가는 관을 사용하는 것이 좋다.

④ 급식관 막힘

급식관 세척이 부족하거나 영양액이 균질화되지 않고, 약물 등과의 상호작용으로 불용성의 고형물이 생기면 관이 막히는 경우가 있는데 영양액이나 약물 주입 전후 따뜻한 물 30~50 mL로 관을 세척하고 관 막힘의 원인을 찾아 해결하도록 한다.

⑤ 부적절한 관의 위치

비위관급식의 경우 관의 위치가 식도 부위로 이동하거나 위의 역류 등으로 인해 흡인성 폐렴이 유발될 수 있으므로 급식 전에 관의 위치를 확인하고 흡인성 폐렴의 위험이 계속되면 십이지장이나 공장 부위로 급식관의 말단 위치를 바꾸어 주는 것이 좋다.

⑥ 메스꺼움, 구토

위에 영양액이 정체되거나 고삼투성 영양액을 빠른 속도로 주입하면 메스꺼움이나 구토 증세를 일으킬 수 있다. 이때는 되도록 등장성 영양액을 사용하고, 주입속도를 늦추며 온도는 실온 정도로 해서 제공한다. 지방 함량이 높은 영양액을 사용하거나 유당불내증인 경우에도 이런 증세가 나타날 수 있으므로 이 경우에는 지방 함량이나 유당의 함량이 낮은 영양액을 사용한다.

⑦ 변비

탈수, 위장관 폐색, 식이섬유 섭취 부족이나 활동량이 부족하게 되면 변비가 나타날 수 있으므로 충분한 수분을 공급하고, 식이섬유가 포함된 영양액을 사용하는 것도 하나의 방법이다. 가능하다면 가벼운 운동이나 마사지로 장이 움직이도록 돕는다.

⑧ 위생관리

경관급식은 직접 위장관으로 영양액을 공급하는 것인 만큼 철저한 위생관리가 필수적이다. 영양액의 조제, 보관, 배식 시 위생은 물론 사용하는 기구나 관의 철저한 위생관리에 주의를 기울여야 한다.

이밖에도 고장성 영양액 주입에 다른 탈수나 과수화, 저칼륨혈증, 고칼륨혈증, 저인산혈증, 고인산혈증, 저혈당증, 저나트륨혈증 등 발생할 수 있는 여러 가지 대사적 합병증의 위험을 최소화하기 위해 모니터링과 지속적인 관리가 필요하다.

2) 정맥영양

정맥영양은 영양소를 소화관을 이용하지 않고 정맥을 통해 공급하는 영양지원의 한 방법으로 경구나 경관 급식을 통한 영양소의 공급이 불가능하거나 충분한 양을 공급할 수 없는 경우 환자에게 영양을 지원하는 수단으로 사용될 수 있다. 가능하면 어떤 형태로든 위장관을 통한 영양 공급이 바람직하지만, 부득이하게 정맥영양을 시도하는 경우에는 예상 사용기간과 영양소 공급 농도를 고려하여 중심정맥으로 공급할 것인지 말초정맥으로 공급할 것인지를 결정해야 한다.

경관급식은 소화관 기능과 형태를 유지하는 것이 가능하고 합병증이 적으며 가격이 저렴하다는 장점이 있는 반면, 정맥영양은 소화관 점막의 융모 위축이나 기능 저하 및 면역 기능 저하 등을 초래할 수 있으므로 정맥영양의 이점이 다른 영양지원방법에 비해 확실한 경우에 시도하도록 한다. 정맥영양을 실시하게 되는 경우 소화관에 미치는 가장 큰 영향은 박테리아가 위치하는 장소의 변화이다. 정맥영양만 공급받는 환자에게 그램음성균에 의한 패혈증이 자주 나타나게 되는데, 이것은 소화관 점막 위축으로 장내 박테리아가 쉽게 장간막의 림프절이나 다른 장기로 들어가 패혈증을 유발하기 때문에 발생한다. 장기간의 금식이나 영양불량도 이런 증세의 한 원인이 될 수 있으나 내독소가 같이 존재하는 경우 소화관 방어벽의 손상이 더욱 쉽게 나타날 수 있으므로 가능하면 위장관으로 영양을 공급하는 것이 중요하다.

(1) 정맥영양의 종류와 적용대상

① 중심정맥영양

중심정맥영양은 소장의 대부분을 절제하였거나 소장질환자, 극심한 설사나 구토 증세가 있어 위장관으로의 영양소 흡수가 불량한 환자, 다량의 화학요법이나 방사선치료 중인 환자, 심한 췌장질환이나 7일 이상 위장관을 사용하지 못하여 심한 이화상태에 있는 중환자에게 적용될 수 있다. 큰 수술을 앞두고 있거나 집중적인 치료를 앞둔 중증도의 영양불량 환자나 중증도의 대사스트레스가 있는 환자, 장피누공, 염증성장질환, 장폐색 등의 환자나 10일 이상 경관급식을 통해 충분한 영양을 공급받지 못한 환자 등에게도 중심정맥영양의 시행이 질병 치료에 도움을 주거나 영양 개선에 기여할 수 있다. 중심정맥영양은 주로 쇄골하정맥(subclavian vein), 내경정맥(internal jugular vein) 등에 카테터를 연결하여 실시한다. 중심정맥으로 공급되는 영양액의 삼투압은 900 mOsm/L 이상(대부분 1800 mOsm/L 이상)의 고장성이다.

정맥영양으로 하루에 필요한 충분한 모든 영양소(에너지, 당질, 단백질, 지방, 비타민, 무기질)가 포함된 고에너지 영양액을 공급하는 방법을 총정맥영양 또는 완전정맥영양(total

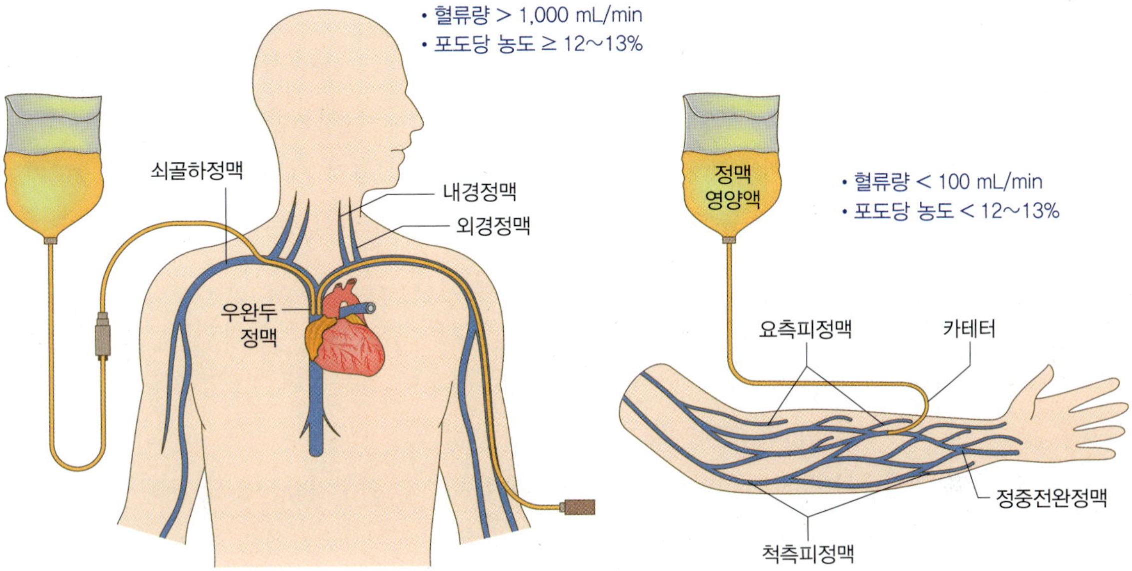

그림 **2-4** 중심정맥 및 말초정맥 경로

parenteral nutrition, TPN)이라고 한다. 총정맥영양을 하기 위해서는 중심정맥으로 가능하므로 중심정맥영양(CPN)과 총정맥영양(TPN)을 같은 의미로 사용하고 있다.

② **말초정맥영양**

말초정맥영양은 경구 혹은 경관 급식으로의 영양 공급이 충분하지 않아 단기간 영양소의 보충이 필요하거나, 비교적 스트레스나 영양불량의 정도가 가벼운 환자, 카테터로 인한 패혈증의 위험이 높거나 이로 인한 합병증으로 중심정맥영양을 시행할 수 없는 환자들에게 적용할 수 있다. 말초혈관으로 영양을 공급하는 경우는 정맥염과 같은 혈관 손상이 발생하기 쉬우므로 혈관의 위치를 자주 바꾸어주는 것이 필요하다. 대략 1~2주 이내의 단기간 영양공급을 위해서 사용한다. 말초정맥의 혈액 흐름속도가 느리기 때문에 중심정맥으로 제공하는 고농도의 영양액을 사용하기 어렵다. 말초정맥으로 사용하는 영양액의 삼투압은 900 mOsm/L 이하로, 주로 600~900 mOsm/L이다.

(2) 정맥영양액의 구성성분

정맥영양액에는 필요 영양소를 공급하기 위한 아미노산, 덱스트로스, 지방유화액, 전해질, 비타민과 무기질 및 미량 영양소들이 포함된다.

- 아미노산 : 일반적으로 아미노산용액의 농도는 3.5~15%까지 다양한데 말초정맥영양 시에는 농도가 낮은 아미노산용액(3.5~5.5%)을 이용한다. 신부전환자용(필수아미노산의 함량이 높음), 간성혼수나 스트레스, 외상환자용(분지형 아미노산의 농도가 높음) 등 질환의 종류 및 환자의 상태에 따라 아미노산의 종류가 다르게 조제된 제품을 사용한다.
- 덱스트로스 : 정맥영양액의 당질은 주로 덱스트로스 모노하이드레이트(dextrose monohydrate) 형태로 5~70%의 농도로 사용이 가능하며, 1 g당 3.4 kcal(덱스트로스는 4 kcal/g)의 에너지를 낸다.
- 지방유화액(fat emulsion) : 농축된 에너지원 및 필수지방산을 공급하기 위해 지방유화액을 사용한다. 농도는 10~20%의 등장성 지방유화액을 사용하고 있다. 고지혈증 환자나 신증후군, 심한 간 질환자 및 췌장염 환자에게는 지방유화액의 사용이 금지되며, 주의 깊게 관찰하면서 사용한다.
- 전해질, 무기질 및 비타민 : 전해질과 무기질은 아미노산 용액에 포함시켜 공급하거나 개별적인 염의 형태로 환자의 상태에 맞는 필요량만큼 첨가해서 제공한다. 적정량의 비타민도 첨가되어야 하며, 필요에 따라 그 첨가량을 변화시킬 수도 있다. 비타민과 미량 영양소는 소화·흡수 과정을 거치지 않고 정맥으로 바로 공급되므로 요구량 산정 시 고려한다.
- 기타 : 약물도 정맥영양액에 첨가하여 공급하면 별도의 혈관을 사용하지 않아도 되는 장점이 있으나, 약물과 영양소와의 상호작용을 검토하여 미리 사용 가능 여부를 검토해 두는 것이 좋다.

(3) 정맥영양 사용 시 주의사항 및 합병증

중심정맥영양을 개시하거나 종료할 때는 그 부작용을 최소화하기 위해 단계적 절차와 지속적 모니터링이 필요하다. 부적절한 수분 공급으로 인해 과수화나 탈수 등이 발생할 수 있으므로 수분 제공량 조절에 주의한다. 뿐만 아니라 각종 영양소 및 전해질 농도의 불균형이 초래될 수 있으므로 지속적으로 관찰하면서 평형상태를 유지해야 한다.

① 정맥영양 종료

정맥영양을 갑작스럽게 중단하는 경우 고농도의 덱스트로스 공급이 갑자기 중단됨으로 인해 반동 저혈당(rebound hypoglycemia), 전해질 이상, 탈수 등의 위험이 발생할 수 있다. 따라서 경구 또는 경관 급식 진행으로 적절한 혈당을 유지하면서 정맥영양을 중단할 수 있다. 말초정맥영양은 바로 중단하는 것이 가능하지만 중심정맥영양은 중단하기 전 1~2시간 동안 주입속도를 이전의 1/2로 감소시키면서 중단하는 것을 권장한다. 만일 갑자기 중단해야 하는 경우에는 10% 덱스트로스 용액을 말초정맥혈관으로 공급하면서 중단한다. 정맥영양 중단 후 30~60분 동안은 환자의 저혈당 상태를 모니터링한다.

② 정맥염

말초영양 공급 시 정맥염(phlebitis), 침윤(infiltration)이 발생하면 즉시 제거해야 하며, 정맥염을 예방하기 위해서 바늘을 72~96시간마다 교체하는 것을 권장하고 있다.

③ 카테터 막힘

중심정맥영양 시 혈전, 약물 침전, 지방유화제 침전, 기계적 막힘 등 카테터가 막히는 경우가 발생할 수 있으므로 영양액이 적절한 속도로 공급되는지 모니터링한다.

④ 간·담도계 합병증

정맥영양 시작 2주 후부터 GOT, GPT 상승 및 간혹 빌리루빈 상승(황달은 거의 발생하지 않음), 담즙 정체(PN-associated cholestasis, PNAC)가 발생하는 경우가 있으며, 담즙 정체는 소아 환자에게서 더 자주 발생하고 생명을 위협하는 심한 합병증이 될 수 있다. 이러한 간·담도계 합병증을 최소화하기 위해서 경장영양이 가능해지는 경우 조속한 경장영양 시행, 과잉 영양 중단, 주기적 정맥영양 등의 조치를 취한다.

⑤ 급식재개증후군(refeeding syndrome)

한동안 기아상태에 있던 환자에게 영양지원을 적극적으로 재개할 때 혈액 내에 인, 마그네슘, 칼륨 등의 농도가 급격히 저하되거나 고혈당 증세를 유발하므로 적절한 조치가 필요하다. 정맥영양뿐 아니라 경장영양이나 경구 섭취의 경우에도 발생할 수 있다.

(4) 이행급식

정맥영양에서 관급식사나 경구식사로 전환되거나, 경관급식에서 경구식사로 전환되는 과도기 환자에게 제공하는 식사를 이행급식사라고 한다. 이행급식의 진전속도는 환자의 소화·흡수 기능, 식욕, 영양상태, 저작 및 연하 기능에 따라 달라진다.

4. 환자의 섭취량 평가 및 식단 작성

1) 식사 섭취량 평가하기

식사조사 자료가 수집되고 분석된 후, 임상전문가는 대상자의 식사자료를 객관적인 기준에 비추어 평가하게 된다. 이러한 평가기준에는 대상자 개인의 필요량, 대상의 질환별 식사지침, 특정 영양소의 권장섭취량 등이 포함된다. 각 식사조사방법의 제한점으로 인하여 식사 섭취에 대한 평가는 정확한 계량값이라기보다는 추정값이라고 볼 수 있다. 하지만 일반적으로 식사조사 자료를 활용하는 목적을 고려하여 적절한 평가기준을 선택하여 사용한다. 예를 들어, 식사중재에 의하여 환자의 식품 선택이 향상하였는가를 알아보는 것이 목적인 경우에는 직접관찰법에 의하여 식사조사 자료를 수집한 후 당뇨병환자를 위한 식품교환표를 활용하여 섭취 식품으로부터의 에너지와 당질, 단백질 및 지방 섭취량을 추정하는 방법을 선택할 수 있다.

2) 식품교환표를 이용한 식단 작성

(1) 식품교환표

식품교환표는 당뇨병 환자의 식사계획을 쉽게 할 수 있도록 미국영양사협회가 1950년대에 고안한 것으로 우리나라에는 1954년에 소개되었고, 이후 우리나라 실정에 맞게 개정되어 왔다. 현재는 당뇨병 환자의 식사뿐만 아니라 일반식, 치료식 등 균형 잡힌 식단계획에 널리 이용하고 있다.

식품교환표란 식품을 영양소 조성이 비슷한 것끼리 모아 6가지 식품군으로 나누고,

표 2-7 식품교환표

식품군		영양소 구성				1교환단위	
		에너지(kcal)	당질(g)	단백질(g)	지방(g)	식품의 예	목측량(무게)
곡류군		100	23	2	-	밥	1/3공기(70 g)
어육류	저지방	50	-	8	2	살코기	1토막(40 g)
	중지방	75	-	8	5	달걀	중 1개(55 g)
	고지방	100	-	8	8	삼겹살	1토막(40 g)
채소군		20	3	2	-	시금치(숙)	1/3컵(70 g)
지방군		45	-	-	5	기름	1작은스푼(5 g)
우유군	일반우유	125	10	6	7	일반우유	1컵(200 g)
	저지방 우유	80	10	6	2	저지방우유	
과일군		50	12	-	-	사과	1/3개(100 g)

같은 식품군 안에 있는 식품들은 대체로 영양소 조성이 비슷하므로 서로 자유롭게 바꾸어 먹을 수 있도록 하였다. 식품교환표는 곡류군, 어육류군, 채소군, 지방군, 우유군, 과일군의 6가지 식품군으로 나누어져 있다 표 2-7(부록 I 참조).

① 곡류군

곡류군은 곡류, 감자, 고구마, 옥수수, 빵, 국수 등 당질을 주로 함유하는 식품으로 구성되어 있으며, 곡류군 1교환단위는 당질 23 g, 단백질 2 g, 에너지 100 kcal를 낸다. 곡류군에 들어 있는 당질은 주로 복합당이며 식이섬유의 급원식품이 되기도 한다.

② 어육류군

어육류군에는 단백질을 주로 함유하는 고기, 생선, 콩, 알류 등이 속하고 단백질 외에도 지방이 많이 들어 있어 지방의 함유량에 따라 저지방군, 중지방군, 고지방군의 3가지로 분류한다. 어육류군 1교환단위에 들어 있는 영양소는 단백질은 모두 8 g으로 같고, 지방은 저지방군 2 g, 중지방군 5 g, 고지방군 8 g이어서 각각 50, 75, 100 kcal의 에너지를 낸다. 당뇨병 환자들은 심혈관계 합병증 예방을 위해서 지방 함량이 높은 고지방 어육류 식품의 사용은 제한할 필요가 있고, 콜레스테롤의 함량도 높으므로 식품 선택 시 주의가 필요하다.

③ 채소군

채소군에는 채소류, 해조류, 버섯류 등이 속하며 비타민, 무기질, 식이섬유의 함량이 높다. 채소군 1교환단위에는 당질 3 g, 단백질 2 g, 20 kcal의 에너지가 들어 있어 다른 식품군에 비해 에너지 함량이 낮은 식품군이다.

④ 지방군

동·식물성 기름, 견과류 등이 여기에 속하고, 1교환단위는 지방 5 g으로 45 kcal의 에너지를 낸다. 지방군에는 포화지방산과 불포화지방산이 들어 있고 콜레스테롤 함량이 높은 식품도 있어 선택에 주의해야 한다.

⑤ 우유군

우유군에 속하는 식품에는 단백질과 무기질이 주로 들어 있으며 우유, 두유, 떠먹는 요구르트 등이 해당된다. 우유군 1교환단위에는 당질 10 g, 단백질 6 g, 지방 7 g으로 125 kcal의 에너지를 낸다.

⑥ 과일군

과일군은 당질, 비타민, 무기질 및 식이섬유도 풍부히 함유하고 있으며, 1교환단위에는 당질 12 g으로 50 kcal의 에너지를 낸다.

(2) 식품교환표를 이용한 식단 작성의 실제

식품교환표를 이용해서 식단을 작성하는 단계를 요약하면 다음과 같다.

1단계 : 하루 필요 에너지 결정 및 결정된 에너지를 당질, 단백질, 지방으로 배분하여 필요량 결정
2단계 : 당질, 단백질, 지방의 필요량에 따라 각 식품군별 교환단위 수 결정
3단계 : 결정된 교환단위 수를 끼니 및 간식으로 배분
4단계 : 배분된 단위수에 맞게 식품교환표를 이용하여 식품을 선택하여 식단을 작성
5단계 : 실제 섭취할 식품의 양 계산(교환수 × 1교환단위량)

◎ 하루 필요에너지가 1,800 kcal이고, 당질, 단백질, 지방의 섭취비율을 60%, 20%, 20%로 하려면

1단계 아래 계산에 의해 당질 270 g, 단백질 90 g, 지방 40 g인 식단을 작성한다.

당질 : 1,800 kcal × 0.6 = 1,080 1,080 kcal/4 kcal/g = 270 g

단백질 : 1,800 kcal × 0.2 = 360 360 kcal/4 kcal/g = 90 g

지방 : 1,800 kcal × 0.2 = 360 360 kcal/9 kca /g = 40 g

2단계 당질, 단백질, 지방의 필요량에 맞게 식품군별 교환단위 수를 결정한다 표 2-8.

① 우유군 1교환, 채소군 8교환, 과일군을 2교환으로 계획한다면 이 세 식품군의 교환단위에 맞는 당질, 지방, 단백질 양을 계산한다.

② 우유군, 과일군, 채소군의 당질을 더하면 58 g이 된다.

③ 하루 필요 당질 270 g에서 58 g(②)을 빼면 212 g의 당질량을 구한다.

④ ③의 212 g을 곡류군 1단위 당질량인 23 g으로 나누어 곡류군 9단위

표 **2-8** 식품교환표를 이용한 1,800 kcal 식단 작성 순서

교환군		단위수	당질(g)	단백질(g)	지방(g)	식사 배분			
						아침	점심	간식	저녁
우유군 ①		1	10 × 1 = 10	6 × 1 = 6	7 × 1 = 7			1	
채소군 ①		8	3 × 8 = 24	2 × 8 = 16	-	2	3		3
과일군 ①		2	12 × 2 = 24	-	-	1	1		
당질 계산	당질 소계 ②		58	22	7				
	곡류군으로 제공할 당질량 ③		270 − 58 = 212						
	곡류군 교환단위 수 ④		212/23≒9						
곡류군		9	23 × 9 = 207	2 × 9 = 18	-	3	3		3
단백질 계산	단백질 소계 ⑤			22 + 18 = 40					
	필요 단백질량 ⑥			90 − 40 = 50					
	어육류 교환단위 수 ⑦			50/8 = 6					
어육류	저지방 ⑦	4	-	8 × 4 = 32	2 × 4 = 8	1	2		1
	중지방 ⑦	2	-	8 × 2 = 16	5 × 2 = 10	1			1
지방 계산	지방 소계 ⑧				7 + 8 + 10 = 25				
	필요 지방량 ⑨				40 − 25 = 15				
	지방군 교환단위 수 ⑩				15/5≒3				
지방군		3			15	1	1		1
합계(%에너지)			265(60%)	88(20%)	44(20%)				

를 정한다.

⑤ 우유군, 과일군, 채소군 및 곡류군까지의 단백질의 합은 40 g이다.

⑥ 하루 필요 단백질 양 90 g에서 ⑤의 40 g을 빼서 나머지 단백질 50 g을 구한다.

⑦ ⑥의 단백질 50 g을 어육류 1교환단위의 단백질 8 g으로 나누어 6교환단위를 정하고, 포화지방의 과잉 공급을 고려하여 저지방(4교환)과 중지방(2교환) 어육류군으로 배분한다.

⑧ 여기까지(우유군, 과일군, 채소군, 곡류군 및 어육류군)의 지방 양을 합한다.

⑨ 하루에 필요한 지방 40 g에서 ⑧의 지방 25 g을 빼서 지방군으로 공급할 양을 구한다.

⑩ ⑨의 지방 15 g을 지방군 1단위의 지방량 5 g으로 나누어 지방 교환단위 수를 3으로 정한다.

3단계 2단계에서 정한 식품군별 단위수를 끼니로 적정하게 배분한다.

4단계 배분된 단위수에 맞게 식품교환표를 이용하여 식단을 작성한다.

5단계 실제 섭취할 식품의 양으로 작성한 1,800 kcal 식단을 **표 2-9**에 제시하였다.

표 **2-9** 표 **2-8**를 이용하여 작성한 1,800 kcal 식단의 예

	음식명	재료	분량(g)	곡류	채소	과일	어육류		우유	지방
							저	중		
아침	보리밥	쌀, 보리	90	3						
	우거지된장국	우거지	35		0.5					
	불고기	소고기	40				1			
		양파	35		0.5					
		참기름	2.5							0.5
	달래생채	달래	35		0.5					
	두부부침	두부	80					1		
		식용유	2.5							0.5
	김치	나박김치	35		0.5					
	과일	사과	100			1				
	단위 합계			3	2	1	1	1		1
점심	현미밥	쌀,현미	90	3						
	육개장	소고기	40				1			
		숙주, 대파 등	70		1					
	조기구이	조기	50				1			
	우엉조림	우엉	40		1					
		식용유	2							0.4
	고사리나물	고사리	35		0.5					
		들기름	3							0.6
	김치	깍두기	25		0.5					
	과일	귤	100			1				
	단위 합계			3	3	1	2			1
오후 간식	우유		200						1	
저녁	보리밥	보리, 쌀	90	3						
	무채국	무	35		0.5					
		참기름	1.5							0.3
	닭조림	닭고기	40				1			
		양파	35		0.5					
		당근	35		0.5					
		기름	2.5							0.5
	고등어구이	고등어	50					1		
	시금치나물	시금치	70		1					
		참기름	1							0.2
	김치	배추김치	25		0.5					
	단위 합계			3	3		1	1	1	1
1일 단위수 합계				9	8	2	4	2	1	3

CHAPTER 3

소화기계질환

1. 구강 및 식도 질환
2. 위질환
3. 장질환

학습목표

1. 식도 및 위·장 질환의 구조와 기능을 설명할 수 있다.
2. 식도 및 위·장 질환의 원인과 증상을 설명할 수 있다.
3. 식도 및 위·장 질환의 영양관리원칙을 설명할 수 있다.

소화기계는 입에서 항문까지 하나의 긴 관으로 되어 있으며 소화·흡수에 관련된 기관들이 연결되어 있다. 소화기관은 입, 인두, 식도, 위, 소장, 대장, 항문으로 나눠져 있고 각 부위는 독특한 기능을 수행하며, 부속기관으로 간, 췌장, 담낭이 연결되어 있다 **그림 3-1**.

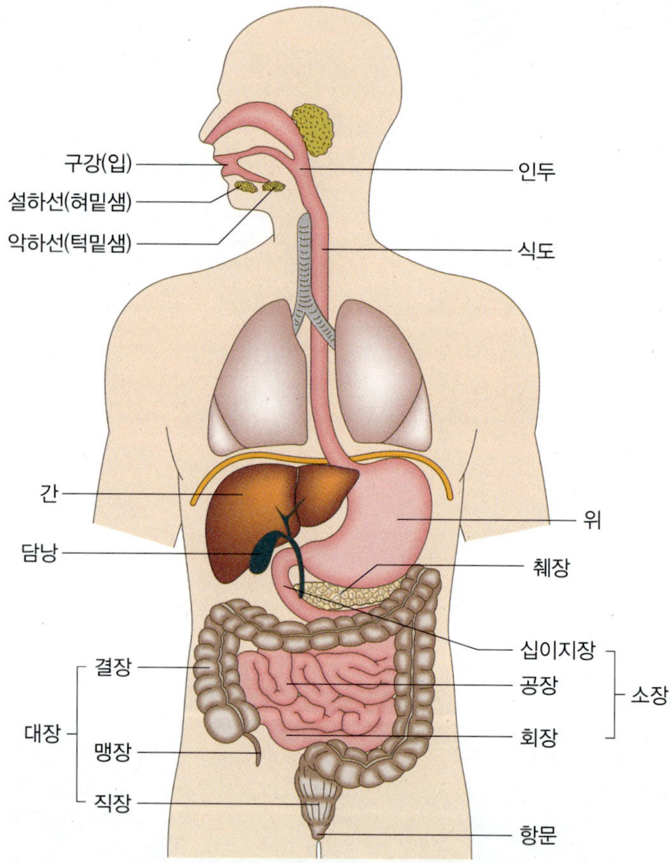

그림 **3·1** 소화기계의 구조

1. 구강 및 식도 질환

1) 구강과 식도의 구조와 기능

(1) 구강

구강은 소화기계가 처음 시작되는 부위로서 입술, 혀, 치아, 편도, 침샘이 속한다. 구강은 저작 및 소화를 담당하며 미각기관으로서 작용한다. 음식물을 잘게 분쇄하여 식도를 통하여 음식물이 잘 내려가도록 하며, 위에서 이루어지는 소화작용이 수월하도록 돕는다. 구강은 점막으로 덮여 있고 점액선과 장액선 등의 타액선(혀밑샘, 턱밑샘, 귀밑샘)에서 타액이 분비된다. 타액은 음식물을 부드럽고 매끄럽게 하며, 음식물에 있는 성분을 용해하여 맛을 느끼게 한다. 타액 중의 효소(타액 아밀라아제, salivary amylase)에 의해 전분의 소화작용이 시작된다. 또한 약간의 살균작용도 있어 세균의 감염으로부터 구강을 보호하기도 하며, 구강을 깨끗이 해주어 충치 발생을 지연시키는 작용을 한다.

(2) 인두

인두(pharynx)는 길이가 약 12 cm인 근육성 관으로서 구강의 뒷부분에서 인두로 연결되며 소화기계와 호흡기계에 공통으로 포함되는 통로이다. 구강으로부터 넘어온 음식물 덩어리가 인두에 압력을 가하면 연하중추에 신경자극을 주어 삼키기 위한 근육운동이 시작된다. 즉, 음식물을 삼키면 불수의운동에 의해 연구개가 올라가 음식물이 코 속으로 올라가지 않게 막아주고, 후두개가 기관 입구를 막아 음식물이 기관으로 들어가지 않고 식도로만 넘어가도록 한다.

(3) 식도

식도(esophagus)는 흉강 내에 위치하며 위로는 인두와, 아래로는 위와 연결되는 길이 약 25 cm의 근육층으로 된 관으로 음식을 위로 운반하는 역할을 한다. 인두에서 음식이 내려오면 식도의 상부식도 괄약근이 열리며 식도로 음식이 유입된다. 이어 식도로 내려온 음식물은 식도의 환상근과 종주근의 수축과 이완에 의해 아래로 내려 보내지고(연동운동), 하부식도 괄약근을 통과하여 위로 이동한다. 식도의 하부괄약근은 위 내용물

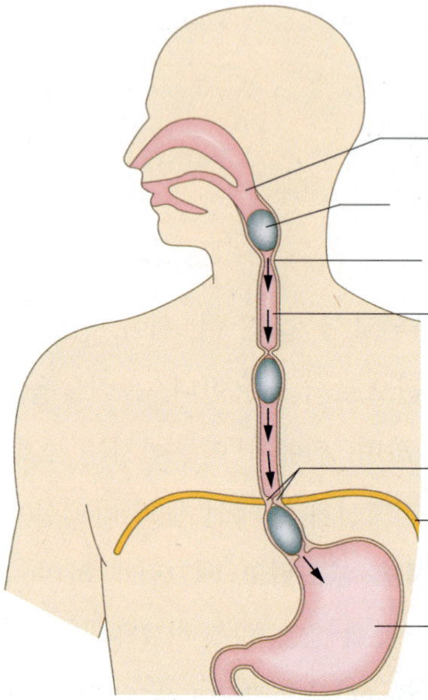

그림 **3-2** 음식물의 연하과정

이 식도로 다시 역류되는 것을 방지한다 **그림 3-2**.

2) 연하곤란

(1) 원인

연하곤란(dysphagia)이란 음식물이 구강 내에서 인두, 식도를 통해 위로 이동시키는 연하과정에 장애가 있는 상태를 말한다. 연하곤란의 원인으로는 기계적인 것과 마비로 나눌 수 있다. 기계적 원인은 주로 외과 수술, 식도 종양이나 폐색으로 인한 손상이다. 마비는 주로 연수의 뇌신경 손상 때문인데 뇌졸중의 40~50%의 환자가 연하곤란을 경험하게 되며, 외상성 뇌 손상, 알츠하이머병 말기, 후천면역결핍증후군 시에도 나타날 수 있다 **표 3-1**.

그 외에도 노화가 진행됨에 따라 저작기능 및 삼키는 기능이 저하되어 문제가 될 수 있는데, 치아 손실, 잘 맞지 않는 의치, 저작과 관련된 근육의 약화로 제대로 음식물을 씹지 못하거나 타액의 감소, 인두와 식도의 연동운동 감소, 교합력(bite force) 감소 등이

표 **3-1** 연하곤란이 나타날 수 있는 질병

- 인후 또는 식도의 염증 및 협착
- 흡인 또는 폐렴의 과거력
- 두경부암
- 뇌성마비(cerebral palsy)
- 다발성경화증(multiple sclerosis)
- 근이영양증(muscle dystrophy)
- 중증근무력증(myasthenia gravis)
- 피부근염(dermatomyositis)
- 근위축성 축삭경화증(amyotrophic lateral sclerosis)
- 알츠하이머병(Alzheimer's disease)
- 헌팅턴무도병(huntington's chorea)
- 파킨슨병(Parkinson's disease)
- 쇼그렌 증후군(Sjögren's syndrome)
- 뇌졸중(stroke)/뇌혈관장애(cerebral vascular accident)
- 길랑-바레 증후군(Guillain-Barre's syndrome)

알아보기 **연하과정**

연하반사(swallowing reflex)는 구강, 인두, 식도의 여러 근에 의한 일련의 반사에 의해 다음의 네 단계의 과정으로 이루어진다.

- 구강 내 조작단계 : 음식물이 씹혀져 분쇄가 일어나는 단계
- 구강 통과단계 : 혀가 음식물을 구강 안쪽으로 밀어 넣는 단계
- 인두 통과단계 : 인두를 통해 음식물이 빠른 속도로 이동하며 식도로 연결되는 단계
- 식도 통과단계 : 음식물이 식도를 통해 위로 이동하는 단계

구강 내 조작 및 구강 통과 단계는 어느 정도 의식적으로 조절이 가능하나, 인두와 식도 통과단계는 무의식적으로 이루어진다. 음식물이 구강의 점막이나 혀 안에 닿으면 반사작용이 일어나는데, 반사작용의 중추는 연수이며 반사의 구심로는 주로 설인신경, 원심로는 주로 미주신경이다. 음식이 식도를 통해 위장으로 이동하는데는 약 6~8초 정도 걸리며, 이러한 과정이 원활하게 이루어지지 않을 때 연하곤란을 느끼게 된다.

원인이 된다.

(2) 증상

연하곤란의 증상으로는 안면 쇠약, 침 흘림, 구강 내 정체, 음식을 삼킨 후 기침, 목 안에 덩어리가 있는 느낌 등을 들 수 있고, 흡인(aspiration)이나 폐렴의 위험성이 높아진다. 연하곤란으로 식사 섭취량 부족이 지속되면 탈수, 영양결핍, 체중 감소 등이 나타날 수 있다. 표 3-2는 연하곤란의 가능성을 예측할 수 있는 증상들이다.

(3) 식사요법

연하곤란 식사요법의 목표는 삼키는 능력에 맞게 식사의 점도를 조절하고, 환자의 식사

표 3·2 연하곤란의 가능성을 예측할 수 있는 증상

- 음식물을 혀 아래, 볼의 안쪽, 구개 밑에 문 채로 있을 경우
- 음식을 입 밖으로 내뱉거나 혀를 내미는 경우
- 혀의 조절이 잘 안 되거나 움직임이 지나치게 많은 경우
- 입안의 분비물이 지나치게 많은 경우
- 입안에서 음식물이 통과되는 시간이 오래 걸리는 경우
- 음식을 삼키는 동안이나 삼키기 전·후에 기침을 하는 경우
- 음식을 먹거나 음료를 마신 후에 양치할 때와 같은 소리가 나는 경우
- 쉰 목소리, 거친 목소리, 숨 가쁜 소리를 내는 경우
- 식사시간이 지나치게 오래 걸리는 경우
- 흡인으로 인해 폐렴이 자주 재발하는 경우

적응도에 따라 점도를 단계적으로 진전시킴으로써 흡인의 위험을 방지하고 적절한 영양상태를 유지할 수 있도록 돕는 것이다. 또한 연하곤란 환자의 경우 환자마다 특성이 다르므로 이에 따라 적절히 개별화된 식단계획이 필요하며 다음과 같은 사항을 고려해야 한다.

① 충분한 영양소 섭취

적당한 체중과 영양상태를 유지할 수 있도록 충분한 영양소를 섭취한다. 환자의 식사능력이 떨어져 섭취량이 부족하기 쉬우므로 영양 섭취가 충분하지 않은 경우에 영양 보충음료를 1일 1~2캔을 섭취하도록 한다.

② 식품의 점도 조절에 유의

묽은 액체인 경우 쉽게 흡인되므로 자연식품 또는 농후제를 사용하여 떠먹는 요구르트 농도 정도로 만들어 섭취할 것을 권장한다. 상업용 점증제는 제품을 첨가하여 천천히 저으면서 액체의 농도를 맞추도록 한다. 또한 건조하거나 끈적끈적한 음식이나 익히지 않은 식품은 제공하지 않는다. 마른 음식, 점도가 높은 음식, 잘 부서지는 음식보다는 부드럽고 촉촉한 음식, 질감이 고른 음식이 먹기 쉽다. 또 음식의 농도는 한 가지 농도로만 제한하도록 한다. 예를 들어, 죽이나 밥을 국에 말아먹으면 흡인의 위험이 높다.

③ **식사에 대한 순응도 높이기**

시각적인 면과 영양을 고려하여 가능한 다양한 음식을 제공한다. 환자의 식사력이나 기호 조사를 통해 환자가 선호하고 익숙한 식품을 제공함으로써 연하곤란식에 대한 순응도를 높일 수 있다. 특히 으깬 음식은 평소 먹던 식품 형태가 아니기 때문에 맛과 향이 중요하다.

④ **식사 시 자세**

조용하고 편안한 마음으로 충분한 시간을 갖고 천천히 식사하고, 똑바로 앉은 자세에서 턱을 약간 숙이고 식사 후 20~30분 정도 앉은 자세를 유지한다. 한 번에 조금씩 먹도록 하며 여러 번 삼키는 연습을 한다. 식사 시 사레가 들렸을 경우에는 기침을 하도록 한다. 음식물이 있을 때는 말하지 말고 음식을 삼킨 후 2~3번 삼킴질을 하도록 한다.

⑤ **연하곤란식 단계별 식사원칙**

음식의 농도와 질감에 변화를 주어서 환자의 적응 정도에 맞게 연하곤란식 단계별로 제공한다 표 3-3.

표 **3-3** 연하곤란식 단계별 식사원칙

단계	적용대상	음식의 성상
연하곤란식 1단계	중증 연하곤란 환자에게 적용	• 퓌레식을 기본으로 구성(반고형 음식으로 구성) • 맑은 액상 식품은 농후제를 사용하여 농도 조절(걸쭉한 농도) • 농도가 되고 질감이 균일하도록 함 • 질감 거친 음식, 견과류, 생과일, 생채소 금지 • 물은 허용되지 않음
연하곤란식 2단계	구강 내 조작능력이 중 정도로 손상되고, 치아가 없으며, 인두의 연동운동이 저하된 환자	• 퓌레식을 기본으로 하되 질감 있는 음식, 향이 있는 음식 약간 사용 • 액상 식품은 필요한 경우에만 농후제를 이용(꿀 정도의 점도로 걸쭉하게). 환자가 섭취 가능하면 맑은주스, 유제품 제공 가능 • 질감 거친 음식, 견과류, 생과일, 생채소 금지 • 물은 허용되지 않음
연하곤란식 3단계	처음 씹기 시작하거나, 구강 내 조작단계의 손상이 경미한 환자	• 다진식을 기준으로 제공 • 액상 식품은 농후제를 이용(넥타 점도) • 질감 부드러운 음식 제공 • 단단하고 끈적거리는 음식을 제한 • 고기는 다지거나 잘게 자름 • 견과류, 마른 식품, 바삭거리는 식품, 질긴 음식은 제한
연하곤란식 4단계	구강 내 조작에 경미한 문제 있는 환자	• 연식과 동일한 식사 제공 • 부드러운 질감의 음식 사용(다지거나 갈 필요 없음) • 점차적으로 일반 연식이나 상식으로 이행

3) 위식도역류질환

(1) 원인

위식도역류질환(gastroesophageal reflux disease, GERD)은 위산이나 위 속의 내용물이 식도로 역류하여 가슴 안쪽으로 타는 듯한 통증이나 쓰림을 일으키는 질환이다. 기름진 음식을 많이 먹는 등 식습관이 바뀌고 비만 인구가 늘면서 위식도역류질환자가 증가하고 있는데, 최근 성인 인구(약 4,200만 명) 10명 중 1명 꼴이다. 서구의 경우 성인 인구의 20% 수준이므로 우리나라도 향후 더욱 증가할 것으로 예상된다.

식도와 위 사이의 하부식도 괄약근(lower esophageal sphincter, LES)은 음식을 삼킬 때와 트림할 때만 열리고 평상시에는 꽉 조여 있어 위의 내용물이 거꾸로 식도 내로 역류하지 못하도록 하는 역할을 한다. 이 하부식도 괄약근의 수축력이 떨어지면 압력이 낮아져 위액이 식도로 거꾸로 넘어오게 되는데 이를 위식도역류라고 한다. 역류를 방지하는 해부학적 구조나 기능에 이상이 생기면 위식도역류질환을 일으키게 된다 그림 3-3.

위식도역류질환의 주요 원인은 다음과 같다.

- 비만 : 비만은 복압을 높임으로써 식도열공헤르니아(식도열공탈장)나 역류를 유발할 수 있는 요인이 될 수 있다. 체중 증가와 위식도역류질환 발생률은 비례하며, 복부 비만 시 더욱 발생률이 증가한다.
- 하부식도 괄약근의 기능 이상 : 정상인에서 하부식도 괄약근의 조이는 압력이 낮

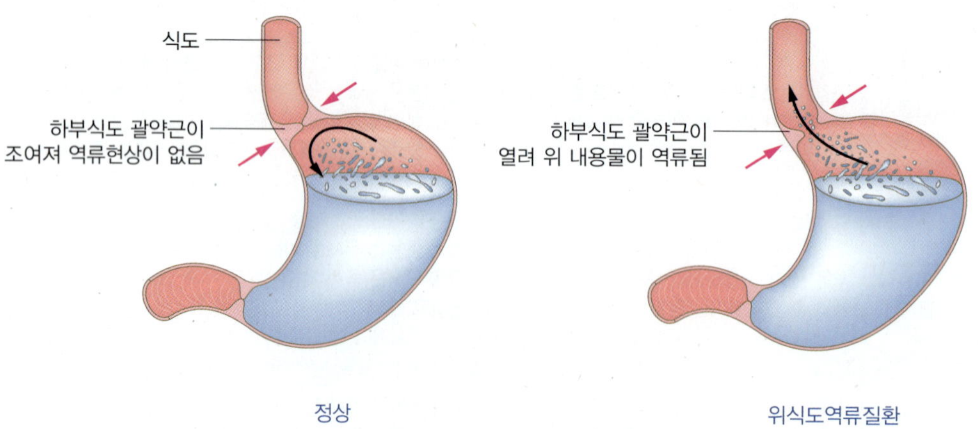

그림 3·3 하부식도괄약근과 위식도역류질환

아지면 역류가 쉽게 일어나고 심한 식도염이 흔히 동반된다. 역류되는 위 속 내용물 중 위산은 식도 점막을 손상시키고 쓰린 증상을 일으키는 원인이 된다. 하부식도 괄약근의 압력을 낮추는 요인으로는 알코올, 카페인, 흡연, 음식(고지방식, 초콜릿, 양파, 마늘, 민트류, 박하류 등) 등이 있으며 이들은 위산 분비를 촉진하기도 한다. 불규칙한 식생활습관(과식, 야식, 폭식 등)은 수시로 위산을 분비시키고 과다한 양을 분비하게 하여 위산에 의한 식도 점막 손상을 심하게 한다. 또한 하부식도 괄약근을 약하게 하고 역류를 유발하는 약물과 식도 손상을 일으킬 수 있는 약물도 원인이 될 수 있다.

- 위 배출 기능 저하 : 위 기능이 떨어져 오랫동안 음식이 소화되지 못하고 위에 계속 남아 있어도 위액이 역류되기 쉽다. 공기가 빠진 풍선보다 팽팽한 풍선에서 공기가 강하게 뿜어져 나오는 것과 같은 이치인데, 특히 과식을 하면 소화액이 많이 분비되고 위의 압력이 높아져 역류가 일어나기 쉽다.
- 식도열공헤르니아(esophageal hiatal hernia) : 식도는 횡격막의 좁은 구멍(식도열공)을 지나 위로 연결되는데, 복압의 증가로 위의 일부가 횡경막의 식도열공을 지나 흉부로 빠지는 식도열공헤르니아가 생기게 되면 횡경막의 조임이 느슨해지게 되고 식도열공이 넓어져 위식도역류가 잘 일어나게 된다 **그림 3-4**.
- 기타 : 임신, 복수, 식후 누워 있는 자세, 허리나 배를 압박하는 옷 등도 역류 증상

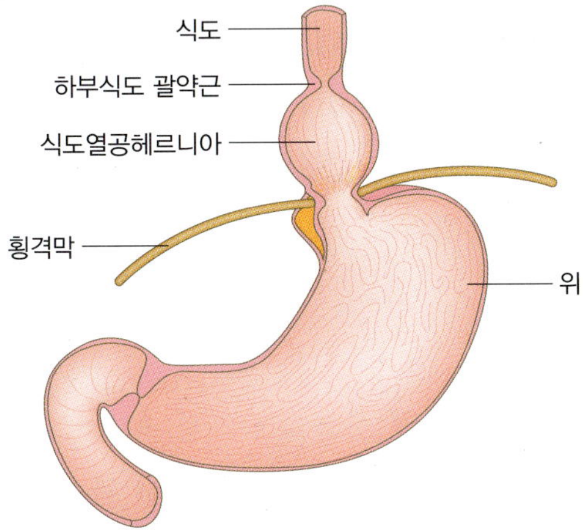

그림 **3-4** 식도열공헤르니아

표 3·4 위식도역류질환의 위험요인

역류 증상을 증가시키는 요인	하부식도 괄약근 압력을 저하시키는 요인
비만 과식 위 배출 지연 식후 누워 있는 자세 허리나 배를 압박하는 옷 임신	알코올 카페인 흡연 음식(초콜릿, 박하류, 민트류, 고지방식) 약물(아스피린 등의 진통소염제, 고혈압약)

을 증가시키는 요인이 될 수 있다.

(2) 증상

위식도역류질환의 전형적인 증상은 흉부 작열감(burning sensation, 가슴쓰림)과 산 역류이다. 흉부 작열감은 '위나 하부 가슴에서 목으로 향하는 타는 듯한 증상'으로서 위식도역류질환자 10명 중 약 7~8명이 겪게 된다. 실제로 환자들은 '따갑다', '화끈거린다', '아프다', '치밀어 오른다' 등으로 표현하기도 한다. 산 역류는 위액이나 위 내용물이 역류되어 입에서 시고 쓴맛을 느끼는 증상이다. 그 외에 비전형적 증상으로는 흉통, 쉰 목소리, 무언가 목에 걸린 듯한 느낌, 연하곤란, 인후통 등이 나타나기도 한다. 식도로 넘어온 위산과 위 내용물이 식도 점막을 자극하여 쓰리고 아픈 증상을 일으키고, 심하면 식도염, 식도궤양 등을 일으키며, 때로는 위산이 식도를 지나 목까지 넘어와 후두염이나 천식, 만성기침을 일으키기도 한다.

또한 위식도역류질환 시 역류성식도염(내시경검사 시 위와 식도의 접합부에 있는 경계가 모호해지고 미란 같은 염증상태가 확인됨)이 나타나거나 나타나지 않을 수 있다. 위식도역류질환 환자 중 약 60%가 역류성식도염이 나타나지 않는 비미란성 위식도역류질환(non-erosive reflux disease, NERD)이며 기본치료는 역류성식도염과 동일하다.

(3) 치료

위식도역류질환의 치료는 식습관 및 생활습관 개선, 약물치료, 내시경치료, 수술에 이르기까지 다양하다. 식습관 및 생활습관의 조절은 일단 관해(relief of pain)가 일어난 상태에서 무증상을 유지하는데 중요한 역할을 하며, 투약 중단을 유지할 수 있도록 하는

> **알아보기** **바렛 식도**
>
> 바렛 식도(Barrett's esophagus)는 1950년 바렛이라는 사람에 의해 처음 기술되었으며, 역류성식도염 환자의 10% 정도에서 발생하는 심한 합병증이다. 지속적인 위산 역류에 의해 위와 연결되는 식도 끝부분의 점막세포(편평상피조직)가 위에서 관찰되는 원주상피세포로 변하는 것이 관찰된다. 식도암 발생의 원인으로도 알려져 있으나, 동양인보다 주로 서양인에서 나타나는 것으로 보고되고 있다.
>
> 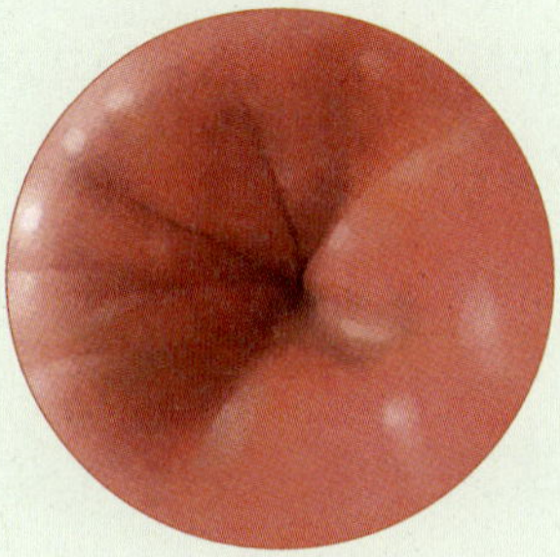
>
> 정상 식도
>
> 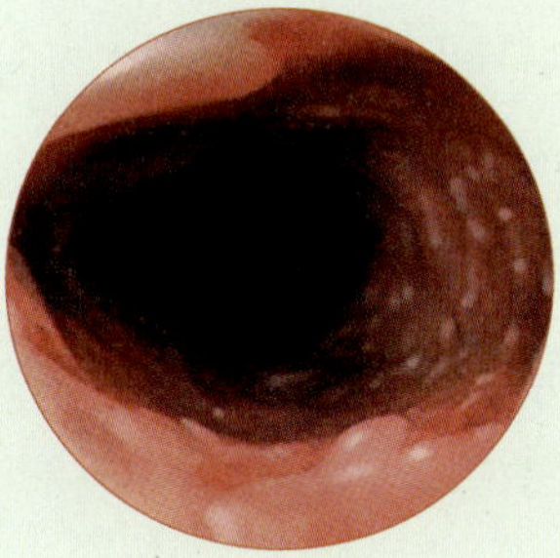
>
> 바렛 식도
>
> 자료 : https://www.mayoclinic.org

가장 중요한 수단이 된다.

위식도역류질환에 처방 가능한 약물로는 양성자 펌프 억제제(proton pump inhibitor, PPI), 제산제, 점막 보호제, H_2 수용체 차단제, 위장운동 촉진제(괄약근압 및 식도 연동운동 증가, 위장 배출시간 단축) 등이 있다. PPI가 가장 효과적인 약물 치료제이나 역류 증상이 가벼운 경우에는 제산제나 H_2 수용체 차단제를 이용한다(소화성궤양의 약물치료 참조).

(4) 식사요법

위식도역류질환의 식사요법은 하부식도 괄약근의 압력을 증가시키며 식도 역류 증상을 완화하고 위액의 산도를 감소시켜 식도 점막의 자극을 줄이는 것을 목표로 한다. 식사력 조사를 통해 위산 분비를 증가시키거나 증상을 악화시키는 식품들 및 흡연, 활동패턴 등의 생활요인 등에 대해 조사하고, 환자 개개인에게 증상을 악화시키는 식품이 있다면 섭취에 유의하거나 제한하여야 한다. 또한 대부분의 환자들은 증상을 악화시킨다고 느끼는 식품들을 스스로 제한하여 체중 감소나 영양소 결핍을 보이기도 하므로, 이러한 영양문제를 해결하면서 환자의 증상을 감소시키는 식사요법을 해야 한다.

① 체중 관리하기

비만인 경우 체중을 줄이고 복부지방을 감소시키도록 한다.

② 식사량과 식사시간 규칙적으로 갖기

과식, 폭식을 피하며 에너지 보충이 필요한 경우라면 하루에 여러 끼(5~6회)로 나누어 먹는 것이 좋다. 밤에 역류현상이 가장 많이 나타나므로 야식을 피하고, 취침 2~3시간 전 식사나 간식은 금지하도록 한다.

③ 하부식도 괄약근의 압력을 저하시키는 음식 제한하기

고지방식(튀김류, 육류기름, 버터, 식용유, 크림 등), 초콜릿, 민트, 너무 뜨겁거나 찬 음식 등

④ 위산 분비를 촉진하는 자극적 음식 제한하기

감귤류, 오렌지, 토마토, 신 음식, 자극적인 음식(강한 향미 식품, 매운 음식 등), 탄산음료, 커피(디카페인 포함), 후추, 케첩, 머스터드 등

⑤ 하부식도 괄약근의 압력을 증가시키는 음식 섭취하기

지방이 적은 단백질 식품(살코기, 생선, 두부, 콩 등을 담백하게 조리, 탈지우유 등), 지방이 적은 당질 식품(밥, 빵, 감자, 국수, 채소 등)

⑥ 생활습관 개선하기

몸에 꼭 끼는 옷을 삼가고, 식후 바로 눕지 않으며 식사 시 바른 자세를 유지하고 식후 구부리는 동작을 하지 않도록 한다. 앉아 있는 시간을 줄이고 충분한 운동을 하도록 한다. 금연·금주하며 변비가 되지 않도록 한다.

4) 식도염

(1) 원인

식도염(esophagitis)은 식도 점막에 염증을 일으켜 점막 부분이 짓무르는 질환으로, 세

균감염이나 산·알칼리의 자극, 약물 등에 의해 발생할 수 있다. 주로 통증이나 출혈 등의 증상이 동반되기도 한다. 식도염은 식도 하단부에 주로 생기는데 식도 점막이 손상을 받아 생긴다. 식도염을 일으키는 주된 원인은 다음과 같다.

- 감염 : 진균이나 바이러스, 세균 감염에 의해 발생하며, 이는 면역억제제, 항암제 사용 및 후천면역결핍증후군(AIDS)과 관계가 있다. 대개 면역 결핍상태에서 생기는 경우가 많은데 노인층이나 당뇨병 환자 또는 장기이식 환자 등 면역력이 많이 떨어져 있는 경우에 흔히 발생한다.
- 위산 역류 : 식도염의 가장 흔한 원인으로, 위에서 위산이 역류하여 식도 점막에 화학적 화상을 일으키게 된다.
- 섭식장애 : 구토를 자주하는 것과 억지로 구토를 하는 섭식장애가 있는 경우, 위산으로 인해 식도에 염증을 일으킬 수 있다.
- 약물 : 일부 항생제나 소염진통제, 항바이러스제제, 철 보충제 등이 식도에 염증을 일으킬 수 있다.

(2) 증세

가슴쓰림(속쓰림)이 가장 대표적인 증세이며, 음식물을 삼킬 때 통증이 있거나 연하곤란을 호소하는 경우도 있다. 전신 증상으로 구역, 구토, 발열, 오한, 경미한 백혈구 증가가 있을 수 있다.

(3) 식사요법

식도염의 일반적 치료원리는 위식도역류질환과 같다. 급성일 경우에는 식도 점막의 자극을 최소화하고 위산의 역류를 억제하여 위산의 산도를 감소시켜 자극을 줄이는 것이다. 유동식을 주어 식도의 자극을 피한다. 체중을 줄이며 과식과 지방이 많은 음식이나 위산을 자극하는 음식을 피하고, 단백질을 충분히 섭취하도록 한다. 금주·금연하도록 하고, 식사 후 적어도 3시간이 지나 위가 빈 후에 눕도록 한다.

2. 위질환

1) 위의 구조와 기능

(1) 구조

위는 소화 장기 중에서 가장 크고, 근육과 혈관이 매우 잘 발달되어 있는 장기이다. 위는 크게 식도와 연결되는 위저부, 중앙의 대부분을 차지하는 위체부, 십이지장을 향해서 가늘어지는 유문부로 나누어진다. 위벽은 위의 안쪽에서부터 점막층, 혈관과 림프관이 풍부한 점막하층, 여러 겹의 근육층, 그리고 가장 바깥쪽의 장막층으로 구성되어 있다. 점막층은 음식물과 직접 맞닿는 부위로 융모 모양으로 구성되어 있으며, 위산을 분비하지만 위산으로부터 손상되지 않도록 하는 보호막을 형성하고 있다 그림 3-5.

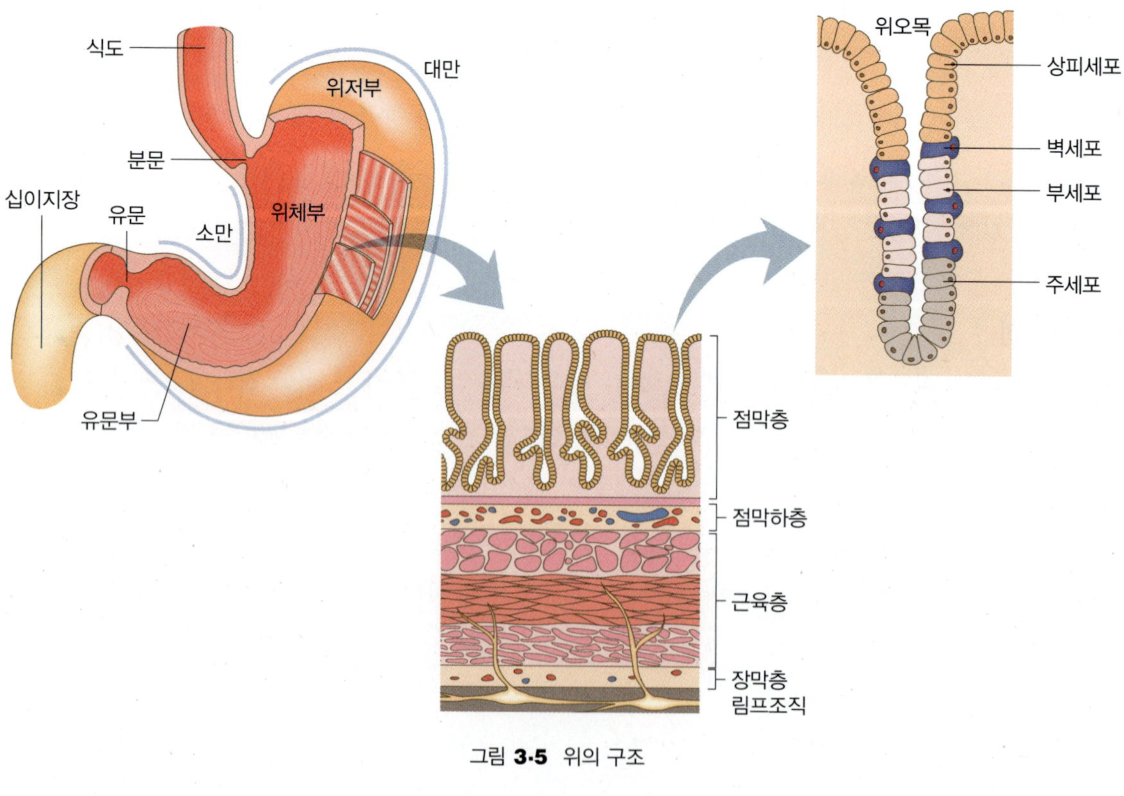

그림 3-5 위의 구조

(2) 운동 및 저장 기능

식도를 통해 들어온 음식물은 위의 연동운동에 의해 서로 섞이고 잘게 부서져 죽처럼 부드러운 미즙상태가 된다. 미즙은 위의 저장기능에 의해서 위에 일시적으로 저장되는데, 유문의 조절에 의해 십이지장으로 느리게 배출된다. 위로 들어온 음식은 음식마다 차이가 있어 약 3~6시간 정도 머무는데 지방, 단백질, 당질의 순서로 위에서 소장으로의 배출이 늦어진다.

(3) 분비기능

위는 위산, 펩시노겐, 가스트린, 내적인자(intrinsic factor, IF), 점액 등을 분비한다. 위액은 섭취한 음식의 종류에 따라 분비량, 산도, 성분 등이 달라진다. 위산은 단백질 섭취에 따라 분비가 증가되며, 펩시노겐의 활성화, 펩신의 최적 pH 유지, 강력한 살균작용, 단백질의 변성과 팽화 등의 작용을 한다. 위선의 주세포에서 분비되는 펩시노겐은 위산에 의해서 펩신으로 전환되어 단백질을 분해한다. 위산은 살균작용도 있어 세균이 십이지장으로 이행하는 것을 막는다. 가스트린은 위산 분비를 촉진하며 위 운동을 보조한다. 위의 부세포에서는 점액을 분비하여 위산에 대해 위벽이 손상되지 않도록 보호한다.

내적인자는 위의 벽세포에서 분비되는 점액질 단백질로서 비타민 B_{12}와 결합하여 비타민 B_{12}가 흡수되는 회장까지 이동하므로 비타민 B_{12}의 흡수에 필수적인 역할을 한다. 위 절제수술 등으로 내적인자가 감소하거나 분비되지 않으면 비타민 B_{12} 결핍증이 쉽게 나타난다.

알아보기 **위기능의 조절**

소화관의 기능은 신경계와 내분비계에 따른 반사 조절작용에 의해 조절된다. 자율신경 중 부교감신경은 위 운동과 위액 분비를 자극하며, 교감신경은 반대로 억제하는 기능을 한다. 조절 양상은 뇌상(cephalic phase), 위상(gastric phase), 장상(intestinal phase)으로 나눌 수 있다. 이 중 뇌상은 뇌의 수용체가 자극을 받아 소화작용이 시작되는 단계로서, 음식물이 입안에 있거나 냄새를 맡거나 생각하거나 이야기를 들을 때 조건반사적으로 대내피질을 통해 부교감신경을 활성화시켜서 위액 분비를 촉진시키는 현상이다. 과도한 스트레스를 받으면 자율신경계에 영향을 주어 위액 분비와 위의 연동운동 등이 비정상화되는데, 미주신경에 의해 위산 분비가 항진된다.

(4) 소화기능

위에서는 위산과 펩신의 작용으로 단백질의 분해가 일부 이루어진다. 위액에는 지질분해효소가 없어 지질은 위에서 거의 소화되지 않는다. 타액 아밀라아제에 의한 당질 분해가 어느 정도 일어나므로 미즙은 일부 당질과 단백질의 분해산물을 포함하게 된다.

2) 위염

위염(gastritis)은 위장 점막에 염증이 생긴 상태이며 급성과 만성으로 나눌 수 있다.

(1) 급성위염

① 원인

급성위염(acute gastritis)이란 위 점막의 급성염증성 질환이며, 위산의 증가와 위 점막 혈류의 감소, 점막에 부착된 점액층의 파괴 및 상피세포에 대한 직접적인 손상 등으로 인한다. 급성위염의 주된 원인은 다음과 같다.

- 잘못된 식생활, 폭식, 자극적인 음식, 커피, 알레르기 식품 등의 섭취
- 알코올, 위 점막에 손상을 주는 약물(예 : 아스피린, 진통소염제)
- 헬리코박터 파일로리(*Helicobacter pylori*)에 의한 급성감염
- 세균 감염 및 기생충(예: 생선회 섭취 후 발생하는 아니사키스 감염)
- 과도한 스트레스
- 위 점막으로의 혈류가 감소한 스트레스 상황(예 : 외상, 화상, 패혈증 등)
- 강산 또는 강알칼리 용액

알아보기 **헬리코박터 파일로리(*Helicobacter pylori*)**

헬리코박터 파일로리는 위의 아래쪽 유문(파이로리) 근처에 사는 나선형(헬리코) 균(박터)이다. 위벽은 끈끈한 점액 단백질인 점액층으로 덮여 있기 때문에 위액은 위를 손상시키지 않는다. 헬리코박터균은 길이 2~7 μm의 몸에 여러 개의 편모가 달려 있다. 이 편모를 이용해 점액층을 뚫고 들어가 위 점막 표면에 산다. 헬리코박터균은 요소분해효소(urease) 생산능력이 다른 균에 비해 100배 이상 높은데, 요소를 알칼리성 암모니아로 만들어 위산으로부터 자기 주변을 지키는 보호대를 만들어 생존하며 독성물질을 분비하여 위 점막을 손상시키는 것으로 알려져 있다. 헬리코박터균은 위염, 위궤양, 위림프종 등의 원인으로 지목되고 있으며, 세계보건기구(WHO)는 이 균을 위암을 일으키는 발암인자로 규정하고 있다. 우리나라 성인의 70% 정도가 보균자로 한국인에게 가장 많이 발생하는 위암의 주요 원인이다.

② 증상

명치 부위의 갑작스런 통증, 심한 위통, 메스꺼움, 구토 등의 증상이 발생하며, 이외에 소화불량, 설사, 식욕 부진 등을 보이기도 한다. 심한 경우 출혈도 나타난다. 급성위염을 치료하지 않고 방치하면 만성위염으로 발전할 수 있다.

③ 식사요법

병의 진전은 빠르나 완치될 수 있다. 원인이 되는 식사요인을 제거하고 위를 쉬게 하기 위하여 1~2일 정도 금식하고 구토가 심한 경우에는 비경구적으로 수분과 전해질을 공급한다. 급성기 증상이 줄어들면 당질 식품을 위주로 한 유동식에서 시작하여 회복상태에 맞추어 차츰 연식, 상식으로 이행한다. 환자가 수용할 수 있는 식품을 주는 것을 원칙으로 하되 위 점막을 자극하거나 위산 분비를 촉진하는 음식을 제한하고, 소화가 쉽고 자극이 적은 음식을 공급하도록 한다. 식사는 다음 사항에 유의하여 공급하도록 한다.

- 개인적으로 소화가 잘 안 되거나 통증을 유발하는 음식 제한
- 맵고 짠 음식, 태운 생선 및 육류, 기름진 음식, 산도가 높은 과일주스, 식초, 고춧가루, 후추, 강한 향신료 제한
- 술, 커피, 탄산음료 제한
- 너무 뜨겁거나 찬 음식 제한
- 우유는 위산 분비를 더 촉진할 수 있으므로 습관적으로 마시거나 잠자기 전 섭취 제한
- 규칙적으로 소량씩 여러 번으로 나누어 섭취하며 과식하지 않을 것

(2) 만성위염

① 원인

만성위염(chronic gastritis)은 위 점막의 만성염증성 질환으로 위 점막을 자극하는 한 가지 또는 그 이상의 원인이 지속될 때 발생한다. 우리나라 만성위염 원인의 대부분은 헬리코박터 감염에 의하며, 그 외에 위산의 과다 분비, 위의 운동기능 장애 및 불규칙한 식생활, 잘못된 식습관(매운 음식, 짠 음식, 탄 음식, 폭식 등), 폭음, 복용하는 약물, 스트레

스, 정신적 문제 등이 복합적으로 작용한다. 그 밖에도 유전적 요인이나 연령, 직업, 잘못된 생활습관이 유발요인이 될 수 있다. 또한 자가면역성 기전(면역 이상으로 항체 생성)으로 의해 발생하는 만성위염도 있다.

② 증상

만성위염의 경우는 증상이 없을 수 있고, 소화불량, 상복부 통증, 식후 복부팽만감, 조기 포만감, 메스꺼움, 식욕 부진 등의 증세를 보이기도 한다.

③ 식사요법

청장년기에 주로 나타나는 만성위염(과산성 위염)의 식사요법은 소화성 궤양과 비슷하다. 특별히 음식을 제한할 필요는 없고 환자 개인에게 불편을 주는 식품을 피하며, 에너지를 비롯한 모든 영양소를 충분히 함유하고 규칙적으로 식사하는 것을 원칙으로 한다. 위산 분비를 촉진하는 음식은 피하고, 염증 회복을 위해 단백질을 적절히 섭취한다. 단백질은 위산의 완충작용도 하나 위산 분비를 촉진시키는 작용도 있으므로 식사 처방

알아보기 **위축성 위염(무산성 위염)**

원인

위축성 위염(atrophic gastritis)은 위의 표면인 점막이 오랫동안 지속된 만성 염증으로 인해 위축되어 발생하는 만성위염으로서 대개 만성적인 헬리코박터 감염으로 인해 발생한다. 위 내시경검사에서 위점막이 얇아져 혈관 모양이 자세히 관찰되는데, 이러한 위염은 중장년층에서 흔하고 70세 이상의 환자의 거의 대부분에서 나타나기도 한다. 일부 위축된 부분이 장점막과 같은 형태로 변하는 장상피화생이 동반되기도 하며, 이와 같은 경우 위암 발생이 정상인에 비하여 증가한다고 알려져 있다.

증상

위의 점막이 위축되어 위산 분비가 감소하나 명확한 증상이 없을 수도 있다. 만성 소화불량으로 식사 후 답답하고 메스꺼운 불쾌감이나 압박감이 지속된다. 증상이 오래된 경우 전신권태, 체중 감소로 이어질 수 있다. 또한 위산이 적어 세균이 증식하기 쉬운 상태가 되며, 위 속의 세균은 음식 속의 질산염을 발암 촉진인자로 변화시키는 역할을 하기도 한다.

식사요법

위액과 위산 분비 감소로 식욕이 저하될 수 있으므로 위산 분비 촉진을 위해 무즙, 파, 마늘, 생강 등을 양념으로 적당히 사용하거나 식사 전 유자차나 레몬차, 연한 커피, 홍차, 주스, 요구르트 등을 마시는 것도 도움이 된다. 단백질 급원으로는 부드러운 고기, 흰살생선 등을 소화능력에 맞게 적절히 사용한다. 위산 분비가 적으면 철 흡수가 감소될 수 있으므로 빈혈 예방을 위해 간, 육류, 귤 등 철이 많은 음식을 섭취한다. 질산염이 많이 포함된 음식으로는 신선하지 않은 오래된 음식, 소금에 오래 절인 음식, 검게 탄 생선이나 고기 등이 있으며, 이러한 음식들을 섭취하면 위암의 발생률이 높아지므로 피하도록 한다.

시 유의해야 한다. 식사요법 초기에는 연식을 위주로 하고 회복에 따라 상식으로 이행하도록 한다. 다음 사항을 유의하여 공급하도록 한다.

- 부드럽고 소화가 잘 되는 음식으로 장기간 관리
- 소량씩 자주 나눠 섭취하고 천천히 잘 씹고 과식하지 않을 것
- 부드럽게 조리된 단백질 식품(살코기, 흰살생선, 달걀찜 등) 권장
- 고지방 음식, 진한 육즙, 젓갈, 장아찌, 자극성이 강한 조미료, 라면 등의 자극성 있는 음식 제한
- 커피, 술, 탄산음료 제한 및 금연 권장
- 스트레스 관리

3) 소화성궤양

소화성궤양(peptic ulcer)은 소화관 점막의 일부에 손상으로 인하여 궤양이 발생하는 질환으로 궤양의 위치에 따라 위궤양, 십이지장궤양이 있으며, 세계적으로 10%의 인구에서 발생하는 보편적 질환이다. 소화기관을 덮고 있는 점막이 위산이나 펩신에 의해 침식되고 헐어서 생긴 상태로 위궤양은 주로 소만 부위와 유문 근처에, 십이지장궤양은 유문 바로 아래 부위에 자주 발생한다. 위궤양보다 십이지장궤양이 더 흔하며, 십이지장궤양은 위궤양보다 좀 더 젊은 시기에 발생하여 30~50세에 높은 발병률을 보이며, 위궤양은 40~60세에 높은 발병률을 보인다.

(1) 원인

소화성궤양은 소화관의 방어인자(점막)와 공격인자(위산) 사이의 균형이 깨질 때 발생한다.

① 점막의 성질이 변하여 산에 대한 점막의 저항이 약화되는 경우

위궤양은 위점막을 보호하는 벽이 붕괴되면서 수소이온이 위점막 조직으로 확산되어 위점막의 방어기능에 결함이 발생하여 조직 손상이 생긴다. 이러한 조직 파괴의 원인으로는 헬리코박터 감염과 비스테로이드이성 소염제(non-steroidal anti-inflammatory drugs, NSAIDs), 스테로이드, 알코올 남용 등을 들 수 있다.

알아보기 **비스테로이드성 소염제의 부작용**

위장벽은 강한 위산으로 부터 자신을 보호하기 위해 점액을 분비하는데, 그 기전에 프로스타글란딘(prostaglandin)이 관여한다. 소염제인 아스피린(aspirin), 이부프로펜(advil 또는 motrin으로 시판), 나프록센(naproxen), 인도메타신(indomethacin) 등은 프로스타글란딘을 차단하여 염증을 없애주는 소염 작용을 하는데, 부작용으로 위점막을 보호하는 방어벽의 형성을 허물어뜨려 궤양 발생을 증가시킨다. 따라서 소염진통제의 습관적 복용 및 노인들의 소염진통제 이용 증가는 궤양 발생의 주요 원인이 된다.

② 과다한 위산과 펩신의 분비로 점막이 손상되는 경우

소화성궤양 중에서 십이지장궤양이 더 흔한데, 위산 분비가 과다하거나 위 배출시간이 빠르거나, 배출된 산을 중화시키는 십이지장의 능력이 감소되어 발생한다. 십이지장궤양 환자들은 정상인보다 위벽세포가 2배 이상 많으며 위산 분비 촉진물질에 대한 민감성이 증가되어 위산 분비가 한층 더 촉진되는 것으로 보고 있다. 아세틸콜린 등은 미주신경의 자극으로 방출되므로 감정적 스트레스는 궤양과 관련이 있다. 맵고 짠 음식, 커피, 알코올, 불규칙한 음식 섭취 등의 잘못된 식습관이 원인이 될 수 있다. 흡연은 십이지장 점막세포의 재생과 점막 아래층 조직의 혈액 순환에 장애를 가져와 궤양을 발생시키며, 위산 분비도 촉진한다.

(2) 증상

식사 전이나 밤과 같은 공복 시에 나타나는 상복부의 심한 통증이 특징적인 증세이다. 공복 시에는 산을 중화해 줄 음식이 없어 강한 위산이 점막을 자극하므로 심한 통증이 나타난다. 산이 계속 분비되는 식후 2~3시간 후 또는 산의 분비가 심한 밤 11시에서 새벽 2시 사이의 야간에 증상이 심해진다. 그 외에 소화불량, 오심, 구토, 식욕 부진, 체중 감소 등의 증상이 나타나기도 한다. 궤양이 심해지면 출혈, 토혈, 위벽이 뚫리는 천공과 이로 인한 빈혈 등이 나타날 수 있으며, 흑변은 궤양에 의한 출혈을 말해 주는 것이다 그림 3-6.

(3) 치료

궤양치료의 목적은 증세를 완화하여 통증을 없애고 상처 치유를 촉진하며, 재발을 막

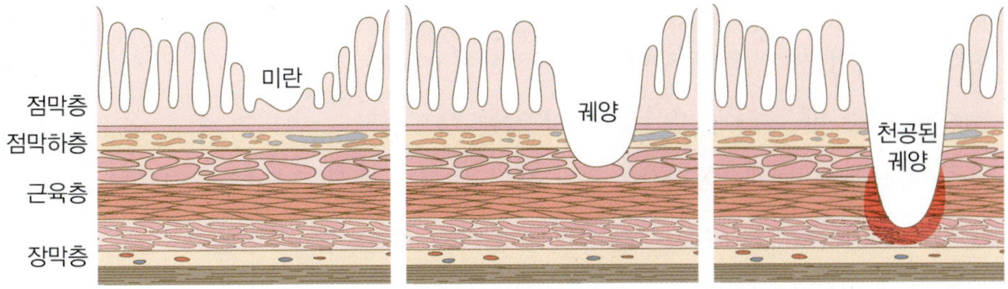

그림 3-6 소화성궤양의 진전

고, 합병증을 방지하는 것이다. 궤양의 치료에는 식사요법, 약물요법, 수술 등의 방법이 사용된다. 최근에 새로 나오는 약물로 인하여 궤양의 치료는 점점 발전되고 있으며, 약물치료로는 위산 분비 억제제, 제산제, 점막 보호제 및 헬리코박터 제균을 위한 항생제 등이 이용된다 표 3-5.

(4) 식사요법

궤양환자의 영양치료 목표는 영양상태를 유지 또는 개선하면서 소화성궤양의 증상을 최소화하는 것이다. 위산 분비를 증가시키는 음식, 증상을 악화시키는 음식, 식도·위·십이지장 점막에 손상을 주는 음식을 제한한다. 그러나 과거 궤양식사는 자극적인 음식을 피하고 제한하는 식품 품목이 많았으나, 현재는 지나친 제한은 하지 않고 원칙적으로 환자가 수용할 수 있는 범위 내에서 정상식사를 권장하고 있다. 따라서 궤양식사

표 3-5 소화성궤양의 약물치료

종류	특징	대표 약제
위산 분비 억제제	① H_2 수용체 차단제 : 위산 분비에 관여하는 히스타민 H_2 수용체의 길항제로 작용하여 위산 분비 억제	Cimetidine Ranitidine Famotidine
	② 양성자 펌프 억제제(PPI) : 위산 생성에 필요한 수소이온, 칼륨, ATPase 작용 억제	Omeprazole
	③ 프로스타글란딘제-위산 생성 억제	Misoprostol
제산제	위산 중화작용. 흉통 및 위식도역류질환의 증상을 완화. 마그네슘 제제는 설사, 알루미늄 제제는 변비를 일으킬 수 있음	Aluminum hydroxide Magnesium hydroxide
점막 보호제	궤양 부위에 보호막 형성. 프로스타글란딘 합성 증가	Sucralfate, Bisthmus
항생제	헬리코박터 박멸	

의 가장 중요한 것은 영양소가 골고루 함유된 균형된 식사를 제공하는 것이다.

궤양의 식사요법 시 다음의 사항에 유의하도록 한다.

- 통증이 심할 때 : 위에 자극을 주지 않는 부드럽고 소화되기 쉬운 음식을 소량씩 자주 먹는다. 이렇게 함으로써 위의 산이 음식과 중화된 상태로 있도록 한다.
- 커피, 카페인 음료, 알코올 제한 : 위산 분비를 촉진하므로 피한다.
- 고추, 후추, 카레와 같은 자극적인 조미료 제한 : 궤양의 상처 부위를 자극하므로 피하도록 한다.
- 단백질, 철, 비타민 C 등은 충분히 섭취 : 상처 치유를 위하여 양질의 단백질 식품(생선, 두부, 달걀, 살코기 등)을 충분히 섭취한다.
- 식이섬유는 적당히 섭취 : 식이섬유를 제한하거나 가스를 내는 채소를 피하는 것 등은 근거가 없으므로 적용하지 않는다. 위산을 중화시키는 완충제로서의 역할을 하며 제산제 복용에 의한 변비 예방에 도움을 줄 수 있다. 다만 환자에 따라 먹으면 속이 불편한 음식은 피하도록 한다.
- 오메가-3 지방산 섭취 : 생선이나 식물성 기름의 오메가-3 지방산은 프로스타글란딘 생성을 촉진하여 점막 보호에 도움을 줄 수 있다. 지방은 위산 분비와 위장운동을 억제하므로 제한하지 않는다.
- 우유는 적당히 섭취 : 위산을 중화하기는 하나 너무 많이 섭취하면 우유의 단백질과 칼슘이 위산 분비를 증가시켜 섭취 후 2~4시간 후에는 오히려 위산을 분비시킬 수 있으므로 잦은 우유 섭취는 바람직하지 않다.
- 식사습관 : 기름지고 맵고 짠 음식, 거친 음식, 딱딱한 음식, 말린 것, 튀긴 음식 등은 가급적 피하고 먹더라도 잘 씹어 먹는다. 규칙적으로 식사하고 과식하지 않도록 하며 조금씩 자주 주도록 한다. 과식을 하면 위가 늘어나서 위산 분비를 촉진한다. 잦은 간식과 밤 간식은 위산의 분비를 자극한다. 취침 전 야식은 피하도록 한다. 또한 안정되고 조용한 분위기에서 편안한 마음으로 식사하도록 한다.
- 금연 : 흡연은 궤양의 치유를 지연시키고 위 점막을 자극하므로 금하도록 한다.
- 스트레스의 감소와 이완 : 이완요법의 하나로 오락과 취미활동이나 적절한 운동 프로그램에 참여한다. 충분한 수면을 취하도록 한다. 스트레스를 줄이기 위해 가정과 작업 시 환경을 조절하며 증상 유발요인을 피한다.

표 **3-6** 소화성궤양 환자의 식단 예

연식			상식		
아침	점심	저녁	아침	점심	저녁
쌀죽 배추된장국 소고기채소조림 달걀찜 유채나물 물김치	채소죽 순두부국 갈치조림 호박나물 무나물 물김치 복숭아통조림	흑임자죽(1/2) + 쌀죽(1/2) 미역국 닭안심조림 동태살찜 가지나물 물김치 우유	쌀밥 근대된장국 불고기 달걀찜 오이나물 물김치	쌀밥 두부맑은국 조기구이 호박볶음 숙주나물 백김치 사과	쌀밥 콩나물국 닭안심볶음 동태무조림 시금치나물 백김치 우유

4) 위 절제술

위 절제술(gastrectomy)은 소화성궤양과 위암 환자에게서 위의 일부 또는 전체를 절제하는 수술이다. 최근 들어 암 검진이 보편화되고 국가 암검진사업이 활성화됨에 따라 조기에 위암이 발견되어 위 절제술을 받는 경우가 점차 증가하는 추세이다. 위 절제는 위의 2/3를 절제하는 위아전절제술과 위 전체를 절제하는 위전절제술이 있으며 **그림 3-7**, 특히 위전절제술 후 영양장애는 필연적인 문제이다.

위 절제로 인한 위 용적 및 기능 저하로 다음과 같은 소화 흡수 관련한 문제가 나타날 수 있다.

- 위 저장용적 감소로 음식이 소장으로 빠르게 넘어감

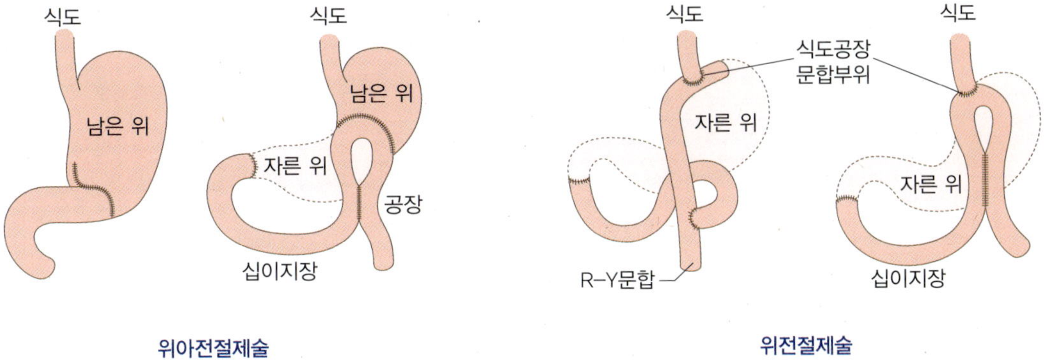

그림 **3-7** 위 절제술

- 위 소실로 인해 한 번에 먹을 수 있는 식사량 감소 및 음식 섭취량 부족
- 위 소화액 분비 감소로 소화·흡수 불량
- 위 운동을 담당하는 미주신경의 절단으로 운동능력 변화
- 위산 부족으로 살균작용이 감소하여 장내 세균 증가로 식중독에 취약

이로 인해 체중 감소, 체지방, 체질량지수의 감소가 보편적이며, 영양과 관련된 여러 합병증들이 나타나는데, 덤핑증후군, 빈혈, 설사, 역류증상 등이다. 이러한 영양문제를 해결할 수 있는 약물이나 치료방법이 아직 분명하지 않은 상황이므로 위 절제 후의 영양관리 및 식사요법은 매우 중요하며 환자들의 삶의 질과도 크게 연관이 있다.

(1) 덤핑증후군

① 원인

덤핑증후군(dumping syndrome)의 덤핑은 '한꺼번에 쏟아버린다'라는 뜻으로 다량의 위 내용물이 소장으로 급격히 이동하면서 발생하는 증상을 말한다. 정상적인 위와 십이지장 사이에는 유문이 있어서 소화된 음식물을 소량씩 십이지장으로 보내어 정상적인 소화과정이 이루어진다. 그러나 위 절제술로 인해 이러한 조절기능이 상실되어 위의 음식물이 소장으로 빨리 내려가면서 여러 증상이 나타나게 된다. 위 절제수술 환자의 20~40%는 수술 후 덤핑증후군으로 고통을 받는데, 대부분은 시간이 지남에 따라 정상으로 되나 길게는 1년에서 2, 3년간 이러한 증상이 발생한다.

표 3-7 덤핑증후군의 발현시간 및 주요 증상

분류	조기 덤핑증후군	후기 덤핑증후군
발현시간	식후 30분 정도	식후 90분~3시간 사이(공복)
주요 증상	• 저혈압(탈수) 증상 : 위 소실에 의해 음식물이 소장으로 급속히 들어오면서 장내 삼투압이 올라가고 이로써 체액이 소장 내로 빠져 나와 혈액량이 갑자기 줄고 혈압이 떨어지는 상태가 됨 • 전신 증상 : 나른함, 전신권태감, 오한, 두근거림, 현기증, 전신작열, 흉통, 두통, 안면 창백, 실신 • 복부 증상 : 복부팽만, 복부불쾌감, 설사, 복통, 구토, 구역질	• 저혈당 증상 : 당질이 너무 빨리 소장으로 유입되어 흡수됨으로써 순간적으로 고혈당이 유발되고, 이에 따라 너무 많은 인슐린이 분비되어 시간이 지나면서 저혈당 상태가 됨 • 공복감, 전신권태감, 오한, 무기력, 심박항진, 전신무력감, 현기증, 손떨림, 빈맥, 두통, 실신

② 증상

덤핑증후군은 식사 후 약 30분에서 1시간 사이에 나타나는 조기 덤핑증후군과 식사 후 90분에서 3시간 사이에 나타나는 후기 덤핑증후군으로 구분할 수 있다. 후기 증상은 조기 증상만큼 자주 나타나지는 않는다.

③ 식사요법

영양치료의 목표는 영양적으로 적합한 식사를 환자에게 공급하고 덤핑증후군의 증상을 완화시키는 것이다. 또한 위 절제로 인해 장기적으로 발생할 수 있는 영양문제를 최소화하는 것이 식사요법의 주된 목표가 된다.

- 당질, 특히 단순당의 섭취는 줄이고 단백질 섭취 증가 : 장내 삼투압을 줄이기 위하여 빠른 시간에 혈당을 올리는 단순당(설탕, 꿀, 케이크, 아이스크림 등)을 줄이고 복합당질을 이용한다. 수술로 인한 더 이상의 체중 감소를 막고 체내 조직의 빠른 재생을 위해 충분한 양의 단백질 섭취가 필요하다. 고기, 생선, 두부, 달걀, 콩 등 단백질 식품을 매끼 1~2종류씩 섭취하도록 한다.
- 지방은 소화가 가능한 범위에서 식사에 적절히 사용 : 지방은 에너지를 많이 내고 음식물의 위장 통과속도를 늦춰 주므로 지방 섭취가 필요하다. 그러나 수술 후에는 지방 소화장애로 기름기 많은 음식을 섭취 시 설사를 유발할 수 있으며, 소화가 어려운 튀김이나 볶음, 기름기가 많은 것들은 위에 부담을 주므로 주의해야 한다.
- 수분이 많은 음식이나 식사 중 수분 섭취 제한 : 식사는 건조한 고형 음식 위주로 한다. 식사 중 수분 섭취는 포만감을 주어 섭취하는 음식량을 적게 할 수 있으므로 많이 마시지 않는다. 물과 국물은 식전 또는 식후 30분~1시간 정도 지난 후 식사와 별도로 섭취한다.
- 가능한 범위 안에서 우유 및 유제품 섭취 : 수술 후 오랜 기간 뒤에는 칼슘 흡수불량으로 인해 칼슘 부족이나 골다공증 및 골연화증이 될 수 있다. 따라서 적응할 수 있는 범위 안에서 우유 및 유제품의 섭취량을 조금씩 늘려간다.
- 자극성 음식 제한 : 맵고 짠 음식은 삼가고, 소화되기 쉬우며 부드러운 형태로 조리하고 초기에는 가능한 익힌 음식을 섭취한다.
- 식사는 천천히 잘 씹어 소량씩 자주 : 1회 30번 이상 씹고 20분 이상 천천히 식사

한다. 위의 저장능력이 감소되어 음식이 장으로 빨리 들어가므로 하루 5~6회 이상 자주 식사한다. 너무 찬 음식은 먹지 않는 것이 좋다. 생과일, 생채소의 질긴 부분은 제거 후 섭취한다. 부드럽게 조리한 채소부터 시작하여 잘게 썰어 섭취하면서 적응하도록 한다.

- 식사량은 점차적, 지속적으로 늘이기 : 적은 식사량이 계속 되면 회복이 지연되고 영양불량의 위험성이 있으므로 점차적으로 영양섭취량을 늘려가도록 한다. 죽만 계속 먹을 경우 밥에 비해 에너지 섭취가 부족하여 영양결핍이 되기 쉽다. 그러나 위에 부담이 되지 않을 정도로 식사량을 조금씩 증가시키도록 한다.
- 식사 자세 : 식사 후 바로 움직이지 말고 15~30분은 비스듬한 자세로 기대어 편안히 휴식한다. 덤핑 증상 예방을 위해 음식물 통과속도를 늦추며, 소화작용을 돕기

표 **3·8** 위 절제 환자의 식단 예

	위 절제 후 1단계식(미음)	위 절제 후 2단계식(죽)	위 절제 후 3단계식(죽)	위 절제 후 4단계식(밥)
아침	누룽지미음 150 g 물김치	흰죽 150 g 달걀찜 호박나물(껍질 제외) 물김치/간장	흰죽 200 g 달걀찜 가자미조림 호박나물 물김치/간장	쌀밥 210 g 소고기뭇국 달걀찜 가자미구이 호박나물 물김치
간식	누룽지미음 150 g 물김치	새우채소죽 150 g 물김치	새우채소죽 200 g 물김치	새우채소죽 200 g 물김치
점심	일반미음 150 g 물김치	흰죽 150 g 연두부찜 무나물 물김치/간장 포도주스 120 mL	흰죽 200 g 연두부찜 다진불고기 숙주나물 물김치/간장 포도주스 120 mL	쌀밥 210 g 아욱된장국 불고기 병어조림 숙주나물 물김치 사과주스 120 mL
간식	호박미음 150 g 물김치	호박죽 150 g 물김치	호박죽 200 g 물김치	호박죽 200 g 물김치
저녁	일반미음 150 g 물김치	흰죽 150 g 달걀찜 감자조림 물김치/간장	흰죽 200 g 달걀찜 조기구이 양배추채나물 물김치/간장	쌀밥 210 g 콩나물국 조기구이 돈육표고버섯조림 양배추채나물 백김치
간식	일반미음 150 g 물김치	두유 200 g	두유 200 g	두유 200 g

위함이다.

- 생활태도 : 아스피린, 흡연, 스트레스 등 위험인자를 줄이고 규칙적이고 여유 있는 생활을 하도록 한다.

(2) 위 절제술로 인한 기타 합병증

수술에 의한 위 절제 및 이에 따른 미주신경 손상은 위의 운동기능 및 분비기능에 다양한 영향을 미친다. 식도에 가까운 근위부 위 절제는 위의 저장기능을 소실시키며, 십이지장에 가까운 원위부 위 절제는 주로 음식물의 혼합 및 분쇄 과정 장애를 일으킨다. 이와 같은 원인들로 인해 덤핑증후군 이외에도 여러 가지 증상을 보이는데 무력감, 식욕 저하, 조기 포만감 및 음식 섭취량 감소에 따른 체중 감소, 복부 팽만, 위식도역류, 설사, 빈혈 등이 나타난다 표 3-9.

표 **3-9** 위 절제술로 인한 기타 주요 합병증

합병증	증상
빈혈	• 위 절제술 시 출혈 및 수술 후 음식 섭취량 부족으로 인함 • 위산이 결핍되거나 음식물이 상부 공장에서 빨리 통과하면 철의 흡수가 방해를 받아 철결핍성 빈혈이 발생할 수 있음 • 위 절제로 위의 내적인자 분비가 감소하면 비타민 B_{12} 흡수가 잘 되지 않아 거대적아구성 빈혈이 나타날 수 있음. 비타민 B_{12} 결핍은 대개 체내 저장량으로 인해 1~2년 후에 나타나며 빠른 경우엔 6개월 이내에 나타날 수도 있음
설사	• 위 절제술 후 약 30% 환자에서 설사가 발생함 • 음식물이 십이지장을 경유하지 않고 우회하는 경우에는 음식물과 담즙의 분비에 시간차가 생겨 지방 흡수 장애가 발생할 수 있음 • 위산 분비가 감소되어 소화·흡수가 저하되고, 음식 섭취 시 들어온 세균 제거가 불충분하거나 미주신경의 절제로 인해 장운동이 빨라져 설사나 무른 변 증상 나타남
역류	• 담즙이 위 내로 거꾸로 올라오는 것을 막아주는 유문괄약근이 없어서 쓴 담즙액이 식도로 올라와 알칼리역류성 위염과 식도염을 유발 • 담즙 역류가 지속되면 위와 식도에 염증을 일으키므로 예방을 위해 식후에 눕지 않도록 하며 야식을 섭취하지 않도록 함

3. 장질환

1) 장의 구조와 기능

(1) 소장의 구조

소장은 십이지장, 공장, 회장의 세 부분으로 구분되며, 십이지장의 유문에서 회장까지 6~7 m에 이르는 우리 몸에서 가장 긴 장기이다. 십이지장과 공장의 안쪽 점막에는 많은 주름이 있고, 그 표면에는 융모(0.5~1 mm 되는 점막돌기)가 돋아 있으며 융모의 점막세포를 미세융모가 덮고 있다 **그림 3-8**. 미세융모에는 최종단계의 소화효소가 존재하여 소화·흡수를 돕는다. 이와 같은 소장벽은 영양소 흡수에 최적화된 구조이다. 위에서 미즙상태로 넘어 온 음식물은 소장을 통과하는 사이에 소장벽에서 분비되는 장액, 간에서 분비되는 담즙, 췌장에서 나오는 췌장액 등과 혼합되어 소화와 흡수가 일어난다.

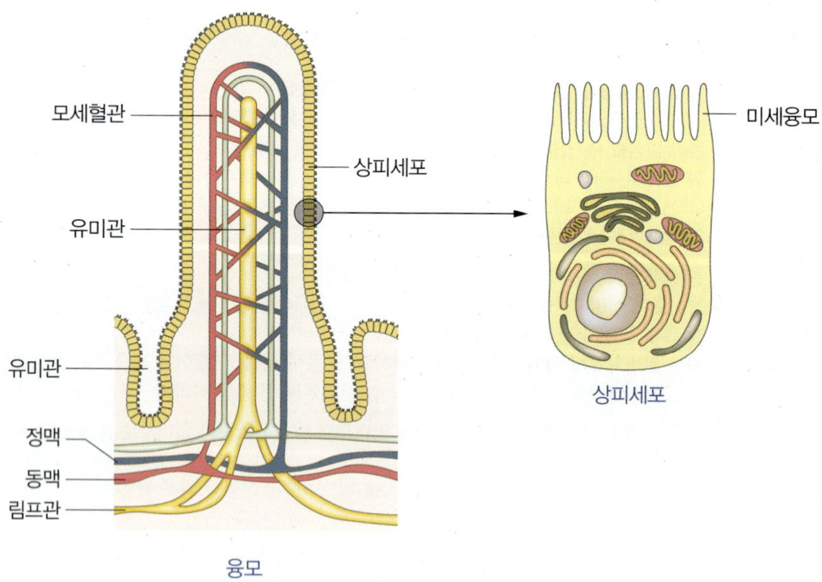

그림 **3·8** 소장 융모의 구조

(2) 소장의 기능

① 소화관운동

소화관운동은 평활근의 수축운동으로서 이 운동에 의해 소화관 내용물이 혼합되면서 장 아래쪽으로 이송된다. 분절운동으로 음식물을 잘게 분쇄하고 소화액과 잘 혼합되도록 하여 흡수세포인 상피세포와 접촉을 쉽게 한다. 연동운동에 의해 내용물들을 전진시켜 대장으로 이동시킨다.

② 소장의 분비기능

위에서 미즙상태로 넘어 온 음식물은 소장을 통과하는 사이에 소장벽에서 분비되는 장액(단백질분해효소 포함), 간에서 만들어지는 담즙, 췌장에서 나오는 중탄산염과 당질, 단백질, 지방분해효소 등과 혼합되어 영양소가 소화되도록 한다.

③ 영양소 흡수작용

소화된 대부분의 영양소들은 소장의 점막에 있는 융모로 흡수되는데, 융모는 모세혈관과 연결되어 있어 흡수된 영양소들은 혈관으로 들어가게 된다. 탄소수가 14개 이상인 장쇄지방산은 모노글리세리드와 함께 담즙산염의 작용으로 미셀(micelle)을 형성하여 유미관을 통해 림프관으로 들어가 흉관을 거쳐 대정맥으로 합류된다. 이때 지용성 비타민인 비타민 A, D, E, K는 지방의 흡수경로를 따라 담즙산과 리파아제의 도움을 받아 미셀 내에 함께 포함되어 흡수된다. 수용성 비타민도 소장에서 흡수되는데, 예외적으로 비타민 B_{12}는 위벽세포에서 분비되는 내적인자와 결합하여 회장에서 흡수된다.

(3) 대장의 구조

대장은 길이가 1.5~2 m의 소화관으로 맹장, 결장(상행결장, 횡행결장, 하행결장, S상결장), 직장으로 구분된다. 대장의 길이는 소장의 1/4 정도에 불과하나 폭이 약 7.5 cm로 소장의 2배 이상 굵고, 점막 표면에는 주름이나 융모가 발달되어 있지 않다.

(4) 대장의 기능

① 수분 흡수

소장에서 소화·흡수가 완료된 음식물 찌꺼기가 대장으로 넘어온다. 하루에 소장으로부터 대장으로 들어오는 수분의 양은 약 2 L로, 이 중 90%가 흡수되고 나머지 150~200 mL가 대변으로 배설된다. 이때 수분의 양은 대변의 형태에 영향을 주어 수분의 분비가 증가하거나 흡수가 줄어들면 설사가 유발된다.

② 비타민 합성

대장에서는 장내세균이 성장하고 번식하며, 이 장내세균에 의해 비타민 K가 합성된다.

③ 대변의 형성

소화되지 않은 물질들은 항문을 통해 배출하며, 장 내용물의 대장 체류시간은 18~24시간이다. 분변은 소화·흡수되지 않은 불용성 잔사 및 미소화물, 장에서 탈락된 상피세포와 점막물질, 나머지 소화액, 장내세균, 담즙 색소(빌리루빈) 성분, 칼슘, 마그네슘 등의 일부 무기질 등으로 구성된다. 1일 배변량은 약 200 g이며 이 중 70~80%가 수분이다. 대변의 냄새는 장내세균에 의해 발효되어 생성된 인돌, 스카톨, 황화수소, 메탄 등으로 인해 발생한다.

알아보기 **대변의 색과 건강**

대변은 보통 황갈색에서 흑갈색을 띠며 소화기질환을 진단하는데 유용한 검체이다.

- 붉은 변(혈변) : 대장이나 직장 등 소화기관 하부의 출혈 후 배출되면서 붉은빛의 변을 보게 된다. 궤양성대장염이나 치질, 대장암 등 대장이나 직장 쪽 질환을 의심할 수 있다.
- 흑변 : 식도·위·십이지장 등 소화기관 상부의 출혈이 원인일 수 있다. 평소 속이 자주 쓰리고 소화가 안 되면서 검은 변을 본다면, 위염이나 소화성궤양을 의심할 수 있다.
- 회색변 : 담관이 막히거나 좁아지면 담즙이 제대로 분비되지 않아 회색변이 나타날 수 있다. 담도 폐쇄, 담낭염, 담석증 등을 의심할 수 있다. 또 췌장염으로 지방 분해능력이 떨어지는 경우, 지방이 섞인 노란색 변을 보게 된다.
- 녹색변 : 담즙이 잘 분해되지 못하고 대장으로 내려가는 경우에 나타난다. 심한 설사 등으로 대변이 대장을 통과하는 시간이 짧아지면 미처 분해되지 못한 담즙이 그대로 배설되면서 녹색변이 나타날 수 있다.

2) 변비

변비(constipation)는 전 인구의 5~20%가 증상을 호소할 정도로 흔한 증상으로 명확히 정의하기는 어려우나, 배변이 일주일에 3회 미만이거나 과도한 힘 주기, 딱딱한 변, 배변 시 잔존감, 항문 폐쇄감, 원활한 배변을 위한 부가적인 처치 등 여섯 항목 중 두 가지 이상의 증상들이 6개월 전에 시작되었고, 지난 3개월 동안 지속된 경우를 변비라고 정의하고 있다. 변비는 이차적 변비(다른 질환에 의해 이차적으로 증상이 발생하는 변비)와 기능성 변비(대장, 직장의 운동기능 장애로 인해 발생하는 변비)로 분류하고, 기능성 변비에는 이완성 변비와 경련성 변비가 속한다.

(1) 이완성 변비

① 원인

이완성 변비는 전체적으로 대장운동이 약해져 변을 항문 쪽으로 밀어내지 못하고 변을 장 속에 담고 있는 상태이다. 활동량 저하, 노령, 임신으로 인한 대장의 예민성 부족 또는 식이섬유, 수분, 지방 섭취 부족 등에 의해 발생한다. 또한 아침 결식 등의 불규칙한 식습관, 변을 오래 참는 나쁜 배변습관은 배변을 하고 싶은 느낌에 둔해지고 결국 변비가 된다. 또한 약물 복용도 원인이 될 수 있는데, 하제의 반복적 사용, 철 보충제, 제산제, 아편성분 진통제, 항경련제, 항우울제 등의 복용에 의해 발생할 수 있다.

② 증상

변비로 장 내용물이 오래 정체되면 수분이 지나치게 흡수되어 수분량이 적고 딱딱해진 변을 보게 된다. 며칠 동안 변을 보지 못해도 별로 불편한 줄 모르며, 변이 굵고 딱딱하고, 배를 만져보면 왼쪽 복부에서 변이 만져지기도 한다. 복부 팽만감, 식욕 저하, 두통, 피로, 불면증 등이 나타난다. 오래 계속되면 치질로 발전할 수 있고 출혈, 통증을 동반하기도 한다.

③ 식사요법

변비의 치료를 위해서는 규칙적인 식사와 배변습관, 충분한 식이섬유와 수분 섭취, 적당한 휴식과 운동 등과 같이 전반적인 생활습관의 변화가 필요하다.

식이섬유는 섭취했을 때 소화되지 않고 대장으로 가서 변의 양을 증가시키고 부드럽게 만들어 매끄럽게 배변시키는 작용을 한다. 식이섬유는 곡류, 해조류, 채소 및 과일 등에 풍부하게 함유되어 있다 표 3-10. 또한 수용성 식이섬유가 불용성 식이섬유에 비해 만성적인 변비 개선효과가 크다. 고식이섬유식을 하면서 수분을 충분히 섭취하여야 변이 부드러워지므로 충분한 수분을 섭취한다. 필요한 경우에 식이섬유 보충제를 이용하기도 한다. 설사약을 사용할 수는 있으나 가급적 제한한다.

변비의 식사요법 시 다음의 사항 등을 고려한다.

- 보리, 현미 등 고식이섬유 함유 식품으로 잡곡밥하기
- 콩이나 콩제품 많이 섭취하기
- 해조류, 견과류 섭취량 증가시키기
- 매끼 세 가지 이상의 채소 반찬 섭취하기
- 주스나 통조림 대신 생채소, 생과일 이용하기
- 탄닌이 많이 함유된 덜 익은 과일(감, 바나나, 석류, 포도 등) 피하기
- 발효된 유제품 섭취하기
- 1일 8~10컵 정도의 충분한 수분 섭취하기
- 식사는 규칙적으로 하며 편안한 분위기에서 천천히 하기
- 적당한 운동과 규칙적인 생활주기와 배변습관 갖기

표 3-10 고식이섬유 식품의 예

식품군	고식이섬유 식품 종류
곡류	현미, 보리, 율무, 메밀, 옥수수, 오트밀, 귀리, 통밀, 고구마, 토란 등
콩류	팥, 대두, 강낭콩, 완두콩, 녹두 등
종실류, 견과류	들깨, 참깨 및 도토리, 밤, 호두, 은행 등
채소류	건조채소류, 취나물, 고사리, 고비, 토란대, 고구마줄기, 배추, 무청, 양배추, 오이, 미나리, 부추, 풋고추, 도라지, 더덕, 버섯, 셀러리 등
해조류	미역, 미역줄기, 다시마, 파래, 톳 등
과일류	사과, 배, 수박, 참외, 딸기, 키위, 무화과, 자두, 서양자두(prune), 살구 등

(2) 경련성 변비

① 원인

경련성 변비는 신경성 요인으로 대장운동이 항진되어 홍분하여 경련을 일으키며 이로 인해 변을 밀어내지 못하는 상태이다. 주로 장기간의 스트레스, 맵고 짠 음식, 커피, 카페인의 과잉 섭취, 과음, 지나친 흡연, 좋지 못한 식습관, 장의 감염, 수면 부족, 피로 등이 원인이며 젊은 사람에게 많이 발생한다. 생활환경이 바뀌어 변을 제때에 보지 못하고 참다가 습관성으로 만성경련성 변비가 되기도 한다.

② 증상

경련성 변비는 과민대장증후군의 주된 증상이다. 고여 있는 대변을 내려 보내기 위해 대장운동을 하게 하므로 복통이 동반된다. 메스꺼움, 장 경련, 가스 발생 및 변이 잘 나오지 않으며 변이 나오더라도 토끼 똥처럼 작은 덩어리가 한두 개 똑똑 떨어질 정도이므로 변을 보아도 개운치가 않다. 처음 변은 단단해도 나중에는 무르고 가는 변이 나온다. 관장을 해도 변은 별로 나오지 않고 이완성 변비약에도 반응하지 않는다.

③ 식사요법

식사는 장에 자극이 적은 저잔사식, 저식이섬유식 및 저지방식을 하며 기름에 튀기거나 자극성 식품은 피한다. 곱게 간 쇠고기, 흰살생선, 닭고기 살, 식이섬유가 적은 채소와 과일을 주로 이용한다.

3) 설사

설사(diarrhea)는 변이 무르고 물기가 많은 상태로 배설되는 것으로 배변의 횟수가 하루 3회 이상이거나 대변 무게가 200 g 이상인 경우로 정의하며, 2주 이하를 급성설사, 2~4주를 지속성 설사, 4주를 초과하면 만성설사로 정의한다.

(1) 원인

급성설사는 세균, 바이러스, 기생충 등에 의한 감염에 의해 주로 발생하며, 그 외에 덜 익은 과일이나 상한 음식, 약물에 의해 발생한다. 만성설사의 가장 흔한 원인은 과민대장증후군이며, 기타 장질환(궤양성대장염, 크론병, 장염 등) 및 간·담·췌장 질환 등에서도 나타난다. 그 외에 약물, 습관적 자극성 하제 사용, 만성적 음주, 일부 세균성 감염의 경우도 만성설사를 유발할 수 있다. 또 유당불내증, 가공음료 등에 사용되는 솔비톨 같은 당알코올 섭취 후, 지방 흡수장애 등 다양한 원인에 의해서 발생한다.

(2) 증상

급성설사는 일반적으로 구토, 발열, 복통의 증상을 동반한다. 만성설사의 증상은 심하지 않고, 무르거나 형태가 없는 변을 하루에 여러 번 배설한다. 설사로 인해 수분과 전해물질(특히 나트륨과 칼륨)의 손실이 있게 되며, 설사 정도가 심하면 탈수로 인한 저혈압, 빈맥, 전신적 쇠약감 등이 나타난다. 또한 장 내용물이 너무 빨리 장관을 통과하여 영양소가 소화·흡수될 수 있는 시간이 짧아지므로 만성적인 설사는 체중 감소, 빈혈, 영양불량의 문제를 일으킨다.

(3) 식사요법

설사환자의 가장 기본적 영양지침은 손실된 수분과 전해물질의 보충이다. 전해질이 포함된 수액을 주사하거나 이온음료를 우선 복용하는 것이 도움이 된다. 영유아는 체격에 비해 체표면적이 크므로 수분 손실에 더 민감하다. 따라서 급성설사 시 탈수 예방

알아보기 **설사의 병태생리**

- 분비성 설사(secretory diarrhea) : 용어 그대로 소화액의 분비가 많아져 생기는 설사로 수분 함량이 증가한 수양성 설사(watery diarrhea)이다. 세균성 독소, 담즙산의 흡수 불량(담즙산은 대장의 분비를 자극), 습관적인 하제 사용 등 다양한 원인에 의해 발생하며 가장 흔한 원인은 감염이다. 금식을 해도 설사 양의 감소는 별로 없다.
- 삼투성 설사(osmotic diarrhea) : 소장에서 흡수가 되지 않아 장관 내 삼투압의 증가로 인해 수분이 혈액에서 장관 내로 이동하여 설사를 일으키는 것이다. 유당불내증, 소화되지 않는 물질의 과다 섭취(가공음료 등에 사용되는 과당, 솔비톨 등), 만성췌장염 등에 의한 췌액 분비장애나 점막 흡수불량 등으로 인한 지방변 설사의 흔한 원인이다. 금식을 하거나 원인물질 섭취를 중단하면 설사가 호전된다.
- 삼출성 설사(exudative diarrhea) : 염증, 궤양 등으로 인하여 장점막이 손상되어 각종 교질상의 삼출물이 장관으로 쏟아져서 생기는 설사로 점액, 혈액이 섞인 대변을 배설하는 것이 특징이다. 궤양성대장염, 크론병, 세균성 이질 등에 의한다.
- 대장운동 변화에 의한 설사 : 소장 통과시간이 빨라져 미처 수분이 충분히 흡수되지 않아 많은 양의 장 내용물이 대장으로 들어가거나(덤핑증후군), 대장운동이 증가하여 대장 통과시간이 빨라지면서 수분의 흡수시간이 단축되어(과민대장증후군) 설사가 일어난다.

을 위해 수분과 전해질을 바로 공급하여야 하며, 동시에 설사의 원인을 제거하도록 한다. 급성설사에는 지사제가 필요 없는데, 설사도 일종의 신체 방어작용이므로 설사를 강제로 멈추게 하면 병이 오래 가고 오히려 부작용이 심할 수 있으므로 정확한 원인에 따른 치료가 중요하다.

급성설사 시 설사가 치료되기 시작하면 먼저 맑은유동식부터 시작하여 환자의 적응 상태를 관찰하면서 일반유동식과 연식으로 이행한다. 이후에는 무자극성 저잔사식을 제공하며 소량씩 자주 공급하되 차차 식이섬유의 함량을 늘리는 것이 장기능 회복과 변의 정상화에 도움이 된다. 환자의 상태가 호전되면 음식의 양을 차차 늘려 충분한 영양소를 공급하도록 한다.

만성설사는 여러 가지 영양불량의 문제를 초래하므로 고단백, 고에너지식으로 충분한 영양소를 공급하여 영양상태를 호전시키도록 하며, 다음의 식사지침을 고려한다.

- 수분과 전해질을 보충한다. 물을 수시로 섭취하고 국물, 수프 등을 이용하며 주스나 단맛이 나는 음료수는 피한다.
- 저식이섬유식으로 하되, 점차 증가시켜 권장섭취량 수준으로 증가시킨다. 수용성 식이섬유인 펙틴 등을 이용한다.
- 저지방식으로 하되, 지방 소화가 가능하다면 어느 정도의 지방 사용은 허용하나 기름진 음식은 제한한다.
- 과량의 당알코올, 유당, 과당, 설탕 사용은 삼투성 설사를 악화시킬 수 있으므로 제한한다.
- 카페인, 알코올, 강한 향신료, 가스 생성 식품 등은 제한한다.
- 너무 뜨겁거나 찬 음식은 피하도록 한다.
- 소량씩 자주 섭취한다.

4) 지방변증

지방변증(steatorrhea)은 지방이 함유된 묽은 변을 자주 보는 상태를 말한다. 이것은 흡수 불량으로 인하여 흡수되지 않은 지방이 변으로 배설되는 것이다.

(1) 원인

지방은 주로 탄소 14개 이상의 지방산으로 이루어진 장쇄중성지방(long chain triglycerides, LCT)으로 이루어져 있는데 몇몇 질병 등에서 이러한 지방의 소화 및 흡수 불량과 운반 및 이용 감소 등으로 인해 지방변증이 나타난다. 그 예로는 췌장질환으로 지방분해효소의 결핍, 간·담낭 질환으로 인한 담즙산의 부족, 소장 점막의 변화 및 염증으로 인한 셀리악병(글루텐 민감성 장질환), 크론병 등에서 지방변증이 나타날 수 있다.

(2) 증상

물에 뜨면서 묽고 거품과 악취가 나며, 기름기가 많고 연한 색을 띠며, 냄새가 많이 나는 지방변 설사를 한다. 지방이 잘 흡수되지 못할 경우 에너지 부족이 되기 쉽고, 필수 지방산과 지용성 비타민의 흡수도 잘 되지 않는다. 또한 칼슘, 마그네슘도 지방산과 결합하여 흡수되지 못하면 배설이 증가하여 뼈 손실 및 신장결석 위험이 증가할 수 있다. 또한 수분과 전해물질의 부족, 체중 감소, 영양불량 증세를 보인다.

(3) 식사요법

우선적으로 지방변증의 발생 원인을 제거하고 영양불량을 개선하기 위하여 고에너지, 고당질, 고단백질을 공급하고, 지방은 환자가 수용할 수 있는 범위 내에서 적당량 준다. 지방 제한식을 주나 지방을 적게 주면 에너지 공급이 어려울 수 있으므로 중쇄중성지방유(MCT oil)를 사용하여 지방의 소화와 흡수를 돕고 에너지를 보충할 수 있다. 지용성 비타민과 무기질 보충제를 사용할 수 있다.

알아보기 **중쇄중성지방(medium-chain triglyceride, MCT)**

탄소수 8~12개인 지방산을 포함하고 있는 지방을 말한다. 중쇄지방산은 물에 약간 용해되는 성질을 갖고 있으므로, 소화·흡수 시 담즙산이나 지방질분해효소인 췌장 리파아제를 반드시 필요로 하지 않는다. 또한 소장세포로 흡수된 후 킬로미크론을 만들지 않고 문맥을 거쳐 간으로 직접 운반되어 쉽게 산화된다. 따라서 중쇄중성지방유(MCT oil)는 담도계질환이나 췌장질환 등으로 인한 지방 흡수불량 및 일부 이상지질혈증 환자 등의 식사요법에 사용될 수 있다. 반면에 중쇄중성지방유는 대부분 코코넛유에서 추출하므로 포화지방산 함량이 높은 점을 유의하여야 하며, 중쇄중성지방유는 필수지방산의 공급원이 아니므로 지방 섭취량의 일부를 공급하는 정도로 이용하는 것이 바람직하다.

5) 과민대장증후군

과민대장증후군(irritable bowel syndrome, IBS)은 대장 내시경, 엑스선 검사 등 여러 가지 검사를 하여도 확정되는 질환은 없지만 식후 또는 스트레스 상황에서 복통, 복부 불편감, 복부 팽만감, 설사 혹은 변비 등의 배변장애 증상이 유발되는 만성적 질환이다. 과민대장증후군은 염증을 동반하지 않는다는 점에서 염증성 장질환과 구별된다. 20~30세에 가장 많이 발생하고, 남자에 비해 여자에서 더 많이 나타난다.

(1) 원인

정확한 원인은 확실하지 않으나, 대장 근육층의 비정상적 수축이 원인으로 추정되며, 그 외에 유전적 소인, 스트레스, 불안, 우울증과 같은 정신적 요인, 식사요인(고지방의 기름진 음식, 자극적인 음식, 불규칙한 식사나 편식, 카페인) 및 과음 등이 원인으로 지목되고 있다. 스트레스는 교감신경계를 항진시켜 장을 과민하게 하거나 억제하는 등 불규칙적 운동을 하게 한다.

(2) 증상

전형적 증상은 복통과 변비 혹은 설사 등의 배변습관의 변화이다. 대장이 과민해져 지나치게 움직여 설사가 유발되거나 또는 반대로 움직임을 급격히 멈춰 변비를 일으키기도 한다. 설사 또는 변비가 반복되며 만성적 복통이 나타나는데, 복통이 심하더라도 배변 후에는 대부분 호전되는 특징을 보인다. 과민대장증후군의 다양한 증상은 다음과 같다.

- 배변이나 방귀에 의해 호전되며, 주로 왼쪽 하복부에 생기는 복통
- 설사(아침이나 식후) 또는 변비가 있거나 동반됨
- 복부 팽만과 가스 참(잦은 트림이나 방귀)
- 배변 잔존감
- 오심, 구토, 전신피로, 두통, 불면증 등의 증상

과민대장증후군은 수년 또는 장기간 지속되는 경향이 있으며, 때로는 노년이 될 때까지

지속된다. 그러나 출혈이나 열, 계속되는 심한 통증은 과민대장증후군과 관계가 없다.

(3) 식사요법

식사요법은 적절한 영양상태와 수분과 전해질 균형을 유지하는 것이 중요하다. 환자에 따라 장에 문제를 일으키는 식품을 피하고 조금씩 자주 먹으며 과식을 피한다. 증상을 악화시키지 않으면서 식사패턴을 정상화시키는 것이 식사요법의 첫 단계라고 할 수 있다. 급성인 경우에는 저식이섬유식을 주고 차차 자극성이 없는 연식에서 상태가 호전되면 정상식사로 주고, 궁극적으로는 고식이섬유식이 되도록 한다.

- 개인별 증상의 원인이 되는 식품 제한 : 식사일기나 식사력 조사를 통해 개인별로 위장관 증상을 일으키는 식사요인을 조사하여 섭취했을 때 장에 불편을 주는 식품을 피한다. 고지방식, 카페인, 초콜릿, 알코올, 솔비톨, 유당, 가스 발생 식품(콩류, 무, 양배추, 브로콜리, 마늘, 양파 등) 등이 원인이 될 수 있다. 그러나 개인에 따라 차이가 크므로 모든 환자에게 일률적으로 적용하지 말고 개인에 맞지 않는 식품을 제한하도록 한다.
- 과도한 식이섬유는 피하고 수용성 식이섬유 위주로 섭취 : 식이섬유는 대장을 적당히 확장하므로 경련을 방지할 수 있고, 변을 부드럽게 하여 배변을 쉽게 한다. 그러나 상대적으로 설사와 연관된 증상에는 효과가 적다. 또한 과도한 식이섬유(특히 불용성 식이섬유)의 섭취는 위가 더부룩하게 느껴지고 복부 팽만을 유발할 수 있으므로 개인에 따라 먹는 양을 조절하여야 한다. 수용성 식이섬유(오트밀, 차전자씨)는 설사와 변비 모두에 도움이 된다. 고식이섬유는 변비의 완화가 가장 뚜렷한 효능이며 이로 인한 복통의 감소 효과를 볼 수 있지만, 콩류와 일부 곡류 등은 FODMAP(fermentable oligosaccharides, disaccharides, monosaccharides, and polyols)이 다량 함유되어 있어 복부 팽만과 가스가 유발될 수 있다.
- 지방 섭취 제한 : 지방은 대장의 운동을 촉진하고 경련을 일으키기 쉬우므로 지방의 섭취를 제한한다. 특히 고지방 기름진 음식은 지방변과 같은 설사를 유발할 수 있으며, 기름에 튀긴 음식들은 기름 자체에 의해서 증상이 유발되기도 한다.
- 자극적인 식품 제한 : 알코올과 탄산음료를 줄이고, 차와 커피는 3잔 이하로 마시며, 인공감미료 등을 피한다.

알아보기 **저포드맵식(Low FODMAP diet)**

- 포드맵 : 당질 중 크기가 작은 당류로서 올리고당과 합성당류의 경우 대장에서 미생물에 의해서 쉽게 발효되어 가스가 발생하고 설사를 유발하는 경우가 있다. 이러한 당류를 묶어 FODMAP이라고 하는데 주로 복통, 가스, 설사, 복부 팽만의 증상이 유발된다.
- 포드맵이 풍부한 식품 : 곡류(잡곡류, 보리, 밀), 콩류(강낭콩, 구운 콩, 콩물), 유제품, 과일류(사과, 배, 복숭아, 멜론, 농축 과일주스, 과일통조림, 말린 과일), 채소류(생마늘, 생양파, 양배추, 브로콜리) 및 각종 음식 소스, 꿀, 액상과당, 올리고당, 솔비톨, 탄산 등이 있다.
- 저포드맵식 : 과민대장증후군 환자의 증상 개선을 위해 포드맵이 적은 식품을 섭취하도록 개발되었으며, 가스와 설사와 같은 증상이 생기는 경우 도움이 된다. 그러나 일반인에게는 적용되지 않는다.

- 충분한 수분 섭취 : 식이섬유와 함께 수분을 많이 섭취하면 배변이 원활해지는데 도움이 된다. 하루에 적어도 8잔의 물을 마신다.
- 규칙적인 식사 : 식사를 거르지 않도록 한다. 또한 과식을 하면 장 경련과 설사를 동반하기 쉬우므로 과식을 피하고 적은 양을 자주 먹는 것이 도움이 된다.
- 적절한 휴식과 운동 : 하루 중 편안한 시간에 휴식을 취하며, 스트레스 해소를 위한 적당한 운동은 배변과 장 건강에 도움이 된다.
- 심리적 불안과 갈등 등의 스트레스 요인 제거 : 자신의 스트레스 요인을 파악하여 스트레스를 줄일 수 있는 생활패턴으로 바꿔가도록 한다.

6) 염증성 장질환

염증성 장질환(inflammatory bowel disease, IBD)은 장에 염증이 생겨 점막조직이 손상되는 질병이다. 주로 젊은 연령층에 많이 발생하며 궤양성대장염(ulcerative colitis)과 크론병(Crohn's disease)이 대표적인 질환으로서 희귀질환으로 분류되고 있다.

궤양성대장염은 대장 점막의 얕은 부분인 점막과 점막하층에 염증이 침범하는 형태로 대장에만 국한되어 발생한다. 이에 비해 크론병은 섬유화 또는 궤양을 동반하는 질환으로 입에서 항문까지 소화관의 어느 부위에서나 발생할 수 있으며, 피부에도 병변이 발생하는 경우가 있다.

(1) 원인

염증성 장질환의 명확한 발병 원인은 밝혀져 있지 않으나, 유전적·면역학적 이상 및 스트레스, 약물과 같은 환경인자 등이 관련되는 것으로 보고 있다. 또한 식생활의 서구화가 염증성 장질환의 발생에 깊이 관여할 것으로 보이는데 지방이나 패스트푸드의 섭취 증가, 카페인, 불규칙하고 자극성 있는 식습관 등이 관련 있는 것으로 알려져 있다.

(2) 증상

염증성 장질환의 주증상은 설사, 복통, 구토, 피로, 식욕 부진 등이다.

① 궤양성대장염

호전과 악화를 반복하는 혈액과 점액을 함유한 묽은 변 또는 설사는 궤양성장염 환자의 90%에서 나타나는 특징적 증세이다. 또 대변 급박감(절박증), 대변을 보고 나서도 대변을 또 보고 싶은 잔변감, 복통 등이 나타난다. 이러한 장질환이 장기간 계속되면 대장암으로 발전할 가능성이 커진다.

② 크론병

크론병의 증상은 병변 부위와 범위에 따라 다양한데, 주증상은 복통, 설사, 발열이며, 항문 주위의 불편감 또는 통증도 흔히 나타나는 증상이다. 궤양성대장염에 비하여 체중 감소가 더 흔하며, 소아 환자에서는 성장장애가 동반된다. 관절염, 홍채염, 간질환 등 전신 합병증이 일어날 수 있다. 병이 진전되면 합병 증세를 보여 협착(stricture), 폐쇄(obstruction), 누출관(fistula)을 생성하기도 한다 **그림 3-9**.

염증성 장질환이 장기간 지속되면 영양불량 증세를 보인다.

- 설사나 복통 등의 소화기 증상으로 식욕 부진 및 흡수 불량이 되어 에너지 및 영양소 섭취 및 흡수가 감소하고 미량원소도 손실되어 영양 결핍의 우려가 있다.
- 염증에 의한 대사율 증가로 에너지와 단백질 요구량이 증가한다.
- 부신피질호르몬제(corticosteroid) 사용은 혈당 상승, 단백질 대사 증가 및 골다공증의 증가 등을 초래할 수 있다.
- 항염증제인 설파살라진(sulfasalazine)은 엽산 흡수를 방해하므로 엽산 보충이

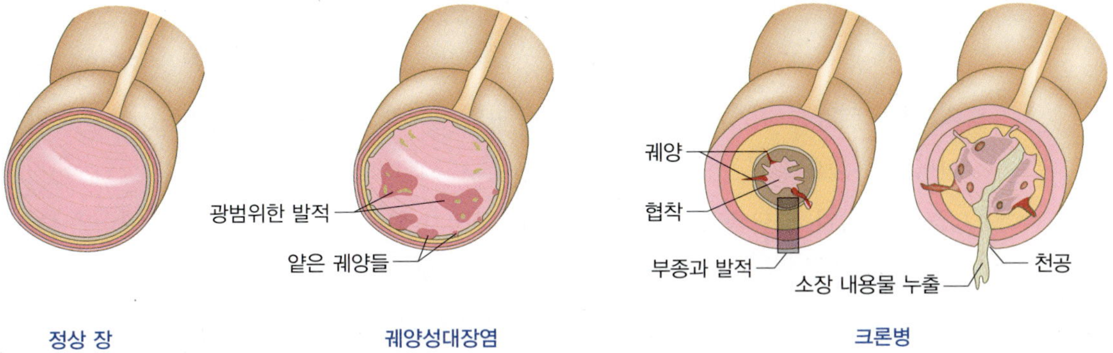

그림 **3·9** 궤양성대장염과 크론병의 염증과 궤양 양상

필요하다.

이러한 영양불량 결과로 체중 감소, 빈혈, 저알부민혈증, 부종, 비타민 결핍증, 탈수, 전해질 불균형 등을 초래하고, 특히 철, 아연, 칼슘, 비타민 D, 비타민 B_{12}, 엽산 등의 결핍이 우려된다.

(3) 식사요법

염증성 장질환 환자는 일반적으로 영양 불량상태에 있으므로 환자의 영양상태를 증진시키는 것은 매우 중요하다. 염증성 장질환의 영양관리 목표는 영양불량과 관련된 증

표 **3·11** 궤양성대장염과 크론병의 비교

구분	궤양성대장염	크론병
발병 연령	15~35세	젊은 층
남녀 비율	1 : 1	2 : 1
빈도	-	궤양성대장염의 1/10
부위	대장에 국한	입에서 항문에 이르는 소화관 전체(회장에 많음)
염증	얕은 염증(점막층, 점막하층) 연속성 염증	깊은 염증(모든 층을 침범) 비연속성 염증
주증상	혈변, 점액 섞인 설사, 배변 긴박감, 빈혈	복통, 설사, 체중 감소
암으로 진전	대장암 위험 있음	암화되지 않음
주요 치료	약물치료	식사요법

상을 예방하는 것이다. 즉, 영양소 결핍 예방과 보충, 장점막의 상처 치유, 염증과 협소해진 장 부위에 대한 자극의 최소화, 정상적인 성장과 발달을 유지하는 것이다. 크론병의 경우 영양적 치료가 매우 중요하며, 궤양성대장염은 식사요법보다는 약물요법이 우선적으로 중요하다.

- 고에너지, 고단백식의 균형된 식사 : 급성기에는 경장영양이나 정맥영양을 통해 영양소를 공급한다. 이후 유동식, 연식을 거쳐 일반식으로 이행한다. 체중 회복과 유지에 필요한 만큼 에너지 추가량을 결정한다. 지방변이 있는 환자에게는 지방 섭취량을 줄이고 에너지 보충을 위하여 중쇄중성지방유를 사용할 수 있다. 오메가-3 지방산은 염증을 억제하는 작용이 있어 일부 염증성 질환에 효과가 있다고 알려져 있으므로 함유 식품을 충분히 섭취하도록 한다.
- 저잔사식, 저식이섬유식에서 점차 증가 : 급성기에는 식이섬유가 많은 식품이나 유제품은 설사와 복통을 심화시킬 수 있으므로 제한한다. 채소를 생으로 먹고 속이 불편하다면 물에 데쳐서 섭취할 수 있으나, 협착이 있는 경우에는 피하거나 신중히 섭취해야 한다. 그러나 장기간의 저식이섬유식은 장염의 원인이 될 수 있다. 그러므로 식사 중 식이섬유의 함량은 환자의 기호도와 순응 정도, 질병의 진행 정도에 따라 환자 개인에게 맞게 공급하고 과도한 제한은 피하는 것이 좋다.
- 무기질과 비타민 보충 : 빈혈 증상이 있으면 엽산, 철, 비타민 B_{12}를 보충한다. 엽산은 보충제를 이용하거나 엽산이 풍부한 간, 굴, 대두, 시금치, 소맥 배아 등을 섭취한다. 회장절제술을 시행한 경우 비타민 B_{12}가 부족될 수 있으니 근육주사로 보충할 수 있다. 골다공증 예방을 위해 칼슘과 비타민 D 보충이 필요하다. 그 외 아연, 셀레늄, 마그네슘 등과 같은 미량 영양소의 보충도 필요하다.
- 식사는 소량씩 자주 공급 : 소량씩 자주 식사함으로써 장의 부담을 줄일 수 있다. 가스 생성 식품, 자극성 있는 식품, 고지방 음식이나 기름진 음식, 패스트푸드의 섭취를 피하고, 가공식품과 정제된 식품보다는 신선한 식품을 골고루 섭취하는 것이 도움이 된다.
- 스트레스를 줄이는 생활태도 : 스트레스, 걱정, 격심한 감정 등의 심리적 인자는 질병의 원인은 아니지만 병의 상태를 악화시킬 수는 있으므로 여유 있는 생활태도를 갖도록 한다.

알아보기 **염증성 장질환의 약물치료**

- 항염증제 : 장의 염증을 감소시키고, 증상이 없어진 상태에서도 병이 다시 악화되는 것을 예방하기 위해 사용하며 설파살라진(sulfasalazine) 등이 있다.
- 부신피질호르몬제(corticosteroid) : 강력한 항염증작용으로 치료에 효과적이나 재발을 막을 수 없고 장기간 투여 시 부작용(식욕 증가, 체중 증가, 속쓰림과 소화불량, 십이지장궤양, 골다공증, 고혈압 등)이 많다.
- 면역억제제 : 면역기능과 염증반응을 나타내는 세포들의 기능을 조절 또는 억제시키는 작용을 하며, 부작용으로 면역계를 지나치게 억제시켜 저항력이 감소되거나 골수기능 억제로 빈혈, 혈소판감소증 등이 생길 수 있다.

7) 셀리악병

셀리악병(celiac disease)은 글루텐민감성 장질환(gluten-sensitive enteropathy), 비열대성 스프루(nontropical sprue), 만성소화장애증이라고도 불린다.

(1) 원인

대부분의 사람들은 특별한 문제없이 글루텐을 소화한다. 그러나 셀리악병에서는 글루텐 단백질 내에 있는 글리아딘 부분이 위장관에서 면역반응을 일으켜 소화기관 점막세포에 염증이 생겨 융모가 손상된다 **그림 3-10**. 손상을 입은 융모는 쇠약해지고 편평해져서 영양소의 소화·흡수가 감소되며, 주로 소장의 공장과 회장 부분이 영향을 받는다.

글리아딘이 점막 융모에 영향을 주는 기전은 확실하지 않으나 유전되는 것으로 알려져 있다. 이 질환은 글루텐에 대한 비정상적 자가면역반응에 의해 나타난다. 글루텐이 소화효소에 의해 완전히 소화되지 못하고 소화기의 면역체계와 반응하여 소장 점막에 염증반응을 일으키고 일반 면역체계에도 영향을 주게 된다.

(2) 증상

소장 점막의 융모가 손상을 입어 편평해지거나 위축되면서 영양소의 흡수면적이 감소하고 소화효소가 줄어들며, 영양소의 운반체도 감소되면서 영양소의 흡수불량이 나타난다.

증상으로는 지방변, 복부 팽만감, 경련성 복통, 체중 감소(영유아에서는 성장 부진), 쇠약감, 피로 등을 나타낸다. 또한 철 결핍성 빈혈 및 엽산과 비타민 B_{12} 결핍으로 인한 거

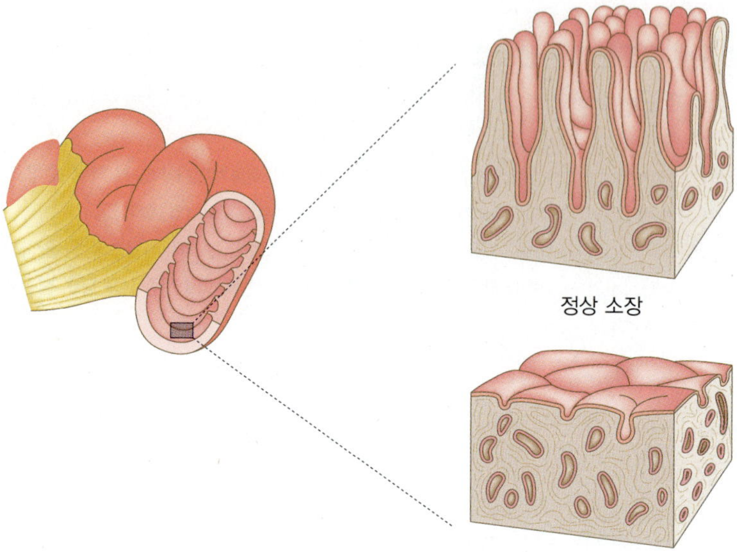

그림 **3·10** 셀리악병으로 손상된 소장 점막의 융모

대적아구성 빈혈이 생길 수 있으며, 칼슘, 비타민 D의 흡수장애는 골연화증, 골다공증을 유발할 수 있다. 지방 흡수불량으로 인해 지용성 비타민의 흡수가 감소하며, 환자의 약 10%에서는 비타민 K의 결핍으로 인한 혈액 응고장애를 나타내기도 한다.

(3) 식사요법

글루텐 제한식(gluten-free diet)을 실시하여 문제의 원인이 되는 글루텐을 섭취하지 않도록 한다. 글루텐은 밀, 호밀, 보리, 메밀, 귀리 등에 포함되어 있으므로 이러한 곡류를 식사에서 제외한다. 대신 글루텐을 포함하고 있지 않은 쌀, 옥수수, 감자, 콩, 타피오카, 글루텐을 제거한 밀가루 등으로 대치한다. 밀은 국수나 빵과 같은 주식 식품이 될 뿐만 아니라 글루텐을 이용한 제품이 많으므로 포장의 성분 표시를 꼼꼼히 읽어보는 습관이 필요하다. 밀가루나 글루텐을 이용해서 만든 과자, 케이크 등은 글루텐이 없는 곡류로 대체하여 만들도록 한다 **표 3-12**. 글루텐을 함유한 식품이나 그 제품을 제한하는 정도는 환자의 예민도에 따라 다르다. 정도가 심하지 않은 환자는 밀을 다소 포함한 제품을 사용할 수도 있다.

표 **3-12** 글루텐 제한식의 허용식품과 제한식품

식품군	허용식품	제한식품
곡류	쌀, 밀전분, 감자, 고구마, 콩, 옥수수	밀, 보리, 맥아, 귀리, 호밀 및 이들 재료로 만든 빵, 피자, 과자류 및 기타 제품, 보리 미숫가루, 수프, 카레, 시리얼
어육류	쇠고기, 돼지고기, 닭고기, 달걀, 치즈	소시지, 핫도그, 런천미트, 돈가스, 냉동육류제품, 전유어, 밀가루·크림이 들어간 제품
채소 및 과일류	신선한 채소와 과일	크림과 소스가 들어간 채소요리
유제품	전유, 저지방우유, 탈지우유, 요구르트	밀가루가 들어간 푸딩, 글루텐 안정제가 들어간 아이스크림, 초콜릿우유, 셔벗
지질류	식물성 기름, 버터, 마가린, 견과류, 집에서 만든 드레싱	상업용 크림 소스, 글루텐 안정제가 들어간 시판 샐러드드레싱, 마요네즈
기타	소금, 후추, 향신료, 커피, 홍차, 탄산음료, 포도주, 젤라틴, 설탕, 꿀	엿기름, 초콜릿, 케첩, 피클, 식초, 시럽. 겨자, 코코아믹스, 맥주

셀리악병의 2차적인 특성으로 유당불내증이 나타날 경우, 유당을 제한한다. 체중 감소가 있을 경우 고에너지식, 고단백식사를 제공하고 조리 시에는 중쇄중성지방유를 사용한다. 상태가 심각하면 비타민-무기질 보충제를 줄 필요가 있다. 특히 빈혈이 있으면 철, 엽산, 비타민 B_{12}, 비타민 K의 보충을 권장한다. 골다공증이 있으며 칼슘과 비타민 D를 보충한다. 심한 설사로 탈수를 보이면 수분과 전해질 보충이 필요하며, 설사나 지방변으로 손실된 칼슘, 마그네슘, 지용성 비타민을 보충한다.

8) 게실증

대장벽에 동그랗게 꽈리 모양으로 튀어나온 작은 주머니 같은 게실(憩室)이 생기는 상태를 게실증(diverticulosis)이라고 한다.

(1) 원인

장내 압력이 높아지면 장벽의 약한 부분을 밀어내어 풍선 모양의 주머니를 만들게 되어 게실이 생긴다. 이러한 게실은 소화기관의 어느 부분에서도 생길 수 있다. 그러나 압력의 축적은 주로 대장의 아랫부분에 생기므로 대부분의 게실은 대장의 아랫부분, 즉 S상결장에서 발견된다. 이러한 게실의 상태는 수년간 증세 없이 지날 수도 있다. 그

러나 게실이 많아지면 결국에는 포도송이 같은 게실의 집합을 이루게 된다. 게실의 튀어나온 주머니 안으로 대변 같은 오염물질이 들어가서 염증을 일으키는 것을 게실염(diverticulitis)이라고 하며 가장 흔한 합병증이다. 게실증 환자의 15~25%가 게실염으로 진단된다.

게실증의 원인으로는 식생활, 변비, 대장 내압의 증가, 장운동의 이상 등 여러 가지 복합적 요인이 연관되어 있다. 특히 저식이섬유식으로 인해 상습적인 변비가 유발되면 대변이 딱딱해지고 대장을 통과하기가 어려워져 대장 내의 압력이 높아져서 게실증이 유발된다. 또 나이가 증가할수록 발생률이 높아진다.

(2) 증상

게실증의 상태에서는 증상이 없다. 간혹 간헐적 복통, 간헐적 설사와 변비 등이 나타난다. 그러나 게실염의 상태가 되면 대장의 아랫부분이 강직해지고, 모양이 변하며 내면이 좁아지기도 한다. 이렇게 되면 작은 변 덩어리가 생기고, 복부 팽만, 아랫배의 통증, 울혈, 대장 경련, 구역질, 구토, 발열 등의 증세를 보인다. 병의 상태가 진전되면 게실에 천공이 생기고, 게실 파열로 세균과 혈액을 포함하여 장의 내용물은 복강으로 쏟아져 들어가 종종 감염을 일으킨다 **그림 3-11**. 인접기관의 염증, 복막염, 장폐색, 게실출혈, 복강 내 농양 등의 합병증이 나타날 수 있다.

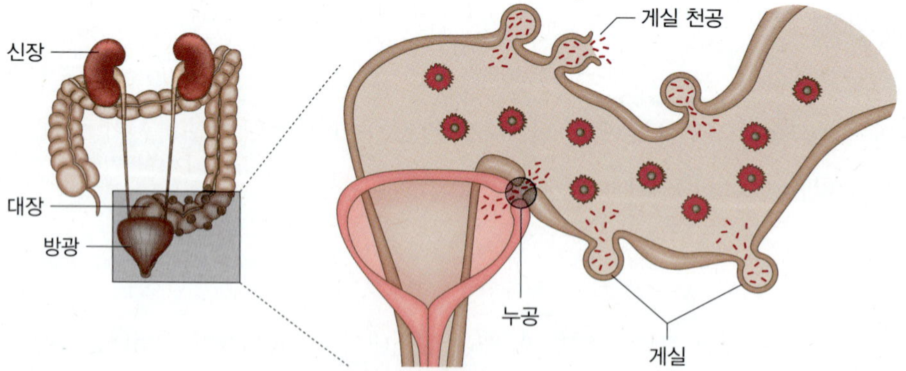

그림 **3·11** 게실증과 게실염

(3) 식사요법

고식이섬유식과 충분한 수분 섭취를 권장한다. 식이섬유는 수분과 결합하는 성질이 있고 흡수되지 않으므로 양이 많고 부드러운 변을 만든다. 이렇게 되면 대장의 압력을 낮추고 따라서 게실 형성의 가능성이 적어진다. 스트레스 등의 심리적 소인도 대장의 압력을 증가시키므로 긴장을 풀고 안정을 취할 수 있는 생활태도가 필요하다.

게실염으로 인해 고열과 통증이 심하면 천공을 막기 위하여 당분간 장을 쉬게 해야 하므로 급성기에는 금식하고 정맥으로 영양을 공급한다. 상태가 호전되면 유동식으로부터 시작하여 점차적으로 자극성이나 식이섬유가 적은 저잔사식을 공급하나 점진적으로 식이섬유를 늘려 고식이섬유식으로 진행한다. 충분한 수분을 섭취하며 규칙적인 배변습관을 갖도록 한다.

위식도역류질환(역류성식도염) 환자 사례 연구

대상

남자 44세, 사무직

질병력, 약 복용력, 가족력

- 질병력 : 지방간, 역류성식도염
- 약 복용 : 없음
- 가족력 : 고혈압, 심근경색, 협심증
- 진단명 : 역류성식도염

신체 계측

Ht 176.1 cm, Wt 95.7 kg, IBW 74.7 kg, %IBW 140%, BMI 30.9 kg/m^2, Waist 99cm

생화학적 자료와 의학검사 결과

T. chol/TG/HDL-chol/LDL-chol 144/161/65/61 mg/dL, FBS 114mg/dL,
HbA1c 6.1%, ALT/AST 43/68 U/L

영양 관련 신체검사

- 소화기계 증상 : 신물이 넘어온다. 속이 쓰리다.
- 활력징후 : BP 118/68 mmHg

식품/영양소 섭취, 식사력

- 식품/음료 섭취
  - 아침식사 : 주로 결식, 주말 1~2회 식사
  - 점심식사 : 외식, 쌀밥 1공기, 김치 2회량, 채소 반찬 3회량, 육류 1.5~2인분(생선, 두부, 달걀 등 3회 분량)
  - 저녁식사 : 쌀밥 2공기, 김치 2회량, 채소 반찬 3회량, 육류 1.5~2인분(생선, 두부, 달걀 등 3회 분량)
- 주요 식품군의 섭취빈도

  밥 : 아침 결식, 점심 1, 저녁 2공기 / 육류 : 주 2~3회 2인분 / 가공육류 : 월 2~3회 4회량
  생선·멸치 : 주 2~3회 2~3회량 / 달걀 : 매일 1개 이상 / 탕·국·찌개류 : 줄임
  김치, 채소류 : 매일 2회 3회량 / 과일 : 매일 1~2회량 / 유제품 : 주 5~6회 / 커피 : 안 마심
- 식습관 : 아침 결식, 외식이 많고 식사는 빠르게 많이 드심. 저녁을 과식하고 바로 눕는 경우가 있음. 밤 1~2시 취침으로 과자류 유제품 등으로 야식. 음주는 월 2~3회 2병 이상, 흡연함
- 에너지 영양소 섭취량 : 1일 섭취 에너지 2,182 kcal, 당질 : 단백질 : 지방(%) = 60 : 16 : 24, 술 6% 126 kcal, 나트륨 3,499 mg, 콜레스테롤 326 mg

• 신체활동 및 기능 : 일상생활과 걷기 및 운동을 조금만 활동하여도 숨이 참. 걸으면 종아리가 아파서 쉬어야 함. 스트레스 많음

1. 이 환자의 식생활의 문제점을 지적하고, 역류성식도염에 영향을 준 요인들을 설명하시오.

2. 이 환자에게 적합한 식사처방을 하고 식사를 계획하시오.

CHAPTER 4

간·담도계 및 췌장 질환

1. 간질환
2. 담낭질환
3. 췌장질환

학습목표

1. 간의 구조와 기능을 설명할 수 있다.
2. 간질환의 원인과 증상 및 영양관리원칙을 설명할 수 있다.
3. 담도계의 구조와 기능을 설명할 수 있다.
4. 담석증과 담낭염의 원인과 증상 및 영양관리 원칙을 설명할 수 있다.
5. 췌장의 구조와 기능을 설명할 수 있다.
6. 췌장염의 원인과 증상 및 영양관리 원칙을 설명할 수 있다.

1. 간질환

1) 간의 구조와 기능

(1) 구조

간은 인체에서 가장 큰 장기로 그 무게가 1.2~1.5 kg 정도이다. 횡격막 아래 복부 내에 위치하며 오른 쪽 갈비뼈로 싸여 있고, 간의 표면은 광택이 있으며 적갈색을 띤다. 간은 2개의 엽(葉)으로 되어 있으며, 각각을 우엽과 좌엽이라 한다. 우엽은 좌엽보다 5배 정도 더 크다 **그림 4-1**.

우리 신체 대부분의 장기는 동맥으로부터 산소와 영양소를 공급받으나 간은 이중으로 혈액을 공급받는다. 즉, 간으로 유입되는 혈류의 75%는 간문맥을 통해, 25%는 간동맥을 통해 이루어진다. 간문맥은 장에서 영양분을 흡수한 후 간으로 흘러 들어가 영양분을 간에 공급하며 동시에 산소도 공급하며, 간동맥은 심장을 통해 나온 산소가 풍부한 혈액을 공급한다. 간으로 들어온 혈액은 시누소이드(sinusoid, 간 모세혈관) 속에서 섞인 후 중심정맥을 거쳐 간정맥으로 모아져 나가게 된다 **그림 4-2**. 간은 혈류의 흐름이 매우 활발한 장기로 하루에 약 2,000 L, 1분에 1.4 L 정도의 혈액이 통과하게 된다.

간조직은 약 100만 개 정도의 간소엽(hepatic lobule)으로 이루어져 있다. 간소엽은 다각주 형태로 간의 기능단위가 되며 간세포(hepatocyte), 시누소이드 및 모세담관이 중심

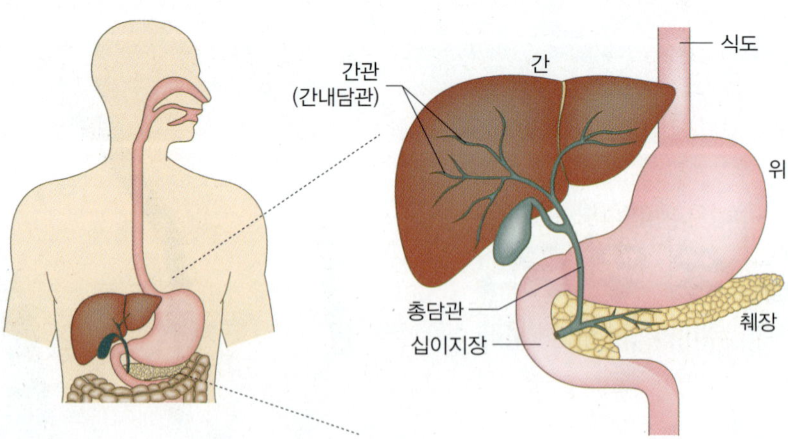

그림 **4-1** 간의 위치와 구조

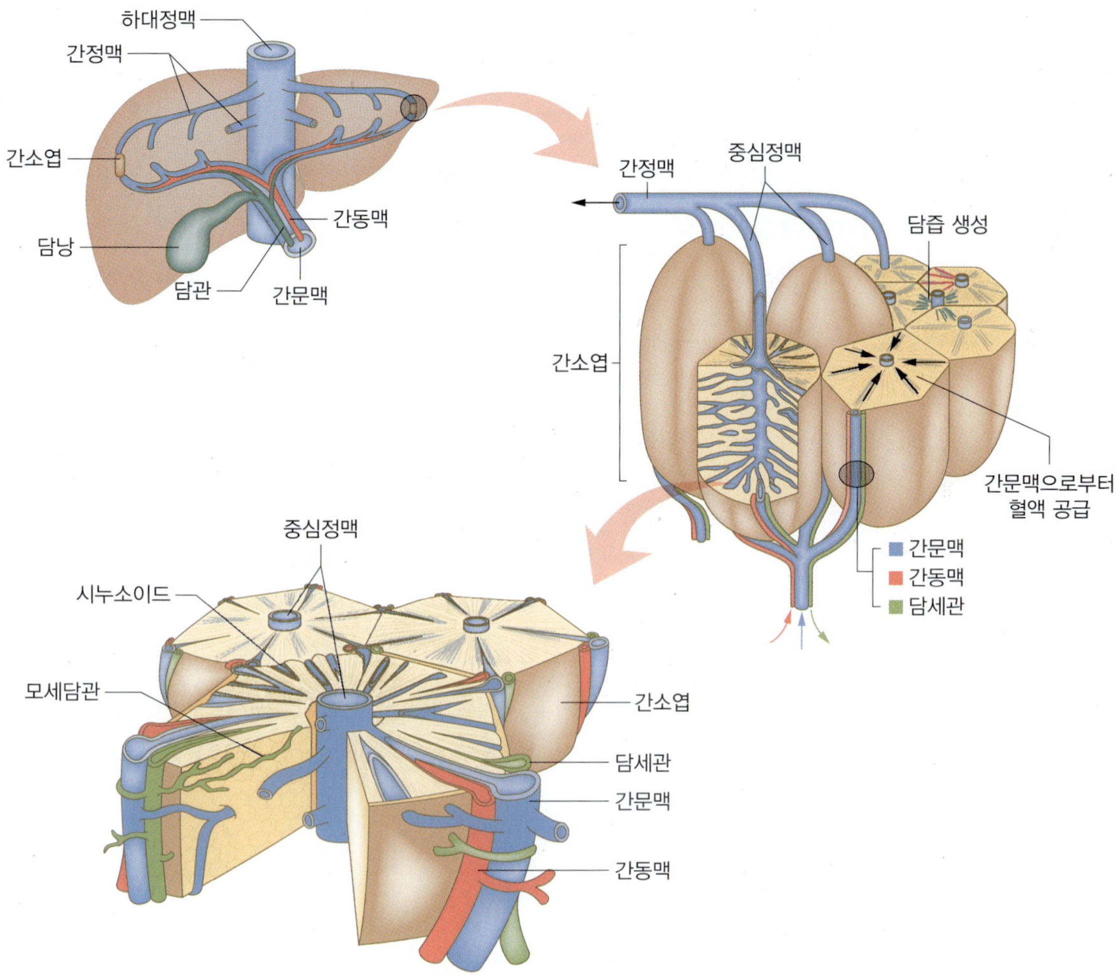

그림 **4·2** 간의 혈관 구조와 간소엽

정맥을 중심으로 방사상으로 모인 구조이다 그림 4-2. 간세포는 간의 중요한 기능을 수행하며 85%를 차지하고, 쿠퍼세포(Kupffer's cell)는 약 15%를 차지한다.

(2) 기능

간은 많은 영양소의 합성과 이화작용을 수행하며, 약물 및 호르몬 대사와 해독작용도 담당하고 있어 종합화학단지라고 할 수 있다. 이로써 간은 신체의 내부 환경을 조절하고 그 기능은 다른 기관과 직접적으로 연관되어 있으므로 간에 이상이 생기면 대사상의 불균형과 임상적 증세를 나타내게 된다.

① 당질 대사

간세포는 당질을 글리코겐 형태로 에너지를 저장하고, 이렇게 형성된 글리코겐은 혈당이 낮아지면 분해되어 혈액으로 나온다. 그러나 혈당이 글리코겐 분해에 의해서만 유지될 수 없을 때 간세포는 당신생에 의해 포도당을 합성함으로써 혈당을 조절하는 기능을 한다. 또한 간은 갈락토스와 과당을 포도당으로 전환시킨다.

간경변증 환자의 경우 글리코겐 합성 능력이 저하되어 간 내 글리코겐 저장량이 감소하므로 혈당이 잘 조절되지 않을 수 있다.

② 지방 대사

간에서는 지방을 산화시켜 에너지를 발생시키고 중성지방과 인지질, 콜레스테롤을 합성하며, 또한 지단백질을 합성하여 지질을 신체의 기타 조직으로 이동한다. 간의 콜레스테롤 중 80%는 담즙산으로 합성되고, 나머지는 지단백질 성분이 된다.

간기능이 저하되어 지단백질 합성이 감소하고, 중성지방 합성이 증가하면 간에 지방이 축적된다.

③ 단백질과 아미노산 대사

간에서는 하루에 약 50 g의 단백질이 합성되며, 이 중 알부민이 25%로 가장 많다. 알부민은 혈장 안의 다양한 이온, 호르몬 및 지방산 등을 조직으로 운반하며 혈장의 삼투압을 유지하는 역할을 한다. 이외에도 글로불린, 레티놀 결합단백질(retinol binding protein), 트랜스페린(transferrin) 등의 혈장단백질과 혈액 응고인자인 프로트롬빈과 피브리노겐이 합성된다. 간에서는 단백질의 모든 대사작용이 일어난다. 단백질의 탈아미노 반응이 일어나며, 이 반응으로 만들어지는 암모니아를 요소로 전환하는 요소회로 반응이 간에서 이루어진다. 또한 불필수아미노산을 합성하기 위한 아미노기 전이반응이 일어나는 기관이다.

간기능 저하로 간의 단백질 합성능력이 저하되면 혈중 알부민 농도가 감소되어 복수나 심한 부종이 발생할 수 있고, 피브리노겐 합성이 안 되어 출혈 경향이 증가한다. 간기능이 심각하게 저하된 간경변증 환자의 잇몸이나 코에서 출혈이 나타나거나 쉽게 멍이 드는 증상은 혈액 응고인자가 합성되지 못해서 생기는 증상이다. 또한 요소 합성이 이루어지지 않으면 혈액 내에 암모니아가 축적되어 간성뇌증이 발생한다.

④ 무기질과 비타민 대사

간은 여러 가지 무기질과 비타민을 저장하고 있다. 철과 구리 등의 무기질과 비타민들은 신체 각 부위로 보내지기 전까지 운반단백질에 결합되어 간에 저장되어 있다. 모든 지용성 비타민은 간에 저장되고 상당한 양의 비타민 C와 비타민 B 복합체가 저장되어 있다. 또한 간에서 카로틴은 비타민 A로, 비타민 D_3는 25번 탄소에 수산화반응이 일어나 25-하이드록시 비타민 D_3〔25-OH D_3〕로 전환된다.

간기능이 저하되면 비타민과 무기질 대사에 장애가 발생하고, 비타민 D의 수산화가 원활하지 못해 칼슘 흡수가 저하될 수 있다.

⑤ 담즙과 빌리루빈 대사

간세포에서 합성하여 분비하는 주요 물질인 담즙은 하루 약 800~1,000 mL 정도 형성되며, 주성분은 물, 전해질, 담즙산, 콜레스테롤, 인지질, 빌리루빈으로 구성되어 있다. 담즙 내의 담즙산은 소장에서 지방과 지용성 비타민을 소화하고 흡수하는데 중요한 역할을 하고, 담즙 자체가 체내에서 생산되는 많은 노폐물을 대변으로 배설하는 역할을 한다.

담즙이 잘 생성되어 배출되면 대변이 황색으로 보이지만 담즙 대사에 장애가 있으면 지방변증과 지용성 비타민 흡수 불량이 나타나고, 대변이 잿빛이나 회색으로 보인다. 또한 혈액 중의 빌리루빈이 간으로 유입되지 못하면 황달 증상이 나타난다.

⑥ 해독작용과 면역작용

간에서 약물이나 알코올이 대사되고 호르몬이 비활성화되며, 암모니아를 요소로 합성함으로써 독성을 제거한다. 또한 대장 점막을 통해서 혈액에 흡수되어 몸으로 들어간 바이러스나 세균들은 간을 거치면서 쿠퍼세포의 식세포작용에 의해 거의 사멸되기 때문에 약 1% 미만의 세균만이 간을 통과해서 나갈 수 있다. 이로써 간으로 들어오는 간문맥의 혈액은 간의 모세혈관들을 지나면서 해독과 대사 과정을 거쳐 정화된다.

간경변증 환자는 간의 해독작용이 저하되어 각종 세균에 감염되기 쉬우며, 약물, 알코올, 독성물질에 의한 위험성이 증가될 수 있다.

2) 간질환의 진단

간기능검사 중에서 가장 많이 사용되는 지표는 간염 수치라고 알려진 ALT(alanine transaminase)와 AST(aspartate transaminase) 수치이며, ALT와 AST는 모두 간에 존재하는 효소들로 간세포 손상 시 간세포에서 유리되어 혈장 농도가 증가한다. 이외에도 담즙 분비능력을 알아보기 위하여 빌리루빈, 알칼리성 인산분해효소(alkaline phosphatase) 및 감마 글루타밀 전이효소(γ-GT)의 농도를 측정한다. 간세포가 제대로 기능하는지를 알아보기 위하여 총 단백질, 알부민, 글로불린, 프로트롬빈 시간 및 암모니아 농도를 측정한다. 또한 간조직 검사나 복강경을 사용해 진단하는 방법도 있다 표 4-1.

표 4-1 간질환의 임상적 평가

분류	항목	간 기능 평가	정상치	간질환 시 수치 변화
간세포 손상	아스파르트산 아미노기 전이효소(AST 또는 GOT) 알라닌 아미노기 전이효소(ALT 또는 GPT)	아미노기 전이효소	0~40 IU/L 0~40 IU/L	증가
담즙 분비 기능	혈청 빌리루빈(총 빌리루빈)	용혈성 빈혈 시 특이적으로 상승	0.2~1.0 mg/dL	증가
	요 빌리루빈	황달의 유무 확인	음성	증가
	알칼리성 인산분해효소	담즙 분비 이상 유무와 관련	20~130 IU/L	증가
	감마 글루타밀 전이효소(γ-GT)	모세담관의 손상 판단지표	남 : 11~63 U/L 여 : 8~35 U/L	증가
간세포 기능	혈청 단백질 알부민(A) 글로불린(G) A/G비	혈청 100여 종 단백질의 총합 혈장 단백질 면역 항체	6.0~8.0 g/dL 3.5~5.5 g/dL 3~4 g/dL 1.1~2.0	감소 감소 증가 감소
	프로트롬빈 시간(PT)	출혈 시 혈액 응고시간	11.5~14초	증가
	암모니아	요소 생성기능이 저하되면 암모니아가 생김	19~87 μg/dL	증가

AST : aspartate transaminase, GOT : glutamate oxaloacetate transaminase, ALT : alanine transaminase, GPT : glutamate pyruvate transaminase

3) 간염

간염(hepatitis)은 발병 양상에 따라 급성과 만성으로 나눌 수 있다. 급성간염은 바이러스, 알코올 혹은 약물에 의해 급격하게 발병되지만, 6개월 이내에 치료되어 90% 이상에서 정상적으로 회복되는 경우를 말한다. 이에 비해 만성간염은 간의 염증 및 간세포 괴사가 6개월 이상 지속되는 상태를 말한다.

(1) 급성간염

① 원인

급성간염(acute hepatitis)은 바이러스, 약물, 알코올 등으로 발병한다. 가장 흔한 원인은 바이러스에 의한 급성감염으로 A형, B형, C형, D형, E형 간염 바이러스에 의해 발생한다. 한국인의 간질환에서 유병률 및 질병 부담에 근거하여 가장 비중이 큰 간염은 B형 간염이며, 이후 순차적으로 C형 간염, A형 간염이 된다. 이 중 A형 간염 바이러스와 B형 간염 바이러스가 주로 급성간염의 원인이 되며, B형 간염 바이러스와 C형 간염 바이러스는 만성간질환(만성간염, 간경변증, 간암)을 유발할 수 있는 바이러스이다.

- A형 간염(hepatitis A) : 감염성 간염으로 환자의 배설물 등에 오염된 더러운 음료나 식품에 의한 구강 경로를 통해 감염된다. A형 간염 바이러스는 급성간염을 일으키며 만성화되지 않는다. 한 번 감염되면 방어항체가 생성되어 평생 면역이 유지되며, 감염된 적이 없는 경우 백신 예방접종으로 면역력을 획득할 수 있다. 대부분 자연치유되나 드물게 간부전을 일으켜 사망하는 경우도 있다. 위생 및 보건 상태가 좋지 않은 국가에서 발생률이 높으며, 우리나라는 2009년 이후 다소 감소 추세이나 여전히 성인 급성간염의 78% 이상을 차지하는 주요 원인으로서 특히 20~30대에서 발병률이 높다.
- B형 간염(hepatitis B) : 급성간염과 만성간염 모두를 일으킬 수 있다. 주로 혈액이나 체액에 의한 비경구적 방법을 통하여 전파된다. 우리나라의 B형 간염 바이러스에 의한 감염은 어머니와 신생아 사이에서 감염되는 수직감염이 거의 대부분을 차지한다. 그 외에 성관계를 통한 감염 및 비위생적인 기구를 사용하여 문신, 침, 부황, 피어싱을 하거나 환자의 면도기, 칫솔 등을 사용하거나 감염된 혈액에 노출되

는 경우를 통해서도 전염된다.

최초 감염 후 만성화되는 비율은 소아기에는 80% 이상인데 비해, 성인의 경우 95% 이상이 자연치유되어 5% 미만이다. B형 간염은 동아시아 지역, 아프리카 등에 만연하며, 우리나라에서도 가장 많은 간염으로 한국인 간질환의 가장 중요한 원인이다. 우리나라 전체 인구 중 B형 간염 바이러스 보유율은 약 3~4%이며, 만성간질환의 원인 중 70%를 차지한다.

- C형 간염(hepatitis C) : C형 간염 바이러스에 감염된 환자의 혈액이나 체액이 정상인의 상처난 피부나 점막을 통하여 전염되는 일종의 감염병이다. 정맥주사 약물을 남용하거나 성적 접촉, 면도기, 칫솔, 손톱깎이 등을 감염자와 같이 사용하거나 비위생적인 문신, 피어싱 등을 통해서 전파된다. C형 간염은 한 번 감염되면 70~80%가 만성간염으로 진행되고, 이 중 30~40% 정도가 간경변증 또는 간암으로 진행되므로 예방이 매우 중요하나, 예방백신이 개발되지 않은 상태이다. 미국, 서구, 일본 등지에서는 C형에 의한 감염 발생이 B형에 비해 훨씬 높으며, 중동 및 아프리카 국가들에서도 감염률이 높다. 우리나라에서는 인구의 1% 정도가 감염되어 있는 것으로 추산되고, 만성간질환의 원인 중 10~15%를 차지한다.
- D형 간염(hepatitis D) : D형 간염 바이러스는 B형 간염 바이러스가 있는 경우에만 증식이 가능하여 B형 간염과 동시에 감염되거나, 이미 B형 간염에 감염되어 있는 경우 이차적으로 감염될 수 있다. 감염 경로도 B형 간염과 비슷하여 주로 혈액 또는 체액을 통해 감염된다. 지중해 유역, 중동지역, 중앙아시아, 아프리카 등에서 높은 유병률을 보이나, 우리나라는 드물어 B형 간염 환자의 0.3~3.6%에서 같이 감

표 **4-2** 주요 간염 바이러스의 특징

구분	A형 간염 바이러스	B형 간염 바이러스	C형 간염 바이러스
빈도	우리나라 급성간염 원인의 78%	우리나라 만성간질환 원인의 70%	우리나라 만성간질환 원인의 10~15%
전염 경로	경구	어머니로부터 수직감염, 타액, 혈액, 성 접촉	정맥주사, 혈액, 문신, 침, 손발톱 관리, 혈액투석, 치과 치료
만성화율	만성화 안 됨	신생아 감염 시 80% 이상, 성인 감염 시 5% 이내	70~80%
간경변증, 간암	이행 안 됨	이행 가능	이행 가능
예방백신	있음	있음	없음

염되어 있음이 보고된 바 있다.

- E형 간염(hepatitis E) : E형 간염 바이러스는 경구로 사람에게 유입되어 급성간염을 일으키며 면역 저하자에게 만성간염을 일으킨다. 감염된 물이나 음식이 주된 감염원이며 인도, 아프리카, 중앙아메리카 등지에서는 급성간염의 주요 원인이나, 우리나라에서는 발생이 드물다.

② 증상

초기 증상은 감기와 비슷하여 미열, 목의 통증, 피곤함, 전신이 나른해지는 등의 증상과 식욕 부진, 오심, 구토, 설사, 복부 팽만감 등의 위장 증세를 보인다. 두통, 관절통, 체중 감소, 복부 불쾌감이 동반되기도 하며 황달 증상이 나타나기도 한다.

③ 식사요법

급성간염 발병 후 1개월은 절대 안정을 위해 가능한 누워 있는 것이 바람직하다. 누워서 안정을 취하면 간 혈류량이 증가하면서 간에서 일어나는 물질 대사의 수요는 감소하므로 간의 부담을 줄일 수 있기 때문이다.

급성간염의 식사요법의 목적은 파괴된 간세포를 재생시키고, 간혈류를 개선하여 간에 대한 부담을 줄이는 것이다. 발병 초기에는 식욕 부진, 오심, 구토, 복부 팽만감 등으로 식사를 제대로 할 수 없는 것이 가장 큰 문제이므로 수분 공급 및 기호에 맞는 음식을 주어 식사량을 증가시키도록 한다. 급성간염 발병 초기에는 지방을 싫어하고, 담백한 맛을 좋아하므로 주로 당질 위주의 식사를 공급한다. 또한 탈수 예방을 위해 미음, 맑은국물(콩나물국 등), 과즙 등의 유동식으로 시작하여 소화가 쉽고 부드러운 음식을 하

알아보기 황달

피부나 눈의 흰자위 부분이 황색으로 되는 증상을 황달(jaundice)이라고 한다. 황달의 원인은 황색의 담즙성분인 빌리루빈 때문인데, 정상적으로는 혈중에 매우 적은 양이 존재하나 과도하게 증가하면 황달 증상을 보이게 된다. 빌리루빈은 적혈구의 주성분인 헤모글로빈의 분해산물로서 간에 의해 혈액으로부터 제거되어 담즙을 통해 배설된다. 그러나 간기능이 손상되면 수명을 다한 적혈구의 파괴로 생성되는 빌리루빈을 처리할 수 없게 되고, 혈중에 정상 수준 이상으로 축적되어 황달현상을 나타내는 것이다. 눈의 흰자위 및 피부가 노랗게 되고 소변색이 진해지며, 심하면 피부에 가려움증이 생기기도 한다.

루 5~6회로 나누어 급식하는 것이 좋다. 회복기에는 3부죽에서 5부죽, 전죽으로 이행한다. 흰죽, 진밥, 누룽지, 흰빵, 감자, 토스트, 비스킷, 셔벗 등을 제공할 수 있다. 급성 간염의 식사요법의 기본은 고에너지식, 고단백식, 고당질식, 저식이섬유식, 저염식(소금 8~10 g)이다.

- 에너지 : 고에너지식으로 한다. 간조직의 복구에 필요한 에너지 및 체단백 분해를 방지하기 위해 충분한 에너지를 공급해야 하므로 표준체중당 35~40 kcal/kg을 섭취하도록 한다. 회복기 이후에는 비만 및 지방간이 되지 않도록 표준체중을 유지하는 정도의 에너지를 공급한다.
- 당질 : 고당질식으로 한다. 간세포 손상 시 간의 글리코겐 함량이 감소하므로 당신생도 감소하여 저혈당증이 자주 나타난다. 따라서 당질을 충분히 섭취하면 간의 글리코겐 양을 증가시킴으로써 체단백이 에너지로 소모되는 것을 방지할 수 있다(단백질 절약작용). 과도한 당분 섭취는 식욕을 억제할 수 있으므로 주의한다. 소화능력이 감소하므로 식이섬유가 많은 채소, 건조채소, 과일, 건조과일 등은 제한한다. 당질은 350~400 g/일을 공급한다.
- 단백질 : 고단백식으로 한다. 손상된 간세포의 재생을 위해 많은 단백질이 필요하다. 간세포는 재생능력이 뛰어나므로 간세포 생성을 위한 단백질을 충분히 공급한다. 또한 단백질 식품은 항지방간성 인자(lipotropic factor)로 알려진 메티오닌과 콜린을 충분히 포함하고 있으므로 지방간을 예방하는 작용을 한다. 양질의 단백질 식품을 선택하되, 지방 함량이 적은 육류, 어류, 달걀, 두부 등이 적합하며, 소화불량의 우려가 있으므로 조리법에도 유의하여야 한다. 직화구이, 튀김보다는 수육, 국, 조림, 찌개 등의 조리법을 자주 활용하도록 한다. 표준체중당 1.5~2.0 g/kg(1일 100~120 g) 정도의 범위에서 병의 경중에 따라 정한다.
- 지방 : 저지방식에서 중등도 지방 섭취로 점차 증가시킨다. 대부분의 환자가 메스꺼움 때문에 기름진 음식을 싫어하므로 급성간염 초기에는 저지방식(1일 20 g 정도)으로 하다가 회복기에 들어서면서 차츰 증가시킨다. 환자에 따라 중정도 또는 유연성 있게 정한다. 실제로 고에너지식을 제공하기 위해서는 중 정도의 지방 섭취가 필요하다. 지방의 종류로는 불포화지방산 형태의 식물성 기름이나 소화가 쉬운 유화지방 형태(우유, 버터, 치즈, 달걀노른자)가 바람직하며, 기름기가 많고 결체조직이

표 **4-3** 급성간염 환자의 식단 예

1일 필요 영양소량			
에너지(kcal)	당질(g)	단백질(g)	지방(g)
2,400	350(60%)	115(20%)	60(20%)

1일 필요 식품교환단위 수							
곡류군	어육류군		채소군	지방군	우유군		과일군
	저	중			일반	저지방	
12	4	4	7	4	2	-	2

식단 예					
아침	재료 및 분량	점심	재료 및 분량	저녁	재료 및 분량
쌀밥	쌀밥 280 g	보리밥	보리밥 280 g	쌀밥	쌀밥 280 g
소고기미역국	미역(건) 3 g	콩나물국	콩나물 35 g	동태매운탕	동태 75 g
	소고기 20 g	닭갈비	닭고기 80 g		무 35 g
갈치구이	갈치 50 g		참기름 5 g	달걀찜	달걀 55 g
양배추고기말이	돼지고기 40 g	두부조림	두부 80 g	버섯잡채	버섯 70 g
	양배추 70 g	시금치나물	시금치 70 g		식용유 5 g
	참기름 5 g		들기름 2.5 g	상추겉절이	상추 35 g
도라지나물	도라지 70 g	깍두기	깍두기 25 g	배추김치	배추김치 25 g
	식용유 2.5 g	사과	사과 80 g	우유	우유 200 mL
열무김치	열무김치 25 g			과일	토마토 350 g
두유	두유 200 mL				

많은 부위의 육류 및 어류는 제한한다. 중등도 지방 섭취 시 50~60 g/일 정도 공급하며, 황달이 있을 경우 20 g/일 이하로 제한한다.

- 비타민과 무기질 : 충분히 섭취한다. 간질환 시 비타민과 무기질 저장량이 감소하는 반면, 고에너지 및 고단백질 섭취로 인한 대사량은 증가하므로, 이들 대사에 조효소 역할을 하는 비타민과 무기질의 증가가 필수적이다. 비타민과 무기질이 풍부한 신선한 채소, 과일류를 충분히 섭취하도록 한다.

이외에 급성간염의 식사요법 시 유의할 사항은 다음과 같다.

- 고에너지·고단백질 음료 등을 간식으로 이용 : 간질환 환자는 식욕이 매우 저하되어 있으나 병의 치료를 위해 고영양식을 제공해야 하므로 식사요법을 시행함에 있어 어려움을 겪게 된다. 따라서 이러한 문제를 해결하기 위해 한꺼번에 많은 양을 주기보다 적은 양을 자주 주며, 영양소 농도가 높은 음식을 주는 것도 한 방법이

다. 예를 들어, 고에너지·고단백질 음료를 간식으로 이용할 수 있는데, 우유에 과일소스(예 : 사과소스)나 에너지가 높은 과일류(예 : 바나나) 및 과일주스(예 : 복숭아주스), 또는 미음, 아이스크림, 조리된 균질 쇠고기 등을 함께 혼합하여 제공할 수 있다. 탈지분유나 우유를 사용하여 포타주, 그라탱, 우유찜, 요구르트 등의 음식을 만들거나, 닭가슴살이나 흰살생선을 가루로 내어 조리 시 이용하는 것도 좋은 방법이다. 또는 시판하는 고영양음료 등을 이용할 수 있다.

- 강한 향신료 제한 : 식욕 촉진을 위한 향신료는 허용하나, 간세포의 염증을 자극하지 않도록 강한 향신료(고춧가루, 고추냉이, 겨자, 카레, 핫소스 등)나 짠 음식 등은 제한한다.
- 알코올 제한 : 알코올은 간세포의 손상을 유발할 수 있고 소량의 알코올 섭취에도 간질환 환자에게는 심각한 간 손상이 올 수 있으므로 급성기 6개월까지는 금주하며, 알코올과 관련된 간염일 경우 평생 동안 금주하여야 한다.

(2) 만성간염

① 원인

만성간염(chronic hepatitis)은 간의 염증 및 간세포 괴사가 6개월 이상 지속되는 상태를 말하는데, 간염 바이러스, 알코올, 약물, 자가면역, 대사질환 등 여러 가지 다양한 원인에 의해 발생할 수 있다.

② 증상

만성간염은 자각증상이 그다지 심하게 나타나지 않을 수 있다. B형 간염과 C형 간염이 만성화되는데, 만성간염 및 지방간과 같이 서서히 진행하는 간질환은 대부분 무증상으로 환자가 일상생활에 큰 불편을 느끼지 못하지만, 자각하지 못하는 동안 점차 간섬유화(hepatic fibrosis)가 누적되면서 간경변증과 간암으로 진행할 수 있다.

주로 쉽게 피로해지거나 입맛이 없어지고 구역, 구토, 근육통 및 미열이 나타날 수 있으며, 소변의 색깔이 진해지거나 심할 경우 피부나 눈이 노랗게 변하는 황달까지 발생할 수 있다. 오후에 더 많은 피로감을 느끼며, 정력 감퇴, 월경 불순, 잇몸 출혈, 배가 부르거나 윗배가 무거운 느낌을 갖는 경우도 있다. 개인에 따라 자각증세의 차이가 많이

나며, 증상이 강한 사람이 약한 사람보다 간 장애가 심한 것은 아니다. 이러한 상황은 회복과 악화를 반복할 수 있고 이로 인해 사망에 이를 수도 있다.

③ 치료

만성 B형 간염으로 확인되면 항바이러스제로 치료해야 할 경우가 많은데, 항바이러스제 복용으로 B형 간염 바이러스가 잘 억제되고 간기능이 정상으로 유지되면 간경변으로의 진행이 유의하게 감소하고 간암의 발생도 유의하게 줄어든다. 만성 B형 간염은 완전한 치유가 어렵다. 따라서 장기간 치료제 복용이 필요할 수 있으며, 치료하는 동안 주기적으로 간기능 수치와 바이러스 반응을 모니터링하여야 한다. 최근 C형 간염의 완치를 언급할 수 있을 만큼 치료제가 발전하였다. 그러나 경구용 항바이러스제의 높은 가격, 약제 내성, 약제 간 상호작용 등 많은 난제가 있다.

④ 식사요법

급성간염과 마찬가지로 만성간염의 가장 중요한 치료방법은 식사요법과 안정이라 할 수 있다. 만성간염의 식사요법의 목적은 충분한 영양 공급으로 간세포를 재생하는 것이며, 고에너지식과 고단백식을 제공한다.

- 에너지 : 고에너지식으로 하되 표준체중 유지하도록 한다. 간조직의 복구에 필요한 에너지를 공급하기 위하여 2,300~2,500 kcal, 당질 300~400 g, 지방 50~60 g 정도를 공급한다. 만성간염으로 진행된 경우 영양 과잉인 경우가 많다. 따라서 비만한 만성간염 환자는 간에 지방이 축적됨으로써 간기능을 악화시킬 수 있다. 환자의 영양상태를 판정한 후, 과체중 혹은 비만 환자는 식사요법의 목적을 먼저 표준체중의 유지에 두도록 한다.
- 단백질 : 고단백식으로 한다. 간세포의 재생을 위해 양질의 단백질을 필요로 한다. 표준체중당 1.0~1.5 g/kg(1일 80~100 g) 정도의 범위에서 공급한다.
- 비타민과 무기질 : 충분히 섭취한다. 고에너지 및 고단백질 섭취로 인한 대사량이 증가하므로 이들 대사의 조효소 역할을 하는 비타민과 무기질의 증가가 필수적이다.
- 기타 : 소금 섭취는 8~10 g/일(나트륨 3.2~4 g)으로 하나, 복수나 부종이 있을 경우 3 g/일(나트륨 1. 2g) 이내로 제한한다.

⑤ 일상생활의 지도

만성간염 치료를 위한 주체는 환자 자신으로서 식사요법을 비롯한 치료원칙을 지키려는 환자의 의지가 중요하다. 하루 6~7시간 이상의 숙면, 식사 후 편안한 자세로 쉬기, 스트레스 줄이기, 금주 및 과격한 운동보다는 적절한 운동이 바람직하다. 여러 가지 민간요법, 한약재 등은 오히려 간에 부담을 주어 해가 될 수 있으므로 주의해야 한다. 약을 처방받을 때 자신이 간염 환자라고 밝혀야 하며, 가능하면 약물의 오남용은 피해야 한다.

4) 지방간

지방간(fatty liver)은 간의 정상적인 지방 함량인 5% 이상을 초과하여 지방이 침착된 형태로 주로 중성지방이 간세포 내에 축적되어 있다. 간 내 지방 함량이 5% 이상이면 경증, 30% 이상은 중등증, 60% 이상은 중증 지방간으로 분류한다.

(1) 원인

지방간은 알코올성 지방간(alcoholic fatty liver disease)과 비알코올성 지방간(non-alcoholic fatty liver disease, NAFLD)으로 분류된다. 비알코올성 지방간은 40 g/일(4잔) 이하의 음주를 하는 사람에서 지방간이 생기는 경우를 말하며, 과체중이나 비만(복부비만), 제2형 당뇨병, 이상지질혈증, 대사증후군 등이 위험요인이다. 그 외에도 여성 호르몬제나 스테로이드(부신피질호르몬 등)를 포함한 약제를 오래 복용하여도 지방간이 나타날 수 있다 **표 4-4**.

(2) 증상

지방간 환자는 증상이 없는 경우가 대부분이다. 피로감, 우상복부 불쾌감 등이 있거나 식욕 부진, 구역질, 피곤함, 포만감 등의 막연한 증상이 있을 수 있다. 검사 소견도 나쁘지 않아 ALT 또는 AST 수치가 약간 올라가 있는 정도일 때가 흔하다. 복부 초음파검사나 간 조직검사로 지방간을 판정한다. 단순지방간 외에도 지방간염 또는 간경변을 동반하는 등 다양한 양상이 나타날 수 있다. 대부분의 비알코올성 지방간은 대체적으로 양

알아보기 **지방간의 원인에 따른 대사 기전 양상**

- 과도한 음주, 비만, 이상지질혈증 : 간의 중성지방 합성 증가
  알코올과 에너지 과잉 섭취로 인한 중성지방 합성 증가는 간에 중성지방 축적을 증가시킨다. 또 고당질 섭취 시에도 중성지방 합성이 증가되므로 지방간의 원인이 될 수 있다.
- 당뇨병, 기아 : 간으로의 중성지방 운반 증가 및 산화 감소
  당뇨병이나 기아 시 당질이 부족하면 체지방이 분해되어 부족한 에너지를 보충하게 된다. 저장된 지방이 분해되기 위해 많은 양의 지방이 간으로 운반되지만 간에서의 지방산 산화는 감소하여 지방간이 발생된다.
- 콰시오커(kwashiorkor), 영양불균형 : 간의 중성지방 이동(방출) 감소
  단백질이 부족하면 간의 지방 운반형태인 지단백질 형성이 잘 안 되어 지방 운반이 감소되어 지방간이 될 수 있다. 영양불균형으로 인한 지질 대사 관여 비타민의 결핍이나 항지방간성 인자인 메티오닌, 콜린, 인지질의 결핍도 지방간의 원인이 된다.

표 **4·4** 비알코올성 지방간질환의 위험인자

입증된 인자	가능성이 있는 인자
비만 제2형 당뇨병 이상지질혈증 대사증후군*	갑상샘기능저하증 다낭성 난소증후군 수면무호흡증

*아래의 기준 중 세 가지 이상이 해당되면 대사증후군으로 정의한다.
1) 허리둘레 : 남자의 경우 90 cm 초과, 여자의 경우 80 cm 초과
2) 중성지방 : 150 mg/dL 이상
3) 고밀도지단백질 콜레스테롤 : 남자의 경우 40 mg/dL 미만, 여자의 경우 50 mg/dL
4) 공복혈당 : 100 mg/dL 이상
5) 수축기 혈압이 130 mmHg 또는 이완기 혈압이 85 mmHg 이상인 경우

자료 : 대한간학회, 2013

호한 경과를 보이나 10~20%에서는 비알코올성 지방간염으로 진행할 수 있으며, 이 중 일부는 간경변증이나 간암으로 진행될 수 있다.

(3) 식사요법

지방간질환의 영양치료 목표는 간 내 축적된 중성지방을 감소시키고, 간기능을 정상화하는 것이다. 지방간은 우선 지방간과 관련된 인자들, 즉 당뇨병, 이상지질혈증, 비만, 약물 등의 원인을 치료해야 한다. 알코올 남용으로 인한 지방간은 알코올 섭취를 금하면서 적절한 영양 섭취로 체내에 영양분이 충분히 저장되도록 한다. 대부분의 비알코올

성 지방간 환자는 과체중 혹은 비만을 동반하고 있으므로 적극적인 체중 감량, 식사요법, 꾸준한 유산소운동이 가장 효과적인 치료방법이다.

- 에너지 : 에너지 섭취량을 감소시켜 체중을 감량하여 간 내 지방을 감소시키도록 한다. 체중 감량의 목표는 현재 체중의 10%를 3~6개월간 서서히 줄이도록 한다. 급작스런 체중 감량은 오히려 지방간을 악화시킬 수 있다. 일반적으로 총 에너지 섭취량 감소는 1일 에너지 섭취량의 25% 정도를 줄여서 섭취하는 것을 권장한다. 따라서 1일 400~500 kcal를 줄이는 것이 적절하다.
- 당질 : 당질 섭취를 감소시키며, 과당은 제한한다. 당질은 중성지방 합성을 증가시키므로 당질 함량이 높은 음식을 과하게 섭취하지 않도록 한다. 특히 과당은 지방으로 전환되기 쉬우므로 섭취하지 않도록 유의한다. 당을 함유한 음료제품, 사탕, 꿀, 초콜릿, 케이크, 탄산음료 등을 제한한다. 복합당질을 이용하는 것이 바람직하며 현미, 통밀, 잡곡 등 식이섬유가 풍부한 식품을 이용한다.
- 지방 : 지방은 총 에너지의 20~25% 정도로 섭취한다. 이상지질혈증이 있는 경우 이상지질혈증의 식사요법을 적용한다. 지방의 과잉 섭취를 피하고 포화지방산과 콜레스테롤 섭취를 제한한다. 기름진 음식을 피하고, 튀김보다는 삶거나 찌는 조리법을 선택한다. 다불포화지방산, 단일불포화지방산, 오메가-3 지방산을 충분히 섭취하도록 한다.
- 항지방간성 인자 : 항지방간성 인자인 메티오닌, 콜린, 인지질(레시틴), 셀레늄, 비타민 E 등을 충분히 섭취하여 간에 지방이 축적되지 않도록 한다.
- 꾸준한 유산소운동 : 운동은 지방간 치료에 도움이 되며, 이외에도 혈압 강하, 혈중 콜레스테롤 저하, 혈당 저하, 뼈와 근육을 건강하게 하는 효과가 있다. 운동은 각자의 상황과 체력에 맞도록 선택하는데 빠르게 걷기, 자전거 타기, 조깅, 수영, 등산, 에어로빅 댄스 등의 유산소운동을 꾸준히 일주일에 3번 이상, 1회 30분 이상 한다. 운동의 강도는 몸에 땀이 촉촉이 나는 정도로 한다. 그러나 무리한 운동은 오히려 좋지 않다.

5) 간경변증

간경변증(cirrhosis)은 간세포가 파괴되면서 그 자리가 결체조직으로 대체된 상태로 황갈색의 결절 모양을 갖는다. 남아 있는 간세포는 왕성한 재생력에 의해 증식되고, 증식된 세포는 집합되어 결절상의 집단(재생결절)을 형성하는데 마치 소금에 절인 연어알 같은 외관을 갖게 된다 **그림 4-3**. 이로써 간은 정상적인 구조를 갖지 못하고 모양도 변하므로 점진적인 기능 저하를 초래하는 상태가 된다.

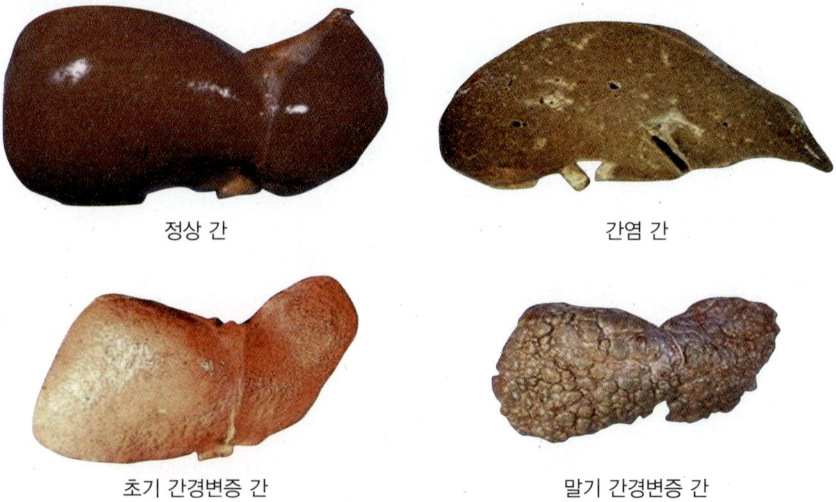

그림 **4·3** 간염 및 간경변증 환자의 간

자료 : http://www.hivforum.org

(1) 원인

우리나라 간경변증 환자의 70~80%는 B형 간염 바이러스 감염에 의해, 10~15%는 C형 간염 바이러스 감염에 의해 발생하고, 나머지 10~15%는 알코올의 과다 섭취와 그 외 여러 질환에 의해 발생한다. 바이러스성 간염을 잘 치료하지 않고 방치하면 3~10년에 걸쳐 간경변증으로 진행될 수 있다 **그림 4-4**. 다른 원인으로는 간에서 생성된 담즙의 배설 시, 담관이 막혀서 담즙이 정체되어 담즙성분이 간에 장해를 줄 수 있는데 이때는 강한 황달을 수반한 간경변증을 일으키며, 이를 담즙성 간경변증이라 한다.

지속적으로 간 손상이 반복되는 경우 증상의 유무와 상관없이 간경변증이나 간암으

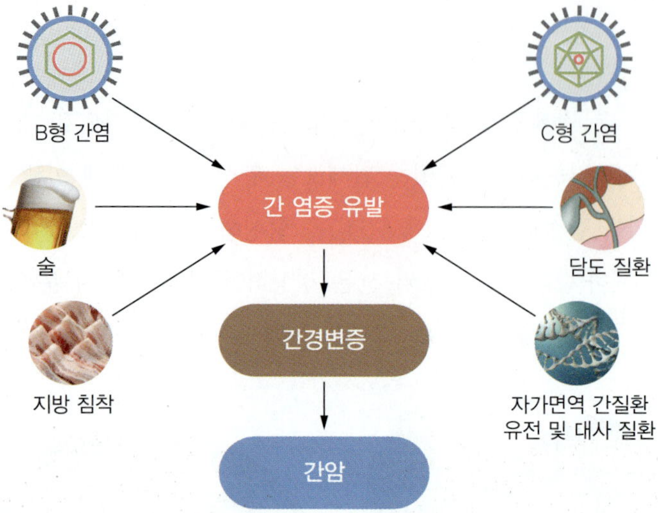

그림 **4·4** 간질환의 원인과 진행

로 진행될 위험이 크고 일단 간경변증이 발병하면 치료를 받아도 굳어진 간이 원래대로 회복되기 어렵다.

(2) 증상

간은 중요한 장기로 예비력이 많고 재생력도 왕성하여 일부가 장해를 받아도 나머지 정상적인 간세포들에 의해 간기능이 이루어지므로 처음에는 아무런 증상을 나타내지 않는다.

- 초기 증상 : 식욕 부진, 오심, 구토, 만성피로, 전신 권태감, 복부 불쾌감 등의 막연한 증상을 호소한다.
- 후기 증상 : 황달, 피부의 거미 모양 혈관종, 손바닥 홍반 등이 나타나고, 간경변증이 심해지면 혈류장애로 인해 위식도정맥류가 발생한다. 또한 소화기, 순환기, 내분비 계통에도 영향을 준다. 피부의 가려움증, 간의 호르몬 대사 이상으로 남성의 여성 유방화 및 고환이 작아지거나 월경이 불규칙해지기도 한다.
- 합병증 : 위식도정맥류 출혈, 복수와 부종, 간성뇌증 등이 생긴다. 위식도정맥류의 출혈이 나타나면 위험하여 간경변증 사망의 주요 원인이 된다. 간경변 말기가 되면 여러 가지 상태의 의식장애를 동반하는 간성뇌증(간성혼수)이 온다. 또한 많은 간경변증 환자에게서 골다공증이 발생하고, 인슐린 저항성 증가로 인해 당뇨병의 발생

알아보기

위식도정맥류 및 정맥류 출혈

위식도정맥류는 간경변증의 가장 흔한 치명적인 합병증으로 간경변증 환자의 약 50%에서 발견된다. 간문맥은 장에서 흡수된 많은 영양소가 간으로 이동하는 중요한 혈관 통로이다. 그러나 간경변증이 되면 딱딱해진 간으로 혈액이 이동하기 힘들어지므로 간문맥의 압력이 증가하게 된다(문맥압항진증). 이로 인해 혈액이 더 이상 간으로 들어가지 못하고 많은 혈액은 좀 더 압력이 낮은 식도나 위의 혈관 등 다른 부위의 혈관이 발달되면서 간 이외의 부위로 혈액이 이동한다. 이로써 작은 혈관들이 확장되는데 일부는 식도 내로 돌출되어 식도정맥류를 형성하고, 일부는 위로 돌출되어 위정맥류를 만든다. 정맥류는 증상이 전혀 없으나, 식도정맥류의 약한 부분이 파열되면 대량출혈이 일어나 위험할 수 있고, 출혈이 나면 토혈, 흑색변, 혈변, 의식 소실 등의 증상이 나타난다.

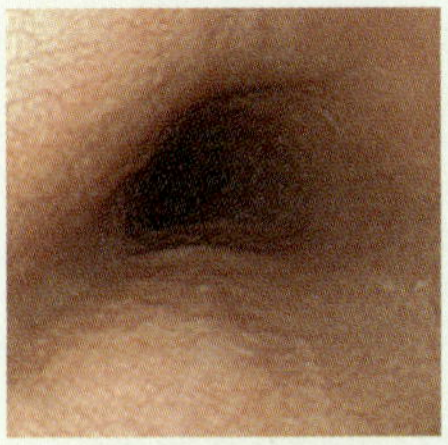
정상 식도

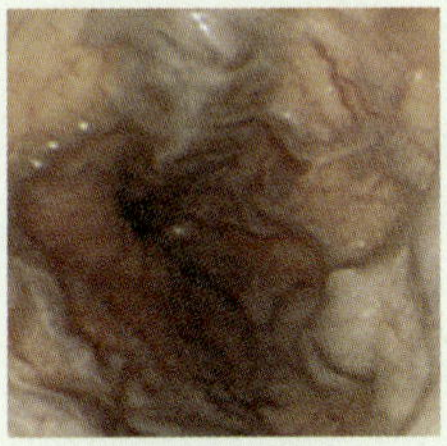
식도정맥류

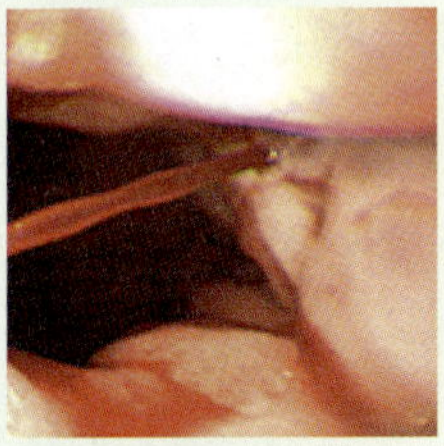
식도정맥류 출혈

자료 : 질병관리본부(http://health.cdc.go.kr)

알아보기

복수

정상인의 복막 내 복강에는 약 50 mL 정도의 액체가 있는데, 복강에 과량의 체액이 축적되는 현상을 복수(ascites)라고 한다. 간경변증 환자의 약 50%에게서 10년 내에 복수가 발생한다. 원인으로는 간이 손상되면 ① 문맥압이 항진되면서 내장혈관이 확장되고 동맥혈류량은 감소하므로, 보상반응으로 항이뇨호르몬과 알도스테론계가 활성화되면서 나트륨과 수분 보유가 촉진된다. ② 간세포의 혈청 알부민 합성기능이 저하되어 혈액 삼투압이 저하되면 체액이 증가하여 복수가 차고 팔 다리가 붓는다.

복수로 호흡이 힘들어지고, 배뇨, 배변 기능이 저하된다. 복수가 600 mL 이상이면 배가 위에서 옆으로 부어 나와 개구리 배처럼 보이며 손으로 한쪽을 두드리면 복벽에서 파동 치는 것을 느낀다.

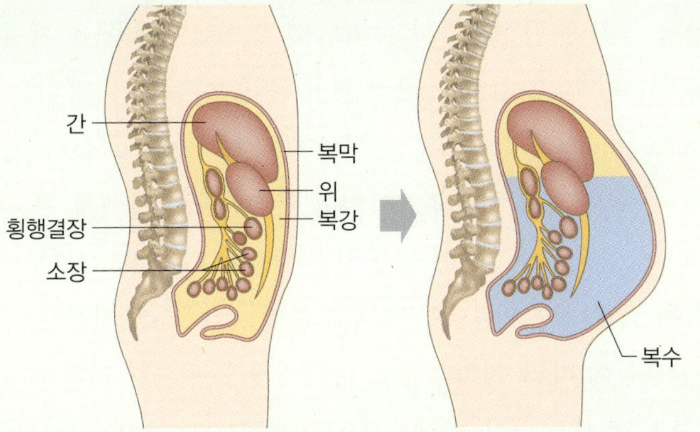

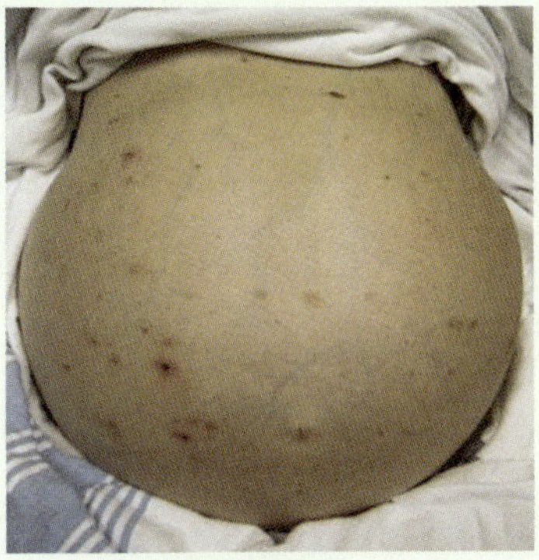

위험도가 높아진다.

(3) 식사요법

간경변증의 치료에서는 안정과 식사요법이 매우 중요하다. 식사요법의 목적은 영양불량상태를 개선하고 근육단백질의 이화를 막아 조직 재생을 촉진하며, 합병증을 예방하고 개선시키며, 수분과 전해질의 균형 유지 및 영양지원으로 전체적 영양상태를 좋게 유지하는 것이다. 간경변증의 식사요법 원칙은 고에너지식, 고단백식, 중등도 당질식(복합당질), 중등도 지방식 등이다.

- 에너지 : 고에너지식으로 한다. 영양소 대사가 제대로 이루어지지 않아 환자들은 대개 극심한 체중 감소현상을 보이므로 체중 증가를 위해 고에너지식을 공급한다. 부종이 없는 상태인 건조체중(부종이 없는 체중) kg당 30~35 kcal를 공급한다. 그러나 복수, 감염, 패혈증 등으로 에너지 소비가 증가되면 건조체중당 40 kcal 이상의 에너지가 필요하다. 충분한 에너지 섭취가 어려우면 아침 저녁으로 식사를 여러 번 나눠먹도록 한다. 늦은 저녁에 200 kcal 정도의 간식을 제공한 경우, 간경변증 환자의 영양상태가 호전되었음이 보고된 바 있다.
- 단백질 : 고단백식으로 한다. 단백질은 심한 영양불량상태를 치료하고 간세포의 재생 및 혈장 단백질의 보충을 위해 필요하다. 간질환의 진행과 간기능의 회복에 따라 섭취량을 조정한다. 합병증이 없는 간염, 간경변증은 체단백 합성 및 양의 질소균형을 위해 건조체중 kg당 1.2~1.5 g의 단백질을 공급한다. 일반적인 간염이나 알코올성 간경변증에 따른 저영양상태일 경우는 건조체중 kg당 1.5~2.0 g(1일 100~120 g)을 공급한다. 그러나 간성뇌증이 나타나면 단백질 섭취량을 제한하여 체중 kg당 0.5~0.7 g(60 g)이 넘지 않도록 공급한다. 루신, 이소루신, 발린은 분지아미노산(branched-chain amino acid)으로서 간에서 대사되지 않고 주로 근육에서 대사되므로 간에 부담을 주지 않고 사용될 수 있어 간경변증 환자에게 추천한다. 식물성 단백질은 분지아미노산이 풍부하여 동물성 단백질에 비해 유리하다.
- 당질 : 중 정도의 당질을 공급하되 복합당질 형태로 준다. 글리코겐 저장량이 감소하고, 혈청 인슐린이 상승함에 따라 저혈당증을 나타내거나, 인슐린 저항성(insulin resistance)으로 인해 포도당 내당능이 비정상적으로 변하기도 한다. 간경변증 및

만성간질환 환자에게서 내당능장애는 매우 흔하게 관찰되는 현상이며, 간경변증 환자에서 2차적으로 당뇨병이 발생되는 간성 당뇨병은 흔하다. 따라서 중 정도의 당질을 섭취하며 가능한 복합당질 형태로 섭취하도록 한다.

- 지방 : 중 정도의 지방을 공급한다. 간경변증은 지방 대사의 손상과 지방의 흡수불량이 특징적이다. 지방변은 간경변증 환자의 약 50%에서 나타나는데, 간경변증으로 인한 담낭기능 손상이나 담즙산염의 감소로 인한다. 장쇄지방산을 함유한 지방 대신 중쇄중성지방으로 대치하면 좋은 효과를 볼 수 있으나, 중쇄중성지방유의 효과가 나타나지 않는다면 지방 섭취량을 감소시켜야 한다. 지방변이나 황달이 지속되면 20 g/일 이하로 제한한다. 그러나 고에너지식 공급 및 음식의 맛을 내고, 식사요법을 지속하기 위해서는 중 정도의 지방량이 바람직하다. 따라서 환자의 상태에 따라 지방량을 조절하고, 지방의 약 10%는 리놀레산 등의 필수지방산을 포함한 급원을 공급하도록 한다.
- 비타민과 무기질 : 많은 양의 비타민이 스트레스에 대한 간 손상 회복 및 강화를 위해 필요하다. 영양결핍 환자에서 티아민, 비타민 B_6, 비타민 B_{12}, 엽산, 아연 등이 보충되어야 한다. 아연은 알부민과 분지아미노산 대사에 관여하여 복수 및 간성뇌증을 호전시켰다. 지방변증이 있을 경우 지용성 비타민의 보충이 필요하다. 저프로트롬빈혈증을 보일 때는 비타민 K를 처방한다. 간경변증으로 인해 간에서 비타민 D의 25번 탄소에 수산화반응이 잘 안 되어 골감소증(osteopenia)이나 골연화증(osteomalacia)이 보편적으로 일어나므로 저칼슘혈증이 나타나면, 칼슘 보충을 고려한다.
- 식염 : 저염식으로 한다. 간경변성 복수가 나타나면 나트륨 섭취를 줄이고 이뇨제로 나트륨 배설을 돕는다. 권장하는 식염 섭취량은 5 g/일(나트륨 2,000 mg/일, 88 mmol/일) 이하이다. 엄격한 저염식은 음식 섭취 감소로 영양결핍이 우려되므로 권장하지 않는다. 처음 복수가 나타났을 때 저염식에 순응하지 못하는 환자는 적당량의 염분을 허용하면서 이뇨제를 증량하여 복수를 조절하도록 할 수 있다. 수분 섭취량은 소변 배설량을 고려하여 정한다. 그러나 체내 수분은 신장의 나트륨 배설과 함께 배출되기 때문에 대부분의 복수 환자에서 수분 섭취 제한이 절대적으로 필요하지는 않다.

표 4-5 간경변증 환자의 식단 예

1일 필요 영양소량				
에너지(kcal)	당질(g)	단백질(g)	지방(g)	나트륨(mg)
1,800	260(60%)	85(20%)	47(20%)	2,000

1일 필요 식품교환단위 수							
곡류군	어육류군		채소군	지방군	우유군		과일군
	저	중			일반	저지방	
9	3	3	7	4	1	-	2

식단 예								
아침	재료 및 분량		점심	재료 및 분량		저녁	재료 및 분량	
쌀밥	쌀밥	210 g	쌀밥	쌀밥	210 g	쌀밥	쌀밥	210 g
콩나물국	콩나물	35 g	미역국	미역(건)	3 g	무다시마국	무	35 g
다진불고기	소고기	80 g	두부부침	두부	80 g	달걀찜	달걀	55 g
	참기름	2.5 g		식용유	2.5 g	닭안심볶음	닭안심	40 g
가지볶음	가지	70 g	가자미구이	가자미	50 g		식용유	2.5 g
	식용유	2.5 g	양상추샐러드	양상추	35 g	애호박나물	애호박	70 g
시금치나물	시금치	70 g		파프리카	35 g		식용유	2.5 g
	들기름	2.5 g		드레싱	5 g	저염물김치	물김치	35 g
저염무채김치	무채김치	25 g	저염양배추김치	양배추김치	25 g	귤통조림	귤통조림	100 g
			갈은 사과	사과	100 g	우유	우유	200 mL

※ 복수나 부종을 조절하기 위해 저염식(Na 2,000 mg)을 기본으로 제공하며, 식도정맥류가 있는 환자들을 고려하여 질기고 자극적인 음식을 제한한다.

알아보기 **말기 간경변증의 영양결핍**

말기 간경변증 환자의 약 90%는 영양결핍을 동반하는데 오심, 구토로 인한 식욕 감소 및 에너지 대사 증가가 주된 원인이다. 간경변증은 휴식기 에너지 소비량이 증가하는데, 교감신경계가 활성화되어 에피네프린과 노르에피네프린 분비 증가로 대사가 항진되기 때문이다. 또한 글리코겐 저장량이 부족하여 대체 에너지로 지방 이용이 증가한다. 이와 같이 전반적인 대사 항진이 장기간 지속되면 에너지 소비를 증가시켜 영양결핍이 오게 된다.

6) 알코올성 간질환

(1) 원인

알코올성 간질환은 지속적 음주에 의해 발생하는 대표적 간질환으로서, 국내 만성간질환 중 알코올성 간질환이 13~15%를 차지한다. 알코올성 간질환은 조직학적으로 알코올성 지방간, 알코올성 간염 및 알코올성 간경변증의 세 가지 유형으로 분류한다. 알코올성 간염이 발생하면 간섬유화로의 진행이 흔하게 발생하며, 오랜 기간 알코올성 간염이 지속되면 간섬유화의 진행이 가속되어 간경변증으로 진행되고, 알코올성 간경변증에서는 간암 발병률 및 사망위험도가 증가한다 그림 4-5.

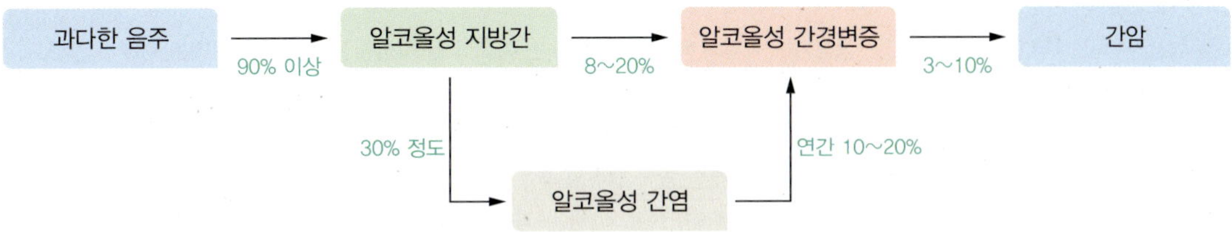

그림 **4·5** 알코올성 간질환의 진행 경과
(진행과정은 개인적, 환경적 차이가 크므로 %는 개략적인 흐름으로 이해해야 함)
자료 : 대한간학회, 2013

알코올성 간질환의 발생기전에는 알코올 섭취량이 가장 중요하다. 이외에도 유전적 요소(알코올 대사 효소 및 알코올 간 손상의 유전적 감수성)와 환경적 요소(성별, 영양상태, 동반된 간질환 등)가 함께 영향을 준다. 대한간학회의 알코올성 간질환 진료 가이드라인에서는 하루 평균 알코올 섭취량이 남자의 경우 40 g, 여자의 경우 20 g을 초과할 때를 알코올성 간질환으로 진단하기에 유의한 섭취량으로 정의하였다(일반적으로 술 1잔은 약 10 g의 알코올 포함). 알코올성 간질환을 일으키는 알코올의 최소 섭취량은 최소 1년간 매일 40~80 g 정도인데 여성이나 만성 C형 간염을 앓고 있는 경우에는 이보다 낮은 섭취량에도 발생할 수 있다. 음주기간이 길수록, 음주량과 횟수가 많을수록, 알코올 도수가 높을수록 알코올성 간질환이 될 가능성이 높아진다.

(2) 증상

알코올성 간질환 환자들은 대개 간이 커져 있어서 복부를 만질 때 우상복부에서 간이 만져진다. 심한 급성알코올성 간염이나 간경변증이 있는 경우에는 간기능 저하로 인해 복수가 차거나 다리의 부종이 나타난다. 알코올성 간질환의 주요 증상은 표 4-6과 같다.

간세포가 손상되면 AST, ALT 효소가 혈액 속으로 유입되어 혈중 AST, ALT 농도가 증가한다. 알코올성 간질환에서는 ALT에 비해서 주로 AST가 더 많이 상승한다는 점이 특징적이다. 또한 알코올만 주로 섭취하고, 영양소 섭취가 부족하면 영양 불량상태가

알아보기 간의 알코올 대사 및 간 손상 기전

간에서의 알코올 대사는 알코올 탈수소효소(alcohol dehydrogenase)와 마이크로솜 산화계(microsome ethanol oxidation system, MEOS), 카탈라아제(catalase)에 의해 아세트알데히드로 바뀌게 되며, 아세트알데히드는 알데히드 탈수소효소(aldehyde dehydrogenase)에 의해 아세테이트로 대사된 후 물과 이산화탄소로 분해되며, 일부는 지방산으로 전환된 후 중성지방의 형태로 간에 축적된다.

알코올 대사로 인한 간 손상 기전은 다음과 같다.

- 아세트알데히드에 의한 독성 : 알코올 대사로 생성되는 과잉의 아세트알데히드는 대표적 간 독성물질로 반응성이 매우 강해서 간세포 내의 여러 기관의 정상적인 기능을 방해하거나 형태를 변형시키고 세포막을 손상시킨다.
- 중성지방 합성 증가 및 케톤체 산화 증가 : 알데히드 탈수소효소에 의해 만들어진 아세테이트는 산화되거나 지방산으로 전환된 후 중성지방의 형태로 간에 축적되며, 특히 지방이 많은 안주류를 함께 섭취할 경우 간 내 지방 축적은 더 심해진다. 또한 알코올이 아세트알데히드로 대사되는 과정과 아세트알데히드가 아세테이트로 바뀌는 과정에서 NAD(nicotinamide adenine dinucleotide)가 NADH(nicotinamide adenine dinucleotide hydrogen)로 전환되어 NADH가 증가한다. NADH 증가는 간세포에서 해당과정을 억제하고 간 내 지방의 축적을 더욱 증가시킨다. 이와 같은 경로를 통해 지방간이 발생하고 간 손상이 심해진다. 또한 케톤체 산화 증가로 산혈증이 나타난다.
- 영양 섭취 불균형 : 과도한 음주를 하면서 식사를 제대로 하지 않는 경우 영양결핍이 되고, 특히 만성 습관성 음주로 인한 단백질 부족은 간질환의 심한 정도와 관련이 있다고 알려져 있다.
- 사이토카인(cytokine) 분비에 의한 간 손상 : 만성적으로 음주를 하게 되면 대장 혈관의 투과성이 증가되어 문맥을 통해 간으로 유입되는 내독소〔박테리아에서 발견되는 그람음성균의 리포다당체(lipopolysaccharide)〕의 양이 증가한다. 내독소가 간에 들어오면 쿠퍼세포에 의해 탐식이 되면서 사이토카인 같은 염증물질 생성을 촉진하여 간 손상을 유도한다.

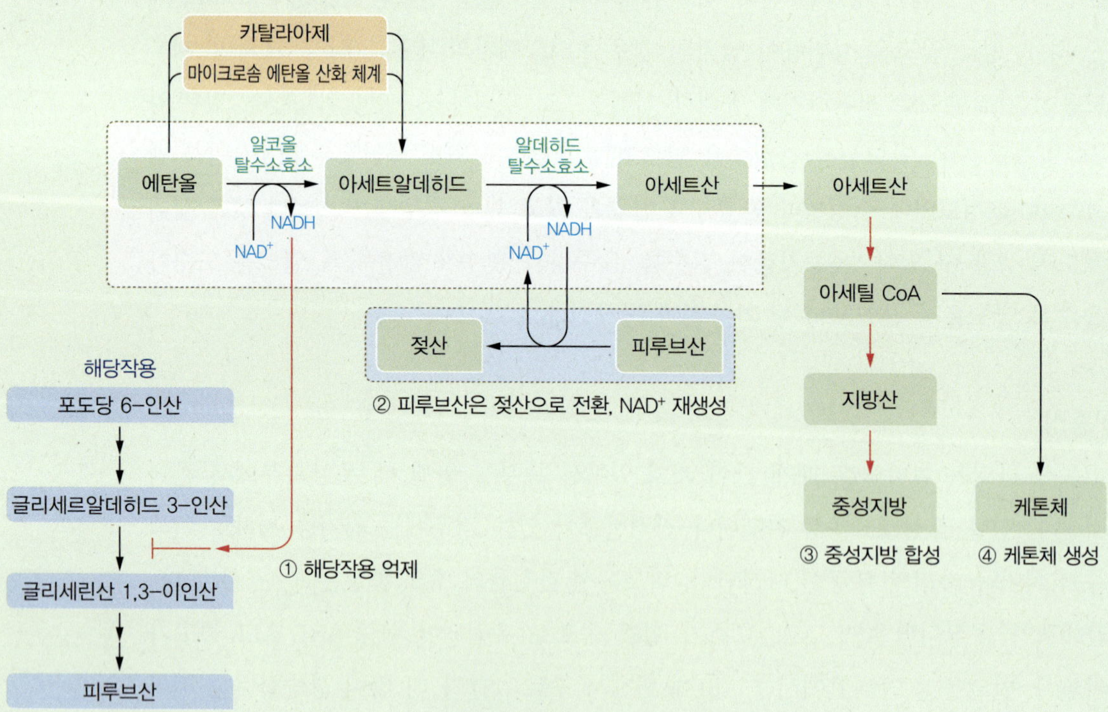

알코올성 간질환 시 대사 변화

표 **4·6** 알코올성 간질환 유형 및 증상

알코올성 간질환 비율		주 증상
알코올성 지방간	30%	• 무증상 또는 경미한 간비대, 오른쪽 상복부 압통 • 금주하면 정상으로 회복 가능
알코올성 간염	25%	• 간세포 파괴 및 염증 반응 동반 • 무력감, 발열, 오심, 구토, 식욕 감퇴, 간 비대, 황달 • 간 비대, 간수치(AST/ALT) 상승, 간 손상이 심하면 우상복부 통증과 고열, 중증인 경우 급성간부전으로 진행되어 사망할 수도 있음 • 금주하면 회복 가능하나, 음주가 지속되면 간경변증으로 진행
알코올성 간경변증	15%	• 매일 80g 이상(소주 1~1.5병)의 알코올을 10~15년 마시면 간경변증이 될 가능성이 매우 높음 • 간세포의 염증과 섬유화, 최종적으로 세포의 괴사가 나타나는 상태로 복수, 식도정맥류의 출혈, 간성혼수 등이 나타남 • 영양결핍, 말초신경병변에 의한 이상 감각, 치매나 중추신경장애, 심장기능 이상에 의한 다양한 합병증 나타남 • 금주해도 회복되기 어려우나 합병증 방지 위해 금주 필요

된다. 알코올은 위, 췌장, 소장에 염증을 유발하여 티아민, 리보플라빈, 비타민 B_{12}, 엽산, 비타민 C, 니아신 등의 흡수를 저해하여 비타민 결핍증을 초래할 수 있다.

(3) 식사요법

알코올성 간질환 환자의 식사요법의 목적은 균형된 영양 섭취와 질환의 회복을 위해 단백질, 비타민, 무기질을 충분히 공급하는데 있다. 전반적으로 지방간이나 급성간염의 회복기 식사와 유사하게 공급한다.

- 알코올 제한 : 알코올성 지방간과 가벼운 알코올성 간염의 경우는 금주를 하면 정상적인 상태로 회복이 가능하다. 간기능검사의 이상 소견이 빠른 속도로 정상화되며, 조직학적 이상도 빠르게 호전된다. 건강한 성인 남성의 경우 간에 큰 무리를 주지 않을 것이라고 생각되는 1회 음주량은 알코올 20 g(소주 2~3잔 126 cc, 맥주 3잔 600 cc, 와인 2잔 200 cc 정도에 해당하는 양) 이하이다. 그러나 간질환이 있는 사람의 경우에는 이미 간이 많이 손상되어 있기에 이 정도 양의 음주도 간을 손상시킬 수 있으므로 알코올 섭취를 제한한다.
- 충분한 에너지, 단백질, 비타민, 무기질 섭취 : 장 마비 또는 폐쇄 등과 같이 특별한 금기가 없는 한 알코올성 간질환 환자에게 에너지는 35~40 kcal/kg을 공급한다.

금주 직후에는 회복에 필요한 에너지를 충분히 공급하기 위해 식사 외에도 간식을 자주 섭취하도록 한다. 하루 3회 식사로 충분한 영양 공급이 어려울 경우에는 이른 아침과 늦은 저녁에 추가적으로 더 식사하여 영양 균형 회복에 도움을 주도록 한다. 그러나 장기적으로는 건강한 체중을 유지할 수 있도록 에너지 섭취량을 조절한다.

습관성 음주자의 경우, 음주로 인한 영양결핍으로 단백질과 비타민 등이 부족되기 쉬우며, 금주를 하더라도 단백질 섭취가 부족한 경우에는 간질환이 회복되지 않는다. 단백질은 1.2~1.5 g/kg 정도를 공급한다. 단, 간성뇌증이 있는 경우에는 단백질 섭취를 제한한다.

지방은 질환의 상태에 따라 조절하여 섭취하도록 한다. 비타민과 무기질도 충분히 섭취하도록 한다. 특히 티아민, 리보플라빈, 비타민 E, 엽산, 칼슘, 망간, 아연의 결핍이 흔하므로 충분한 공급이 되도록 유의한다. 채소와 과일을 충분히 섭취하도록 하고 필요 시 보충제를 섭취한다.

- 저염식 : 복수 및 부종이 동반된 경우 저염식을 병행한다.
- 규칙적인 운동으로 표준체중 유지 : 비만한 사람에게서 음주에 의한 간 손상의 위험이 증가하며, 지방간, 지방간염 및 간경변증이 발생할 수 있다. 그러므로 규칙적인 운동을 통해 체중을 적절하게 조절하도록 한다.

7) 간성뇌증

간성뇌증(hepatic encephalopathy)은 간기능 저하 상태에서 발생하는 여러 가지 의식장해(기억력 손실, 성격 변화, 경련, 혼수 등)를 동반하는 신경정신학적 증후군(neuropsychiatric syndrome)이다. 간성혼수(hepatic coma)는 간성뇌증이 가장 심한 단계이다. 간성뇌증의 예후는 그 원인 및 기저 간기능 상태에 따라 영향을 받으며 1년 생존율은 약 20~42%, 3년 생존율은 약 15~23%로 보고하고 있다.

(1) 원인

간성뇌증은 간경변증의 말기에 나타나며, 고단백식사, 변비, 저나트륨혈증, 위장관 출혈,

복막염 등의 각종 감염증, 수분과 전해질 불균형, 신기능 저하 등이 유발요인이다.

체내 암모니아는 주로 대장 내의 단백성분이 장내세균에 의해 분해되면서 생산되며, 신장에서도 근육에서 유리된 글루타민으로부터 만들어진다. 문맥을 통해 간으로 유입된 암모니아는 요소회로를 거쳐 요소로 전환된다. 그러나 간경변증이 악화되어 간세포의 괴사가 심해지면 간의 요소 합성이 감소하여 암모니아를 제거하지 못한다. 이로써 혈중 암모니아 농도 상승 및 뇌에서의 암모니아에 대한 투과성이 증가되어 많은 양의 암모니아가 뇌로 유입되면서 신경학적 증상을 일으키게 된다. 이로써 환자의 의식, 행동, 신경상태에 변화가 온다.

(2) 증상

전형적인 증상은 의식의 혼란, 자율신경기능의 변화이다. 의식이 없거나 불투명해지고 정확성이 없어지며, 졸음이 오거나 말수가 적어지고 혼동하며, 내용이 헛갈리는 말들을 자주 하게 된다. 정신 착란상태가 되면서 깊은 혼수상태에 빠지게 되고, 심하면 호흡에서 암모니아 냄새가 나기도 한다. 간경변증 환자에게서 잠을 잘 못 잔다거나 기억력이 갑자기 떨어지거나 발음이 부정확해지거나 성격이 바뀌는 등의 증세가 나타나면 간성뇌증을 의심해봐야 한다.

알아보기 **간성뇌증의 단계**

- 1단계 : 허공 응시, 불면증, 기억력 손실, 반응 느리고 자제력 약함, 불안, 안절부절함
- 2단계 : 퍼덕이기 진전(flapping tremor, 양팔을 쭉 펴서 손끝은 위로 향하고, 손바닥은 앞으로 향하게 펴면 손끝이 떨리거나 아래로 떨어지는 증상), 무기력, 경련, 근육 뒤틀림
- 3단계 : 난폭해지고 공격적, 인격장애, 지남력이 없고, 사람을 잘 알아보지 못하는 상태. 아플 정도로 자극을 주어야만 눈을 뜸
- 4단계 : 혼수상태, 자극에 대하여 반응이 없으며, 뇌부종이 심함

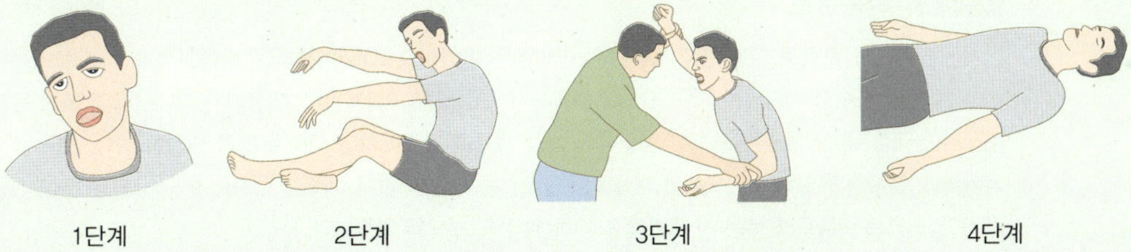

(3) 치료

치료는 기본적으로 과다한 암모니아 공급원을 제거하고 양호한 영양상태 유지를 위한 식사요법 및 약물이 사용된다. 암모니아를 체외로 내보내기 위해 설사약을 먹거나 관장을 하여 대변을 많이 보게 하는 것이 핵심적 치료방법이며, 이를 위해 락툴로스(lactulose)를 이용한다. 또한 대장에서 암모니아 생성을 감소시키기 위해 항생제(예: rifacximin)를 이용할 수 있다.

(4) 식사요법

간성뇌증의 식사요법 목표는 좋은 영양상태를 유지하고 체단백질의 이화를 막으며, 부종과 복수를 조절하고 간성뇌증을 최대한 예방하며 완화시키는데 있다. 간경변증의 식사요법과 비슷하나 암모니아의 생성 감소 및 혈장 아미노산의 비율을 조정하는데 중점을 두며, 질소 균형과 에너지 균형을 유지하는 것이다.

- 단백질 제한, 식물성 단백질 위주로 섭취 : 단백질 섭취량은 질소 급원을 줄이기 위해 제한해야 한다. 그러나 장기간의 지나친 단백질 섭취 제한은 단백질 분해를 증가시키며, 간기능 저하 및 근육량 감소를 초래하여 체내 암모니아 농도를 더욱 증가시킬 수 있다. 따라서 간성뇌증 초기에는 30 g/일 정도로 단백질을 제한하다가 이후 1일 0.5~0.7 g/kg 정도의 단백질(1일 60 g을 넘지 않을 것)로 제한하고, 이후 회복기에는 차츰 환자가 견딜 수 있는 양으로 점차 양을 늘려 1일 1~1.5 g/kg으로 증량할 수 있다.

  식물성 단백질은 분지아미노산들이 풍부하여, 간에서 대사 시 동물성 단백질에 비해 유리하고, 많은 양의 식이섬유도 함유하므로 질소화합물 배설에 중요한 역할

알아보기 락툴로스

간성뇌증의 1차 치료로 가장 많이 이용하는 약물은 변비약으로도 이용되는 락툴로스(lactulose) 또는 락티톨(lactitol) 등 비흡수성 이당류로 70~90%의 환자에서 간성뇌증이 회복된다. 대장에서 장내세균에 의해 유기산으로 분해되어 대장 내 pH를 낮춤으로써 암모니아 생성 세균을 감소시키며, 대장운동을 원활히 하여 암모니아 흡수를 억제하고, 설사를 유발하여 암모니아 배설을 촉진시키는 작용을 한다. 과도한 설사로 탈수가 되면 간성뇌증이 심해질 수 있으므로 락툴로스 복용 시 대변을 2~3회/일 정도 보도록 조절한다.

을 한다. 식사요법 초기에는 단백질 급원으로 유제품과 식물성 단백질을 주로 주다가 점차적으로 동물성 단백질을 공급하여 영양요구량을 충족시켜 준다(장기적으로는 완전단백질인 동물성 단백질이 간경변증 회복에 도움이 된다) **표 4-7**.

표 **4-7** 혈중 암모니아를 높이는 식품과 분지아미노산이 많은 식품

분류	식품의 예
혈중 암모니아를 높이는 식품	육류, 동물 내장, 간, 어패류, 햄버거, 햄, 살라미 소시지, 땅콩버터, 치즈류 등
분지아미노산이 많은 식품	밥, 떡, 식빵, 감자, 고구마 등의 곡류, 과일, 채소, 우유, 두부 등의 콩류

알아보기

간 손상 시, 분지아미노산 섭취 증가

분지아미노산(branched chain amino acid, BCAA)인 루신, 이소루신, 발린은 간에서 분해되지 않고 근육, 신장, 지방조직 및 뇌와 같은 말초조직에서 이용된다. 따라서 이들은 다른 아미노산들과는 달리 간에 부담을 주지 않고 사용될 수 있다. 간 손상으로 인한 간 수축과 말초조직에서의 인슐린 저항성으로 인하여 간의 글리코겐 저장 수준이 감소된다. 따라서 에너지원으로서의 포도당 의존도가 낮아지므로 근육조직의 분지아미노산 활용이 증가하여 혈중 분지아미노산 농도가 현저히 떨어지게 된다.

반면에 방향족아미노산(aromatic amino acid, AAA)인 페닐알라닌, 티로신, 트립토판은 간 손상으로 대사되지 못해 혈중 농도가 증가된다. 높아진 혈중 방향족아미노산은 분지아미노산의 혈액 뇌-장벽 통과를 억제함과 동시에 방향족아미노산의 뇌 유입을 증가시킨다. 이들은 뇌로 유입된 암모니아와 결합하여 뇌신경장애를 일으켜 간성뇌증을 발생시킨다.

방향족아미노산에 대한 분지아미노산의 혈장비율[Fischer's ratio: (루신 + 이소루신 + 발린)/(페닐알라닌 + 티로신)]은 간질환 시 단백질 대사의 비정상성을 나타내는 지표로 사용된다. 정상인은 3.5-4.0, 간경변증 시 2.5 이하, 간성뇌증(간성혼수) 1.2 이하, 심각한 간성혼수 시 0.8 이하의 수치를 나타낸다.

혈중 알부민 수치가 낮은 간경변증 환자에게 장기간 분지아미노산 제제 투여 시 질소균형을 향상시키고 간성뇌증 및 간기능 검사 소견을 호전시킨 것으로 보고되고 있다. 또한 알코올성 간경변증 환자에서 감염, 위장관 출혈, 복수 또는 간성뇌증 등 합병증에 의한 입원 횟수를 감소시켰다.

- 충분한 에너지 섭취 : 식사량이 부족하면 체중이 감소하고, 팔, 다리의 근육이 소모될 수 있으므로 식사를 거르지 않는다. 에너지 보충을 위해 식사 외에 간식을 자주 섭취한다. 단백질을 포함하지 않은 사탕, 젤리, 꿀, 과일주스 등을 자주 섭취한다. 조리 시 설탕, 물엿을 넉넉히 사용하고, 지방음식 섭취에 문제가 없다면 전이나 튀김, 볶음 요리를 이용하여 에너지 섭취를 증가시킨다. 충분한 에너지 제공을 위해 단순당 및 식물성 기름을 적절하게 이용한다. 표준체중을 유지할 수 있도록 35~40 kcal/kg을 권장하나 개인과 질병상태를 고려하여 공급한다.
- 아연 : 아연은 단백질 및 질소 대사 조절에 중요한 역할을 한다. 아연이 결핍되면

요소회로 효소의 작용이 저하되고, 아연을 공급하면 요소회로가 활성화된다. 아연이 결핍되어 있는 경우 아연 섭취량을 증가시켜 준다.

- 충분한 과일과 채소 섭취 : 장내에 암모니아가 축적되지 않도록 식이섬유가 많은 채소와 과일을 충분히 섭취하여 배변을 원활하도록 한다. 단, 녹즙은 간에 부담을 줄 수 있으므로 피하는 것이 좋다.

표 **4·8** 간성뇌증(간성혼수식) 환자의 식단 예

1일 필요 영양소량				
에너지(kcal)	당질(g)	단백질(g)	지방(g)	나트륨(mg)
1,800	310(70%)	40(10%)	40(20%)	2,000

1일 필요 식품교환단위 수							
곡류군	어육류군		채소군	지방군	우유군		과일군
	저	중			일반	저지방	
10	0	0	7	7	1	-	4

식단 예					
아침	재료 및 분량	점심	재료 및 분량	저녁	재료 및 분량
쌀밥	쌀밥 210 g	쌀밥	쌀밥 210 g	쌀밥	쌀밥 210 g
콩나물국	콩나물 35 g	미역국	미역(건) 3 g	무다시마국	무 35 g
양송이구이	양송이 50 g		참기름 2.5 g	감자볶음	감자 140 g
	참기름 5 g	숙음깻잎볶음	숙음깻잎 35 g		식용유 5 g
가지볶음	가지 35 g		식용유 5 g	표고버섯볶음	표고버섯 50 g
	식용유 3 g	실곤약무침	실곤약 40 g		식용유 3 g
시금치나물	시금치 35 g	양상추샐러드	양상추 35 g	호박나물	호박 35 g
	참기름 2 g		마요네즈 7.5 g		참기름 2 g
저염무채김치	무채김치 25 g	저염양배추김치	양배추김치 25 g	저염물김치	물김치 35 g
우유	우유 200 mL	오렌지주스	오렌지주스200 mL	귤통조림	귤통조림 140 g

※ 복수나 부종을 조절하기 위해 저염식(Na 2,000 mg)을 기본으로 제공하며, 식도정맥류가 있는 환자들을 고려하여 질기고 자극적인 음식을 제한한다.

※ 분지아미노산이 많은 식품을 이용한다 : 식빵, 우동, 쌀밥, 고구마, 토란, 감자, 두부, 우유, 호박, 당근, 순무, 시금치, 양배추, 오이 등

2. 담낭질환

1) 담도계의 구조와 기능

담도계는 담낭(gallbladder)과 담관(bile duct)으로 구성된다. 담낭은 간 밑에 위치한 서양배 모양의 근육 주머니로 간에서 생성된 담즙을 저장하고 농축하여 십이지장으로 보내는 역할을 한다. 담관은 간에서 분비된 담즙이 십이지장까지 배출되는 모든 경로를 말한다.

담낭관(cystic duct)은 간관(hepatic duct)과 합쳐져 총담관(common bile duct)을 형성하고 총담관은 췌관과도 합쳐진다. 이런 이유로 인해 담낭·간·췌장 질환이 복합적으로 나타나기도 한다. 위에서 십이지장으로 음식물이 운반되면, 담낭이 수축하여 담즙을 십이지장으로 분비하게 된다 그림 4-6.

담즙은 위 내용물인 유미즙을 중화시키고 십이지장에서 지방을 유화시키며, 지용성 비타민의 흡수를 돕고 대변이 잘 나오게 하는 하제 역할을 한다. 담즙 분비 조절은 소장 점막에서 생성되는 콜레시스토키닌(cholecystokinin)에 의한다. 콜레시스토키닌은 담낭을 수축시키며 총담관 출구에 있는 십이지장의 오디괄약근이 이완되어 담즙이 십이지장으로 분비되도록 돕는다. 간 내 담즙의 하루 분비량은 약 800~1,000 mL 정도이

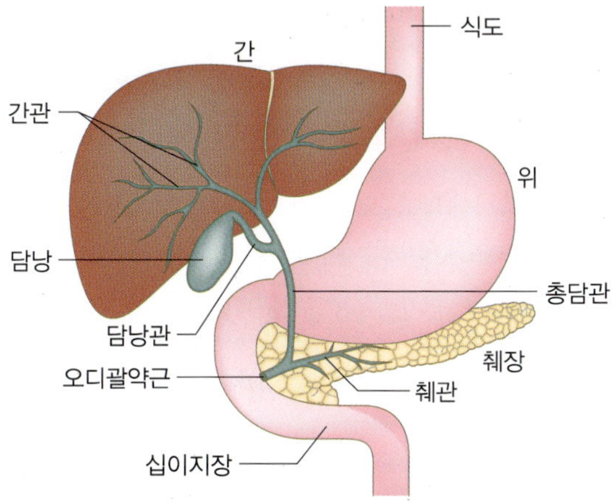

그림 **4·6** 담도계의 구조

며, 담즙 구성은 수분이 97%, 나머지 3%는 고형성분으로 담즙산염, 빌리루빈, 콜레스테롤, 레시틴 등을 포함한다. 빌리루빈은 주로 파괴된 적혈구 헤모글로빈으로부터 유래한다. 담즙산은 콜레스테롤로부터 생성되며, 회장에서 95% 이상 재흡수되어 장간순환(enterohepatic circulation)을 통해 간으로 회수된다. 콜레스테롤은 불용성이지만, 담즙산염, 레시틴과 더불어 미셀을 형성하여 녹아 있는 형태로 존재한다. 따라서 이들의 비율이 변화하면 콜레스테롤의 용존능력(溶存能力)이 저하되어 결석화될 수 있다.

2) 담석증과 담낭염

(1) 원인

담석증(cholelithiasis)은 담낭이나 담관 속에 담석이 생기는 질환으로 콜레스테롤 담석(cholesterol stone)과 색소성 담석(pigment stone)으로 분류된다.

콜레스테롤 담석은 서구에서 흔하여 담석증의 80%를 차지한다. 담낭염으로 인해 담낭벽에서 수분이 흡수되지 못하고 대신 과량의 담즙산염을 흡수하면, 담즙산염 저하로 인한 콜레스테롤 비율 증가로 콜레스테롤이 침전되어 콜레스테롤 결석이 만들어진다. 오랜 기간의 과도한 지방 섭취는 콜레스테롤 합성을 촉진하여 콜레스테롤 결석 형성을 촉진하며, 유전적 요인, 여성호르몬, 비만, 고령 등의 요인은 담석 발생을 증가시키는 것으로 알려져 있다. 특히 남자에 비해 여자의 발병률이 2~3배 높은 이유는 여성호르몬이 담즙 내 콜레스테롤 수치를 높이며, 다출산으로 인해 담낭기능이 감소되기 때문이다. 또 무리한 다이어트는 담낭기능을 저하시키는데, 요요현상으로 체중이 늘어나도 콜레스테롤 대사기능을 회복하지 못해 콜레스테롤 담석이 생긴다. 1일 1식이나 장기간 금식 등도 담낭의 기능을 저하시킨다.

색소성 담석은 빌리루빈 담석이라고도 하며, 간디스토마, 회충 등 기생충이나 대장균 등으로 인한 감염, 간경화 등이 주 원인으로 알려져 있다. 우리나라는 대부분 색소성 담석이 많았으나, 최근 식생활 변화로 인해 콜레스테롤 담석의 발생비율이 점차 늘어나 50%까지 증가하였다.

담낭염(cholecystitis)은 담낭 및 담관에 염증이 생긴 상태이다. 주로 담석의 담낭관 폐쇄에 의한 담낭염이 대부분이며, 담석 없이 담낭의 지방 침착으로 인해 발생하기도 한

알아보기 **담석 형성의 원인**

- 콜레스테롤 담석(노란~녹색 담석)
  - 담즙 내 콜레스테롤의 증가 : 과다한 지방 및 단백질 섭취, 과식, 비만, 여성, 고령
  - 담즙 내 담즙산염, 인지질(레시틴)의 감소 : 담낭염이나 수술로 인함
- 색소성 담석(흑색 또는 갈색 담석)
  - 담즙 내 빌리루빈 증가(흑색 담석) : 간경변증, 용혈성 황달, 중심정맥영양의 오랜 사용, 노화 등의 상황에서 일어나는 만성적 적혈구의 파괴 증가로 인함
  - 담즙 내 빌리루빈 성분 변화(갈색 담석) : 주로 담관에 생기며, 세균 감염, 기생충 감염으로 인함

다. 급성담낭염은 주로 담석증으로 인해 발생하는데, 담석이 담낭관의 입구를 막으면 담낭벽에 염증이 시작되고 담즙이 정체되며, 이차적으로 세균이 감염되어 염증을 일으킨다. 그 외 외상, 수술, 선천성 기형, 당뇨병 등과 관련하여 나타날 수도 있다. 만성담낭염도 90% 이상이 담석으로 인한다. 담석에 의한 지속적인 자극 혹은 담낭관의 폐색으로 인한 만성적 염증에 의해 발생하며, 섬유화가 진행되어 담낭벽이 두꺼워지면서 수축되어 석회질의 침착이 생기기도 한다.

(2) 증상

담석증의 증상은 담석이 있는 위치에 따라서 다르다. 담낭에 담석이 있으면 대부분은 증상이 없고 합병증이 없이 지내는 경우가 많다. 그러나 담석이 담낭관을 통하여 빠져나가던 중 한 부분에서 막히게 되면 심한 복통을 일으킨다. 이로 인하여 담낭 내의 압력이 증가하면서 통증이 발생한다. 담석증의 가장 특징적인 증상인 담도산통(biliary colic)은 명치와 오른쪽 위쪽 배에 발생하는 지속적이고 심한 통증 또는 중압감으로서, 우측 견갑하부(날개뼈 아래)나 어깨쪽으로 퍼져나갈 수 있다. 우상복부 압통과 함께 오심과 구토가 흔히 동반되고, 발열이나 오한 등이 나타나는 경우에는 담석증의 합병증(급성담낭염, 췌장염, 황달 등)일 가능성이 있다. 통증은 주로 식후에 악화되며 특히 지방식품 섭취 시 담낭 수축으로 인해 심한 통증을 호소한다. 담낭관 폐쇄가 오래되면 담낭이 부어오르면서 천공이 될 수 있고, 복막으로 염증이 파급되어 복막염의 증상이 나타나 생명을 위협하기도 한다.

(3) 치료

담석증의 치료방법은 담석이 있는 위치 혹은 합병증 유무에 따라 다양하다. 담석에 의한 증상이 있으면 담낭 절제술(cholecystectomy)을 고려한다. 수술을 하지 않고 담석을 제거하는 새로운 방법(담석을 용해시키거나 분쇄하기)을 시행하기도 한다.

급성담낭염 환자의 75%는 수술을 시행하지 않아도 급성 증세가 호전되지만, 25%에서는 내과적 치료에도 불구하고 병세가 진행되거나 합병증이 발생할 수 있으므로 24~72시간 이내의 수술이 필요할 수 있다. 증상이 없어져도 담낭 절제술을 시행하는 것이 재발을 막는 근본적인 치료법이다. 만성담낭염은 증상이 없는 경우는 보통 생활요법으로 조절할 수 있다. 비만인 환자는 체중을 감량하고 과식을 피하며 기름진 음식을 피하는 등의 생활습관을 바꾸는 것이 도움이 된다. 그러나 증상이 있는 만성담낭염은 담낭 절제술이 필요하다.

(4) 식사요법

급성담낭염의 급성기 1~2일은 담낭운동을 최소화시키기 위해 금식을 유지하면서 정맥을 통한 수분과 전해질을 공급한다. 식사가 가능해지면 당질 위주의 미음이나 죽 등의 식사와 수분을 공급한다. 지방 섭취는 특히 담낭을 수축시켜 통증을 유발시키므로 통증이 있을 때나 급성기에서는 지방을 완전히 제한한다. 단백질 섭취도 담즙 분비를 촉진하므로 급성기 때는 제한하다가 회복되는 정도에 따라 서서히 증가시킨다. 회복기에 들어서면 연식을 거쳐 아래의 원칙을 고려하여 상식을 제공한다 표 4-9.

- 에너지 : 담석증 환자는 비만한 경우가 많으므로 이때는 에너지 섭취를 줄여 표준체중을 유지하는 것이 중요하다.
- 지방 : 저지방식으로 한다. 식사 지방은 담낭을 수축시켜 통증을 유발시키는 주된 원인이 되므로 제한해야 한다. 에너지는 우선적으로 당질로부터 얻어야 하며, 급성기 동안에는 더욱 철저히 제한한다. 회복됨에 따라 점차 증가시켜도 1일 30 g 이내로 섭취한다. 특히 포화지방산과 콜레스테롤 함량이 높은 동물성 지방을 피하고 소화되기 쉬운 불포화지방산이나 유화지방산 형태의 식품으로 공급한다. 담석으로 인한 통증이 있을 때에는 지방이 많은 식품은 가능한 피하는 것이 좋으며, 튀김이나 전류보다는 구이나 찜의 형태로 섭취한다. 만성담낭염 환자는 오랜 기간 동안

표 4·9 담낭질환 시 식사요법 시행과정

질병의 경과	식사형태	줄 수 있는 음식 및 유의사항
급성기(1~2일)	비경구 영양	담낭운동의 진정을 위해 금식, 정맥으로 수분과 전해질 공급
	유동식	미음, 채소수프, 과즙 등 당질 위주의 식사
	연식	두부, 흰살생선, 나물류, 식이섬유가 적은 부드러운 과일, 생선찜, 생선국, 푸딩, 영계백숙
발작 진정 후	회복식 일반식	• 제한하지 않는 식품류 : 곡류, 채소류, 과실류 • 금지하는 식품류 : 고지방 어육류(장어, 갈비, 삼겹살, 베이컨 등), 땅콩버터, 난황, 알코올, 커피, 지방 많은 빵류(도넛, 케이크, 크루아상, 페이스트리 등), 중국음식, 탄산음료, 아이스크림 등

저지방식을 해야 하므로 필수지방산이 부족하기 쉬워 지나치게 제한할 필요는 없다. 저지방식을 장기간 할 때에는 지용성 비타민의 보충이 필요하다.

- 단백질 : 단백질 식품도 담즙 분비를 촉진하므로 급성기 때는 단백질을 제한하나, 차차 증가시켜 담낭조직의 회복 및 저항력을 증진시키는데 도움을 주도록 한다.
- 당질 : 당질 위주의 자극성이 적은 식품으로 준다. 당질은 담즙 분비에 영향을 주지 않으므로 충분한 양을 공급한다. 담백하고 자극성이 적고 소화되기 쉬운 식품으로 제공하며, 식이섬유가 많은 식품은 피한다. 식품에 대한 개인별 반응이 다른데 가스가 차서 불편한 경우, 가스 생성 식품(콩류, 사과, 멜론, 수박, 참외, 양배추, 브로콜리, 무, 옥수수, 발효치즈, 견과류 등)에 대한 개인 반응을 관찰하며 해당 식품을 제한한다.
- 기타 : 담석증으로 급성통증(담도산통)이 발생하면 금식하는 것이 좋다. 저녁식사 때 많은 양의 음식을 먹는 습관이 있다면 야간 발작을 일으키기 쉽다. 특히 저녁에 동물성 지방을 많이 섭취하였거나 폭음, 폭식을 한 경우에 통증이 심하게 온다. 또한 육체적, 정신적 피로도 발작의 원인이 된다. 근본적으로 균형식이 중요하다.

알아보기

담낭 절제술 후 식사

간에서 만들어진 담즙을 보관하는 기능을 하는 담낭은 제거가 되었어도 간에서 담즙 분비는 계속되므로, 담낭 절제술을 받은 환자의 대부분은 별 다른 증상 없이 잘 지낸다. 간혹 담낭 절제술 이후에 무른 변을 보는 등의 일시적인 불편감을 호소하지만 대부분 시간이 지나면 이러한 증상이 저절로 사라진다. 따라서 담낭 절제술 후 일상생활에 지장을 줄 정도의 증상이 지속되면 다른 원인을 찾아야 한다.

표 4-10 담낭염 환자(저지방식)의 식단 예

1일 필요 영양소량			
에너지(kcal)	당질(g)	단백질(g)	지방(g)
1,800	320(70%)	85(20%)	20(10%)

1일 필요 식품교환단위 수							
곡류군	어육류군		채소군	지방군	우유군		과일군
	저	중			일반	저지방	
12	4	1	7	1	-	1	1

식단 예					
아침	재료 및 분량	점심	재료 및 분량	저녁	재료 및 분량
쌀밥 콩나물국 꼬막무침 조기구이 시금치나물 배추김치	쌀밥 280 g 콩나물 35 g 꼬막 70 g 조기 50 g 시금치 70 g 들기름 2.5 g 배추김치 25 g	보리밥 열무된장국 돼지편육 상추겉절이 숙주나물 나박김치 사과	쌀밥 280 g 열무 35 g 돼지고기 40 g 상추 70 g 숙주 70 g 나박김치 35 g 사과 80 g	쌀밥 미역국 닭안심조림 달걀찜 숙음배추나물 깍두기 저지방우유	쌀밥 280 g 미역(건) 3 g 닭안심 40 g 참기름 2.5 g 달걀 55 g 숙음배추 70 g 깍두기 25 g 저지방우유 200 mL

3. 췌장질환

1) 췌장의 구조와 기능

췌장은 위의 뒤쪽 복강의 위쪽에 위치하는 길이 12~20 cm, 무게 70~120 g 정도의 장기로서 내분비와 외분비의 두 가지 기능을 한다 그림 4-7. 내분비부(랑게르한스섬) 췌장세포는 글루카곤, 인슐린, 소마토스타틴(somatostatin)을 생성하여 혈중으로 분비한다. 외분비부 췌장세포는 소화를 도와주는 효소나 물질들을 직접 십이지장으로 분비하여 단백질, 지방, 당질의 소화를 돕는다. 또한 유미즙이 십이지장에 도달하면 세크레틴에 의해 중탄산염(HCO_3^-)을 분비하여 췌장효소 활성의 최적 pH가 되게 한다. 이러한 췌장세포의 분비능력은 신경 및 호르몬, 식품의 구성성분에 의해 영향을 받는다.

2) 급성췌장염

(1) 원인

췌장염은 췌장효소(주로 트립신)에 의해 췌장 분비선의 파괴 및 췌장에 전반적으로 염증이 발생하는 질환이다. 급성췌장염(acute pancreatitis)의 주된 원인은 담석과 알코올이며, 이 두 가지가 전체 원인의 약 80%를 차지한다. 간에서 십이지장으로 담즙을 흘려보내는 총담관을 막는 담석은 췌장 소화액의 배출을 막아 소화효소가 췌장조직으로 역류하여 급성췌장염을 일으킬 수 있다. 알코올이 급성췌장염을 일으키는 기전에 대해서는 아직 잘 알려져 있지 않다. 이외에도 스테로이드와 이뇨제와 같은 특정 약물 복용, 이상지질혈증, 고칼슘혈증, 복부의 외상 등이 원인이 될 수 있다.

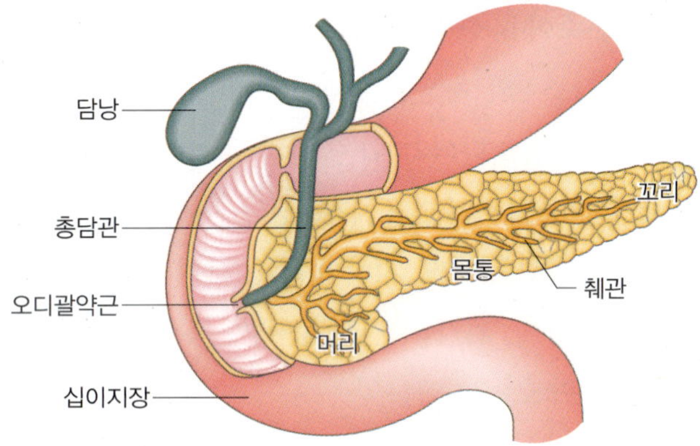

그림 **4·7** 췌장의 구조

(2) 증상

급성췌장염의 증상은 갑자기 나타나고 심한 통증을 유발한다. 상복부 통증이 심하며, 특히 식사 후나 알코올 섭취 후에 더 심하다. 일상적인 증상으로는 구역질, 구토, 지방변 및 심할 경우 복부 전체에 염증이 발생하여 복부가 경직되고 통증이 더욱 심해진다. 손상된 췌장세포로 인해 소화효소가 혈류로 방출되어 혈청 아밀라아제와 리파아제 수치가 증가하고, 백혈구 수치 증가 및 고혈당을 나타내기도 한다. 급성췌장염의 약 80%는 합병증 발생 없이 수일 이내에 완전 회복되지만, 약 20%에서는 중증 췌장염으로 진행하며 심하면 출혈, 쇼크, 사망에까지 이른다.

(3) 식사요법

급성췌장염의 영양관리 목적은 소화효소와 담즙 분비로 인한 통증이 유발되지 않도록 하는데 있다. 급성기에는 2~3일 정도 금식을 하여 췌장이 자극되지 않도록 하며 정맥으로 수분과 영양을 공급한다. 통증 등 급성 증세가 완전히 가라앉으면 서서히 무지방 맑은유동식으로 시작하여 차츰 유동식, 연식으로 이행한다. 일반식은 저지방, 고당질을 위주로 제공한다. 하루에 약 6회 정도로 나누어 주는 것이 췌장의 부담을 줄여준다. 증세가 호전됨에 따라 소화하기 쉬운 지방을 점차로 증가시켜 제공한다. 지방변이 있는 경우에는 중쇄지방유를 사용하고 지용성 비타민 공급에 유의하여야 한다.

급성췌장염은 대사가 항진되고 이화작용이 증가하므로 양의 질소균형이 되도록 적절한 양의 단백질을 공급해 주어야 한다. 증세가 심한 급성기에는 지방과 같이 제한하나, 증세가 호전됨에 따라 췌장조직의 재생을 위해 소화되기 쉬운 양질의 단백질 섭취량을 점차 증가시킨다. 당질 위주의 소화되기 쉬운 쌀밥, 식빵, 국수 등을 공급하고, 기름기 적은 살코기(소고기, 돼지고기), 닭고기(껍질 제거), 생선, 두부 등을 이용한다. 주의할 식품은 기름기 많은 음식으로 볶음밥, 라면, 지방이 많은 빵이나 과자류, 갈비, 삼겹살, 지방이 많은 등심, 생선통조림, 장어, 튀김류, 전류 등이다. 음주와 흡연은 췌장효소의 분비를 촉진시켜 췌장을 자극하므로 제한한다.

3) 만성췌장염

(1) 원인

만성췌장염(chronic pancreatitis)은 췌장의 염증으로 췌장의 내분비 및 외분비 기능이 저하되고 섬유화가 진행되는 질환이다. 만성췌장염 원인의 70%는 장기간의 과다한 알코올 섭취이다.

(2) 증상

급성췌장염의 복통과 유사한 상복부 통증이 지속적으로 나타나며 주로 알코올이나 지방 섭취 때 유발된다. 외분비기능 저하로 인한 흡수장애가 나타나 만성설사, 지방변, 지용성 비타민 결핍 및 체중 감소를 보인다. 내분비기능 장애로 인슐린 생성이 감소되면 혈당 증가, 당뇨병이 나타난다.

(3) 식사요법

만성췌장염은 반드시 금주해야 한다. 췌장기능이 90% 이상 손상되면 소화효소 분비도 저하되어 단백질과 지방의 소화 및 흡수에 문제가 생겨 대부분의 환자들은 영양불량 상태가 된다. 따라서 적절한 체중을 유지하려면 에너지를 충분히 공급해야 한다.

통증 완화를 위하여 지방이 많은 음식은 제한한다. 췌장효소제(enteric-coated pancreatic enzyme) 약물은 지방분해효소를 함유하고 있어 지방 흡수 및 체중 증가에 도움을 줄 수 있다. 현재 체중을 유지하면서 효소 보충으로 증상을 최소화하려면 저지방식사를 하면서 식사 지방을 중쇄중성지방유으로 대치하는 것이 바람직하다. 심한 지방변 증상을 보이는 환자에게는 지용성 비타민의 공급에 유의하여야 한다.

체중을 증가시키기 위해서는 지방변과 통증이 없는 한도 내에서 지방을 최대한 섭취하도록 한다. 그러나 췌장의 중탄산염 분비 감소는 장내 효소 활성을 저하시켜 지방의 소화·흡수를 감소시키므로 장내 산도가 적절히 유지되도록 의학적인 도움도 필요하다.

췌장의 인슐린 분비 능력이 저하되어 포도당불내증(glucose intolerance)이 나타나면 인슐린 투여 및 당뇨병의 식사요법도 병행해야 한다.

비타민 B_{12} 결핍을 보이기도 하므로 보충이 필요하다. 자극성이 강한 향신료의 사용은 제한하며 정신적인 안정이 필요하다.

알코올성 간경변증 환자 사례 연구

대상자

52세, 남자

병력, 약 복용력

- 과거력 : 18세부터 음주 시작, 20세 이후 거의 매일 소주 2~3병 마심
  2016년 알코올성 간경변 진단받았으나 음주 지속함, 2018년 10월 토혈로 결찰술 받음
- 진단명 : 식도정맥류를 동반한 알코올성 간경변증
- 처방약물 : Eupatilin, Mosapride(소화제), UDCA(간질환치료제), Spironolactone·Propranolol(이뇨제/혈압약)

신체 계측

- Ht 167 cm, Wt 65.7 kg, IBW 61.4 kg, %IBW 98.5%, BMI 21.7 kg/m^2, BP 119/78 mmHg
- 체중 변화 : 한 달 동안 4~5 kg 증가(복수), 평상시 몸무게 61~62 kg

생화학적 자료

total protein 6.6 g/dL, albumin 3.0 g/dL, AST/ALT/ALP 124/45/222 IU/L,
γ-GT 369 IU/L, Hb 12.8 g/dL, hematocrit 37.5%, BUN 13 mg/dL, creatinine 1.1 mg/dL,
Na/K/Cl 41/3.9/106 mmol/L

생활 습관, 운동/활동량

활동량 적음, 운동 거의 안함

식품/영양소, 식사력

- 식품/음료 섭취
  - 식사 때는 밥 1공기를 국에 말아서 먹거나 라면 국물에 밥을 말아 먹음
  - 간식으로 소주 1컵과 빵이나 과자를 먹고, 믹스커피를 2잔 정도 마심
  - 과일, 유제품, 채소 및 어육류군 섭취는 거의 없음
- 식습관
  - 1일 2끼 식사와 2~3회 간식 하고, 식사시간 불규칙함
  - 식사 준비를 직접 함. 귀찮아서 밥과 국, 라면과 밥 등으로 간단히 먹음
  - 식습관에 문제가 많다는 것은 인지하나 개선 의지 없음. 가족 지지 없음. 흡연 안 함
- 평소 에너지 및 영양소 섭취량(식사 및 간식)
  - 에너지 1,800~1,900 kcal(술 포함), 단백질 40~35 g, 당질 170 g, 지방 20 g

- 소주 1.5~2병(최근 술 조금 줄임)
- 현재 처방식사
  - 간경변식(밥) 1,900 kcal, 단백질 77 g, 당질 305 g, 지방 40 g, Na 2,000 mg
  - 영양교육 이력 없음
  - 병원식사에 잘 적응하지 못하고, 제공된 식사를 1/2 정도 먹음. 간식으로 빵, 요거트, 과일 먹음 (1,100~1,200 kcal, 단백질 30~35 g)

※생화학적 검사자료 참고치

구분	정상범위	구분	정상범위	구분	정상범위	구분	정상범위
total protein	6.4~8.3 g/dL	Alb	3.3-5.2 g/dL	AST	8~38 IU/L	ALT	4~44 IU/L
ALP	40~129 IU/L	γ-GT	9~40 IU/L	BUN	6-23 mg/dL	creatinine	0.7-1.2 mg/dL
Hb	13.0-16.5 g/dL	hematocrit	39-49 %	Na	136-145 mmol/L	K	3.5-5.5 mmol/L
Cl	98~110 mmol/L						

1. 환자의 영양소 섭취상태를 평가하시오.

2. 이 환자의 비타민, 무기질 등 미량 영양소의 영양상태를 평가할 때 섭취량 외에 고려할 사항은 무엇인가?

CHAPTER **5**

비만과 체중 부족

1. 비만
2. 저체중
3. 섭식장애

학습목표

1. 비만의 원인과 영양소와의 관계를 설명할 수 있다.
2. 비만의 식사행동요법을 설명할 수 있다.
3. 체중 부족 시 식사관리방법을 설명할 수 있다.

1. 비만

적절한 체중을 유지하는 것은 건강관리에 매우 중요하며, 사회적·정서적 측면에서도 중요하다. 에너지 섭취량과 소비량에 균형이 유지되지 않거나 체중 유지 조절기전에 문제가 생기면 비만(obesity)이 발생한다. 비만은 체지방이 과도하게 축적된 상태로서, 비만해지면 증가된 체지방으로 인하여 당뇨병, 심혈관계질환, 암 등 질병 위험도가 증가한다. 비만은 전 세계적으로 급속히 증가하고 있으며, 우리나라도 에너지 과잉 섭취 및 활동량 부족 등으로 인하여 비만 발생률이 증가하고 있어 비만 예방 및 치료가 시급하다.

신체 구성성분은 지방조직과 제지방조직(골격, 근육, 기관, 체액 등)으로 구성되며, 연령, 성별, 임신이나 출산, 운동 정도 등에 따라 달라진다. 지방조직은 저장지방과 필수지방으로 구분된다. 저장지방은 체내 주요 에너지 저장고로서 피하와 내장기관 주변에 중성지방의 형태로 저장된다. 필수지방은 뇌조직, 신경, 심장, 폐, 간, 비장, 신장, 소장, 골수, 근육 등에 저장된 지방으로 정상적인 생리작용을 위해 필요한 지방이다. 성인 남성의 경우 체중의 12~15% 정도가 체지방이며 그중 3~4%가 필수지방이고, 성인 여성은 체중의 20~25% 정도가 체지방이며 그중 12~15% 정도가 필수지방이다 **표 5-1**.

비만은 표준체중의 20% 이상을 초과하는 경우를 말하며, 체중이 정상이어도 체지방 비율이 높으면(남자 25%, 여자 35% 이상) 비만이라고 할 수 있다. 과체중은 표준체중의 10~19%를 초과하는 경우를 말하며, 비만과 달리 단순히 체중이 정상보다 높은 경우를 말한다. 운동선수는 지방이 적고 근육이 많아 과체중에 해당될 수 있으나 비만이 아닌 경우가 많다. 반대로 체중은 많지 않으나 근육이 적고 체지방이 많은 사람의 경우에는 비만 관련 질병 발생률이 높기 때문에 마른 비만이라고 한다.

표 5-1 성인 남녀의 신체성분 비교(%)

구분	신체 구성		남자(70 kg 기준)	여자(56 kg기준)
지방조직	저장지방	에너지 저장, 체온 유지, 장기 보호	12.0	13.0
	필수지방	뇌조직, 신경, 폐, 간, 신장, 골수 등 성 특이적 지방(가슴, 자궁 등)	3.0	12.0
제지방조직	근육	근육조직	44.8	38.0
	골격	뼈, 치아	14.9	12.0
	기타	기관, 혈액 등	25.3	25.0

1) 분류

(1) 원인에 따른 분류

① 원발성 비만(일차성 비만, 단순성 비만)

에너지 섭취량과 소모량의 불균형에서 오는 일반적인 비만을 말하여 전체 비만의 90% 이상을 차지한다. 식습관, 생활습관, 연령, 인종, 사회경제적 요소, 유전, 신경내분비 변화, 장내 미생물, 환경 화학물질 및 독소 등의 다양한 위험요인이 복합적으로 관여하기 때문에 어떤 한 가지 원인만으로 설명이 어렵다.

② 이차성 비만(증후성 비만)

내분비질환(갑상샘기능저하, 쿠싱증후군, 인슐린종 등), 유전질환, 선천성 질환, 정신질환, 약물 등에 의해 2차적으로 비만이 유발되는 경우를 말한다.

(2) 지방세포의 형태에 의한 분류

① 지방세포 증식형 비만(hyperplastic obesity)

지방세포 수 증가에 의한 비만으로 주로 소아기에 발생한다. 각 부위의 지방세포는 질량이 0.6~0.7 μg까지 증가된 후에 세포 수가 증가하는데 지방세포 수는 생후 1년간 급속하게 증가한 후에 정체되다가 사춘기에 다시 증가하게 된다. 성인기 이후에는 주로 지방세포 크기가 증가하나, 지방세포 크기가 어느 정도 커지면 다시 지방세포 수가 증가하게 된다. 일반적으로 지방세포 크기는 20배, 지방세포 수는 1,000배 이상 증가할 수 있다. 일단 지방세포 수가 증가되면 지방세포 수를 줄이기 어려워 비만 발생 가능성이 높아진다 **그림 5-1**.

② 지방세포 비대형 비만(hypertropic obesity)

지방세포의 크기 증가로 인한 비만으로 주로 성인기 이후에 나타난다.

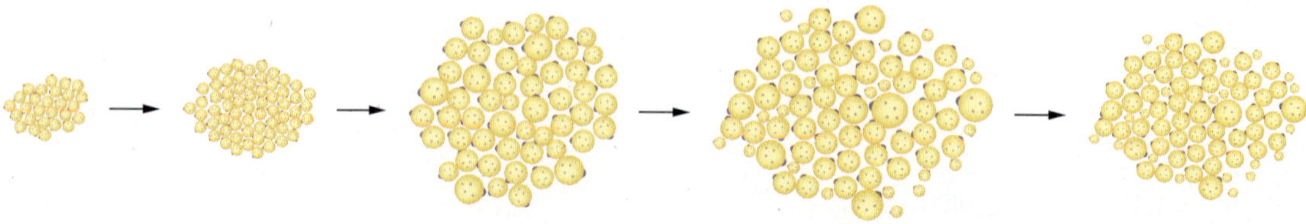

그림 **5-1** 지방세포 수와 크기 증가

(3) 지방조직의 분포에 의한 분류

① 상체 비만(남성형, 사과형, 복부 비만형)

상체 비만은 복부에 지방에 축적되어 '사과형' 체형이 되며 남성에게서 흔히 나타난다. 복부에 축적된 지방은 유리지방산으로 쉽게 분해되어 혈중 지방을 상승시키는 원인이 되기 때문에 제2형 당뇨병, 고혈압 등 심혈관계질환의 발생률을 높인다.

상체 비만은 복부에 저장된 지방의 위치에 따라 피하지방형 비만과 내장지방형 비만으로 구분할 수 있다. 피하지방형 비만은 복벽에 지방이 저장되고, 내장지방형 비만은

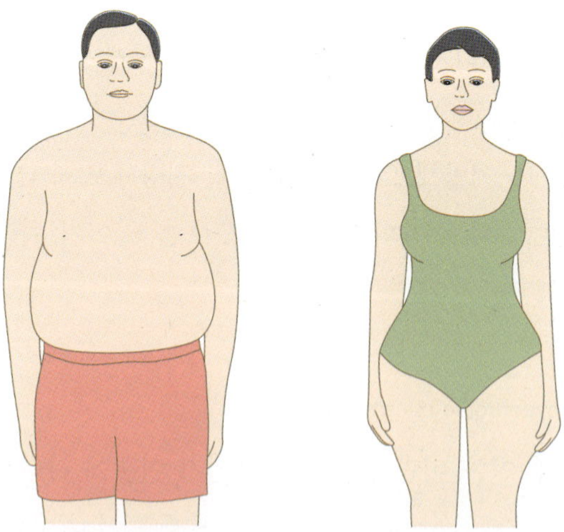

그림 **5-2** 상체 비만과 하체 비만

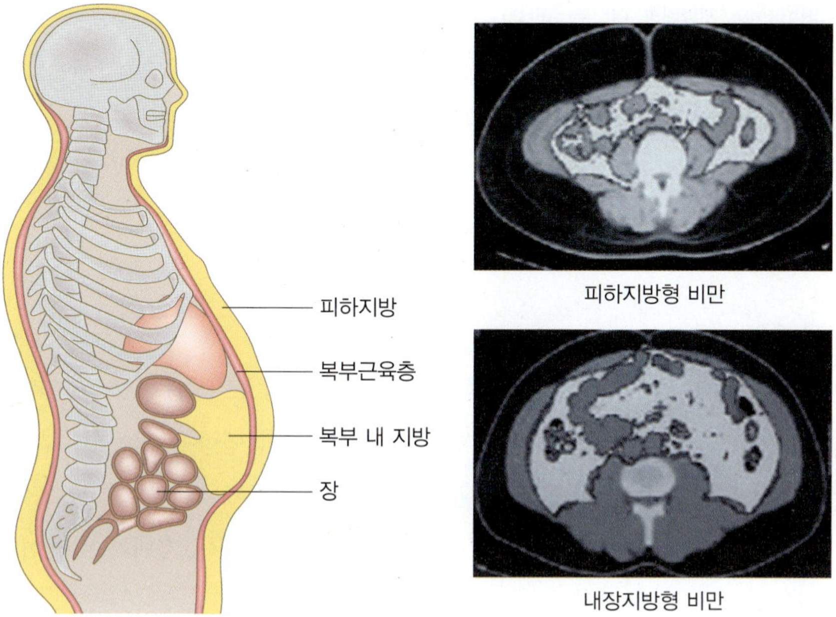

그림 **5·3** 피하지방형 비만과 내장지방형 비만의 지방 분포

복강과 내장 주변에 지방이 저장된다. 내장지방형 비만인 경우에 비만 관련 합병증 발생 위험도가 더 높다. 내장지방/피하지방 비율이 0.4 이상이거나 내장지방 면적이 100 cm^2인 경우 내장지방형 비만으로 판정한다 **그림 5-2, 그림 5-3**.

표 **5·2** 비만의 분류와 특징

기준	비만 분류	특징
비만의 원인	원발성 비만	에너지 섭취량과 소모량의 불균형
	이차성 비만	원인 질환에 의해 2차적으로 발생
지방세포 형태	세포증식형 비만	지방세포 수 증가, 소아비만에서 흔함
	세포비대형 비만	지방세포 크기 증가, 성인비만에서 흔함
비만 발생 시기	소아비만	소아기에 발생
	성인비만	성인기에 발생
체지방의 분포	상체 비만	복부 비만형, 남성형, 사과형(합병증 더 많음)
	하체 비만	대퇴부 비만형, 여성형, 서양배형
복부지방의 위치	피하지방형 비만	복벽에 지방 저장
	내장지방형 비만	복강과 내장 주변에 지방 저장(합병증 더 많음)

② **하체 비만(여성형, 서양배형, 대퇴부 비만형)**

하체 비만은 복부 이하, 특히 둔부와 대퇴부에 지방이 많이 축적되어 '서양배형' 체형이 되며, 여성에게서 많이 발생한다.

2) 원인

(1) 유전적 요인

비만의 원인으로 유전적 요소가 중요하다. 여러 가지 체중 조절 관련 호르몬과 신경, 지방세포 수와 크기, 체지방의 분포와 기초대사량이 유전적 영향을 받는다. 부모가 모두 비만한 경우에 자녀가 비만이 될 확률은 70~80%, 한쪽 부모가 비만한 경우에 자녀가 비만이 될 확률은 40~50%, 부모가 모두 비만이 아닌 경우에는 자녀가 비만이 될 확률은 10% 이하인 것으로 알려져 있다.

(2) 환경적 요인

대부분의 비만은 원발성 비만으로 섭취에너지가 소비에너지보다 많아 여분의 에너지가 지방으로 저장되기 때문이다. 불규칙한 식사, 과식, 폭식, 야식 등과 패스트푸드 과잉 섭취 등 부적절한 영양관리로 에너지를 과잉 섭취하나 활동량은 증가되지 않아서 에너지 균형이 이루어지지 않기 때문이다. 또한 스트레스와 심리적 요인도 비만의 원인이 되며, 사회적 요인, 인종적 요인, 약물 사용 등도 원인이 된다.

표 **5-3** 에너지 섭취 과잉과 소비 저하의 원인

에너지 섭취 과잉		에너지 소비 저하	
구분	원인	구분	원인
바람직하지 못한 식습관	과식, 야식, 고에너지 고지방 식품 섭취	기초대사량 저하	근육 감소 및 지방 증가, 폐경기 이후
스트레스, 생활습관	스트레스가 코티솔의 분비 촉진하여 렙틴 작용 억제	활동에너지량 저하	활동량 감소
섭식중추장애	시상하부의 섭식중추나 포만중추의 장애	식사성 발열효과 저하	식품 이용에너지 차이(단백질 식품이 가장 에너지 이용이 큼)
높은 체중 고정점	체중 고정점이 높아 고정점 유지하기 위해 과식함		

(3) 내분비성 요인

비만 환자 중 약 1% 정도는 내분비계 이상으로 인한 비만이다. 식욕과 에너지 대사를 조절하는 호르몬에 이상이 생기면 체중이 증가하게 된다. 비만과 관련된 호르몬으로는 갑상샘호르몬, 인슐린, 부신피질호르몬, 렙틴 등을 들 수 있다. 갑상샘호르몬(T_3) 수준이 저하되면 기초대사량이 저하되어 소비에너지가 감소되고, 인슐린이 과잉 분비되면 지방 합성이 증진되어 비만해진다. 이때에는 식사 섭취량이 많지 않아도 비만이 유도되므로 체중 감량이 어렵다.

뇌하수체 기능 이상으로 부신피질자극호르몬(adrenocorticotropic hormone, ACTH)이 과잉 분비되면 부신피질을 자극하여 코티솔을 과잉 생산하게 되고 코티솔이 지방세포를 몸의 중심부에 증식하게 한다. 대표적인 예가 쿠싱증후군(Cushing syndrome)이다.

알아보기 **체중 조절 호르몬**

- 렙틴(leptin) : 지방세포에서 분비되는 호르몬으로 시상하부의 포만중추를 자극하여 식욕을 억제하고 에너지 소비 촉진시킴
- 아디포넥틴(adiponectin) : 지방세포에서 분비되는 단백질로 근육, 간, 혈액에서 지방산 산화를 증가시키고 인슐린 민감성 증가시킴
- 그렐린(ghrelin) : 위에서 분비되는 공복 호르몬으로 공복 시 분비량이 증가하여 식욕 증진시킴
- 뉴로펩타이드 Y(neuropeptide, NPY) 시상하부에서 합성되는 호르몬으로 식욕 증진 및 에너지 소비 감소시킴

알아보기 **체중 고정점 이론(set point theory)**

우리 체내에는 생리적으로 결정된 체중의 고정점(set point)이 있어서 굶거나 과식을 하여도 체중이 일정한 범위 내에서 유지된다는 이론이다. 체중 고정점 이론에 따르면 비만은 원래부터 체중 고정점이 비정상적으로 높게 결정되어 있어 체중을 높게 유지하는 경향을 갖는 것이다.

체중이 정상적으로 유지될 때는 신체가 정상적인 대사를 하지만, 체중을 5% 줄이면 줄어든 체중을 다시 회복하기 위해 기초대사량이 15%까지 비정상적으로 감소하게 된다. 이러한 기초대사량 변화는 체중이 정상으로 돌아올 때까지 계속되고, 만일 감소된 체중이 오랫동안 유지되면 새로운 수준에서 체중 고정점이 결정된다.

3) 진단

(1) 신체 계측 및 체격지수 산출

① 비만도(상대체중)

표준체중과 실제 체중을 비교하여 비만을 판정하는 방법이다.

$$비만도(상대체중, \%) = \frac{현재\ 체중(kg)}{표준체중(kg)} \times 100$$

표준체중 계산법

- 대한당뇨학회 계산법
  남자(kg) = 신장(m)^2 × 22
  여자(kg) = 신장(m)^2 × 21
- 브로카법
  신장 161 cm 이상 : 표준체중(kg) = {신장(cm) − 100} × 0.9
  신장 150~160 cm : 표준체중(kg) = {신장(cm) − 150} × 1.5 + 50
  신장 150 cm 미만 : 표준체중(kg) = 신장(cm) − 100

표 **5-4** 비만도(상대체중)을 이용한 비만 판정

비만 판정	상대체중(%)
저체중	< 90
정상	90~109
과체중	110~119
비만	≥120

② **체질량지수**(body mass index, BMI)

체질량지수는 체중과 신장을 이용한 지표로 비만 판정에 많이 이용된다(표 5-5).

$$체질량지수(BMI) = \frac{체중(kg)}{신장(m)^2}$$

③ 허리둘레

허리둘레는 복부비만 측정에 이용된다. 남자 90cm 이상, 여자 85cm 이상일 때 복부

표 **5·5** 체질량지수를 이용한 비만 판정

비만 판정	체질량지수(kg/m²)
저체중	< 18.5
정상	18.5~24.9
1단계 비만	25.0~29.9
2단계 비만	30.0~34.9
3단계 비만(고도비만)	≥35.0

자료 : 대한비만학회, 2018

비만으로 판정한다.

④ **허리와 엉덩이둘레 비**(waist-hip ratio, WHR)

허리와 엉덩이둘레 비율이 남자 0.95 이상, 여자 0.85 이상일 때 상체 비만 또는 복부 비만으로 판정한다.

(2) 체지방 측정

① **생체전기저항측정법**

생체전기저항측정법(bioelectrical impedence analysis, BIA)은 인체의 지방조직과 제지방 조직이 전해질 함량 차이로 전기전도성이 다름을 이용하여 체지방량, 체수분량, 제지방

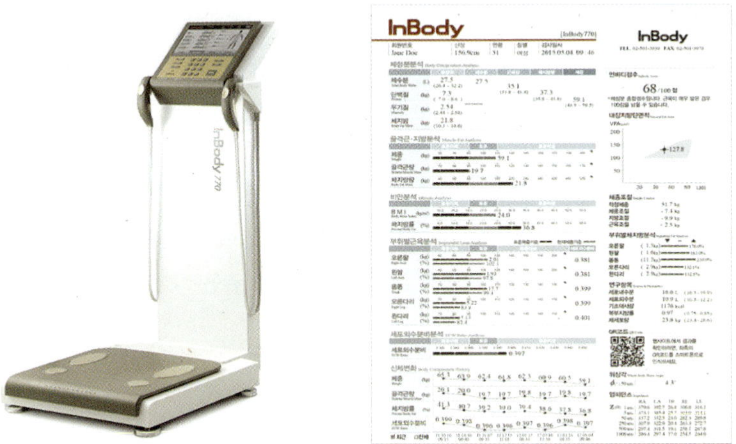

그림 **5·4** 생체전기저항측정에 이용되는 체지방 측정기(InBody 770)와 측정 결과지

량을 측정하는 방법이다. 사용이 편리하고 신뢰도가 높아 비만 측정에 가장 많이 이용된다. 불충분한 수분 섭취, 과도한 땀, 알코올 섭취, 이뇨제 복용 등은 체수분량에 영향을 미칠 수 있기 때문에 검사 전에 주의하여 체수분량에 영향을 미치지 않도록 한다 **그림 5-4**.

② 이중에너지방사선흡수법

이중에너지방사선흡수법(DEXA)은 에너지 수준이 다른 두 가지 방사선을 이용하여 에너지 흡수율이 다른 지방조직의 체지방량을 측정하는 방법이다. 신체 각 부위의 지방을 정확하게 측정할 수 있으나, 측정기계가 고가이며 작동을 위해서는 전문가가 필요하다.

③ 전산화 단층촬영

컴퓨터 단층촬영을 통하여 지방의 분포를 파악하는 방법이다. 복부 비만인 경우에 내장지방과 피하지방의 분포를 정확하게 파악하기 위해 이용된다.

알아보기 **소아·청소년과 노인의 비만 판정**

- 소아·청소년(만 2~18세)의 비만 판정

  2017년 소아청소년 성장도표를 기준으로 연령별, 성별 체질량지수 백분위수를 이용하여 판정
  - 과체중 : 체질량지수 85~94백분위수
  - 1단계 비만 : 체질량지수 95~119백분위수 (또는 체질량지수 25 kg/m^2 이상)
  - 2단계 비만 : 체질량지수 120~139백분위수
  - 3단계 비만 : 체질량지수 140백분위수 이상

- 노인의 비만 판정

  노인의 비만을 판정할 경우에도 체질량지수와 함께 허리둘레 평가가 중요하다.

  노인의 비만은 합병증보다는 사망률 개념에서 접근하므로 체중보다는 근골격계 허약을 더 중요하게 고려해야 한다. 그러므로 비만 동반 질환의 위험보다 체중 감량의 이익이 더 큰 경우에 체중 감량을 시도할 수 있다.

4) 동반 질환

비만은 각종 질병의 원인이 될 수 있다. 비만인은 정상 체중인에 비해 관상동맥질환 발생 위험도 4배, 뇌졸중 위험도 6배, 고혈압 위험도 12배, 당뇨병 위험도가 6배 더 높은 것으로 알려져 있다. 소아비만의 경우에도 동일한 합병증이 발생하며 잠재적 질병 위험도가 더욱 높기 때문에 반드시 조기에 상담하고 관리하는 것이 중요하다. 비만 동반 질환은 대사 이상으로 인한 질환과 과도한 체중 자체로 인한 질환으로 구분된다 표 5-6.

표 **5-6** 성인 비만의 동반 질환

	대사 이상에 의한 질환	과도한 체중에 의한 질환
심혈관계질환	관상동맥질환, 고혈압, 뇌경색, 울혈성 심부전	폐색전증, 하지정맥류
위장관계질환	담석, 비알코올성 지방간	위식도역류증
호흡기계질환		천식, 수면무호흡증
대사내분비계질환	제2형 당뇨병, 대사증후군, 이상지질혈증, 고요산혈증, 통풍	
암	위암, 대장암, 간암, 췌장암, 담낭암, 신장암, 유방암, 자궁경부암, 전립샘암	
비뇨생식기계질환	생식샘저하증, 월경장애, 다낭성난소증후군, 산모 임신 합병증	요실금, 산모 임신 합병증
근골격계질환		관절염, 허리통증
정신심리질환		스트레스, 우울증, 불안증

5) 치료

(1) 치료목표 설정

비만치료는 비만 형태와 정도, 건강상태, 생활습관 등에 따라 다양한 방법을 고려해야 한다. 비만치료 시 위험과 이익, 안전성을 고려한 후에 현실적이고 실천 가능한 목표를 세워 꾸준하게 체중을 감량하고 유지하는 것이 중요하다. 체중 감량은 행동요법 및 운동요법과 함께 식사를 조절하는 것이 중요하나, 체중 감량이 잘 이루어지지 않거나 비만 합병증이 심한 경우에는 약물치료나 수술치료를 고려한다 표 5-7.

과체중이나 비만인 경우에 식사 조절과 운동으로 3~5%의 체중만 감량해도 심혈관

표 **5-7** 비만 정도와 비만 동반 질환 위험도에 따른 비만치료 예

비만 정도 (체질량지수, kg/m²)	비만 동반 질환 위험도	체중 조절 목표	치료방법			
			식사요법	운동요법	약물요법	수술요법
정상 (18.5~24.9)	보통	체중 증가 방지	바람직한 식습관 유지			
	높음	체중, 허리둘레 유지	식사 조절	운동 조절		
1단계 비만 (25.0~29.9)	보통	6개월 내 5~10% 체중 감량 시행	식사 조절	운동 조절	약물치료 (체중 감량을 실패한 경우)	
	높음	3개월 내 5~10% 체중 감량 시행	식사 조절	운동 조절	약물치료	
2단계 비만 (30.0~34.9)	보통	6개월 내 5~10% 체중 감량 시행	식사 조절 (초저에너지식 시도 가능)	운동 조절	약물치료 (체중 감량을 실패한 경우)	
	높음	3개월 내 5~10% 체중 감량, 위험인자 개선	식사 조절	운동 조절	약물치료	수술치료
3단계 비만 (≥35.0)	보통	6개월 내 10~20% 체중 감량 시행	식사 조절 (초저에너지식 시도 가능)	운동 조절	약물치료	수술치료
	높음	20~30% 체중 감량 시행	식사 조절	운동 조절	약물치료	수술치료

*행동요법은 1단계 비만부터 병행 필요함

계질환의 위험도가 감소한다. 체중 감량의 일차적인 목표는 6개월 내에 체중의 5~10% 정도 감량하는 것으로 정하고, 고도 비만의 경우에는 10~20% 체중 감량을 목표로 하나 체중 감량이 많을수록 감량된 체중 유지가 어렵다.

(2) 행동요법

비만치료와 예방을 위해서는 일상생활에서의 행동과 태도 변화가 매우 중요하다. 식사 조절, 운동, 행동 조절의 병합을 통한 생활습관 개선이 비만의 치료와 예방에 가장 효과적인 방법이고, 약물치료나 수술치료가 필요한 경우에도 생활습관 중재가 반드시 필요하다. 비만 행동치료는 비만치료의 한 방법으로 프로그램화된 행동치료를 의미하기도 하나, 식사요법, 운동요법, 약물요법 등과 같은 다양한 비만 치료영역에 행동치료적 기법의 적용을 의미하기도 한다. 체중 감량을 위해서는 행동치료를 6개월 이상 지속해야 하고, 감량한 체중을 유지하려면 1년 이상의 행동치료가 필요하다.

행동요법은 자기관찰(self-monitoring), 자극 조절(stimulus control)을 통한 문제 해결,

자기강화 등의 단계를 거쳐 진행한다. 행동요법의 첫 번째 단계는 스스로의 행동을 관찰하여 문제가 되는 식사형태와 생활습관을 인지하는 자기관찰 단계이다. 잘못된 습관의 원인을 찾아내기 위해 식사일기 및 활동일지를 기록한다. 매일 섭취하는 음식의 종류, 양, 장소, 시간, 자세, 감정상태 등을 기록하여 과식을 초래한 요인을 찾아낸다. 두 번째는 과식이나 잘못된 생활습관 자극요인을 조절하는 단계로 과식이 흔하게 일어나는 상황이나 시간, 장소 등에 대처할 수 있는 자기 나름의 방법을 고안해 내는 단계이다. 체중 감량에 성공한 경우에는 바람직한 식행동에 대한 보상을 통해 자기강화를 한다. 행동수정에서 중요한 것은 한 번에 여러 가지 행동을 동시에 수정하려고 하지 않고 바람직한 행동을 한 가지씩 시작하며, 한 가지 행동이 수정되면 그 후 또 다른 행동수정을 실시한다. 일상생활에서 어려움이 있거나 스트레스가 심한 시기에는 체중조절을 시도하지 않는 것이 좋다. 또한 급격한 행동 변화는 지속성이 적기 때문에 서서히 행동을 변화시키는 것이 필요하다 그림 5-5 표 5-8.

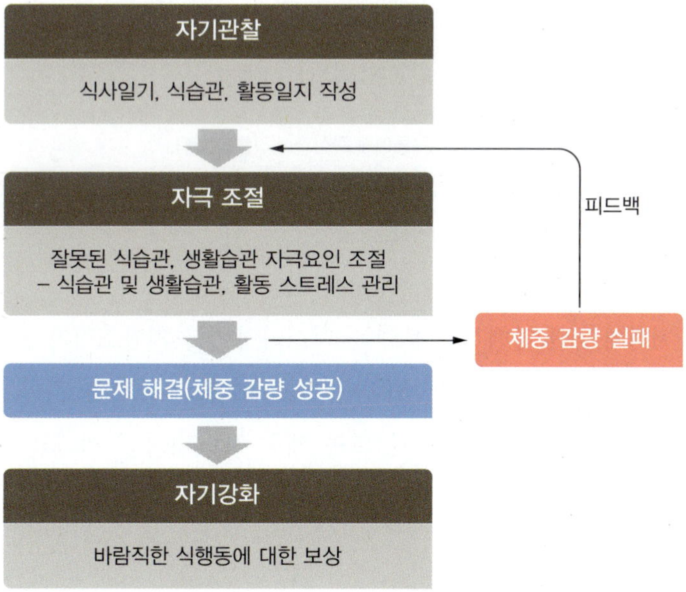

그림 **5-5** 체중 조절을 위한 행동요법 단계

표 **5·8** 체중 감량을 위한 행동전략

전략	내용
1. 잘못된 식행동을 하지 않는다.	• 고지방 식품을 구매하지 않는다. • 배가 고플 때 시장에 가지 않는다. • TV에 식품 광고가 나오면 다른 곳으로 채널을 돌린다. • 식품을 살 때는 항목을 적어서 사며, 편의식품 코너에 가지 않는다. • 자동판매기를 이용하지 않고, 간식은 집에서 준비한다.
2. 음식 섭취를 자극하는 행동을 하지 않는다.	• 모든 음식은 반드시 식탁이나 정해진 장소에서 섭취한다. • 남은 음식은 즉시 치운다. • 음식은 바로 먹을 수 없는 형태로 보관한다. • 남은 음식과의 접촉을 피한다(1인분 분량으로 덜어서 먹는다). • 상차림 시 작은 그릇에 음식을 담는다. • 박탈감이 들지 않도록 식사를 거르지 않는다.
3. 적절한 식사와 운동에 대한 자극을 강화한다.	• 다른 사람들과 함께 균형된 식사를 한다(혼자 먹지 않는다). • 자신에게 적합한 1인분 양을 알고 한 번에 1인 분량만 준비한다. • 식사시간과 간식시간은 정해 놓는다. • 운동화나 운동기구를 현관문 근처에 놓아 둔다.
4. 바람직한 식습관과 운동습관을 생활화한다.	• 정해진 시간에 규칙적으로 먹으며 저녁 7시 이후에는 먹지 않는다. • 가능한 한 천천히 식사를 하여 식사속도를 늦춘다. - 밥 먹는 동안에 몇 번 쉬었다 먹는다. - 씹는 동안에는 숟가락을 내려 놓는다. • 식사나 간식 도중에는 신문이나 TV를 보는 등의 다른 일을 같이 하지 않는다. • 더 많이 움직인다. • 사람들과 같이 어울리거나 운동한다.
5. 바람직한 행동 변화를 위한 노력을 한다.	• 매일 식사 섭취량, 운동, 체중 변화에 대해 기록한다. • 가족과 친구들에게 관심과 격려를 청한다. • 만일 계획을 실천하지 못한 경우에도 자신을 비하하지 않는다.

(3) 식사요법

기초대사량의 저하와 근육단백질의 분해를 최소화하면서 지방조직의 분해를 최대화하고, 균형된 식사 조절을 통해 감소된 체중을 장기적으로 유지하는 것이 바람직한 체중 감량법이다. 최근에는 여러 유행 다이어트와 체중 감량법이 소개되고 있으나, 올바른 식사 조절을 통해 체중을 조절하는 것이 중요하다.

① 체중 감량에 이용되는 식사요법

체중 감량을 위해서는 현재 섭취량보다 적은 에너지를 섭취해야 한다. 일반적으로 평상시 하루 섭취에너지보다 500 kcal 더 적은 식사를 권장한다. 극심한 에너지 제한은 단기간에 체중 감량 효과가 나타날 수 있지만, 장기적으로는 부작용을 초래하며 과량의 근육 손실을 유발할 수 있다. 식사계획 전에 우선 비만 환자의 식습관과 영양소 섭취량을 조사하여 바람직하지 못한 식습관을 개선하고 균형 잡힌 저에너지 식사를 실시하도록 한다.

체중 감량에 이용되는 저에너지식

- 저에너지식(low calorie diet, LCD) : 체중 감량을 위해서 가장 널리 이용되는 방법이다. 저에너지식을 하는 경우에 에너지와 함께 다른 영양소 부족도 초래할 수 있기 때문에 에너지를 제외한 다른 영양소는 적절한 양이 포함된 균형 잡힌 저에너지식이 되도록 해야 한다. 에너지 섭취 수준은 개개인의 체격, 활동량 등에 따라 다르지만, 일반적으로 평상시 섭취량보다 하루에 500 kcal 정도 감소한 식사를 권장하며, 하루에 에너지 섭취량을 500 kcal 감소시키면 약 15일 이후에 7,700 kcal(500 kcal × 15일)가 감소하여 1 kg의 체중 감소를 기대할 수 있다. 저에너지식을 시행할 경우 1일 1,200 kcal 이상의 에너지를 함유한 식사를 권장하며, 1,200 kcal 이하의 식사를 하는 경우에는 영양적인 균형을 맞추기가 어렵기 때문에 별도의 영양보충제를 권장한다. 근육조직을 유지하면서 체지방을 줄이기 위해서는 하루에 최소한 체중 1 kg당 10~20 kcal(일반적으로 20 kcal/kg 권장) 정도의 에너지가 필요하며, 단백질이 에너지 급원으로 사용되지 않도록 에너지의 15~25%를 단백질로 공급한다.
- 초저에너지식(very low calorie diet, VLCD) : 초저에너지식은 하루 에너지 섭취량을 800 kcal 이하(또는 체중 1 kg당 10 kcal 이하)로 제한하는 식사로, 의학적 감독이 필요하다. 단기간 내에 체중이 급속히 감소할 수 있지만 여러 부작용이 나타날 수 있기 때문에 시행기간은 12~16주 이내로 제한한다. 초저에너지식은 다른 다이어트 방법으로 성공하지 못한 고도비만 환자나 비만으로 인한 합병증이 심한 환자에게 적용한다.

초저에너지식은 극단적으로 에너지 섭취가 감소되기 때문에 세심한 관찰이 필요

알아보기 **체지방 1 kg ≒ 7,700 kcal**

체지방세포의 지방 함유율은 85% 정도이다. 그러므로 체지방 1 kg은 대략 7,700 kcal에 해당되어 1 kg의 체중을 감소시키기 위해서는 7,700 kcal 에너지 감소가 필요하다.

즉, 1일 섭취에너지 감소량(kcal) ÷ 7.7 = 1일 체중 감량(g)

하며 행동요법이나 운동요법, 영양상담 등과 병행할 때 효과적이다. 부작용으로는 단백질과 칼륨 손실, 혈청 전해질 수준 변화, 케톤체 증가로 인한 통풍, 추위에 민감, 피로감, 가벼운 두통, 신경질, 변비와 설사, 피부 건조, 빈혈, 생리주기 불규칙 등이 나타난다. 하루에 800 kcal 이하 식사는 체중 1 kg당 1 g의 단백질을 공급하는 정도이고, 지방과 당질은 극히 제한된 음식으로 구성된다. 식사는 주로 살코기나 생선, 가금류 등에서 매우 제한된 양으로 구성되며 분말 형태의 조제식사가 제공되기도 한다.

불균형 다이어트

비만치료에 다양한 다이어트 방법들이 소개되고 있으나 불균형 다이어트나 유행다이어트는 비만을 치료하는데 효과가 적거나 건강상 위험을 초래할 수 있으므로 신중을 기해야 한다.

- 저당질, 고지방, 고단백식 : 황제다이어트, 앳킨스 다이어트, 덴마크 다이어트와 같은 여러 종류의 저당질, 고지방, 고단백 다이어트가 유행하였다. 이러한 식사법은 당질 섭취를 극단적으로 제한하고(당질 에너지 20% 정도), 단백질과 지방은 제한 없이 섭취하는 방법이다. 주로 육류를 섭취하면서 포화지방과 콜레스테롤의 섭취량이 많아 고콜레스테롤혈증을 유발할 수 있으며, 당질이 부족하여 지방으로부터 에

알아보기 체중 감량 시 나타나는 현상

평형효과(plateau effect)

체중 감량 시 흔히 겪는 현상으로, 일정기간 동안 체중이 더 이상 감소하지 않고 유지되는 현상을 말한다. 지나친 체중 감량은 지방조직과 함께 근육도 손실되어 기초대사량이 감소하게 된다. 체중 조절 식사를 시작하면 초기에 기초대사량이 감소(2주 이내에 15%까지 감소)하고, 총 에너지 섭취 감소로 인한 특이동적 작용도 감소하게 된다. 또한 체중이 감소되면 활동 에너지 소비도 줄어들게 되므로 에너지의 소비와 섭취가 균형을 이루는 지점에서 평형상태가 나타나게 된다. 이때에 활동량을 늘이거나 식사를 변화시키지 않으면 체중은 평형상태를 계속 유지하며 더 이상 체중이 감소되지 않는다.

요요현상(Yo-Yo effect)

체중 감량에 성공한 후 곧 다시 체중이 증가해서 체중 조절에 실패하는 현상을 흔히 볼 수 있다. 체중 감소와 회복이 반복되면 신체는 더 효율적으로 지방을 합성하고 저장하기 때문이며, 이러한 현상을 요요현상이라 한다. 이러한 체중 감소와 회복이 반복될수록 체중 감량속도는 느려지고 증가속도는 빨라진다(그림 5-6).

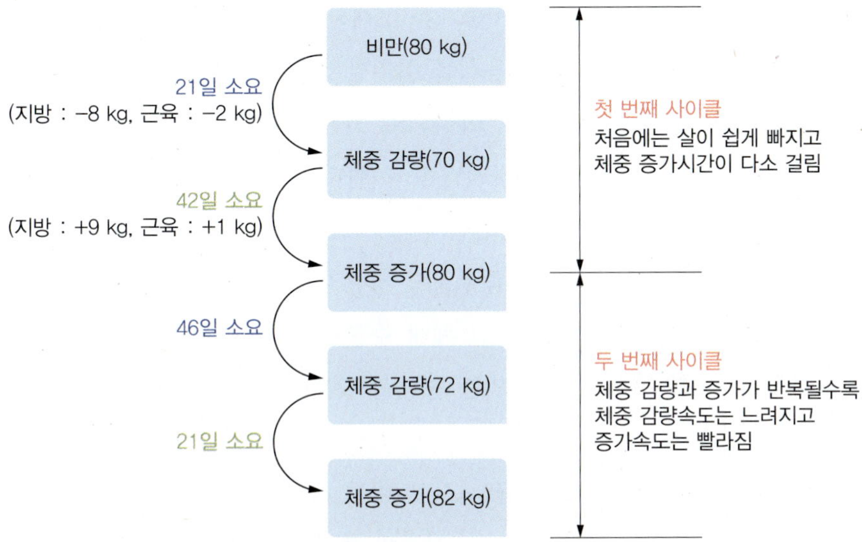

그림 **5-6** 요요현상의 예

너지를 공급받으면서 과량의 케톤체가 생성되어 케톤산증을 유발한다. 케톤산증은 이뇨작용을 유발하여 수분 감소에 의한 체중 감소를 초래하나 장기적으로는 체중 조절이 어렵고 여러 부작용이 나타나게 된다.

② 식사관리

식사습관 개선

- 식사횟수 : 식사는 1일 3회 이상 규칙적으로 분배하며, 일정한 시간에 식사를 한다. 일반적으로 식사 간격은 2시간 30분에서 3시간을 넘지 않도록 하고, 하루 식사횟수는 세 끼의 식사와 2번의 간식을 권장한다.
- 식사량 : 과식하지 않으며, 1회 섭취 분량을 줄인다. 평상시에 섭취하던 양보다 섭취량을 줄여 과식 습관을 개선하고 에너지 섭취를 감소시킨다. 일반적으로 한 끼 식사는 400~500 kcal, 간식은 100 kcal 이하로 섭취한다.
- 식사속도 : 식사속도가 빠르면 섭취량을 인식하기 어렵고 포만감을 느끼기 전에 과식하게 된다. 음식을 섭취하여 뇌의 포만중추를 자극하는데 20분 정도 걸리기 때문에 천천히 식사를 해서 포만중추를 자극하여 배부름을 느끼게 한다.

- 식사시간(야식 섭취) : 야식은 체중 증가를 초래하므로 주의한다. 밤에는 부교감신경의 작용이 활발하여 같은 양의 음식을 섭취할지라도 낮에 섭취한 것에 비해 지방으로의 전환과 축적이 더 빠르다. 야식으로 얻은 에너지는 소비되지 않고 거의 지방으로 축적되므로 야식을 섭취하지 않도록 한다.
- 식사내용 및 간식 : 간식으로 신선한 과일, 채소, 고구마, 전곡, 콩류, 저지방우유 등 비타민과 무기질, 식이섬유가 풍부하고 지방과 단순당 함량이 낮은 식품을 선택한다. 짠 음식은 식욕을 증가시키고 체내 수분을 증가시켜 체중을 증가시키며, 칼슘 배설을 증가시키므로 싱겁게 먹는 습관을 갖도록 한다.

영양관리

체중 감량 식사는 정상적인 영양 공급 식사에 비해 식사량이 감소하여 에너지 외의 필수영양소 공급도 감소하게 되므로 영양소 섭취에 세심한 주의를 기울여야 한다.

- 에너지 섭취량 결정 : 일반적으로 에너지 필요량은 표준체중 또는 조절체중에 활동 정도를 반영하여 산출하며, 개인의 비만 정도, 활동량, 비만 합병증, 건강상태 등에 따라 달라진다. 바람직한 체중 감량을 위한 에너지 섭취량은 평상시 1일 섭취량보다 500 kcal 정도 감소하여 2주일에 1 kg 정도 감량하는 것을 권장하나 비만 치료 대상자에 따라 에너지 섭취량을 조정할 수 있다.

  체중 감량 시 에너지 섭취 최저 수준은 일반적으로 여자는 1,200 kcal, 남자는 1,500 kcal 이상을 권장한다. 에너지 섭취량 계산방법은 대상에 따라 표준체중 계산법, 조절체중 계산법, 현재체중 계산법 등 여러 방법이 있으며, 실제 계산방법의 예를 표 5-9에 제시하였다.

1일 총 필요에너지 = 표준체중(조절체중) × 활동별 에너지

- 활동별 에너지 필요량 (kcal/kg)

가벼운 활동, 고령자, 비만 :	25~30 kcal
보통 활동, 정상 체중 :	30~35 kcal
강한 활동, 저체중, 감염증 환자 :	35~40 kcal
아주 강한 활동 :	40 kcal 이상

표 5·9 에너지 섭취량 산출방법(신장 160 cm, 체중 75 kg, 가벼운 활동을 하는 20대 여성의 예)

구분	적용	에너지 섭취량 계산법	에너지 섭취량
표준체중 이용법	빠른 체중 감량을 원할 때 • 1일 섭취목표를 정함	(표준체중×30*) − 500	1,100 kcal
조절체중[1] 이용법	비만도가 20% 이상일 때 • 현재 체중을 감안해서 목표체중 조절	(조절체중×30) − 500	1,200 kcal
기초대사량 이용[2]	요요현상을 일으키지 않는 최저 기준	기초대사량×0.9	1,600 kcal
현재체중 이용법	부담이 적은 체중 감량을 원할 때 • 감량 속도는 느리나 부담이 적고 장기간 실시 가능	현재 체중×30 − 500	1,700 kcal
현재 섭취량 이용법	체중 감량 기간 1년 이상으로 천천히 진행하고 싶을 때 • 현재 섭취량에서 감량 시작	현재 섭취에너지 − 500 kcal	1,900 kcal

[1]조절체중 계산법 : 표준체중＋(현재체중－표준체중)/4
[2]기초대사량 간략 계산법 : 성인 남자 1 kcal × 체중(kg) × 24시간, 성인 여자 0.9 kcal × 체중(kg) × 24시간
*활동별 에너지 필요량(kcal/kg) : 가벼운 활동(25~30 kcal) 기준

• 당질 : 당질은 한국인의 식습관에서 과잉 섭취하기 쉬운 영양소로서, 과량 섭취하면 중성지방으로 저장된다. 그러나 당질의 극단적인 제한은 케톤체를 형성하고 단백질을 소모하기 때문에 단백질 절약, 케톤산증 및 수분 손실을 예방하기 위해 최소한 1일에 100 g의 당질을 섭취해야 한다. 균형된 저에너지의 경우 당질의 에너지 비율은 50~60%를 유지하며, 단당류보다는 다당류와 복합당 형태로 공급하는 것이 포만감에 도움이 된다. 당지수가 높은 음식(6장 당뇨병 참고)은 인슐린 분비를 촉진하여 체지방 합성을 증가시키므로 당지수가 낮은 식품(당지수 60 이하)을 선택한다.

알아보기 **총 에너지 소비량(total energy expenditure, TEE) 구성**

구분	정의	에너지 소비(%)
기초대사량 (basal metabolic rate, BMR)	생명 유지에 필요한 최소한의 에너지(심장박동, 호흡, 체온 유지 등)	총 에너지 소비량의 60~70%
활동대사량 (thermic effect of activity, TEA)	활동 수행에 필요한 에너지(근육활동에 필요한 에너지)	총 에너지 소비량의 15~30%
식사성 발열효과 (thermic effect of food, TEF)	식품의 소화, 흡수, 이동, 저장에 필요한 에너지	1일 섭취에너지의 10%
적응대사량 (adaptive thermogenesis, AT)	스트레스에 노출되었을 때 적응에 필요한 에너지(추위, 과식, 환경 변화 등)	총 에너지 소비량의 10% 이하

식이섬유는 에너지 밀도를 감소시키고 위 배출을 지연시켜 공복감을 줄여주며, 대변량을 증가시켜 식사량의 감소로 인한 변비를 예방할 수 있기 때문에 1일 20~25 g 이상 섭취한다.

- 단백질 : 단백질은 체조직 및 질소균형을 유지하고 저에너지식에서 나타날 수 있는 근육과 내장단백질의 손실을 최소화하도록 충분히 섭취해야 되고 저에너지식일수록 단백질의 질이 중요하다. 총 에너지 섭취량의 20~25%를 권장하며, 표준체중 또는 조절체중 기준 1.0~1.5 g/kg의 단백질을 공급하고, 섭취가 허용되는 범위 내에서 최대한 섭취하도록 한다.
- 지방 : 지방은 에너지 밀도가 높고 심혈관계질환의 위험도를 높이나, 위 체류시간이 길어 포만감 유지와 공복감 지연에 도움이 될 수 있다. 필수지방산과 지용성 비타민 공급을 위해 총 에너지의 20% 이내로 공급하며, 식물성 기름이나 어유 형태의 지방을 공급한다.
- 비타민과 무기질 : 식사량이 감소하면 에너지뿐만 아니라 비타민과 무기질의 섭취량도 감소하게 된다. 비타민과 무기질이 풍부한 식사를 계획하며, 필요 시에는 비타민, 무기질 보충제를 사용한다.
- 수분 : 수분은 식사와 식사 사이에 공복감을 줄여주며 지방의 분해로 인해 생성되는 대사산물들을 희석시킨다. 또한 식사량이 줄면 음식과 함께 섭취되던 물의 양도 줄어들기 때문에 하루 2 L 이상의 충분한 물을 섭취하도록 한다.
- 알코올 : 알코올을 섭취하면 알코올이 산화되면서 지방을 절약하는 작용을 하며, 에너지 섭취량이 증가하여 체중이 증가하게 되므로 알코올 섭취를 피한다.

③ 식사계획의 실제

개인의 식습관, 비만 정도, 활동량, 건강상태 등을 고려하여 저에너지 식단을 작성하며, 에너지는 제한하나 다른 영양소는 부족하지 않은 균형잡힌 식단을 작성한다. 비만 환자의 체중 감량을 위한 영양관리지침과 식단은 표 5-10, 표 5-11에 제시하였다.

표 **5-10** 비만 환자의 영양관리지침

영양소	기준
에너지	평소 에너지 섭취량 또는 에너지 요구량에서 500~1,000 kcal 감량
당질	총 에너지 섭취량의 50~60%
단백질	총 에너지 섭취량의 20~25% 또는 1~1.5 g/kg·체중
지방	총 에너지 섭취량의 15~20%, 콜레스테롤 100 mg/1,000 kcal 동물성 지방을 줄이고, 식물성 기름이나 어유 섭취
비타민, 무기질	1일 권장섭취기준을 충족 1일 에너지 섭취량이 1,200 kcal 미만인 경우에는 비타민·무기질 보충제 권장 특히 칼슘, 철, 항산화비타민이 부족되지 않도록 주의
식이섬유	20~25 g/일
수분	2 L/일 이상 물을 충분히 섭취

신장 160 cm, 체중 65 kg, 가벼운 활동을 하는 20대 여대생 체중감량 식단 작성 예(표 5-11)

1) 에너지 필요량 산출(현재 체중을 이용하여 에너지를 산출하는 경우)

에너지 필요량 = 65 kg(현재 체중) × 30 kcal − 500 kcal = 1,400 kcal

2) 당질 : 단백질 : 지방 섭취량 계산

당질 58%(204 g), 단백질 19%(66 g), 지방 23%(36 g)

3) 식품교환단위 수 계산

곡류군 7, 어육류군 4(중지방 2, 저지방 2), 채소군 7, 지방군 4, 우유군(저지방) 1, 과일군 1

표 **5-11** 체중 감량을 위한 1,400 kcal 식단 예

	음식명	재료	분량(g)	곡류	어육류		채소군	지방군	우유군		과일군
					저지방	중지방			일반	저지방	
				7	2	2	7	4		1	1
아침	수수밥	수수밥	140	2							
	미역국	건미역	3				0.3				
		참기름	1					0.2			
	조기구이	조기	50		1						
	가지나물	가지	35				0.5				
		식용유	3					0.6			
	오이생채	오이	50				0.7				
		참기름	1					0.2			
	배추김치	배추김치	25				0.5				
간식	과일	사과	80								1
교환단위 합계				2	1		2	1			1

(계속)

	음식명	재료	분량(g)	곡류	어육류		채소군	지방군	우유군		과일군
					저지방	중지방			일반	저지방	
				7	2	2	7	4		1	1
점심	비빔밥	보리밥	210	3							
		달걀	55			1					
		시금치	35				0.5				
		콩나물	35				0.5				
		도라지	20				0.5				
		무생채	35				0.5				
		식용유, 참기름	7.5					1.5			
	콩나물국	콩나물	10								
	백김치	백김치	35				0.5				
간식	저지방우유	저지방우유	200							1	
교환단위 합계				3		1	2.5	1.5		1	
저녁	현미밥	현미밥	140	2							
	배추된장국	배추	35				0.5				
	오징어채소볶음	물오징어	50		1						
		양파	20				1				
		양배추	20								
		당근	10								
		호박	20								
		식용유	5					1			
	두부구이	두부	80			1		0.5			
	취나물무침	생취	35				0.5				
	깍두기	깍두기	35				0.5				
교환단위 합계				2	1	1	2.5	1.5			

표 **5-12** 체중 감량을 위한 식사계획 시 고려할 점

1. 개개인의 식습관을 기초로 하여 식사를 계획한다.
2. 단기간의 급속한 체중 감소보다는 단계적인 목표를 세워서 꾸준하고 점진적인 체중 감소를 목표로 한다.
3. 식사는 하루 세 끼 규칙적으로 하며 결식하지 않는다.
4. 과식하지 않으며 천천히(식사시간 20분 이상) 먹는다.
5. 에너지는 제한하나 영양적으로 균형 잡힌 식사를 계획한다.
6. 양질의 단백질을 섭취하여 체단백이 감소되지 않도록 한다.
7. 고에너지, 고지방, 고당질 간식을 피하며, 야식을 하지 않는다.
8. 포만감을 줄 수 있는 음식을 섭취한다(채소, 과일, 해조류 등).
9. 외식을 줄이고, 외식을 할 때에는 하루 섭취량을 초과하지 않는다.
10. 술은 가능한 한 피한다.

표 **5-13** 체중 감량을 위한 식품 선택 및 조리법

1. 고기는 눈에 보이는 기름을 제거하고, 닭고기는 껍질을 제거한다.
2. 생선은 굽거나 찐다.
3. 튀김요리를 피하며, 볶음은 물을 이용하거나 최소한의 기름만 이용한다.
4. 진한 양념의 사용을 피하고, 간을 싱겁게 한다.
5. 신선한 식재료를 이용하여 직접 조리한다.
6. 인스턴트 식품, 가공식품의 섭취를 피한다.
7. 해조류, 채소 샐러드를 자주 먹는다.
8. 단 음식이나 음료, 후식을 피한다.
9. 소스는 식초, 겨자, 마늘 등의 향신료를 이용하고, 마요네즈는 제한한다.

(4) 운동요법

식사 조절과 함께 규칙적인 운동을 하는 사람들은 체지방 감소와 근육량 증가로 인해 식사 조절만 하는 경우보다 체지방 감소가 빠르고 체중 순환현상이 적다. 체중 감량을 위해서는 유산소운동과 근력운동을 규칙적으로 하는 것이 중요하며, 운동의 유형, 강도, 시간, 빈도 등을 고려해야 한다.

① 운동 유형 및 운동빈도

- 유산소운동 : 유산소운동은 대근육군을 사용하여 몸 전체를 움직이는 운동으로, 유산소 대사과정을 통하여 산소를 이용하여 지방을 에너지로 이용하기 때문에 지속적인 유산소운동은 체지방 감소에 효과적이다. 유산소운동은 비교적 안전성이 높으나 장시간 수행으로 심장에 과부하가 가해질 수 있으므로 심장병 위험이 있는

알아보기 **규칙적인 운동의 효과**

1. 체지방 감소
2. 근육량 증가로 기초대사량 증가
3. 혈중 중성지방과 LDL-콜레스테롤 감소, HDL-콜레스테롤 증가
4. 인슐린 민감성 개선시켜 비만 합병증 감소
5. 심폐지구력 향상시켜 심혈관계와 폐기능 강화
6. 에너지 소비 증가
7. 식욕 조절
8. 스트레스 해소

표 **5·14** 시간당 활동량에 따른 에너지 소비량

활동 종류	에너지 소비량(kcal)	운동 종류	에너지 소비량(kcal)
앉아서 휴식	15	산책	240
편히 서서 쉬기	20	골프	300
바느질	10~30	볼링	360
다림질	50~60	테니스	420
천천히 걷기	115	자전거	180~300
빨리 걷기	565	수영	300~700
달리기	600~800	등산	400~900
		스케이트	300~700

사람이나 고령자는 신중하게 접근해야 한다.

체지방을 효과적으로 소비할 수 있는 유산소운동으로는 걷기, 조깅, 장거리 달리기, 줄넘기, 자전거 타기, 계단 오르내리기, 수영, 에어로빅 댄스 등이 있다. 유산소운동은 중강도로 하루에 30~60분 또는 20~30분씩 2회 실시하고, 운동빈도는 주당 5회 이상을 권장하고 있다. 감량된 체중을 유지하기 위해서는 중강도 운동으로 일주일에 200~300분 정도(2,000 kcal 소비) 운동을 권장한다.

- 근력운동(저항성 운동, 무산소운동) : 근력운동은 근력을 키우면서 기초대사율을 향상시키는 운동이다. 근력운동은 단시간에 격렬한 운동을 하기 때문에 에너지원으로 체지방을 사용하지 않고 글리코겐을 주로 사용한다. 근육 내 글리코겐은 저장량이 적어 장시간 운동을 유지하기 어렵고, 운동 시 혈압 상승을 초래할 수 있어 고혈압 환자들은 주의한다.

근력운동으로는 역기, 덤벨운동, 팔굽혀펴기, 윗몸일으키기, 단거리달리기 등이 있다. 근력운동은 개인의 근력에 맞는 운동을 해야 하며, 하루에 반복횟수 8~12

알아보기 **운동과 식욕 조절**

운동은 식욕 조절에 도움이 된다. 많은 사람이 운동을 하면 배가 고파져서 더 많이 먹게 될 것으로 생각하지만 운동을 한다고 해서 바로 식욕이 증가하는 것은 아니다. 운동 직후에는 목이 마르지만 곧바로 배고픔을 느끼지 않기 때문이다. 이는 운동을 하면 저장된 지방과 당질이 분해되어 혈액 중에 지방산과 포도당 농도가 증가하기 때문이다. 오히려 운동은 스트레스로 인한 음식 섭취를 억제하는 효과가 있다.

회 기준 1~2세트를 실시하고, 신체 부위가 겹치지 않게 주당 2회 운동을 권장하고 있다.

② 운동강도

적정 운동강도를 설정하기 위해서는 운동유형에 따라 심박수, 대사당량(metabolic equivalent, MET; 휴식상태에서의 산소 소비량), 1회 반복 최대무게(1 repetition maximum, 1RM; 한 번에 발휘할 수 있는 최대근력) 등의 측정자료를 참고로 한다. 비만인의 운동처방을 위한 목표심박수는 최대심박수의 50~70% 범위가 적당하고, 최대 MET의 40~60%에 해당하는 중강도 운동이 적당하다. 중강도의 운동은 등에 땀이 날 정도이고, 숨이 차지만 옆 사람과 대화할 수 있는 정도의 운동이 해당된다. 에너지 소비는 운동강도와 운동시간에 의해 결정되는데 비만한 경우에 운동강도보다는 운동시간 증가가 더 효과적이다.

(5) 약물 및 수술 요법

① 약물요법

약물치료는 식사 조절 및 운동, 행동요법, 생활습관 변화 등 비약물치료에 의해 체중 감량효과가 없을 때 고려한다. 약물치료가 필요한 경우는 체질량지수가 25 kg/m^{2}이상인 환자 중에 비약물치료로 체중 감량에 실패한 경우이거나, 비만으로 인해 심혈관질환이나 건강상의 문제가 있을 때 시도할 수 있다. 약물치료를 할 때는 약물의 안전성과 유효성이 확립되어 사용 승인을 받은 약제를 사용하며, 반드시 식사, 운동, 생활습관 개선 등 비만의 기본치료와 병행해야 한다. 약물치료 시작 후 3개월 이내에 5~10% 이상 체중 감량이 없거나 동반 질환 개선효과가 없으면 약제를 변경하거나 사용 중단을 고려해야 한다.

2018년도 국내에서 장기간 사용 허가를 받은 비만치료제로는 orlistat(제품명 : 제니칼), lorcaserin(제품명 : 벨빅), naltrexone 또는 bupropion(제품명: 콘트라브), liraglutide(제품명 : 삭센다)가 있다. 단기 약물치료제로는 phentermine, diethylpropion, phendimetrazine, mazindol 등이 있으며, 4주 이내 투여를 원칙으로 하고 최대 12주 미만 사용을 권장하고 있다. 비만 치료약물을 사용하다가 약제를 중단하면 다시 빠르게 체중이 증가하기 때문에 단기간의 약물 사용에 의한 체중 감량은 권장하지 않는다.

② 수술요법

수술치료는 체질량지수가 35 kg/m^2 이상(3단계 비만)이거나, 체질량지수가 30 kg/m^2 이상(2단계 비만)이면서 비만 동반 질환을 가지고 있는 환자 중에서 비수술요법 치료로 체중 감량에 실패한 경우에 고려한다. 비만 수술 후 현재 체중에서 이상체중을 뺀 초과체중이 50% 이상 감소했을 때 성공적인 수술이라고 할 수 있다. 최근에 주로 시행되는 수술로는 위밴드성형술, 위우회술, 위소매절제술이 있다. 위밴드성형술은 순수하게 음식 섭취를 제한하는 수술로, 위의 윗부분에 밴드를 감아 위를 작게 만드는 방법인데 밴드의 조임 정도에 따라 음식 섭취량을 조절할 수 있다. 수술이 비교적 간단하고 합병증이 적고 가역적인 수술방법이라는 장점이 있으나, 다른 수술방법에 비해 체중 감소 효과가 늦게 나타나고 수술효과가 낮은 편이다. 위우회술은 음식 섭취와 영양 흡수를 동시에 제한하는 수술로 현재 미국에서 가장 흔하게 시행되는 방법이다. 위의 용적을 20 cc 정도 남기고 소장과 연결하는 방법으로 체중 감소와 동반 질환의 호전이 빠르게 일어나며, 지속적인 체중 감소가 이루어진다. 그러나 다른 수술에 비하여 수술이 복잡하고 그에 따른 수술 합병증이 더 많다. 위소매절제술은 음식 섭취 시 늘어나는 위 부분을 절제하여 위의 크기를 줄여 음식 섭취량을 줄이는 방법이다. 최근 안전성과 효과에 긍정적인 보고가 많아 시행이 늘고 있는 수술이다 **그림 5-7**.

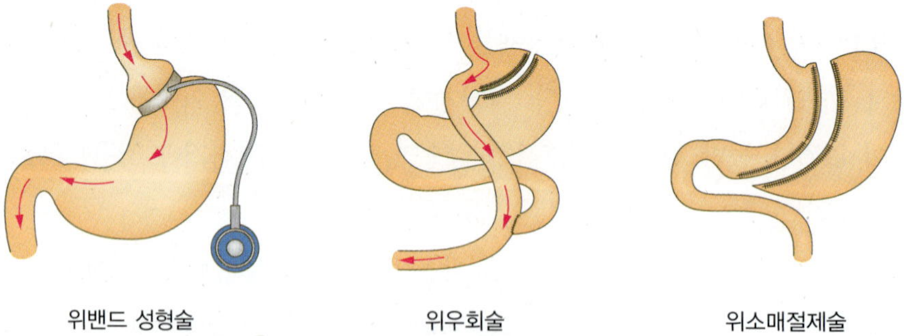

그림 **5-7** 비만 수술(베리아트릭 수술, bariatric surgery)의 종류

자료: 대한비만학회, 2018

2. 저체중

저체중은 표준체중의 90% 이하 또는 BMI가 18.5 kg/m^2 이하인 경우를 말하며, 체지방 감소뿐만 아니라 건강에 여러 문제를 초래할 수 있다. 체중이 증가하여 BMI가 25 kg/m^2 이상인 비만인 경우에도 질병 발생률이 증가하나, 18.5 kg/m^2 이하인 경우에도 질병 발생 위험도가 증가하고 사망률이 증가하기 때문에 적절한 체중관리가 필요하다.

1) 원인 및 증상

저체중의 원인은 활동량보다 적은 에너지 섭취, 과도한 활동, 흡수 불량, 식품 이용률 감소, 소모성 질환(암, 갑상샘기능항진 등), 정신적·심리적 요인 등 다양하다. 저체중 환자는 질병에 대한 저항성이 감소하고 추위에 민감하며, 허약, 변비, 신경과민, 우울증 등이 나타나고, 뇌하수체, 갑상샘, 성샘, 부신 등의 내분비장애를 초래한다. 어린이나 청소년은 성장이 지연되고, 성인 여성에게는 생리불순, 불임, 골다공증 등의 증상이 나타난다.

2) 식사계획

체중 증가계획을 세우기 전에 저체중의 원인을 파악해야 한다. 에너지 섭취 증가와 함께 운동, 특히 근육운동이 병행되어야 하며, 심리적 스트레스와 불안을 해소하는 것이 중요하다.

1일 총 에너지 필요량에 500~1,000 kcal를 추가로 섭취할 수 있도록 한다. 갑작스런 에너지 섭취량 증가는 위장장애, 구토, 스트레스 등을 초래할 수 있으므로 점진적으로 섭취량을 증가시킨다. 지방의 섭취를 늘려 에너지 공급을 높이고 비타민과 무기질도 적정 수준으로 공급하며, 특히 에너지 공급 증가와 함께 비타민 B군 섭취량을 증가시켜야 한다. 단순한 고에너지 섭취는 주로 체지방 증가로 인한 체중 증가를 유발할 수 있으므로 주의가 필요하다. 양질의 단백질을 섭취하고, 총 단백질 섭취량의 1/2 이상은 동물성 단백질을 섭취하도록 한다.

체중 증가를 위한 식사는 적어도 하루 세 끼 이상의 식사를 하도록 하며, 매끼 식사량을 조금씩 늘리고, 식사 사이에 간식을 섭취한다. 음식 섭취량이 부족할 경우에는 에너지 밀도가 높은 고에너지 음료 섭취를 고려하며, 질병으로 인한 저체중일 경우에도 쉽게 먹을 수 있는 농축 액체음료(고에너지, 고단백)를 권장한다.

3. 섭식장애

섭식장애(eating disorder)란 체중, 체형, 식사행동에서 나타나는 장애로서, 단지 음식과 체중에 대한 문제가 아니라 체중과 식사 조절에 관계된 문제들이 자존감과 감정 조절 같은 보다 광범위하고 개인적인 문제들과 복합적으로 작용해서 나타나는 현상이다 표 5-15.

표 **5-15** 섭식장애 진단 및 특징 비교

	신경성 식욕부진증	신경성 폭식증	마구먹기장애
주요 발생 대상	사춘기 소녀, 20대 초반 여성	성인	다이어트에 실패한 비만인, 여성
특징	음식 섭취를 극도로 두려워 함	폭식과 장 비우기를 반복함	폭식을 반복하나 장 비우기는 하지 않음
진단기준	• 체중 감소 1단계 : 처음 체중의 15% 감소 2단계 : 처음 체중의 25% 감소 • 저체중임에도 비만에 대한 강한 두려움으로 체중 감소 시도 • 왜곡된 신체상 가짐 • 3번 이상 무월경 • 체중 감소에 원인 질병이 없음	• 정상 또는 과체중 • 살찌는 것에 두려움, 왜곡된 신체상 • 섭식패턴이 비정상적임을 인지하나 먹는 것에 강한 욕망 • 4주 동안 3번 연속 주 1회 이상 폭식 • 폭식과 장 비우기 반복으로 5 kg 이내 체중 변화	• 과체중 또는 비만 • 여러 다이어트 방법 시도 • 남들 앞에서는 적게 먹음 • 한 번에 많은 음식을 먹음 • 먹기 시작하면 폭식 통제 안 됨 • 폭식 후에는 심한 자책감, 우울감 • 폭식 후 장 비우기 안함

1) 신경성 식욕부진증

신경성 식욕부진증(anorexia nervosa)은 비만을 극도로 두려워하여 음식 섭취를 거부하는 증세로서, 대부분 사춘기 소녀와 20대 초반의 젊은 여자에게서 발생률이 높다. 신경성 식욕부진은 '신경증적인 이유로 인한 식욕의 상실'이라는 뜻이나, 실제로는 식욕이 없어서라기보다는 의식적으로 먹고 싶은 충동을 억눌러서 체중이 감소되는 것이다. 신경성 식욕부진증은 근본적으로 정신적인 문제이며, 지적이고 내성적이며 완벽주의자인 경우이거나 가족관계에 문제가 있는 경우에 많이 발생한다.

(1) 증상

신경성 식욕부진증의 주요 증상은 질병이 없는데도 심한 체중 감소가 일어나는 것이다. 신경성 식욕부진 환자들은 왜곡된 신체상을 가지고 있으며 말랐음에도 뚱뚱하다고 생각하여 먹는 것을 혐오하고 아주 소량만을 섭취하며 살찌는 것에 대해 죄의식을 느낀다.

(2) 식사요법

신경성 식욕부진 환자는 근본적인 문제 해결을 위해 정신치료가 우선되어야 하며, 증세가 심한 환자들은 입원치료가 권장된다. 식행동과 에너지 소비패턴을 파악하여 영양상태를 판정하고, 상담과 영양교육을 통하여 올바른 식습관을 갖도록 한다.

환자의 식품 섭취를 증가시키기 위해 1,200 kcal부터 시작하여 차츰 섭취량을 늘리며, 환자의 기호도를 고려하여 영양적으로 균형 잡힌 식사를 섭취하도록 한다. 식이섬유가 적은 농축된 식품을 권장하며, 치료가 시급한 경우에는 경관급식을 실시할 수도 있다. 식사횟수는 3번의 규칙적 식사와 간식을 제공하며, 식사요법 초기에는 수분과 전해질 보유 및 간과 근육 내 글리코겐 저장량 증가에 따라 체중이 급속히 증가할 수 있다. 식사량 증가는 심리적 변화 정도와 일치되도록 해야 한다. 환자가 목표체중에 도달하면 체중을 유지할 수 있는 식사를 계획하며, 식사와 환자 체중을 주기적으로 계속 관찰하여 환자가 자발적으로 먹는 능력이 생겼는지, 여전히 체중 조절이 필요한지를 살펴야 한다.

2) 신경성 폭식증

신경성 폭식증(bulimia nervosa)은 단순히 가끔 과식하거나 탐욕스럽게 먹는 것이 아니라 비정상적으로 매우 많은 양의 음식을 미친 듯이 마구 먹고, 자기조절력을 잃어서 폭식을 멈출 수 없는 상태를 의미한다. 청소년보다는 성인에게 더 많이 발생하며 여자의 발생률이 높다. 하루에 10,000~20,000 kcal를 섭취하기도 하며, 폭식하는 동안 섭취하는 식품은 일반적으로 쉽게 소화되는 과자, 아이스크림, 캔디, 패스트리(파이) 등이다.

신경성 폭식증 환자는 살이 찌는 것에 대해 매우 심한 공포심을 가지고 있어 폭식 후에는 스스로 구토를 유발하거나 하제와 이뇨제를 사용하여 체중 증가를 막는다.

(1) 증상

신경성 폭식 환자는 식사 제한과 폭식을 반복하여 체중을 어느 정도 정상범위로 유지한다. 신경성 폭식증으로 인한 문제점들로는 전해질과 수분 불균형, 빈혈, 연하곤란, 침샘 감염, 침샘 부풀어오름, 치아 부식 등이 있다.

(2) 식사요법

신경성 폭식 환자 치료도 정신과 치료가 우선되어야 한다. 영양치료는 환자의 폭식을 조절하고 폭식을 유발하는 식행동을 변화시키는 것에 중점을 둔다. 식사일기를 쓰게 하고 폭식을 유발하는 상황을 파악하여 이러한 상황을 피하도록 한다. 폭식을 초래하는 식품을 피하고 폭식 횟수를 줄이며, 식품 섭취량을 줄이고 구토나 하제를 사용하지 않도록 한다. 권장되는 식사계획은 하루 3번의 식사와 1~2회의 간식이다.

3) 마구먹기장애

마구먹기장애(binge eating disorder)는 거식증이나 폭식증보다 흔한 섭식장애이다. 신경성 폭식증과의 공통점은 폭식이 반복적으로 일어나는 것이며, 차이점은 폭식 후 인위적으로 장을 비우는 행동을 하지 않는다는 점이다. 마구먹기장애는 다이어트에 실패한 경험이 많은 비만인, 특히 여성에게서 자주 발생한다. 폭식에 대한 통제력이 없어 배가 불러서 몸이 불편해질 때까지 매우 빠르게 음식을 먹고 배가 고프지 않아도 많은 양의 음식을 먹는다.

(1) 증상

대부분 과체중이거나 비만인 경우가 많아 고혈압 등과 같은 합병증 발병 위험도가 높다. 기분이 우울하고 무력감을 느낄 때 폭식을 하며, 폭식으로 인해 심한 포만감으로 배가 불편해지면 죄책감, 우울증을 동반하게 된다.

(2) 식사요법

음식에 대한 통제는 욕구 불만을 일으킬 수 있으므로 심리치료, 인지치료, 대인치료 등이 필요하고, 음식은 생리적으로 배고플 때만 먹도록 한다. 비만치료 프로그램을 통해 폭식이 호전되기도 하나 폭식이 재발되지 않도록 지속적인 체중 유지, 폭식 조절에 방해되는 상황 극복하기, 스트레스 관리 등의 치료가 필요하다.

비만 환자 사례 연구

대상자

32세 남성, 사무직

병력, 가족력

3년 전 혈압이 높다고 했지만 별다른 치료는 하지 않음

어머니 : 고혈압, 이상지질혈증으로 약물치료 중

아버지 : 제2형 당뇨, 심근경색

신체 계측

Ht 178 cm, Wt 94 kg, BMI 30.3 kg/m^2, Waist 109 cm

5년 전에 체중이 80 kg에서 90 kg으로 증가했으며, 최근 1년 동안은 현재 체중 유지

생화학적 자료

T-chol 279 mg/dL, TG 260 mg/dL, LDL-chol 180 mg/dL, HDL-chol 39 mg/dL, FBS 90 mg/dL, BP 148/94 mmHg

생활습관, 운동/활동량

운동 거의 안 함

퇴근 후 주로 집에서 TV 보거나 게임을 함

식품 및 영양소 섭취, 식사력

- 1일 세 끼 식사하나 조식은 커피와 샌드위치, 중식은 사무실 주변에서 중식 또는 탕류 섭취
- 저녁은 주로 라면이나 햄버거, 주 1~2회 회식(삼겹살, 소주)
- 하루 믹스커피 4~5잔
- 채소 반찬은 적게 먹으며, 과일을 가끔 먹음
- 간식은 과자, 시리얼, 우유
- 밤늦게까지 게임하며 과자 간식

기타

현재 식사 조절 안 함

심혈관계질환에 관심 있으며, 식사요법에도 관심 있으나 관련 지식 이 부족함

1. 이 환자의 건강상태와 비만도를 평가하시오.

2. 이 환자의 식사내용을 참고로 하여 식생활을 분석하고 영양상태를 평가하시오.

3. 이 환자가 식습관을 개선하지 않을 경우 예상되는 건강상의 문제점에 대해 설명하시오.

4. 이 환자에게 적합한 영양처방을 하고 식사를 계획하시오.

CHAPTER 6

당뇨병

1. 분류
2. 원인
3. 진단
4. 대사
5. 증상 및 합병증
6. 치료

학습목표

1. 당뇨병 대사를 정의하고 임상적 특징을 설명할 수 있다.
2. 당뇨병 치료와 영양관리방법을 설명할 수 있다.
3. 당뇨병 환자의 식단을 계획할 수 있다.

73
74
75
76

당뇨병(diabetes mellitus)은 췌장에서 인슐린이 제대로 분비되지 않거나 인슐린 작용이 정상적으로 이루어지지 않아 고혈당 및 각종 대사장애를 초래하는 내분비장애의 대표적 질환이다. 혈액 중 포도당(혈당)은 세포내로 이동되어 에너지로 이용되는데, 인슐린의 양이 부족하거나 제 기능을 못하게 되면 혈액 중 포도당이 세포내로 이동되지 못해 혈당이 상승하게 되고 포도당이 소변으로 비정상적으로 배설된다. 고혈당 상태가 오래 지속되면 만성적 대사장애와 그로 인한 합병증이 발생하게 되고 생명에 위험을 미친다.

당뇨병은 사회경제적인 발전과 함께 식생활, 운동 부족, 스트레스 등으로 인해 발병률이 증가하는 추세이다. 당뇨병은 조기 진단과 적절한 치료에 의해 발병률과 합병증을 감소시킬 수 있다. 아직은 완치법이 개발되지 않아 장기간 혹은 평생관리의 관점에서 당뇨병을 조절하고 합병증을 관리하는 것이 중요하다.

1. 분류

1) 제1형 당뇨병

제1형 당뇨병(type 1 diabetes mellitus)은 바이러스, 약물, 자가면역, 유전 등의 원인에 의해 췌장 베타세포가 파괴되어 인슐린이 분비되지 않아 고혈당이 되는 경우를 말한다. 전체 당뇨 환자의 5~10%를 차지하며, 주로 어린 나이에 발병하여 소년성 당뇨병이라고 불렸으나 최근에는 30세 이전의 젊은 층에서도 많이 나타나고 있다. 제1형 당뇨병은 병의 진전이 빠르며 체중 감소, 다뇨, 다갈, 다식 등의 증상들이 나타나고, 인슐린 부족으로 인하여 케톤산증이 나타나며 합병증 발병률이 높다. 고혈당 및 케톤산증을 조절하기 위하여 반드시 인슐린 투여가 필요하다 표 6-1.

2) 제2형 당뇨병

제2형 당뇨병(type 2 diabetes mellitus)은 인슐린 저항성으로 인해 인슐린이 분비됨에도 불구하고 인슐린 작용이 저하되거나 상대적으로 인슐린 분비량이 적어 고혈당이 되는 경우를 말한다. 전체 당뇨 환자의 90% 이상이 제2형 당뇨병이며, 40세 이후에 발병률이 높아 성인성 당뇨병으로 불렸으나 최근에는 소아나 젊은 층에서도 나타나고 있다. 제2형 당뇨병은 비만, 연령 증가, 육체활동 감소, 스트레스 등에 의해 인슐린 저항성이 증가하여 발생하며, 제1형 당뇨병에 비해 유전적 영향이 더 크다. 인슐린 저항성이 증가하면 인슐린 필요량이 증가하여 인슐린 분비량이 증가하는 경우도 있으나, 계속 혈당 조절이 안 되면 결국 인슐린 분비가 감소한다. 비만이나 과체중인 경우에 인슐린 저항성이 증가하여 당뇨병 발병이 증가하며, 복부 비만인 경우에도 당뇨병 발병 위험도가 높아진다. 우리나라 당뇨병 환자는 비만하지 않아도 복부 비만인 경우에 당뇨 발병률이 높아 당뇨병 발병에 체지방의 분포가 중요한 것으로 보고되고 있다.

제2형 당뇨병은 발병 초기에는 고혈당으로의 진전이 느려 제1형 당뇨병에 비해 당뇨병의 전형적인 증상이 나타나지 않거나 천천히 나타난다. 그러나 장기간 당뇨병을 제대로 치료하지 않으면 케톤산증과 같은 합병증이 나타날 수도 있으며 여러 가지 문제가 발생한다. 초기에는 식사요법이나 운동에 의해 체중을 감량하고 체지방을 줄이면서 근육을 증가시키면 혈당 조절이 개선될 수 있다. 당뇨병 환자는 체중 감소와 복부지방 감소가 중요하나, 장기간 혈당이 조절되지 않으면 체중 감소가 초래될 수 있다. 제2형 당뇨병의 경우에는 인슐린 공급보다는 췌장에서 인슐린의 분비를 촉진시키거나 인슐린에 대한 세포의 민감성을 높이는 약물을 이용하여 치료하며, 이러한 방법으로 치료가 안

표 **6-1** 제1형 당뇨병과 제2형 당뇨병의 일반적인 특징

특징	제1형 당뇨병	제2형 당뇨병
발병 시기	아동기, 30세 이전	성인기, 40세 이후
발병 형태	병의 진전이 빠름	병의 진전이 느림
발병 원인	바이러스, 약물, 자가면역 등으로 인한 췌장 베타세포 파괴	비만, 운동 부족, 유전, 스트레스
인슐린 분비 및 작용	인슐린 부족(인슐린 분비 안 됨)	인슐린 저항성(소량 분비 또는 기능 비정상)
인슐린 치료	필요함	경우에 따라 필요함(20~30%)
경구혈당제	부적절	효과적
체중	저체중이 많음	비만이 많음
임상 증상	다뇨, 다갈, 다식, 체중 감소	대체적으로 증상 없으며, 천천히 나타남
급성합병증(케톤산증)	있음	거의 없음
식사요법	모든 환자에게 필요(식사요법 만으로는 불충분)	모든 환자에게 필요(식사요법으로 치료 가능)

될 때는 인슐린을 투여하기도 한다.

3) 임신성 당뇨병

임신성 당뇨병(gestational diabetes mellitus)은 임신 중에 당뇨병이 처음 발견되었거나 발병한 것을 말한다. 임신 중에 당뇨병이 발병하면 태아의 기형 및 사망률, 산모의 주산기 사망률이 증가하므로 주의가 필요하다. 임신성 당뇨병은 출산 후 대부분 정상으로 회복되지만, 이들 중 40~60%는 출산 후 15년 내에 다시 당뇨병이 발병할 수 있다. 임신부가 비만하거나 고혈압, 요당 검출, 임신성 당뇨병 과거 병력, 당뇨 가족력 등이 있는 경우에는 임신성 당뇨병 발병 위험도가 높다.

4) 기타 형태의 당뇨병

기타 형태의 당뇨병은 췌장질환, 내분비질환, 특정 약물이나 화학물질, 인슐린 수용체 이상, 유전적 원인 등에 의해 2차적으로 당뇨병이 발병하는 경우를 말한다.

2. 원인

당뇨병 발병은 유전적 영향이 크며, 연령, 성별, 비만, 약물 복용, 스트레스 등과의 상호작용에 의해 발병 위험률이 증가한다 표 6-2.

표 **6-2** 당뇨병의 위험요인

위험요인	특징
유전	직계가족력(부모의 영향 큼) 제1형 당뇨병 : 자가면역 관련 유전인자 관계 제2형 당뇨병 : 인슐린 저항성 관련 유전인자 관계
연령	연령 증가할수록 제2형 당뇨병 발병 증가 제1형 당뇨병 : 15세 이전에 주로 발병 제2형 당뇨병 : 40세 이후 발병률 높음
성별	25세 이전은 성별과 관련성 적음 25세 이후에는 여성 발병률 높으나, 우리나라는 남성이 높음
비만	과체중 (BMI 23 이상) - 인슐린 저항성 증가로 제2형 당뇨병 증가
운동 부족	근육 저하, 인슐린 민감도 감소로 제2형 당뇨병 증가
스트레스	스트레스 호르몬 분비 증가로 제2형 당뇨병 발병 증가
약물, 감염	부신피질호르몬제, 이뇨제, 경구용 피임약 등 약물은 내당능 감소시킴 약물, 바이러스 감염 등에 의해 췌장 베타세포 파괴
임신	당뇨병 위험인자 가진 임신부는 임신성 당뇨병 위험 증가 임신성 당뇨병 병력, 4 kg 이상의 거대아 출산력이 있는 여성은 제2형 당뇨병 발병 증가

3. 진단

1) 요당

정상인은 소변으로 포도당이 배설되지 않으나, 혈당 조절이 안 되어 일정 수준(170~180 mg/dL) 이상으로 혈당이 상승하면 소변으로 포도당이 배설된다. 소량의 소변을 검사 시 약띠(clinic stick)에 묻혀 색의 변화를 통해 간단히 요당을 확인할 수 있기 때문에 당뇨의 선별검사에 많이 이용된다.

소변의 포도당 유무 외에도 소변의 양, 비중 혹은 케톤체의 유무로 당뇨병을 확인한다. 고혈당과 함께 소변에서 포도당과 케톤체가 검출되면 제1형 당뇨병으로 진단할 수 있다.

2) 혈당

최소 8시간 이상 공복 후 혈장 혈당이 100 mg/dL 미만이면 정상이며, 100~125 mg/dL

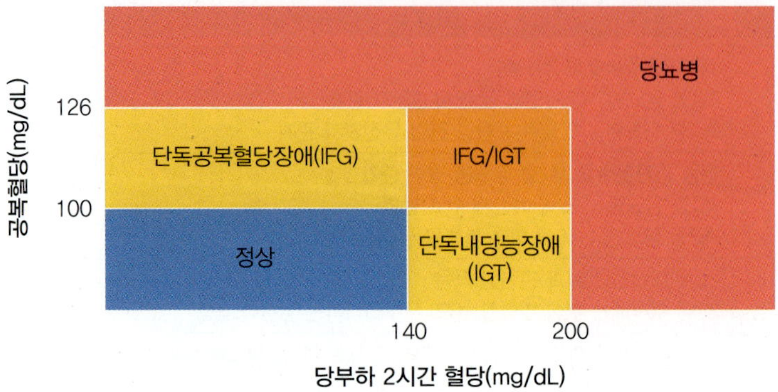

그림 **6-1** 공복혈당과 당부하 2시간 혈당을 기준으로 한 당 대사 이상 분류
자료 : 대한당뇨병학회, 2015

이면 공복혈당장애(impaired fasting glucose, IFG)에 해당되고, 126 mg/dL 이상이면 당뇨병으로 진단한다. 경구포도당부하 검사 후 2시간 혈장 혈당이 140 mg/dL 미만이면 정상이고, 140~200 mg/dL 미만이면 내당능장애(impaired glucose tolerance, IGT), 200 mg/dL 이상이면 당뇨병으로 진단한다 **그림 6-1 표 6-3**.

임신성 당뇨병은 임신 24~28주인 산모를 대상으로 75 g 경구포도당부하검사를 실시하여 공복 혈당이 92 mg/dL 이상이거나 식후 1시간 혈당이 180 mg/dL 이상이거나 식후 2시간 혈당이 153 mg/dL 이상일 때를 말한다. 즉 세 가지 중 한 가지 이상이 기준보다 높을 때 임신성 당뇨병으로 진단하며, 임신 24주 이전 첫 번째 산전검사에서 이미 당뇨병이 있는 경우는 임신성 당뇨병으로 진단하지 않는다.

표 **6-3** 당뇨병 진단기준

	혈당(mg/dL)			당화혈색소 A1c(%)
	공복	당부하검사 2시간	무작위	
정상	<100	<140		<5.7
당뇨병 전단계	100~125	140~199		5.7~6.4
당뇨병	≥126*	≥200	≥200**	≥6.5

혈당 : 8시간 이상 공복 후 혈장 혈당 기준, 당부하검사 : 75 g 경구포도당부하검사

*다음날에도 확인된 경우, **전형적인 증상 : 다음, 다뇨, 체중 감소 등

자료 : 대한당뇨병학회, 2015

3) 경구포도당부하검사

당뇨병 진단을 위한 선별검사로 경구포도당부하검사(oral glucose tolerance test, OGTT)를 시행한다. 특히 공복혈당장애가 있거나 당뇨병 발병 위험이 높은 사람, 노인의 경우 등에는 당뇨병을 정확하게 진단하기 위해 경구포도당부하검사가 필요하다. 경구포도당부하검사는 10~14시간 금식 후 일정량의 포도당(성인 75 g, 어린이 체중 kg당 1.75 g)을 섭취하도록 하고 2시간 후에 혈장 혈당 농도를 측정한다, 경우에 따라서는 30분, 60분, 90분 혈장 혈당을 측정할 수도 있다.

정상인은 포도당 섭취 후 30분 정도 지나면 혈당이 올라가고 이에 따라 인슐린이 분비되면서 2시간 후에는 혈당이 정상 수준으로 회복되지만, 당뇨병 환자의 경우에는 인슐린 작용이 제대로 이루어지지 않아 고혈당이 오래 유지되며 2시간 이후에도 정상으로 회복되지 않는다 **그림 6-2**.

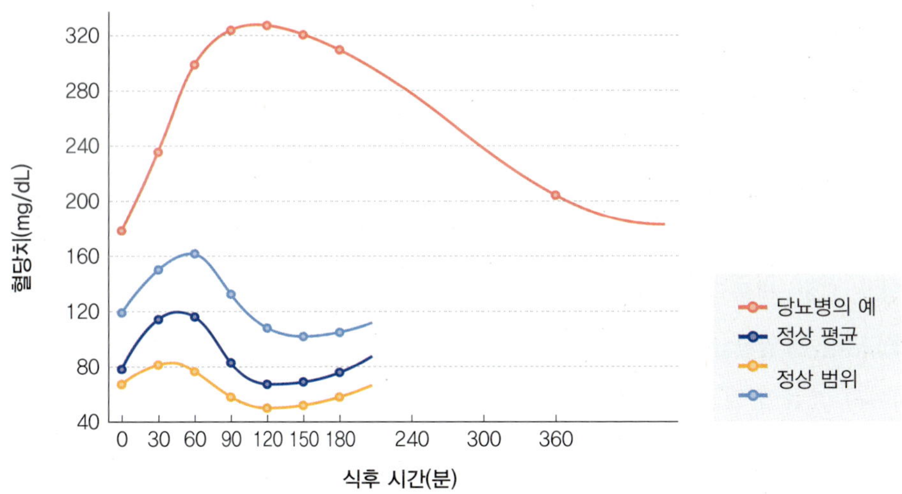

그림 **6·2** 경구포도당부하검사 후 혈당곡선

4) 당화혈색소

당화혈색소(glycosylated hemoglobin, HbAlc)는 적혈구의 혈색소(헤모글로빈)가 포도당과 결합하여 생성되며, 혈당이 증가할수록 당화혈색소 양은 증가하고 혈색소의 산소 결합 능력은 저하하게 된다. 당화혈색소 생성반응은 비가역적 반응으로 한 번 생성된 당화혈색소는 적혈구 생존기간 동안 혈색소에 당이 부착된 상태로 유지되기 때문에 당화혈색소 수준은 비교적 장기간에 걸친 혈당 수준을 반영하게 된다. 당화혈색소검사는 공복시 혈액을 채취할 필요가 없으며, 평상시 혈당 조절 정도를 파악할 수 있어 당뇨병 환자 진단 및 당뇨관리의 중요한 지표로 이용된다.

5) C- 펩티드

비활성형인 프로인슐린이 췌장 베타세포에서 분비되면서 활성형인 인슐린 1분자와 C-펩티드 1분자로 분리된다. 그러므로 C-펩티드 양을 시간별로 측정하면 인슐린 분비량과 시간을 측정할 수 있다. C-펩티드는 제1형과 제2형 당뇨병을 구분하는데 이용된다.

4. 대사

1) 정상인의 혈당 유지작용

포도당은 모든 세포의 가장 기본적인 에너지원이다. 특히 뇌세포, 적혈구, 신장수질 등은 포도당을 유일한 에너지원으로 사용하기 때문에 혈당 농도가 저하되면 이러한 세포에 에너지 공급이 감소되어 정상적인 기능을 유지하기가 어렵다. 그러므로 우리 체내에는 여러 대사상의 기전을 통하여 혈당을 일정하게 유지한다. 당질 섭취량이 많아 과잉으로 공급된 당은 글리코겐으로 저장되고, 반대로 당질 공급이 부족하면 저장했던 글리코겐으로부터 당을 유리시키거나, 체내의 다른 중간대사물이나 아미노산으로부터 당을 합성(당신생)하여 혈당을 일정한 수준으로 유지한다. 이러한 대사과정에서 호르몬이 중요한 역할을 하며, 가장 대표적 호르몬이 인슐린과 글루카곤이다.

정상인의 경우에 혈당이 증가하면 췌장에서 인슐린이 분비되어 각 조직의 세포막에 있는 인슐린 수용체와 결합한다. 인슐린이 세포막의 인슐린 수용체와 결합하면 세포막에 있는 포도당 운반체를 통하여 혈당을 세포내로 이동시키게 된다. 이와 같이 인슐린에 의해 혈중 포도당이 세포내로 운반되면 혈중 포도당 농도는 감소하고 인슐린 분비는 중지된다. 또한 인슐린은 혈당 조절뿐만 아니라 글리코겐, 체지방, 체단백의 분해를 억제하고 저장에 관여하는 주요 저장 호르몬이다.

2) 당질 대사

인슐린이 부족하거나 작용이 저하되면 혈당이 조직의 세포로 이동되지 못해 혈당이 상승하며 당이 소변으로 배설된다. 세포내 포도당 부족으로 인하여 간에서는 글리코겐 분해 및 당 신생작용을 통하여 포도당을 증가시키며 이로 인해 혈당이 상승한다 **그림 6-3**.

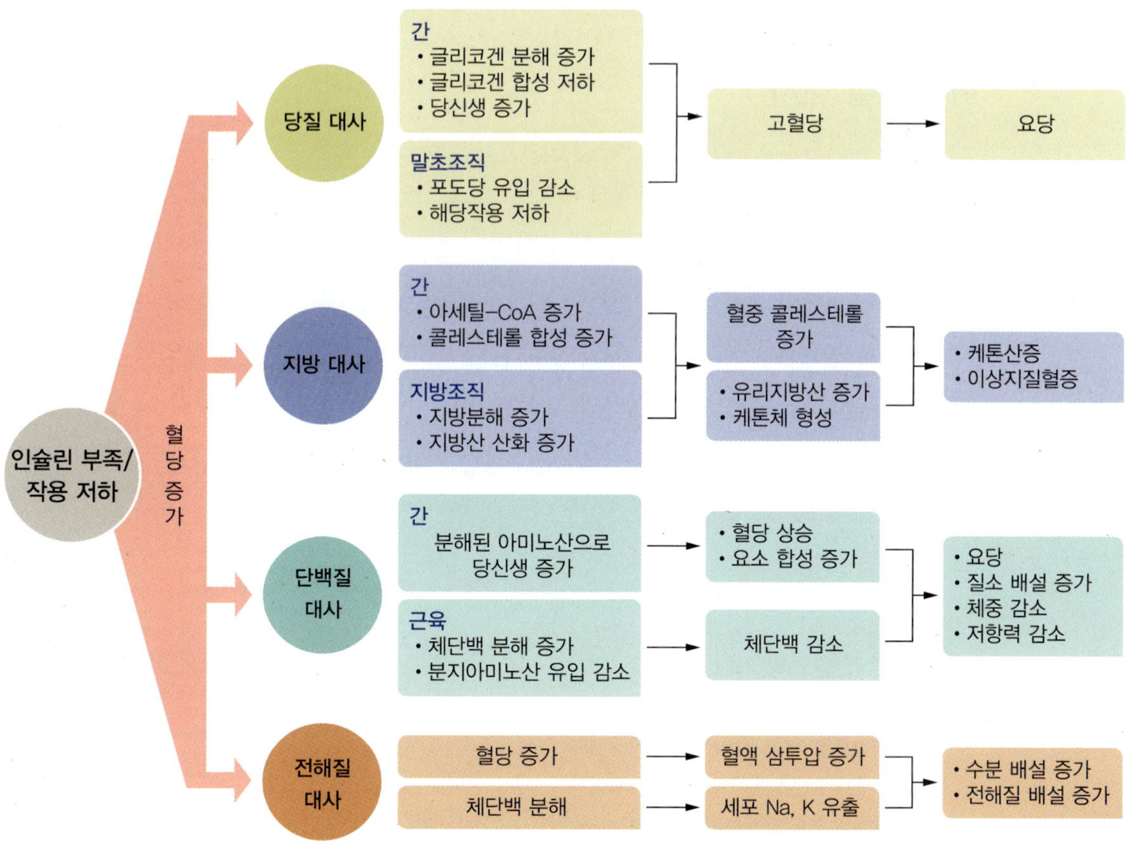

그림 **6·3** 당뇨병의 영양소 대사

3) 지방 대사

세포내로 포도당 이동이 감소하여 세포가 에너지를 공급받지 못하면 지방을 분해하여 에너지원으로 이용하게 된다. 인슐린이 부족하면 혈중 지단백질 지방분해효소(lipoprotein lipase, LPL)의 활성이 저하되어 지단백질의 농도가 높아지고, 지방조직의 호르몬 민감성 지방분해효소(hormone sensitive lipase, HSL)가 활성화되어 지방이 분해되어 혈중 유리지방산의 양이 증가하여 이상지질혈증을 야기하게 된다. 간과 지방조직의 지방산 산화로 인하여 아세틸-CoA 생성이 증가하나 당질 대사 저하로 인하여 아세틸-CoA는 케톤체로 전환되어 케톤산증을 유발하게 된다. 지방 산화로 생성된 아세틸-CoA는 간에서 콜레스테롤 합성에 이용되어 혈중 콜레스테롤을 증가시켜 동맥경화증과 같은 심혈관계질환의 원인이 된다.

4) 단백질 대사

인슐린이 부족하면 간과 근육에서의 단백질 합성이 저해되고 단백질 이화작용이 증가된다. 단백질 이화작용에 의해 생성된 아미노산은 당신생작용에 이용되어 혈당을 상승시키게 되고, 남은 아미노기는 요소 합성에 이용되어 요중 질소 배설량이 증가하게 된다. 또한 인슐린이 부족하면 분지아미노산(루신, 이소루신, 발린)이 근육으로 이동되지 못해 혈중 농도가 상승하고 체단백이 감소되면서 감염에 대한 저항력 감소, 면역기능 감소 등을 초래한다.

알아보기 **인슐린의 기능**

① 간, 골격근육, 지방조직으로 포도당 운반(흡수) 촉진
② 골격근육으로 아미노산의 이동 증진
③ 혈중 지단백질 지방분해효소 활성을 증가시켜 혈중 지단백질 농도 감소
④ 지방조직의 호르몬민감성 지방분해효소 활성을 감소시켜 지방산 분해 억제
④ 대부분의 조직에서 단백질, 지방, 글리코겐 합성 증진

5) 전해질 대사

혈당이 상승하면 혈액의 삼투압이 증가하여 세포에서 혈액으로 수분이 이동하게 되고, 혈액 내 포도당과 케톤체를 배설하기 위해 다량의 수분이 소변으로 배설된다. 또한 체단백 분해로 세포 내 칼륨이 혈액으로 배출되고, 칼륨과 나트륨 등의 전해질이 수분과 함께 소변으로 배설되면서 전해질 대사에 이상을 초래한다.

5. 증상 및 합병증

1) 증상

당뇨병은 인슐린 부족이나 작용 저하로 인한 고혈당이 근본적인 원인으로, 고혈당이 지속됨에 따라 대사상의 변화가 초래된다. 당뇨병의 3대 증상은 다뇨, 다음, 다식이다. 혈당 증가에 따라 당이 소변으로 배설되면서 당과 함께 다량의 물이 배설되어 소변량이 증가하고, 소변량 증가에 따라 체내 수분 부족으로 인하여 갈증을 느낀다. 당이 에너지로 이용되지 못하고 소변으로 배설되기 때문에 세포내에서는 영양소 부족 상태로 감지되어 공복감을 느끼고 더욱 음식을 먹는다. 3대 증상 이외에도 여러 증상이 나타날 수 있으나 특별한 증상이 없을 수도 있어 정기적인 당뇨검사를 받지 않는 경우에는 당뇨병

그림 **6·4** 당뇨병 증상

을 인지하지 못하는 경우가 많다 **그림 6-4**.

2) 합병증

(1) 급성 합병증

① 당뇨병성 케톤산증(diabetic ketoacidosis)

제1형 당뇨병 환자의 주요 합병증이며, 인슐린을 투여하지 않았거나 식사량이 과다하여 인슐린 부족상태가 심할 때 나타난다. 혈당을 에너지원으로 이용하지 못하고 지방을 분해하여 이용하면서 과량의 케톤체가 생성되고 체액이 산성으로 변화하여 야기된다.

주요 증상으로는 오심, 구토, 호흡곤란, 저혈압, 갈증, 탈수, 무력감 등이며, 심하면 혼수상태에 빠지고 사망할 수도 있다. 병원에 입원하여 인슐린 투여와 함께 수분 및 전해질을 공급받고 원인을 치료하는 것이 중요하다.

② 고삼투압성 고혈당상태(hyperosmolar hyperglycemic status)

주로 제2형 당뇨병 환자가 감염, 췌장염, 신부전, 심근경색 등의 질환을 동반하거나 이뇨제를 사용할 때 발생한다. 케톤산증은 나타나지 않으나 혈당이 500 mg/dL 이상인 심한 고혈당으로 인해 삼투압이 상승하여 탈수 증상이 나타나고 혼수상태에 이른다. 병원에서 인슐린 투여와 함께 전해질을 공급한다.

③ 저혈당(hypoglycemia)

인슐린이나 경구혈당강하제 과다 사용, 심한 운동, 결식이나 불규칙적인 식사 등으로 인하여 혈당이 50~60 mg/dL 이하로 떨어지는 경우를 말하며, 뇌기능이 저하되고 자율신경이 항진된다. 주요 증상으로는 손떨림, 식은 땀, 오심, 얼굴 창백, 어지러움, 두통, 경련, 의식 혼미 등이 나타나고 혼수상태에 이를 수 있다.

저혈당증이 나타나면 빠르게 혈당을 올릴 수 있는 당질 식품을 섭취해야 한다. 과일주스, 꿀물, 사탕 등 단순당을 15~20 g 정도 섭취하면 20분 내에 혈당이 65 mg/dL까지 상승할 수 있다. 그러나 의식이 없는 중증 저혈당 환자는 곧바로 포도당 수액을 정맥주사로 투여해야 한다.

알아보기 **단순당질 15~20 g에 해당하는 음식의 예**

설탕 한 숟가락(15 g)
꿀 한 숟가락(15 mL = 1큰술)
주스 또는 청량음료 3/4컵(175 mL)
마시는 요구르트(65 mL 기준) 1.5개, 떠먹는 요구르트(100 g 기준) 1개
사탕 3~4개
* 초콜릿, 아이스크림은 지방이 포함되어 혈당 상승작용이 지연될 수 있어 권장하지 않음

(2) 만성 합병증

고혈당이 오랫동안 지속되면 여러 혈관의 이상을 초래한다. 미세혈관에서는 혈중 당단백질이 혈관에 침착되어 기저막이 두꺼워지고, 대혈관에서는 평활근의 증식과 콜라겐 합성의 증가로 혈관 내경이 좁아진다. 이러한 변화는 여러 질병을 유발하는데, 혈당의 조절이 잘 안 될 경우 이러한 합병증은 더욱 심각해진다.

미세혈관 합병증으로는 당뇨병성 신증, 당뇨병성 망막병증, 당뇨병성 신경병증 등이 있고, 대혈관 합병증으로는 혈중 중성지방과 콜레스테롤 증가로 인한 동맥경화, 고혈압 등 심혈관계질환이 있다.

① 당뇨병성 신증

고혈당 상태가 지속되면 신장의 혈관 손상으로 단백뇨가 나타나고, 사구체 경화, 만성 신부전으로 악화된다. 당뇨병성 신증은 소변 알부민 배설과 사구체여과율로 평가한다. 당뇨병성 신증 발생을 예방하기 위해서는 혈당과 혈압 조절이 중요하다.

② 당뇨병성 망막병증

망막의 모세혈관이 약해져 미세동맥류가 나타나고 산소 공급 부족으로 조직 괴사와 혈관이 손상되어 시력 장애를 일으킨다. 당뇨병성 망막병증은 당뇨병 환자의 특징적인 혈관 합병증이며, 당뇨병 유병기간과 밀접한 관계가 있고 성인 실명의 가장 흔한 원인이다.

고혈당이 조절되지 않으면 여러 합병증이 나타나고 망막 이상을 초래하게 되는데, 특히 당뇨병성 신증, 고혈압, 이상지질혈증 등이 있는 경우에 당뇨병성 망막병증 위험성이 더욱 증가한다.

③ **당뇨병성 신경병증**

당뇨병 환자는 신경조직이 손상되어 신경자극 전달이 둔화된다. 특히 말초신경이 손상되면 팔과 다리로의 신경자극 전달을 저해하여 감각을 잃게 되고 발과 다리가 부패되는 괴저현상이 나타나며, 심하면 다리를 절단하게 된다. 당뇨병 환자는 당뇨병성 말초신경병증에 대한 선별검사를 시행하여 정기적으로 평가하고, 철저한 혈당관리를 통해 당뇨병성 신경병증을 지연시키도록 한다.

④ **혈관계질환**

많은 경우에 당뇨병 환자는 혈중 중성지방과 콜레스테롤이 증가하고 HDL-콜레스테롤이 감소하여 동맥경화증으로 진행되며 심장질환의 위험도가 높아진다. 죽상경화성 혈관질병과 관상동맥질환은 당뇨병 환자에서 발병 빈도가 높으며, 당뇨병 환자의 여러 가지 합병증 및 사망의 직접적인 원인이 되고 있다.

6. 치료

당뇨병은 췌장기능을 정상화하지 않는 한 완치되기 어려우나 적절한 관리를 통해서 정상인과 같은 건강 수준을 유지할 수 있다. 당뇨병 치료방법으로는 약물요법, 운동요법, 식사요법 등이 있으며, 평소 생활습관 및 식생활 관리를 통해 체내 대사를 정상화시키고 합병증을 예방하는 것이 중요하다. 당뇨병 치료목적은 혈당 수준을 정상으로 유지하고, 당뇨병으로 인한 합병증 발병을 막으며, 환자의 영양상태를 적절하게 유지하여 체내 대사가 정상적으로 이루어지도록 하는 것이다.

당뇨병 관리의 가장 기본은 혈당 조절이다. 혈당이 정상적으로 조절되지 않으면 합병증이 발생하고, 혈압과 혈중 지질이 조절되지 않아 만성 합병증의 위험이 더욱 증가한다. 당뇨병을 치료하기 위해서는 혈당, 혈압, 혈중 지질이 치료목표에 도달하도록 관리하는 것이 중요하다. 식사요법이나 운동요법을 통해 치료목표에 도달하지 못한 경우에는 즉각적인 약물치료를 고려해야 한다. 당뇨병 조절은 나이, 합병증 상태, 동반 질환, 저혈당 인지능력 등에 따라 달라지기 때문에 개별화된 치료와 교육이 중요하다 **그림 6-5**.

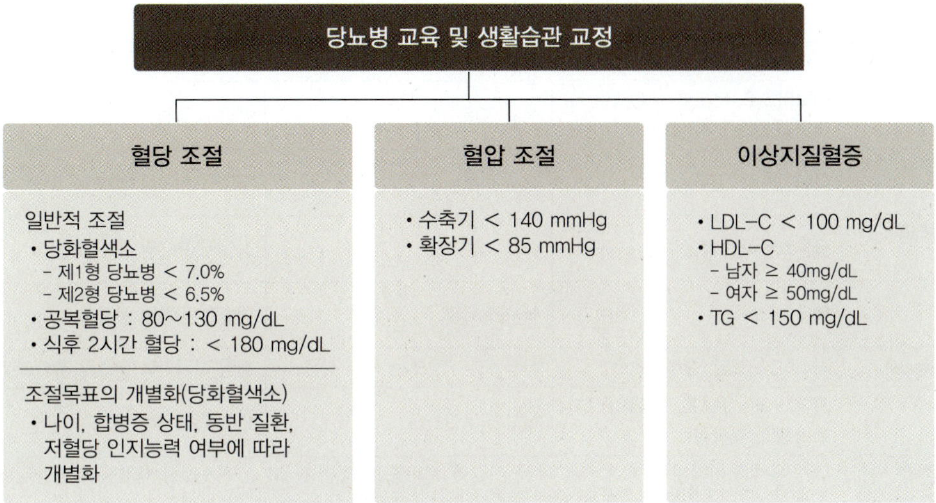

그림 **6-5** 당뇨병 치료목표

자료 : 대한당뇨병학회, 2015

1) 약물요법

(1) 경구혈당강하제

경구혈당강하제는 췌장을 자극하여 인슐린의 분비를 촉진시키거나 세포의 인슐린 민감성을 향상시키는 약물로서 제2형 당뇨병 환자의 혈당 조절에 이용된다. 경구혈당강하제를 이용해도 치료목표에 도달하지 못하는 경우에는 혈당 조절상태에 따라 인슐린 추가 투여를 고려한다. 약물요법을 시작하더라도 반드시 식사요법과 운동요법을 병행하는 것이 바람직하다 표 6-4.

(2) 인슐린

인슐린이 분비되지 않는 제1형 당뇨병 환자에게는 인슐린 투여가 필요하다. 또한 경구혈당강하제로 혈당이 제대로 조절되지 않는 환자, 케톤산증이나 비케톤성 혼수 등 급성 합병증이 나타나는 응급 환자, 임신한 당뇨병 환자 등의 경우에도 인슐린 투여가 필요하다.

인슐린은 종류에 따라 효과 발현시간이나 최대효과시간, 효과 지속시간 등이 다르기

표 **6-4** 경구혈당강하제 종류 및 작용

구분	상품명	복용시간	작용
설폰요소제(Sulfonylurea)	디아미크롱, 다오닐, 다이그린, 아마틸, 디아틸, 아마릴	식사 30분 전	췌장 자극하여 인슐린 분비 촉진
바이구아나이드계(Biguanide, Metformin)	다이아벡스, 글루파	식사 직후	포도당 신합성 억제
알파글루코시다아제억제제(α-glucosidase inhibitor)	글루코바이, 베이슨	식사 직전	장에서 포도당 흡수 지연
티아졸리딘디온계(Thiazolidinedione)	엑토스	식사와 무관	인슐린 반응성 증가
메글리티나이드계(Meglitinide)	파스틱, 노보넘, 글루패스트	식사 15분 전 또는 식사 직전	췌장 자극하여 인슐린 분비 촉진
DPP-4 억제제	자누비아, 가브스, 온글라이자, 트라젠타, 제미글로	식사와 무관	인크레틴* 활성 증가

*인크레틴(incretin) : 음식을 먹으면 소장에서 분비되어 췌장 자극을 통해 인슐린 분비량을 증가시키고 글루카곤을 억제하여 인슐린의 작용을 정상화시키는 호르몬

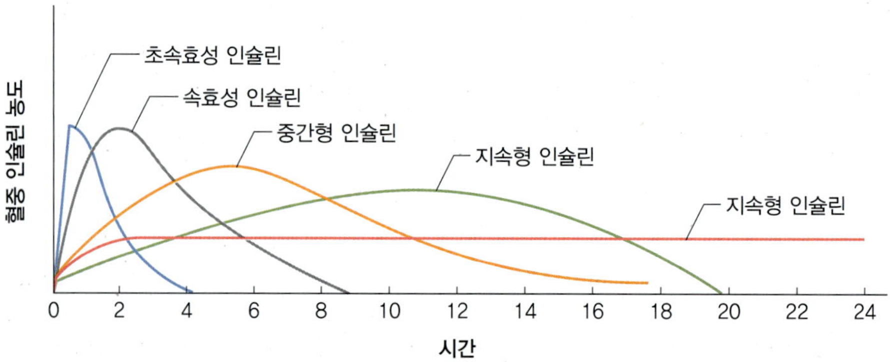

그림 **6-6** 인슐린 종류에 따른 작용시간

표 **6-5** 인슐린 제품 및 작용시간

구분		상품명	작용 시작	최고작용	지속시간
식전	초속효성 인슐린(Aspart, Glulisine, Lispro)	노보래피드, 휴마로그, 애피드라	10~15분	1~2시간	3~5시간
	속효성 인슐린(Human regular)	휴물린 R	30분	2~3시간	6.5시간
기저형	중간형 인슐린(Human NRP)	휴물린 N	1~3시간	5~8시간	18시간
	지속형 인슐린(Glargine, determir, degludec)	레버미어, 란투스, 트레시바	60~90분	없음	24~42시간
혼합형	혼합형 인슐린	NPH 30/70, 노보믹스70/30, 50/50, 휴마로그믹스75/25	-	-	혼합하는 제재에 따라 다름

때문에 환자에 따라 사용하는 인슐린의 종류와 용량이 달라지며, 인슐린 작용시간에 따라 초속효성, 속효성, 중간형, 지속형, 혼합형 등으로 구분한다. 인슐린을 투여하여 혈당을 조절하는 환자는 식사시간을 지키는 것이 중요하다 **그림 6-6** **표 6-5**.

2) 운동요법

당뇨병 치료에서 규칙적이고 적절한 운동은 필수적이다. 규칙적인 운동은 당뇨병 환자의 인슐린 민감성을 증가시키고 인슐린 요구량을 감소시켜 혈당 조절에 도움이 된다. 또한 운동을 통한 체중 감소효과는 인슐린 민감성 증가뿐만 아니라 콜레스테롤 수준을 낮추어 심혈관계질환을 예방하는 효과도 있다.

운동은 전체적인 당뇨병 치료계획 안에서 처방되고 관리되어야 한다. 환자의 혈당 수준, 인슐린이나 경구혈당강하제 사용 여부, 합병증 등에 따라 운동 종류, 운동강도, 운동시간 등이 조절되어야 한다. 운동을 처음 시작할 때는 운동 전문가의 도움을 받고, 운동 전후의 혈당 변화를 측정하여 저혈당 위험을 예방해야 한다. 극심한 운동, 인슐린 투여나 식사를 고려하지 않은 운동, 장시간의 운동은 저혈당을 초래할 수 있다. 혈당 조절이 잘 안 되는 경우에 극심한 운동을 하면 반대로 고혈당이나 케톤체 증가를 초래할 수 있다.

운동은 매일 규칙적으로 하는 것이 바람직하며, 일주일에 최소 4회 이상 실시하고 연속해서 이틀 이상 쉬지 않도록 한다. 적어도 일주일에 150분 이상 중강도의 유산소운동을 하고, 금기사항이 없는 한 일주일에 2회 이상 근력운동(저항성 운동)을 한다. 일반적으로 하루에 300 kcal 이상 소비할 수 있는 운동을 권장하며, 이상적 운동강도는 최대 심박수의 60~75% 정도이다. 제2형 당뇨병 환자의 경우에는 유산소운동과 근력운동을

알아보기 **운동을 통한 당뇨병 개선 효과**

- 혈당 조절
- 경구혈당강하제 / 인슐린 요구량 감소
- 심혈관계질환 위험도 감소
- 스트레스 해소
- 인슐린 민감도 증가
- 이상지질혈증 감소
- 비만 예방

병행하도록 권장하나, 케톤산증이 있거나 심한 당뇨병성 망막병증이 있는 경우에는 고강도 유산소운동이나 근력운동을 권장하지 않는다.

운동시간은 혈당이 가장 높아지는 시기인 식후 30분에서 1시간 사이에 하는 것이 바람직하며, 경구혈당강하제나 인슐린을 사용하는 경우에도 식후 혈당이 높을 때 운동을 하도록 한다. 고혈당상태, 당뇨 합병증이 심하거나 혈액 순환에 문제가 있는 경우에는 식후 운동에 세심한 주의가 필요하며 심한 운동을 권장하지 않는다. 공복이나 식전에는 운동을 하지 않도록 하며, 운동 전 혈당이 100 mg/dL 미만인 경우에는 간식을 보충하는 것이 좋다 표 6-6.

표 **6-6** 운동 시 당질 섭취 지침

운동 형태	운동 종류	운동 전 혈당 (mg/dL)	추가 당질 공급량
가벼운 운동	걷기, 천천히 자전거 타기, 가벼운 가사활동	<100	시간당 10~15 g
		≥100	필요 없음
중간 운동	탁구, 배드민턴, 테니스, 에어로빅, 자전거 타기	<100	운동 전 25~50 g 운동 시작 후 시간당 10~15 g
		100~180	시간당 10~15 g
		180~300	필요 없음
		≥300	운동 위험함
심한 운동	농구, 축구, 등산, 달리기, 줄넘기, 라켓볼	<100	운동 전 50 g
		100~180	운동시간에 따라 25~50 g
		180~300	시간당 10~15 g
		≥300	운동 위험함

알아보기

당뇨병 환자의 운동 시 주의할 점

1. 자신에게 알맞은 운동 및 운동량을 파악한다.
2. 규칙적으로 운동하며 일주일에 4회 이상 실시하고, 연속해서 이틀 이상 쉬지 않는다.
3. 혈당이 가장 높아지는 식후 30분~1시간 이후에 운동을 한다.
4. 하루 300 kcal 이상 소비할 수 있는 운동을 하고, 운동은 30분~1시간 정도 실시한다.
5. 경구혈당강하제나 인슐린을 사용하는 경우에 공복이나 식전에 운동하지 않는다.
6. 운동 전 혈당이 100 mg/dL 미만인 경우에는 간식을 먹는다.
7. 고혈당(250 mg/dL), 케톤산증, 심한 당뇨 합병증이 있는 경우에는 식후 운동에 주의한다.
8. 인슐린 주사 부위의 근육을 이용하는 운동은 하지 않는다.

3) 식사요법

(1) 영양관리

당뇨병 환자는 매일 일정한 양의 당질을 일정한 시간에 섭취하여 혈당을 일정하게 유지하는 것이 중요하다. 당뇨병의 종류, 합병증 등에 따라 구체적인 식사요법이 달라질 수 있으나, 모든 당뇨병 환자에게 적용될 수 있는 식사요법의 목표는 적정체중 유지, 정상적인 혈당·혈압·혈중 지질 유지, 합병증 예방이며, 구체적인 당뇨병의 치료목표는 그림 6-5에 제시하였다.

① 에너지 필요량 결정

당뇨병 환자의 혈당 조절과 적정체중 유지를 위해서는 에너지 및 영양소 균형과 적절한 분배가 중요하다. 에너지 필요량은 환자의 체중, 활동량, 성장단계, 임신 여부 등에 의해 결정된다. 제1형 당뇨병 환자는 사용하는 인슐린의 종류에 따라 식사계획이 영향을 받는다. 혈당을 일정한 수준으로 유지하기 위하여 식사시간과 인슐린 주사시간의 균형이 중요하고, 저체중인 경우에는 에너지를 충분히 섭취하도록 한다. 제2형 당뇨병 환자는 식사요법만으로 당뇨병을 관리하는 경우가 많기 때문에 식사관리가 중요하다. 비만한 경우에 인슐린 저항성이 증가하기 때문에 체중 조절을 통해 인슐린 저항성이 개선될 수 있도록 이상체중(표준체중) 유지에 필요한 최소에너지를 공급한다.

소아나 청소년 당뇨병 환자는 정상적인 성장에 필요한 에너지를 별도로 산출하고, 임신부나 수유부의 경우에도 추가되는 대사량을 반영한다. 당뇨병 환자가 감염이나 기타 질환으로 에너지 소비량이 달라지는 경우도 고려해야 한다.

당뇨병 환자의 에너지 필요량은 정상체중과 건강을 유지할 수 있는 수준에서 결정되어야 한다. 성인 당뇨병 환자의 에너지 필요량은 환자의 표준체중과 활동 정도를 반영하여 계산한다.

1일 필요에너지 = 표준체중 × 활동별 에너지(1일 필요에너지 계산방법은 5장 참고)

② **당질**

당질은 총 섭취량, 당질의 종류나 형태 등에 따라 혈당에 미치는 영향이 다르나, 당질의 총 섭취량이 혈당에 미치는 영향이 크기 때문에 당질 섭취량 조절이 중요하다. 당뇨병 환자의 당질 섭취량은 총 에너지의 50~60%를 섭취하도록 권장하고 있으며, 환자의 조건에 따라 달라질 수 있다. 성인의 경우에 케톤산증을 예방하기 위해 하루 최소한 100 g 이상의 당질 섭취가 필요하고, 하루 300 g을 넘지 않도록 권장하고 있다.

인슐린 사용 여부 및 사용하는 인슐린의 종류에 따라 끼니별 당질 배분이 달라져야 한다. 인슐린을 사용하지 않는 경우에는 세 끼 동등하게 배분하며, 아침에 혈당이 높을 경우에는 아침식사의 당질 배분량을 줄인다. 초속효성과 속효성 인슐린을 사용하는 경우에는 인슐린 발현시간이 빠르기 때문에 인슐린을 사용하지 않는 경우와 마찬가지로 세 끼 동등하게 당질을 배분한다. 중간형 인슐린을 사용하는 경우에는 오후 간식이 필요하고, 지속형 인슐린을 사용하는 경우에는 밤이나 새벽의 저혈당을 방지하기 위해 야식을 공급한다. 이외에도 환자의 활동시간 및 운동 등을 고려하여 식사를 균형 있게 배분해야 한다 표 6-7.

식품 중 당의 종류, 식이섬유 함량, 조리방법 등에 따라 당질 섭취 후 혈당 변화에 미치는 영향이 다르다. 식품 중의 당의 종류에 따라 혈당과 혈중 인슐린의 반응이 다르기 때문에 복합당과 단순당의 섭취량이 중요하다. 복합당은 식이섬유가 풍부하여 내당능력을 향상시키고 혈당과 혈중 중성지방 수준을 정상으로 유지하는데 도움이 되기 때문에 단순당보다는 식이섬유의 함량이 많은 복합당을 섭취하도록 한다. 단당류나 이당류와 같은 단순당은 체내에서 빠르게 흡수되어 혈당에 직접적인 영향을 미치기 때문에 섭취를 줄이고, 채소와 과일에 함유된 단순당 섭취는 당질 에너지 섭취비율의 5%를 넘지 않도록 한다. 식품을 선택할 때는 당질 함유식품의 혈당 상승 정도를 나타내는 당지

표 **6-7** 인슐린 사용에 따른 당질 배분

인슐린 사용	아침	점심	간식	저녁	야식
사용 안 함	1/3	1/3		1/3	
초속효성/속효성	1/3	1/3		1/3	
중간형	1/6	2/6	1/6	2/6	당질 25~30 g
지속형	1/5	2/5		2/5	

수를 확인하여 당지수가 낮은 식품을 선택하도록 한다.

조리 시에는 설탕의 사용을 줄이고, 설탕 대신 감미료를 사용할 경우에는 감미료의 특성 및 안전성 등을 고려하여 섭취 허용량 내에서 적정량을 사용하도록 한다. 감미료에는 당알코올(솔비톨, 자일리톨, 만니톨, 에리스리톨), 인공감미료(사카린, 아스파탐, 아세설팜칼륨, 수크랄로스) 등의 성분이 함유되어 있으며, 사용된 성분 및 양에 따라 감미도와 에너지 공급량이 다르다. 과당은 설탕보다 혈당에 미치는 영향이 적은 것으로 보고되고 있으나, 에너지를 공급하고 혈중 지질 상승을 초래하기 때문에 식품 자체에 들어 있는 과당 이외에 별도로 첨가하지 않도록 한다.

알아보기 당지수(glycemic index, GI)란?

- 당질 함유 식품의 식후 혈당 상승 정도를 나타내는 수치
- 일정한 양의 당질 식품을 섭취한 후 혈당 반응곡선 면적을 표준식품(포도당) 섭취 후 혈당 반응곡선 면적으로 나눈 값(포도당 값 100 기준)
- 당지수가 높을수록 혈당을 빨리 상승시킴

당지수		식품
고 GI 식품	당지수 70 이상	떡(91), 꿀(87), 흰밥(86), 구운 감자(85), 콘플레이크(81), 늙은 호박(75), 수박(72), 옥수수(70~75), 흰식빵(70)
중 GI 식품	당지수 56~69	고구마(61), 아이스크림(61), 파인애플(59), 페스트리(59)
저 GI 식품	당지수 55 이하	현미밥(55), 호밀빵(50), 포도(46), 쥐눈이콩(42), 사과(38), 우유(27), 대두(18)

자료 : 당뇨병 식품교환표 활용지침, 2010

당부하지수(glycemic load, GL)

혈당지수에 식품의 1회 섭취량을 반영한 지수

GL = (당질량 × 혈당지수) / 100

식품인슐린지수(food insulin index, FII)

- 1,000 KJ(240 kcal)에 해당하는 식품 섭취 후 인슐린 분비 정도를 수치로 표시
- 인슐린 분비에 당질 이외의 단백질, 지방 섭취량도 영향을 미치기 때문에 당질 함량이 낮은 식품도 대상이 됨
- 인슐린 분비에 영향을 미치는 요소들을 통합적으로 고려한 지수

③ 지방

당뇨병 환자는 지방이나 지단백질 대사가 정상적으로 이루어지지 않는 경우가 많다. 혈당을 낮추기 위해 저당질·고지방 식사를 하는 경우에 당뇨병 환자의 혈중 지질 수준을 높이고 심혈관계질환의 유병률을 높이며, 여러 가지 합병증의 원인이 된다. 지방 섭취량은 총 에너지 섭취량의 20~25% 이내로 하고 지방산의 균형을 유지하는 것이 중요하다. 포화지방산과 콜레스테롤 섭취를 줄이는 대신 오메가-3 지방산이 풍부한 식품을 섭취하도록 한다. 콜레스테롤은 1,000 kcal당 100 g으로 제한하고 하루 300 g을 넘지 않도록 한다.

④ 단백질

당뇨병 환자의 단백질 필요량은 정상인과 마찬가지로 총 에너지의 15~20%(1~1.5 g/kg 표준체중)을 권장한다. 성장기 환자의 경우에는 성장·발달에 충분한 양을, 성인은 신체 유지에 필요한 양을 섭취하도록 한다. 그러나 당뇨가 조절되지 않아 단백질로부터 포도당 신생합성이 활발한 경우에는 이를 충당할 수 있도록 단백질 섭취량을 증가시킨다.

당뇨병성 신증이 있는 경우에 초기에는 단백질을 제한하지 않으나 고단백질 섭취를 피하는 것이 바람직하며, 일반적으로 1일 단백질 섭취량은 0.8 g/kg·표준체중으로 제한하여 신장의 손상을 막는다.

⑤ 알코올

알코올은 영양소 공급 없이 에너지만 공급하고 혈중 중성지방을 증가시키기 때문에 제한한다. 또한 알코올은 간에서의 포도당 신생합성을 방해하여 저혈당을 유발할 수 있어 혈당강하제나 인슐린을 사용하는 당뇨병 환자의 경우에는 더욱 주의해야 한다. 특히 간질환, 이상지질혈증, 비만, 저혈당을 자주 경험하는 당뇨병 환자의 경우에는 술을 금하도록 한다. 혈당 조절이 잘 되는 경우에 1회 섭취 가능량은 남자 2잔, 여자 1잔(알코올 15 g 기준) 정도이다.

⑥ 나트륨

당뇨병 환자는 나트륨에 예민하게 반응하여 고혈압이 되기 쉽다. 당뇨병 환자의 합병증 발생을 늦추기 위해 나트륨 섭취는 하루 2 g(소금 5 g) 이내로 권장한다.

⑦ 식이섬유

식이섬유는 혈당 및 혈중 콜레스테롤 농도를 낮추므로 채소, 해조류, 잡곡, 생과일 등을 충분히 섭취한다. 당뇨병 환자의 식이섬유 섭취량은 1일 20~25 g(12 g/1,000 kcal)을 권장한다.

(2) 식사계획의 실제

① 일반 당뇨식

당뇨병 환자의 식사를 계획할 때는 환자의 체중, 활동 정도, 합병증 유무, 인슐린 사용 여부 및 종류 등을 고려하여 환자에게 적합한 식단을 작성해야 한다. 당뇨병 환자의 일반적인 영양관리지침은 표 6-8과 같으며, 표 6-9에 일반 당뇨병 환자의 실제 식단 작성 예를 제시하였다.

표 6-9에 제시한 식단은 일반 당뇨병 환자를 대상으로 하여 일반우유를 제공하였다. 그러나 당뇨병 환자가 고혈압, 이상지질혈증 등으로 인해 포화지방을 제한하는 경우에는 일반우유를 저지방우유로 대체해야 된다. 일반우유 1교환단위를 저지방우유 1교환단위로 대체하면 지방 1교환단위를 추가할 수 있어 지방식품이나 견과류 1교환단위를 추가한다. 1,800 kcal 이상의 에너지를 제공할 경우에는 일반적으로 우유군을 2교환단위 제공하나 환자가 우유를 섭취하지 않는 경우에는 우유 1교환단위를 중지방 1교환단위와 과일군 1교환단위로 대체하여 제공한다.

표 **6-8** 당뇨병 환자의 영양관리지침

영양소	기준
에너지	표준체중, 활동 정도 등 반영 - 비만인 경우 체중 감량 고려하여 처방
당질	총 에너지의 50~60%
단백질	총 에너지의 15~20%(체중의 1~1.5 g/kg·표준체중) - 당뇨병성 신증이 있는 경우에는 0.8 g/kg·표준체중
지방	총 에너지의 20~25% - 포화지방은 총 에너지의 7% 미만, 트랜스지방은 1% 미만 - 콜레스테롤은 100 g/1,000 kcal, 또는 300 g/일 미만
식이섬유	식이섬유 20~25 g/일(12 g/1,000 kcal)

표 6-9 일반 당뇨병 환자의 1,800 kcal 식단 예

	음식명	재료	분량(g)	곡류	어육류		채소군	지방군	우유군		과일군
					저지방	중지방			일반	저지방	
교환 단위				8	2.5	2.5	7	4	2		2
아침	보리밥	보리밥	140	2							
	미역국	미역(건)	3				0.4				
		참기름	1.5					0.3			
	쇠고기안심 표고버섯 볶음	쇠고기	40			1					
		표고버섯, 양파	25, 15				0.6				
		기름	5					1			
	시금치나물	시금치	50				0.7				
		참기름	1					0.2			
	부추생채	부추	35				0.5				
	김치	나박김치	20				0.3 (건더기)				
간식	두유		200						1		
단위 합계(365 + 100 = 465 kcal, 27.3%)				2		1	2.5	1.5	1		
점심	현미밥	현미밥	210	3							
	두부된장국	두부	40			0.5					
		무	20				0.3				
	닭당근조림	닭(살코기)	60		1.5						
		당근, 양파	25, 10				0.5				
	애호박나물	애호박	35				0.5				
		기름	2.5					0.5			
	가지볶음	가지	35				0.5				
		기름	2.5					0.5			
	김치	배추김치	35				0.7				
간식	우유		200						1		
	과일	배	110								1
단위 합계(510 + 175 = 685 kcal, 38.2%)				3	1.5	0.5	2.5	1	1		1
저녁	보리밥	보리밥	210	3							
	우거짓국	우거지	35				0.5				
	가지미구이	가자미	50		1						
		기름	3					0.6			
	달걀말이	달걀	55			1					
		기름	2.5					0.5			
	콩나물무침	콩나물	70				1				
		참기름	2					0.4			
	김치	깍뚜기	25				0.5				
간식	과일	사과	80								1
단위 합계(555 + 50 = 605 kcal, 33.7%)				3	1	1	2	1.5			1

② 임신성 당뇨식

임신성 당뇨병의 경우에는 적절한 체중 증가와 정상 혈당을 유지하면서 케톤이 생성되지 않도록 하는 것이 중요하다. 에너지 섭취량은 임신 전 체중, 활동 정도, 임신 중 체중 증가량을 고려해야 한다. 임신성 당뇨병 환자는 과체중이거나 비만한 경우가 많으며, 비만한 경우에는 에너지 조절이 필요하다. 즉, 태아 성장에 충분하면서 케톤산증 발생 없이 혈당 조절이 가능한 수준에서 에너지 섭취량이 결정된다. 임신 전 표준체중을 기준으로 25~30 kcal/kg을 계산해서 현재 체중과 비교하여 에너지 섭취 수준을 결정하며, 체중 증가에 따라 에너지 섭취량을 조정하도록 한다. 케톤산증을 예방하기 위해 1,700 kcal 이하의 식사는 권장되지 않는다. 임신성 당뇨병 환자의 경우에도 일반 임신부와 마찬가지로 임신 초기에는 추가 에너지가 필요하지 않으며, 중기 이후부터 에너지를 추가한다. 총 에너지 섭취량 중에서 당질의 섭취비율을 감소시켜야 하며, 이는 식후 혈당을 개선시켜 태아의 과도한 성장을 예방하기 위해서이다. 에너지 섭취비율은 당질 50%, 단백질 20%, 지방 30%를 권장한다.

임신 시 발생하기 쉬운 저혈당을 방지하고 태아에게 포도당을 일정하게 공급하기 위해 규칙적인 식사와 간식이 중요하다. 당질 섭취량을 적절히 배분하는 것이 중요하며, 특히 아침에 혈당 조절이 잘 안 되는 경우에는 아침 당질 섭취량을 줄이며, 야간 저혈당증과 케톤산증을 예방하기 위해 취침 전에 간식을 섭취하는 것이 중요하다.

③ 소아 당뇨식

소아 당뇨병 환자는 정상적으로 성장할 수 있도록 영양관리에 유의해야 한다. 에너지 섭취량은 어린이의 평소 식품섭취량과 활동 정도를 고려하여 산출한다.

소아 당뇨병 환자 에너지 섭취량(트리스만법) = 1,000 kcal + (나이 × 100)

성장기 어린이나 청소년은 단백질을 충분히 섭취하도록 하며, 포화지방과 콜레스테롤 섭취를 줄인다. 사용하는 인슐린의 종류, 활동량 등을 고려하여 식사 간격을 규칙적으로 배분하며, 운동 전에는 운동강도, 혈당 수준에 따라 간식을 적절하게 공급한다.

알아보기 **당뇨병 환자의 올바른 식사방법**

① 매일 일정한 시간에 알맞은 양의 음식을 규칙적으로 먹는다.
 - 적절한 에너지 섭취 및 규칙적인 식사는 혈당 조절에 도움이 된다.

② 설탕이나 꿀 등 단순당의 섭취를 피한다.
 - 단순당은 농축된 에너지원이며, 소화·흡수가 빨라 혈당 상승을 촉진시킨다.

③ 식이섬유를 적절히 섭취한다.
 -식이섬유는 혈당과 혈중 지방의 농도를 낮추므로 혈당 조절과 심장순환계질환의 예방에 도움이 된다.

④ 지방을 적정량 섭취하며 콜레스테롤의 섭취를 제한한다.
 - 동물성 지방 및 콜레스테롤은 심혈관계질환의 위험을 증가시킬 수 있으므로 가급적 섭취를 줄이고 식물성 기름으로 적당량 섭취한다.

⑤ 소금 섭취를 줄인다.
 - 과다한 소금의 섭취는 혈압을 상승시킬 수 있으므로 싱겁게 먹는 습관을 기른다.

⑥ 술은 피하는 것이 좋다.
 - 술은 영양소가 포함되지 않으면서 에너지를 많이 내므로 피하는 것이 좋다.

자료 : 대한당뇨병학회, 2015

당뇨병 환자 사례 연구

대상자

여자 59세, 가정주부

병력, 약 복용력, 가족력

5년 전 제2형 당뇨병 진단 받음
Metformin 500 mg 2회
고혈압(부, 모), 당뇨병(모)

신체 계측

Ht 153 cm, Wt 60 kg, IBW 49.2 kg, Waist 86 cm

생화학적 자료

FBS/PP2 199/231 mg/dL, HbA1C 9.9%
T-chol 235 mg/dL, LDL-chol 145 mg/dL, TG 160 mg/dL, micro.Alb 10 mg/24hr,
BP 130/80 mmHg

생활습관, 운동/활동량

흡연(-), 음주 1~2회/월
가사활동(적은 편)

식품/영양소 섭취, 식사력

- 매끼니 식사량 많음(끼니당 밥 1.5~2공기 섭취), 하루 2,000 kcal 이상 섭취
- 밥과 국 위주로 식사
- 부식은 주로 밑반찬 위주로 젓갈, 장아찌 등 섭취
- 간식은 거의 섭취하지 않음

1. 이 환자의 검사결과, 체위 측정결과, 식사내용을 참고로 하여 식생활을 분석하고 영양상태를 평가하시오.

2. 이 환자가 식습관을 개선하지 않을 경우 예상되는 건강상의 문제점에 대해 설명하시오.

3. 이 환자에게 적합한 영양처방을 하고 식사를 계획하시오.

CHAPTER 7

심혈관계질환

1. 심혈관계의 구조와 기능
2. 심혈관계질환의 위험요인
3. 이상지질혈증
4. 동맥경화증
5. 고혈압
6. 허혈성 심장질환
7. 울혈성 심부전
8. 뇌졸중
9. 저혈압

학습목표

1. 심혈관계기관의 기능과 각 질환을 구분할 수 있다.
2. 심혈관계질환 환자의 영양소 요구량 변화를 설명할 수 있다.
3. 심혈관계질환별 영양관리법을 설명할 수 있다.

73 74 75 76

심혈관계질환(cardiovascular diseases, CVD)은 세계 각국의 주요 사망 원인으로, 전체 사망 원인의 30%를 차지한다. 선진국에서는 생활습관 개선 등으로 인해 20세기 후반 이후 심혈관계질환 사망률이 감소하기 시작하였으나, 저소득 국가에서는 심혈관계질환이 빠르게 증가하고 있어 심혈관계질환에 의한 전체 사망률은 계속 증가할 것으로 예측되고 있다. 2015년도 우리나라 사망 원인 1위는 암, 2위 심장질환, 3위 뇌혈관질환으로 심혈관계질환에 의한 사망률은 감소했지만 심혈관계질환의 유병률은 지속적으로 증가할 것이며, 관상동맥질환(coronary artery disease, CAD)이 심혈관계질환의 대표적 질환이 될 것으로 예측되고 있다.

1. 심혈관계의 구조와 기능

1) 심장의 구조와 기능

심장은 흉곽 내 중앙의 약간 왼쪽에 위치하며, 성인의 경우 보통 무게가 250~300 g 정도로 자기 주먹보다 약간 크다. 심장은 좌우 2개의 심방과 심실로 구성되어 있으며, 심방은 정맥으로부터 혈액을 받아들이고, 심실은 심장에서 동맥으로 혈액을 내보내는 역할을 한다. 좌심방과 심실 사이에는 이첨판이, 우심방과 심실 사이에는 삼첨판이 있어서 혈액의 역류를 방지한다. 심장에 있는 관상동맥은 심근세포에 영양과 산소를 공급해서 심장근육의 수축과 이완을 도와주는 혈관으로서 관상동맥이 경화되고 좁아지면 심장의 기능에 문제가 발생한다 **그림 7-1**.

2) 혈관의 구조와 기능

혈관은 혈액을 신체 각 부분으로 운반하여 조직 사이에서 물질을 교환하고, 혈압과 혈액 응고를 조절하는 역할을 한다. 혈관의 굵기와 구조에 따라 동맥, 정맥, 모세혈관으로 구분된다 **그림 7-2, 그림 7-3**.

심장의 주기적인 박동에 의해서 혈액이 체내를 순환하며, 온몸을 순환하는 체순환과

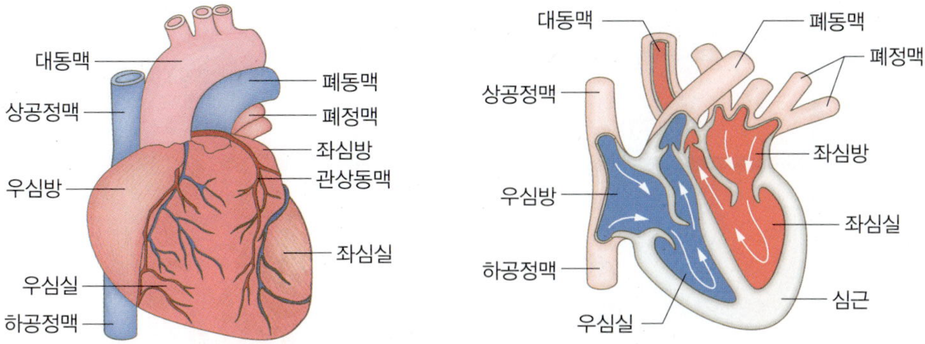

그림 **7-1** 심장과 관상동맥의 구조

관상동맥 : 심장 주위를 왕관 모양으로 둘러싸고 있으면서 심장근육에 혈액을 공급하는 혈관

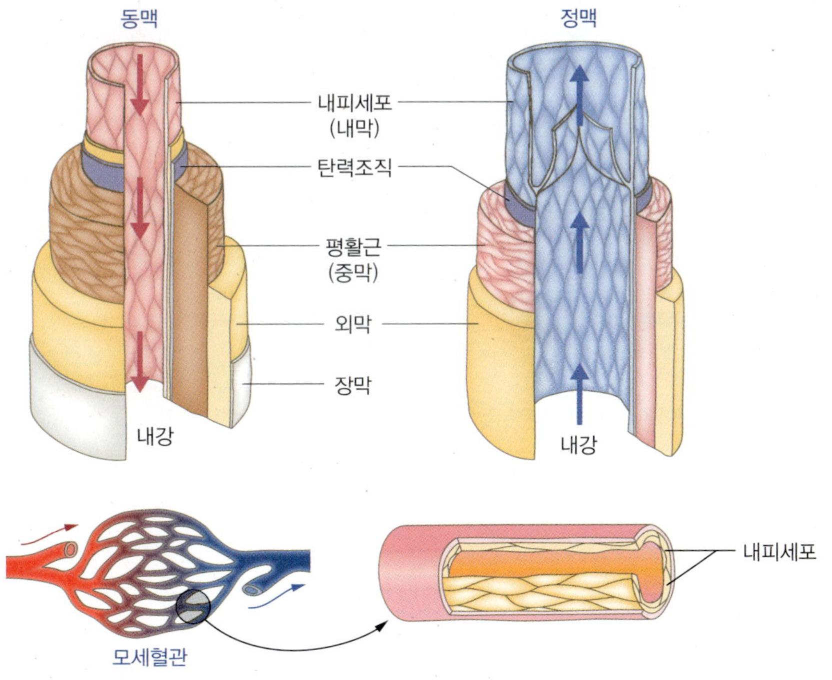

그림 **7-2** 혈관의 구조

폐를 거치는 폐순환으로 나뉜다.

- 체순환계(대순환계) : 좌심실 → 대동맥 → 온몸의 모세혈관 → 대정맥 → 우심방
- 폐순환계(소순환계) : 우심실 → 폐동맥 → 폐의 모세혈관 → 폐정맥 → 좌심방

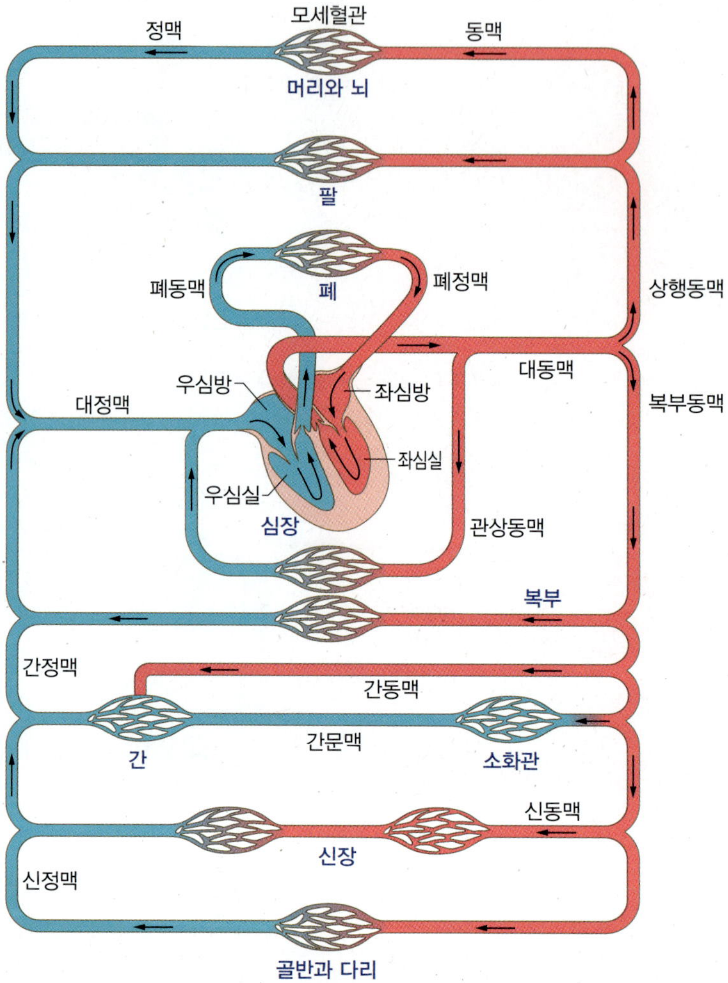

그림 **7-3** 심혈관계 구조

(1) 동맥

심장에서 각 신체조직으로 혈액을 운반하는 혈관으로 두껍고 탄력성이 큰 혈관이다. 혈관벽은 내피세포(endothelial cell)로 이루어진 내막(intima), 평활근세포로 구성되어 탄성을 갖는 중막(media), 섬유상의 외막(externa)으로 구성된 3중막 구조로 되어 있다. 혈관은 혈압과 혈액 응고 조절에 중요한 역할을 하며, 이러한 조절은 내피세포에 의해서 일어난다. 내피세포는 얇고 긴 납작한 비늘 모양으로 혈액의 흐름을 돕고 혈전이나 혈액 응고를 막는다. 따라서 내피세포의 손상은 동맥경화증이나 고혈압의 발생과 관계가 있다.

(2) 정맥

말초혈액을 모아 심장으로 돌아가도록 하는 혈관으로 기본구조는 동맥과 비슷하다. 그러나 중막인 평활근이 얇아 동맥에 비해 얇고 탄성이 적으며, 판막이 있어 혈액의 역류를 방지한다.

(3) 모세혈관

조직과 혈액 사이의 물질 교환이 이루어지는 혈관으로 한 층의 내피세포로 이루어져 있다.

2. 심혈관계질환의 위험요인

심혈관계질환의 발병에는 여러 가지 위험요인이 관련된다. 위험요인 중에서 성별, 연령, 가족력 등은 조절이 불가능하지만, 흡연, 운동 부족, 비만, 스트레스, 이상지질혈증, 고혈압, 당뇨병 등은 교정이 가능하다. 생활습관 개선을 통한 위험요인 감소는 심혈관계질환의 예방 및 심혈관계질환에 의한 사망률을 낮출 수 있다 표 7-1.

우리나라 심혈관계질환 위험인자에 대한 연구에서, 심혈관계질환의 주요 위험인자는 고혈압, 흡연, 이상지질혈증, 당뇨병이었으며, 이와 같은 네 가지 위험인자를 예방하면 남자는 심혈관계질환의 64%, 여자는 34% 정도 감소되는 것으로 조사되었다.

표 **7-1** 심혈관계질환의 위험요인

구분	요인
조절 불가능 요인	연령, 성별(남 ≥ 45세, 여 ≥ 55세 이상) 가족력(조기 심혈관계질환 가족력, 남 < 55세, 여 < 65세)
조절 가능 요인	고혈압 흡연 이상지질혈증(고콜레스테롤혈증, 고LDL혈증, 저HDL혈증, 고중성지방혈증) 당뇨병 스트레스 식습관(고콜레스테롤/고포화지방식, 단순당/소금 과다 섭취) 생활양식(저활동) 비만
억제 요인	고HDL-콜레스테롤(60 mg/dL 이상)

3. 이상지질혈증

이상지질혈증(dyslipidemia)은 혈액 중 콜레스테롤과 중성지방 등의 지질이 비정상적으로 증가 또는 감소된 상태를 말하며, 동맥경화의 주요 위험인자이며 심혈관계질환의 원인이다. 이전에는 혈액 중 콜레스테롤과 중성지방이 증가된 상태인 고지혈증을 심혈관계질환의 위험요인으로 다루었으나, 최근에는 고밀도 지단백질(high density lipoprotein, HDL) 농도 저하도 심혈관계질환의 위험요인으로 고려되기 때문에 이상지질혈증으로 정의한다.

1) 지단백질의 구조와 종류

혈액 내의 지질은 식사를 통해 소장에서 흡수된 식사성 지질(외인성, exogenous fat)과 간에서 합성된 내인성 지질(endogenous fat)로 이루어진다. 혈액 중 지질성분은 아포단백질과 결합하여 친수성의 지단백질(lipoprotein)을 형성하여 각 조직으로 운반된다. 지단백질을 형성할 때 중심부에는 소수성 지질이, 표면에는 친수성 물질이 위치하여 구형의 복합체를 이룬다 **그림 7-4**. 아포단백질은 지질의 운반기능을 하는 단백질로서 지단백질의 단백질 부분을 지칭하며, 아포 A, B, C, E로 분류된다. 아포 B는 주로 저밀도 지단백질(low density lipoprotein, LDL)과 결합하고, 아포 A는 고밀도 지단백질과 결합하므

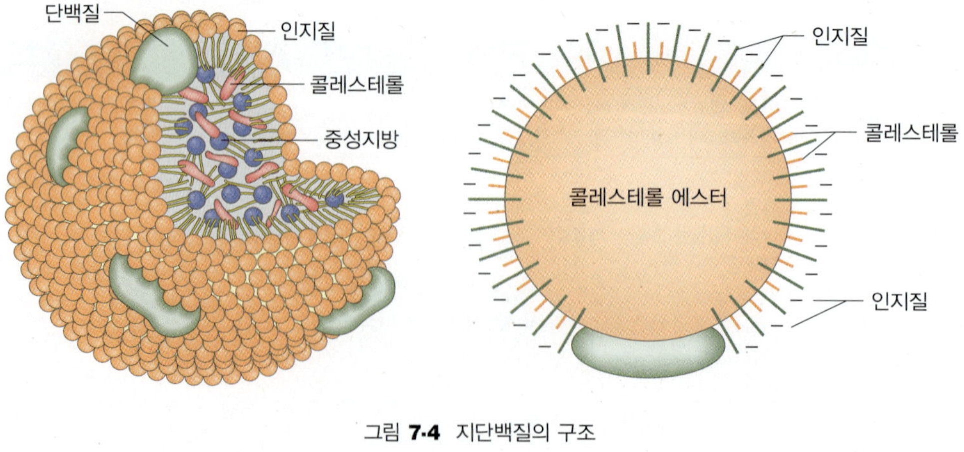

그림 **7-4** 지단백질의 구조

로 아포 B는 심혈관계질환의 위험인자로, 아포 A는 억제인자로 간주된다.

지단백질은 콜레스테롤, 중성지방, 인지질 등의 지질과 아포단백질의 조성과 비율에 따라 밀도가 달라지며, 킬로미크론, 초저밀도 지단백질, 중간밀도 단백질, 저밀도 지단백질, 고밀도 지단백질 등 각기 다른 지단백질을 형성한다 표 7-2. 각 지단백질의 대사경로는 그림 7-5에 제시하였다.

표 **7-2** 지단백질의 분류 및 특성

특징	킬로미크론	VLDL	LDL	HDL
급원	식사성(외인성)	내인성	내인성	내인성
중성지방 콜레스테롤 인지질 단백질	80~85% 2~7% 3~6% 1~2%	60~80% 10~15% 15~20% 5~10%	10~13% 45~50% 15~22% 20~25%	5~10% 20% 25~30% 45~50%
주요 아포단백질	A, B48, C, E	B100, C, E	B100	A, C, D, E
기능	식사 지방을 혈액, 조직, 세포로 운반	간에서 합성된 내인성 중성지방을 세포로 운반	콜레스테롤을 말단세포로 운반	조직에서 간으로 콜레스테롤 운반
합성장소	소장벽	간	혈액 중 VLDL 분해	간
밀도	0.095	0.095~1.006	1.019~1.063	1.063~1.210
직경(nm)	75~100	30~80	10~20	7.5~10

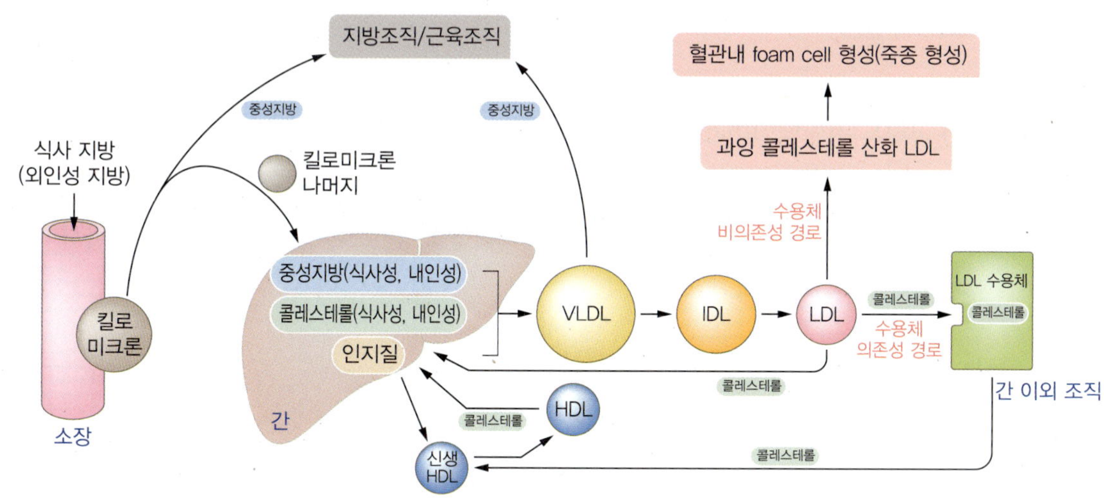

그림 **7-5** 지단백질의 대사경로

(1) 킬로미크론(chylomicron)

식사로부터 흡수된 외인성 중성지방과 단백질로 구성된 지단백질로 소장벽에서 합성되며, 지방 함량이 가장 많고 단백질이 가장 적어 밀도가 가장 낮다. 식후의 문맥혈에 풍부하며, 지단백질 지방분해효소(lipoprotein lipase, LPL)에 의해 쉽게 분해된다.

(2) 초저밀도 지단백질(very low density lipoprotein, VLDL)

간에서 합성된 내인성 지방으로부터 만들어진 지단백질로 중성지방이 50% 이상을 차지한다.

(3) 중간밀도 지단백질(intermediate density lipoprotein, IDL)

VLDL에서 중성지방이 분해되어 LDL을 형성하는 중간과정에 있는 지단백질로 정상인의 경우에 공복상태에는 존재하지 않는다.

(4) 저밀도 지단백질(low density lipoprotein, LDL)

지단백질 중 콜레스테롤 함량이 가장 높으며, 혈액 내에서 VLDL의 분해로 만들어진다. 혈중 총 콜레스테롤의 2/3 이상을 운반하며, LDL-콜레스테롤은 심장질환의 위험요인으로 작용한다.

(5) 고밀도 지단백질(high density lipoprotein, HDL)

지단백질 중 단백질 함량이 50% 이상으로 가장 높고 지질 함량이 낮아 밀도가 높다. 고밀도 지단백질은 세포의 지질과 콜레스테롤을 간으로 운반하여 분해, 배설시키므로 관상동맥질환 예방에 관계된다.

2) 진단과 분류

이상지질혈증은 혈액 중 지질성분에 따라 고콜레스테롤혈증, 고중성지방혈증, 저HDL콜레스테롤혈증, 복합형 등으로 구분한다 **그림 7-6**. 또한 프레드릭슨(Fredrickson) 분류에 의해 지단백질 유형에 따라 이상지질혈증을 6종류로 구분하며 **표 7-3**, 지단백질 유형별

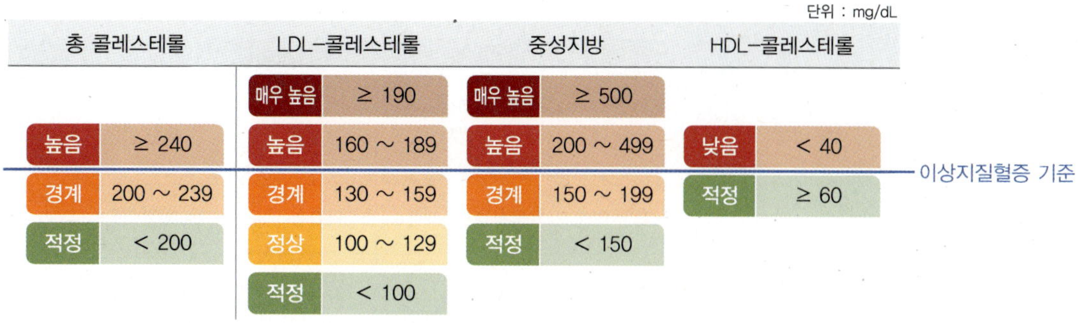

그림 **7·6** 한국인의 이상지질혈증* 진단 기준

*이상지질혈증 진단기준 : 총 콜레스테롤 ≥ 240이거나 LDL-콜레스테롤 ≥ 160, 중성지방 ≥ 200, 또는 HDL-콜레스테롤 < 40인 경우 중 한 가지 이상에 해당될 때

자료 : 한국지질동맥경화학회, 2015

표 **7·3** 지단백질 유형에 따른 이상지질혈증 분류(프레드릭슨 분류, WHO)

형태	증가하는 지단백질	지질 농도		원인
		콜레스테롤	중성지방	
I	chylomicron	↑~	↑↑↑	lipoprotein lipase 결핍 Apo C-II 결핍
IIa	LDL	↑↑↑	~↑	LDL 수용체 이상 LDL 합성 항진
IIb	LDL VLDL	↑↑	↑↑	LDL 수용체 이상 VLDL과 LDL 합성 항진
III	IDL	↑↑	↑↑	Apo E 이상으로 간에서의 IDL 결합 저하
IV	VLDL	~↑	↑↑	VLDL 합성 항진 VLDL 대사장애
V	chylomicron VLDL	↑	↑↑↑	VLDL 합성 항진 chylomicron과 VLDL의 대사장애 Apo C-II 결핍

로 식사지침이 달라진다 표 7-4.

이상지질혈증은 원인에 따라 일차성과 이차성으로 구분하는데 일차성은 유전적 원인에 의한 것이고, 이차성은 비만, 당뇨병, 갑상샘기능저하증, 신장질환, 간질환 등의 질환, 약물, 임신, 연령, 환경적 요인, 식습관 등에 의해 발생한다.

표 7-4 이상지질혈증 유형별 식사지침

형태	식사처방	에너지	단백질	지방	콜레스테롤	당질
I	극저지방식	제한 없음	제한 없음	25~35 g으로 제한 *주로 중쇄지방산으로 공급	제한 없음	제한 없음
IIa	저콜레스테롤 저포화지방식	총 에너지 섭취 제한 : 20~30 kcal/kg	제한 없음	동물성 지방 제한	<300 mg/일	제한 없음
IIb	저에너지 저콜레스테롤식	표준체중 유지	고단백	불포화지방산 권장	<300 mg/일	저당질식 단순당 제한 식이섬유 10 g/일 이상
III	저에너지 저콜레스테롤식	표준체중 유지	고단백	불포화지방산 권장	<300 mg/일	저당질식 단순당 제한 식이섬유 10 g/일 이상
IV	저에너지 저당질식	표준체중 유지	제한 없음	불포화지방산 권장	300~500 mg/일	저당질식 첨가당, 과일, 과자류 제한
V	저에너지 저당질, 저지방식	표준체중 유지	고단백	불포화지방산 권장	300~500 mg/일	저당질식 단순당 제한

3) 치료

이상지질혈증의 기본치료는 생활습관 개선이다. 약물치료와 함께 식사요법, 운동, 금연 등의 생활습관을 개선하는 것이 중요하다.

(1) 약물치료

약물치료는 심혈관계질환 위험도와 혈액 중 LDL-콜레스테롤 농도에 따라 달라진다. 고위험군의 경우에는 LDL-콜레스테롤 농도와 관계없이 약물을 투여해야 하나, 중등도와 저위험군은 LDL-콜레스테롤 농도가 정상에 해당될 경우에는 생활습관 교정으로 치료할 수 있다 표 7-5, 표 7-6.

(2) 운동요법

운동은 중성지방을 낮추고 총 콜레스테롤과 LDL-콜레스테롤을 낮추며 HDL-콜레스테롤을 높이는 효과가 있다. 유산소운동과 무산소운동에 따라 혈액 중 지질에 미치는 영향이 다르나, 일반적으로 유산소운동이 혈액 중 지질 감소에 더 효과적이다. 이상지질혈증 환자의 일반적인 운동지침은 표 7-7과 같다.

표 7-5 심혈관계질환 위험도와 LDL-콜레스테롤 농도에 따른 이상지질혈증 치료방법

위험도		LDL-콜레스테롤 농도				
		~99	100~129	130~159	160~189	≥190
초고위험군*	관상동맥질환 허혈성뇌졸중 일과성 뇌허혈발작 말초혈관질환	생활습관 교정 및 투약 시작	생활습관 교정 및 투약 시작	생활습관 교정 및 투약 시작	생활습관 교정 및 투약 시작	생활습관 교정 및 투약 시작
고위험군	경동맥질환 복부동맥류 당뇨병	생활습관 교정 및 투약 고려	생활습관 교정 및 투약 시작	생활습관 교정 및 투약 시작	생활습관 교정 및 투약 시작	생활습관 교정 및 투약 시작
중등도 위험군	주요 위험인자 2개 이상	생활습관 교정	생활습관 교정 및 투약 고려	생활습관 교정 및 투약 시작	생활습관 교정 및 투약 시작	생활습관 교정 및 투약 시작
저위험군	주요 위험인자 1개 이하	생활습관 교정	생활습관 교정	생활습관 교정 및 투약 고려	생활습관 교정 및 투약 시작	생활습관 교정 및 투약 시작

*주요 위험인자 : 연령(남 45세, 여 55세 이상), 관상동맥질환 조기 발병 가족력, 고혈압, 흡연, 저HDL-콜레스테롤

자료 : 한국지질동맥경화학회, 2015

표 7-6 이상지질혈증 치료 약물

구분	약제	작용
콜레스테롤 감소	스타틴(statin)	HMG-CoA 환원효소 활성 저해로 콜레스테롤 합성 감소, VLDL 합성 감소
	에제티미브(ezetimibe)	소장 콜레스테롤 흡수 저해
	담즙산 결합수지	담즙산 배설 증가
	PCSK9* 억제제	LDL-수용체 증가
중성지방 감소	피브린산 유도체	지단백질분해효소 증가, VLDL 합성 감소
	오메가-3 지방산	중성지방 분해 증가

*PCSK9 : proprotein convertase subtilisin/kexin type 9

표 7-7 이상지질혈증 환자의 운동요법 요약

운동 유형 및 순서	운동강도	운동시간	운동빈도	고려사항
• 준비운동 : 스트레칭 이후 가볍게 걷기 • 본운동 : 속보, 파워워킹, 고정식자전거, 스텝퍼, 사이클론, 가벼운 등산 • 정리운동 : 가볍게 걷기 이후 스트레칭	• 최대산소섭취량(또는 최대심박수)의 55~75% • 운동자각도 : 보통이다~약간 힘들다	• 준비운동 : 5~10분 • 본운동 : 30~60분 • 정리운동 : 5~10분	주당 4~6일	운동강도 설정 시 베타차단제나 nondihydropyridine 계통의 칼슘채널 차단제를 복용 중인 환자는 예상 최대심박수 계산법을 적용할 수 없음

자료 : 한국지질동맥경화학회, 2015

(3) 식사요법

이상지질혈증의 예방과 치료를 위해서는 식사요법이 필수적이다. 영양관리 목표는 혈중 지질 수준을 정상범위로 유지하는 것이다.

① 영양관리

- 에너지 : 적정체중을 유지할 수 있는 수준의 에너지를 섭취하도록 한다. 비만한 사람이 체중 감량을 하면 혈중 중성지방, 총 콜레스테롤, LDL-콜레스테롤이 감소되기 때문에 에너지 섭취 조절이 중요하다.
- 지방 : 이상지질혈증을 개선하려면 식사 내의 총 지방량과 지방의 종류를 조절해야 한다. 지방 섭취를 줄이면 상대적으로 당질의 섭취량이 증가하여 혈중 중성지방의 양이 증가하고, HDL-콜레스테롤 양이 감소하기 때문에 총 지방량 제한보다는 섭취하는 지방의 종류를 조절하는 것이 중요하다.
  - 지방의 양 : 총 에너지의 30% 미만을 권장한다.
  - 지방의 종류 : 포화지방산과 트랜스지방산의 섭취를 줄이며 포화지방산과 다가불포화지방산의 비율도 고려해야 한다. 포화지방산의 섭취는 LDL-콜레스테롤 농도를 상승시키기 때문에 포화지방산을 불포화지방산으로 대체하면 LDL-콜레스테롤 농도가 감소한다. 또한 트랜스지방산을 불포화지방산으로 대체하면 LDL-콜레스테롤과 중성지방이 감소된다. 포화지방산은 총 에너지의 7% 미만, 트랜스지방은 총 에너지의 1% 미만을 권장하고 있다. 포화지방산을 불포화지방산으로 대체하되 오메가-6 다가불포화지방산이 총 에너지의 10% 이내가 되도록 한다. 오메가-3 지방산과 오메가-6지방산은 동일 효소의 작용으로 다양한 에이코사노이드(eicosanoids)를 생성하기 때문에 어느 한 계열의 지방산을 많이 섭취하면 다른 계열의 지방산으로부터 생성될 에이코사노이드의 결핍을 초래할 수 있다. '2015 한국인 영양소 섭취기준'에서는 오메가-6 지방산은 총 에너지 섭취량의 4~10% 이내, 오메가-3 지방산은 1% 내외를 권장하고 있다. 오메가-3 지방산인 EPA나 DHA와 같은 장쇄불포화지방산은 혈전의 형성과 VLDL의 합성을 감소시키고 항염증성 효과가 있다. 혈중 콜레스테롤 수준은 섭취하는 포화지방산의 영향이 크나, 콜레스테롤 섭취량이 많으면 혈중 LDL-콜레스테롤이 증

가하므로 콜레스테롤 섭취량도 줄이는 것이 바람직하다. 하루 콜레스테롤 섭취량은 300 g 이하로 권장한다.

- 당질 : 과도한 당질이나 단순당 섭취는 혈중 중성지방을 증가시킨다. 단순당의 섭취를 줄이고 복합당을 섭취하도록 한다.
- 식이섬유 : 검, 펙틴, 헤미셀룰로스 등과 같은 수용성 식이섬유는 혈중 콜레스테롤을 낮춘다. 수용성 식이섬유는 위 배출시간 지연, 소장 통과시간 증가, 포도당 흡수속도 저하, 간의 콜레스테롤 합성 방해, LDL-콜레스테롤 제거 등에 도움을 준다. 불용성 식이섬유인 셀룰로스, 리그닌, 헤미셀룰로스 등은 혈중 콜레스테롤 저하 효과가 적다. 식이섬유 권장량은 25 g/일 이상이다.
- 알코올 : 알코올 섭취는 혈중 중성지방을 증가시킨다. 술을 마시는 경우에는 술의 종류에 관계없이 하루 1~2잔 이내로 제한하는 것이 바람직하다.
- 나트륨 : 나트륨 감소는 이상지질혈증으로 인한 고혈압과 심혈관계질환의 위험을 낮출 수 있기 때문에 나트륨 섭취를 줄인다.

알아보기 **고당질 식사가 심혈관계질환에 영향을 미치는 이유는?**

곡류 위주의 고당질 식사를 하는 경우에는 혈중 중성지방 농도가 상승한다. 혈중 중성지방이 심혈관계질환을 일으키는지에 대해서는 논란이 있지만, 중성지방이 높으면 피하지방과 내장지방이 증가하고 비만과 이상지질혈증이 쉽게 발생한다. 또한 중성지방이 높으면 VLDL이 증가하고, 증가된 VLDL이 분해되어 LDL이 되고 HDL을 감소시켜 심혈관질환의 위험도가 증가한다.

혈중 중성지방 수준은 식사(정제된 당질, 고지방식), 에스트로겐 저하, 알코올, 비만, 당뇨병, 갑상샘기능저하증, 만성 신장병 및 간질환에서 증가한다.

② 식사계획의 실제

이상지질혈증 환자의 혈중 이상지질의 내용 및 수준, 비만 정도, 활동량, 심장질환 위험도 등을 고려하여 식단을 작성한다 표 7-8, 표 7-9, 표 7-10.

표 **7-8** 이상지질혈증의 영양관리지침

구분	내용
에너지	적정체중을 유지할 수 있는 수준
지방	총 에너지의 25% 미만
포화지방산	총 에너지의 7% 이내(가능하면 포화지방산은 불포화지방산으로 대체)
오메가-6 불포화지방산	총 에너지의 10% 이내, ω-3 : ω-6 = 1 : 4~10
트랜스지방산	섭취 제한
콜레스테롤	300 mg/일 이하
당질	적정 수준 섭취(총 에너지 65% 이내), 단순당 줄임(총 에너지의 10% 이내)
식이섬유	25 g/일 이상
알코올	하루 1~2잔 이내
식품 선택	통곡 및 잡곡, 콩류, 채소류, 생선류가 풍부한 식사 • 주식으로 통곡, 잡곡을 이용 • 채소를 충분히 섭취 • 생선(특히 등푸른 생선)을 주 2~3회 정도 섭취 • 과일은 적당량 섭취(200 g/일 이내)

자료 : 한국지질동맥경화학회, 2015

표 **7-9** 이상지질혈증(고콜레스테롤혈증) 환자의 1,700 kcal 식단 예

1일 필요 영양소량				
에너지(kcal)	탄수화물(g)	단백질(g)	지방(g)	콜레스테롤(mg)
1,670	250(60%)	85(20%)	38(20%)	200

1일 필요 식품교환단위 수						
곡류군	어육류군		채소군	지방군	우유군(저지방)	과일군
	저	중				
9	5	1	7	4	1	1

식단 예					
조식	재료 및 분량	중식	재료 및 분량	석식	재료 및 분량
보리밥	보리밥 210 g	현미밥	현미밥 210 g	팥밥	팥밥 210 g
순두부국	순두부 100 g	미역냉국	건미역 3 g	근대된장국	근대 35g
꽁치조림	꽁치 50 g	달걀흰자부침	달걀흰자 60 g	닭가슴살볶음	닭고기 80 g
오이생채	오이 70 g	소고기송이볶음	소고기 40 g	콩나물무침	콩나물 35 g
쑥갓나물	쑥갓 70 g		양송이버섯 25 g		참기름 7.5 g
배추김치	배추김치 25 g	가지나물	가지 35 g	시금치나물	시금치 70 g
	참기름 5 g	열무김치	열무김치 25 g	깍두기	깍두기 25 g
		사과	식용유 5 g		식용유·참기름 7.5 g
			사과 80 g(1/2개)	저지방우유	저지방우유 200 mL

표 **7-10** 이상지질혈증의 권장식품과 주의식품

식품군	권장식품	주의식품
곡류	• 잡곡, 통밀	• 달걀, 버터가 주성분인 빵, 케이크, 고지방 크래커, 비스킷, 칩, 버터팝콘 등 • 파이, 케이크, 도넛, 고지방 과자
국	• 조리 후 지방을 제거한 국	• 기름기 많은 국, 크림수프
어육류/콩류	• 생선 • 콩, 두부 • 기름기 적은 살코기 • 껍질 벗긴 가금류	• 갈은 고기, 갈비, 육류의 내장 • 가금류 껍질, 튀긴 닭 • 고지방 육가공품(스팸, 소시지, 베이컨 등) • 생선/해산물의 알, 내장
난류	• 달걀흰자	• 달걀노른자, 메추리알, 오리알 노른자
우유·유제품	• 탈지유, 탈지분유, 저(무)지방우유 및 그 제품 • 저지방 치즈	• 전유, 연유 및 그 제품 • 치즈, 크림치즈 • 아이스크림 • 커피크림
지방	• 불포화지방산 : 해바라기유, 옥수수유, 대두유, 들기름, 올리브유 • 저지방/무지방 샐러드드레싱 • 견과류 : 땅콩, 호두	• 코코넛기름, 야자유 • 버터, 돼지기름, 쇼트닝, 베이컨기름, 소기름 • 달걀노른자, 치즈, 전유로 만든 샐러드드레싱 • 단단한 마가린
채소/과일	• 신선한 채소, 해조류, 과일	• 튀기거나 버터, 치즈, 크림, 소스가 첨가된 채소/과일 • 가당 가공제품(과일 통조림 등)
기타		• 당류 • 초콜릿/단 음식 • 코코넛기름, 야자유를 사용한 제품 • 튀긴 간식류

4. 동맥경화증

동맥경화증(atherosclerosis)은 혈관에 만성 염증이 생겨서 혈관의 결합조직이 증가하고, 지방이 동맥 내벽에 쌓이면서 시작된다. 지방 덩어리(fatty streak, 지방줄무늬)는 점차 커지며 무기질과 함께 단단해져서 플라크(plaque)를 형성하고, 플라크는 동맥을 단단하게 경화시키며 혈관 내경을 좁게 하여 혈류 장해를 일으킨다. 또한 플라크 자체의 용혈로 인해 만들어진 혈전 덩어리나 다른 부위에서 만들어진 혈전 덩어리가 혈관 폐색을 초래한다. 혈관 내경이 좁거나 막힌 동맥과 연결된 조직은 산소와 영양소의 공급 부족으로 허혈증(ischemia)이 나타나고 세포는 죽게 되며, 죽거나 괴사된 조직 부위를 경색(infarct)되었다고 한다.

동맥경화증은 동맥이 지나는 곳이면 어디에서나 일어날 수 있지만, 특히 대동맥(aorta), 뇌동맥(cerebral artery), 그리고 관상동맥에서 발생 빈도가 높다. 심장근육에 산소와 영양을 공급해 주는 관상동맥이 막혔을 때 심근경색(myocardial infarction, MI), 뇌동맥의 경화가 일어나면 뇌경색으로 인한 뇌졸중, 신장동맥의 경화가 일어나면 신부전증 등이 나타나게 된다.

10세 이후부터 혈관에 지방이 축적되기 시작해서 20세 이후에는 지방줄무늬에 결합조직이 결합하여 플라크가 형성되며 30세 이후에는 더욱 증가하게 된다. 30세 이상의 사람들은 대부분 플라크를 갖고 있으며 동맥경화증은 계속 진행된다. 어릴 때부터 플라크의 형성을 예방하고 이미 형성된 플라크 발달을 지연시키거나 제거하기 위한 노력이 필요하다 **그림 7-7**.

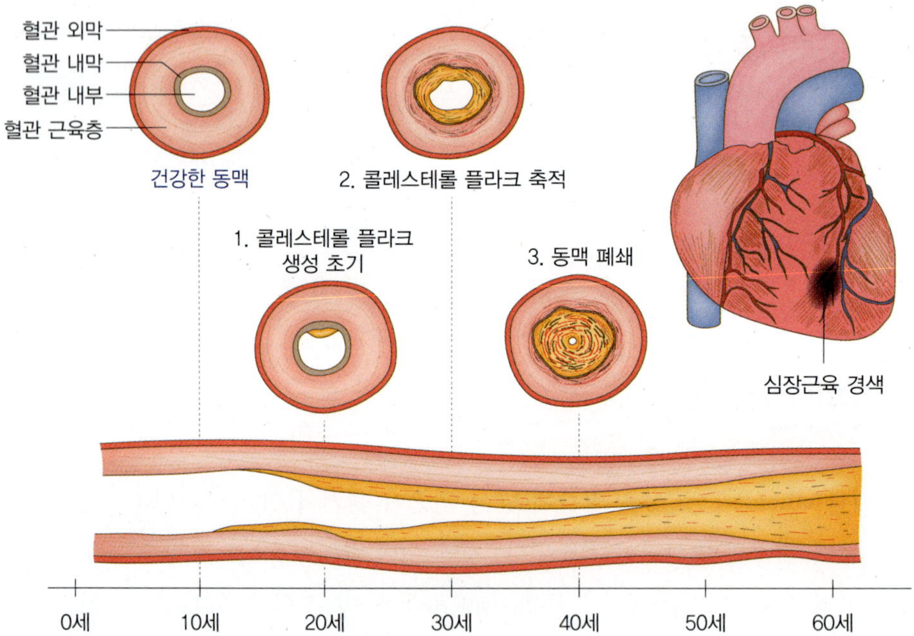

그림 **7-7** 동맥경화 진행과정

1) 동맥경화 진행과정

동맥벽의 내막을 구성하고 있는 내피세포의 상처나 염증은 동맥경화나 고혈압과 관계가 깊다.

동맥경화 발생기전은 여러 가지가 제시되고 있으나 가장 광범위하게 인정받고 있는 것이 '손상에 대한 반응가설'이다. 혈관 내피세포가 손상되면 투과성이 증가하여 LDL-콜레스테롤이 내막으로 침투하게 되고 염증을 유발하면서 혈액 중의 단핵구를 끌어들인다. 혈액 내의 단핵구는 혈관벽 내로 이동되어 대식세포로 변화된다. 내막의 LDL-콜레스테롤은 산소 자유기와 결합하여 산화된 LDL이 되거나 당화되어 변성된다. 산화된 LDL은 대식세포에 의해 포획되어 거품세포(foam cell)를 형성하고, 거품세포가 모여 지방줄무늬를 형성한다. 손상된 내피에 혈소판이 부착되고, 거품세포에서 분비된 사이토카인은 혈소판 유래 성장인자(platelet derived growth factor, PDGF)와 같은 성장인자를 방출하게 하여 중막의 평활근세포는 내막으로의 이동이 쉬워지고 증식이 촉진된다. 이로 인해 지방줄무늬는 커져서 죽상종(atheroma)이 되며, 죽상종이 섬유화되어 동맥경화증으로 진행된다 **그림 7-8**. 이상지질혈증, 고혈압, 당뇨, lipoprotein a〔Lp(a), LDL과 유사한 구조를 가진 지단백질로 혈전 생성을 촉진하고, 식사요법으로 조절되지 않는 지단백질〕, 흡연, 바이러스, 독성 화학물질 등이 혈관 내피를 손상시켜 죽상종 형성을 촉진시킨다.

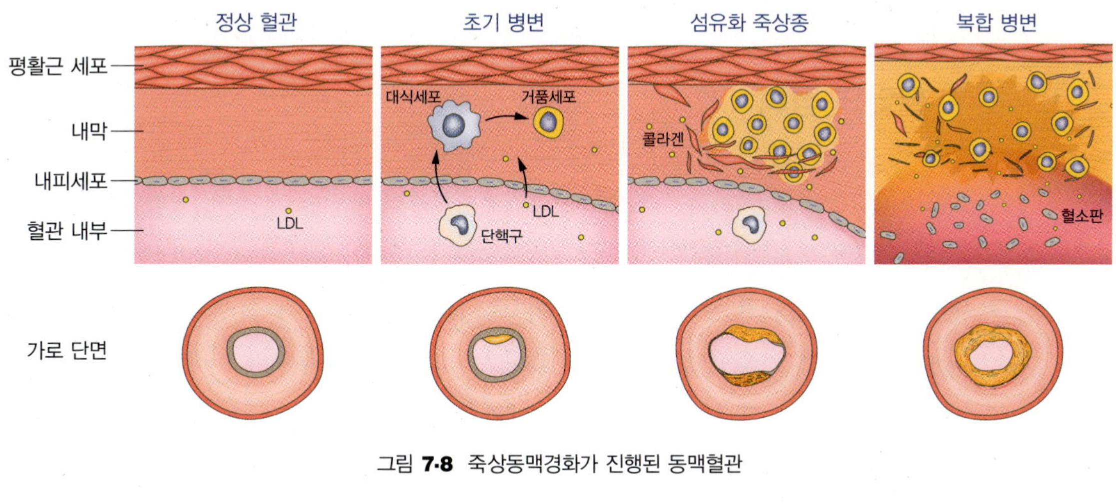

그림 **7-8** 죽상동맥경화가 진행된 동맥혈관

알아보기 **심혈관계질환의 위험도를 낮추는 식사요인**

- 항산화 영양소 : 항산화 영양소나 항산화제는 LDL-콜레스테롤의 산화를 억제하여 동맥벽의 지방 침윤을 방지하기 때문에 심혈관계질환 예방효과가 있다.
- 엽산 : 메티오닌의 중간대사산물인 호모시스테인은 엽산이 부족할 때 혈액 중에 증가하게 된다. 호모시스테인은 죽상종의 형성을 촉진하여 심혈관계질환 위험도를 높인다. 고호모시스테인혈증일 때 엽산을 보충하면 심혈관계질환의 위험도를 감소시키는 것으로 알려져 있다.
- 어유 : 어유 중의 오메가-3 지방산은 고중성지방혈증 환자의 혈중 중성지방을 낮추고, 식사 중 포화지방산을 오메가-3 지방산으로 대체하면 LDL-콜레스테롤이 감소된다.

2) 치료

동맥경화증의 예방과 치료를 위해서는 식사 조절, 운동, 금연 등의 생활습관의 변화가 중요하다. 동맥경화증 예방과 치료의 목표는 혈중 지질 수준을 정상 범위에서 유지하고 위험요인을 감소시키는 것이다. 동맥경화증 식사요법은 동맥경화증의 형태, 비만, 당뇨병 등 다른 질병의 존재 여부 등을 고려하여 단계별, 연령별로 계획해야 한다. 구체적인 식사요법은 이상지질혈증 치료방법을 참고한다.

5. 고혈압

1) 혈압의 정의

혈압(blood pressure)이란 동맥혈관에 흐르는 혈액의 압력을 말하며, 심박출량과 혈관의 저항 정도에 의해 결정된다. 심박출량에 영향을 미치는 요인은 심장박동수, 수축력, 혈액의 양이고, 혈관의 저항에 영향을 미치는 요인은 혈액의 점성, 혈관의 직경, 교감신경 등이다. 심장은 좌심실이 수축할 때 많은 양의 혈액을 대동맥으로 내보내기 때문에 동맥의 압력이 높아져 최고 혈압을 나타내게 되는데 이때의 혈압을 수축기 혈압(systolic blood pressure, SBP), 들어올 때의 최저 혈압을 이완기 또는 확장기 혈압(diastolic blood pressure, DBP)라고 한다 **그림 7-9**.

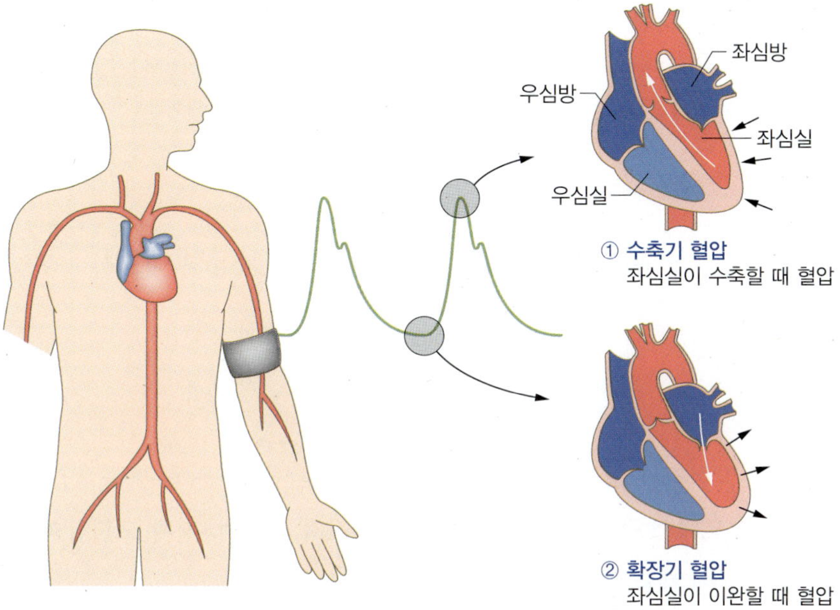

그림 **7-9** 수축기 혈압과 확장기 혈압

자료: 보건복지부, 대한의학회

2) 진단과 분류

(1) 진단

고혈압(hypertension)은 수축기 혈압이나 확장기 혈압이 지속적으로 상승된 상태를 말한다. 성인의 경우 안정상태에서 두 번 이상 혈압을 측정하여 수축기 혈압이 140 mmHg

표 **7-11** 고혈압의 기준

혈압 분류		수축기 혈압(mmHg)		확장기 혈압(mmHg)
정상 혈압		<120	그리고	<80
주의 혈압		120~129	그리고	<80
고혈압 전단계		130~139	또는	80~89
고혈압	1기	140~159	또는	90~99
	2기	≥160	또는	≥100
수축기 단독고혈압		≥140	그리고	<90

자료 : 대한고혈압학회, 2018

이상이거나 확장기 혈압이 90 mmHg 이상일 때 고혈압으로 진단한다. 정상 혈압은 수축기 혈압이 120 mmHg 미만이고, 확장기 혈압이 80mmHg 미만인 경우를 말한다 표 7-11.

(2) 분류

고혈압은 발병 원인에 따라 본태성 고혈압(1차성 고혈압, 특발성)과 이차성 고혈압으로 구분한다.

① 본태성 고혈압

뚜렷한 원인이 밝혀지지 않았으나 가족력, 연령, 음주, 흡연, 운동 부족, 비만, 이상지질혈증, 식습관, 스트레스 등이 관련되는 것으로 알려져 있으며, 전체 고혈압의 95% 이상이 본태성 고혈압에 해당된다.

② 이차성 고혈압

다른 원인에 의해 2차적으로 나타나는 경우로서 신장질환, 심혈관계질환, 내분비질환(쿠싱증후군, 갑상샘질환 등), 부신질환, 약물 복용(경구피임제, 스테로이드 등), 중추신경계질환, 임신중독증 등의 합병증으로 발생한다. 이차성 고혈압은 원인을 제거하면 고혈압을 치료할 수 있으나, 원인 질환을 치료하지 않고 방치하면 심혈관계에 변화를 야기해 본태성 고혈압으로 고착될 수도 있다.

3) 발생 기전

혈압은 여러 기전에 의해 조절된다. 심박출량과 혈관의 저항을 증가시키는 요인이 발생하면 혈압이 상승하며, 물리적 요인, 신경성 요인, 체액성 요인 등의 영향을 받는다.

(1) 물리적 요인

심박출량과 혈관 저항에 직접적인 영향을 미치는 요인들에 의해 혈압이 상승한다. 즉, 나트륨을 과잉 섭취하면 혈액량이 증가하여 심박출량이 증가한다. 이상지질혈증이나 당뇨병은 혈액의 점성을 증가시키고, 동맥경화나 혈관 수축은 혈관의 직경을 감소시켜 혈관의 저항이 증가하여 혈압을 상승시킨다.

(2) 신경성 요인

스트레스를 받거나 긴장, 불안, 화가 났을 때 교감신경이 자극을 받으며, 교감신경이 자극되면 신경전달물질인 카테콜라민(에피네프린, 노르에피네프린)이 분비되어 심장 박동이 증가되고 심장 및 혈관이 수축되어 혈압을 상승시킨다.

(3) 체액성 요인

혈류량이 감소하거나 체액 중에 나트륨이 감소하면 신장에서 레닌(renin)의 분비가 증가한다. 레닌은 간에서 합성된 안지오텐시노겐(angiotensinogen)을 안지오텐신 I(angiotensin I)으로 전환시키고, 이것은 다시 안지오텐신 II(angiotensin II)로 전환된다. 활성화된 안지오텐신 II는 혈관을 수축시키고 혈압을 상승시키며, 부신피질로부터 알도스테론(aldosterone)을 분비시켜 신장에서의 나트륨 재흡수를 증가시켜 혈액량을 증가시키고 혈압을 상승시킨다 **그림 7-10**.

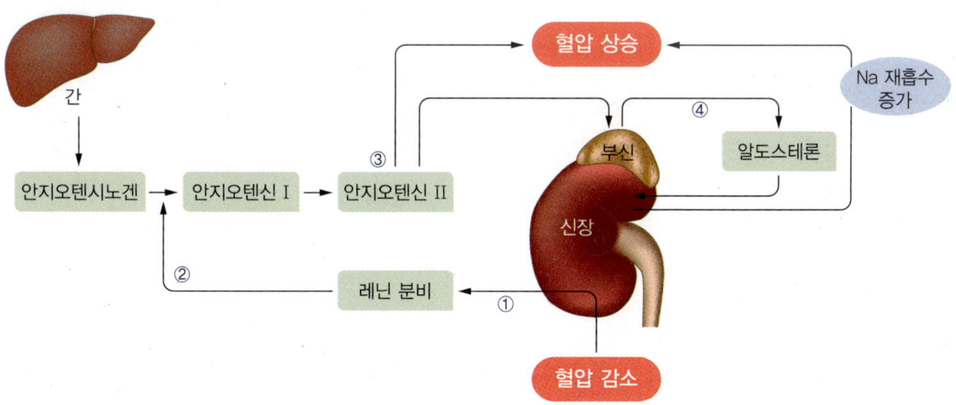

그림 **7-10** 레닌-안지오텐신-알도스테론 시스템

4) 치료

고혈압은 치료하지 않거나 조절하지 않으면 동맥경화성 질환이나 심장질환, 뇌혈관질환, 신장질환 등 심각한 합병증을 야기할 수 있다. 고혈압의 조기 발견 및 적절한 치료와 생활습관 개선이 중요하다. 평소 꾸준히 규칙적인 운동을 하면서 체중을 조절하고 흡연, 음주, 과로, 긴장, 흥분 등을 피하면서 올바른 식습관을 유지하도록 한다. 또한 고혈압을 예방하기 위해서는 자신의 혈압을 알고 위험요인을 파악해서 올바른 생활습관을 유지하도록 한다.

생활습관 개선을 통해 표 7-12와 같이 혈압을 감소시킬 수 있기 때문에 고혈압 치료에서 생활습관 개선은 필수적이다.

고혈압 치료는 환자 개인의 고혈압 상태나 합병증 여부에 따라 목표혈압이 달라진다. 또한 고혈압 단계에 따라서 치료방법을 다르게 적용한 단계적 접근이 필요하다표 7-13, 표 7-14.

표 **7-12** 생활습관 개선을 통한 혈압 감소효과

생활습관 개선	혈압 감소 (수축기/확장기 혈압, mmHg)	권고사항
소금 섭취 제한	-5.1/-2.7	하루 소금 6 g 이하 섭취
체중 감량	-1.1/-0.9	체중 1 kg 감소
절주	-3.9/-2.4	하루 2잔 이하
운동	-4.9/-3.7	하루 30~50분 일주일에 5일 이상
식사 조절	-11.4/-5.5	채식 위주의 건강한 식습관*

*건강한 식습관 : 에너지와 동물성 지방의 섭취를 줄이고 채소, 과일, 생선류, 견과류, 유제품의 섭취를 증가시키는 식사요법

표 **7-13** 고혈압 치료의 목표혈압

구분	목표혈압
합병증을 동반하지 않은 단순 고혈압, 노인 고혈압, 뇌졸중, 알부민뇨가 없는 만성콩팥병	<140/90 mmHg
당뇨병	<140/85 mmHg
심혈관질환, 합병증이 있는 당뇨병, 알부민뇨가 있는 만성콩팥병	<130/80 mmHg

자료 : 대한고혈압학회, 2018

표 7-14 심뇌혈관 위험도와 치료지침

위험도 \ 혈압(mmHg)	고혈압 전단계 (130~139/80~89)	1기 고혈압 (140~159/90~99)	2기 고혈압 (≥160/100)
위험인자 0개	생활요법	생활요법* 또는 약물치료	생활요법과 약물치료
위험인자 1~2개	생활요법	생활요법과 약물치료	생활요법과 약물치료
위험인자 3개 이상, 당뇨병, 무증상 장기 손상	생활요법 또는 약물치료†	생활요법과 약물치료	생활요법과 약물치료
심혈관질환, 만성콩팥병	생활요법 또는 약물치료†	생활요법과 약물치료	생활요법과 약물치료

위험인자 : 나이, 가족력, 흡연, 비만, 이상지질혈증, 당뇨병 전단계, 당뇨병

*생활요법의 기간을 수주에서 3개월 이내로 실시한다.

†설정된 목표혈압에 따라 약물치료를 시작할 수 있다.

10년간 심뇌혈관질환 발생률 : <5% 저위험(5~10%) 중위험(10~15%) 고위험(>15%)

(1) 약물치료

고혈압 단계와 심혈관질환 위험인자, 동반 질환 유무 등을 고려하여 생활요법과 함께 약물치료가 필요하다 표 7-14. 고혈압 전단계일지라도 위험인자가 3개 이상이거나 당뇨병이 있는 경우에는 약물치료를 고려하고, 1기 고혈압부터 약물치료를 고려한다 표 7-15.

표 7-15 고혈압 치료 약물

구분	약물	작용
안지오텐신전환효소(ACE) 억제제, 안지오텐신 차단제(ARB)	captopril, losartan	레닌-안지오텐신-알도스테론 시스템 억제
베타 차단제	atenolol, propranolol	심장의 베타-수용체 차단하여 심박/심박출량 저하
칼슘 차단제	dihydropyridine 칼슘차단제, non-dihydropyridine 칼슘차단제 (verapamil, diltiazem)	심근세포와 혈관 내로 칼슘 유입 저해하여 혈관 확장
이뇨제	티아지드계, 티아지드 유사 이뇨제 (hydrochlorothiazide, indapamide)	신장에서 수분, 나트륨 배설 증가
기타(루프이뇨제, 알도스테론 길항제, 혈관 확장제 등)	레닌 억제제(aliskiren), 혈관확장제(hydralazine)	

(2) 식사요법

고혈압의 영양관리 목표는 혈압을 정상으로 유지하고 합병증을 예방하는 것이다.

- 에너지 : 적정체중 유지에 필요한 에너지를 공급한다. 그러나 고혈압 환자는 비만인 경우가 많으므로 비만한 경우에는 체중 감량을 위해 에너지를 제한하도록 한다. 비만한 경우에 약간의 체중 감소도 혈압을 낮추는 효과가 있기 때문에 한 번에 무리하게 체중을 감량하는 것보다는 고혈압 환자 개인에 적합하게 단계적으로 조절하는 것이 바람직하다.
- 당질과 지방 : 당질은 총 에너지의 55~60%, 지방은 총 에너지의 20~25%를 공급한다. 지방 섭취의 균형을 위하여 다중불포화지방산, 단일불포화지방산, 포화지방산 비율을 1:1:1로 한다. 오메가-3 지방산과 오메가-6 지방산의 비율은 1:4~10으로 한다. 동물성 지방의 섭취를 줄이고 식물성 지방과 등푸른생선의 섭취를 권장한다. 지방이 고혈압에 미치는 영향은 불분명하지만 보통 고혈압과 관상심장질환이 동시에 나타나는 경우가 많고 지방의 섭취를 제한하는 것이 체중 조절에도 도움이 되기 때문에 이상지질혈증 식사지침을 따르는 것이 좋다.
- 단백질 : 양의 질소평형을 유지하기 위해 신장기능이 정상적으로 유지되는 한 충분히 공급한다. 체중 1 kg당 1~1.5 g의 단백질을 공급하며 에너지의 15~20%가 되도록 한다. 양질의 단백질을 공급하되 포화지방산이나 콜레스테롤이 적은 어육류를 섭취하도록 한다.
- 나트륨과 칼륨 : 나트륨 과잉 섭취와 칼륨 부족은 고혈압의 주요 위험요인이다. 식염 섭취를 줄이면 식염에 민감한 사람의 혈압을 낮출 수 있으며, 간접적으로는 칼륨의 섭취를 늘리는 것과 같은 효과가 있다. 칼륨은 직접적으로 세동맥을 확장시키고 수분과 나트륨의 배설을 촉진하며, 레닌과 안지오텐신 분비를 억제하여 혈압을 낮춘다. 칼륨의 함량이 많은 과일과 채소의 섭취를 증가시켜서 Na/K 비를 1 이하로 유지한다. 이뇨제를 장기간 복용할 때는 저칼륨혈증이 나타날 수 있으므로 칼륨 함량이 높은 식품이나 칼륨제제의 보충이 필요하다. 그러나 혈압 조절을 위해서는 칼륨 섭취를 증가시키는 것보다 체중 조절과 나트륨을 제한하는 것이 더 우선되어야 한다(나트륨 제한 식사는 8장 신장질환 참고).
- 칼슘과 마그네슘 : 역학조사에서 칼슘 섭취 부족이 고혈압 발생률 증가와 관련이

있는 것으로 보고되었으며, 칼슘 섭취는 혈압을 낮추는 것으로 보고되고 있다. 또한 마그네슘도 혈관 수축 억제, 레닌-안지오텐신계, 아세틸콜린 합성 및 방출에 영향을 미칠 수 있기 때문에 마그네슘 섭취가 부족하면 혈압이 높아질 수 있다. 그러나 칼슘과 마그네슘이 부족하지 않은 경우에 추가로 보충했을 때 고혈압 개선에 대한 결과는 명확하지 않아서 보충제 처방은 권장되지 않으며, 칼슘과 마그네슘이 부족되지 않도록 권장섭취량 이상 충분히 섭취하도록 한다.

- 수분 : 과량의 수분을 섭취하면 체액량이 증가하여 혈압이 높아지고 심장에 부담을 준다. 나트륨 제한은 수분 제한과 관련되므로 고혈압 환자에게 특별히 수분을 제한하거나 많이 줄 필요는 없다.
- 알코올, 흡연 : 과량의 알코올 섭취는 고혈압의 중요 위험요인이며, 뇌졸중의 위험요인이다. 알코올은 하루 약 30 g 이하로 섭취하도록 한다. 흡연은 심혈관계질환의 중요 위험인자로서, 담배를 피우면 담배의 각종 유해물질이 혈관을 손상시키고 혈압이 상승하며, 혈관의 유연성이 떨어지므로 반드시 금연하도록 한다.

알아보기 **심혈관계질환 예방 식단**

DASH(dietary approaches to stop hypertension) diet

고혈압 치료를 위해 미국에서 고안된 식사로서 저염, 과일, 채소, 저지방 유제품, 전곡류, 가금류, 생선, 견과류가 풍부하고 붉은색 육류, 당류, 가당음료가 적은 식단이다. 이러한 식사는 식이섬유, 단백질, 칼륨, 마그네슘, 칼슘 등이 풍부하고 지방과 포화지방이 적은 식단으로 미국에서 심장 건강을 위한 최고의 식단으로 선정되었다.

Mediterranean diet(지중해식 식단)

지중해 근처 나라에서 섭취하는 식사 형태로서, 올리브유, 콩류, 정제하지 않은 곡류, 과일, 채소 등을 풍부하게 섭취하고, 생선, 치즈와 요구르트 등의 유제품, 와인을 적당히 섭취하며, 육류를 적게 섭취하는 식단을 말한다. UNESCO 세계무형문화유산으로 등재되었으며, 미국에서 당뇨병을 위한 최고의 식단으로 선정되었다. 지중해식 식단은 심혈관계질환뿐만 아니라 우울증, 노화 방지, 치매 예방에도 도움이 되는 것으로 알려졌다.

6. 허혈성 심장질환

허혈성 심장질환(Ischemic heart disease, IHD)은 관상동맥이 좁아지거나 혈전 덩어리로 인해 폐색되어 심장근육에 산소가 부족하여 심장근육에 장애를 초래한 질환을 총칭한다. 협심증(angina pectoris)은 산소 부족에 의해 일시적으로 가슴 통증이 발생하는 것이고, 심근경색(myocardial infarction, MI)은 혈액 공급이 지속적으로 중단되어 심근이 괴사된 것을 말한다.

1) 원인과 증상

(1) 협심증

협심증은 심장병이 있는 사람이 운동을 하거나 정서적으로 흥분하거나, 과식을 할 때 심장근육으로의 혈류가 부족하여 가슴에 통증과 호흡곤란을 야기하는 질환이다. 차가운 날씨나 계단을 오를 때, 무거운 것을 들 때 발생하기 쉽다. 통증은 몇 초간 나타나거나 2~3분간 지속되기도 하며, 15분 이상 지속되면 협심증보다는 심근경색으로 생각한다. 일정기간 안정하면 심근의 허혈이 회복되어 증세가 사라진다. 증상으로는 흉통 이외에도 발한, 메스꺼움, 현기증 등이 있다. 일반적으로 35세 이상 남성과 폐경기 이후 여성에게서 많이 발생한다.

협심증이 경미한 경우에는 휴식을 취하거나 약물요법으로 치료가 가능하다. 그러나 흉통이 반복되다가 새로운 흉통이 발생하고, 점점 심해지거나 휴식상태에서도 흉통이 발생하는 경우에는 심근경색의 전구 증상일 수도 있으므로 치료가 중요하다. 협심증을 예방하기 위해서는 과로, 불규칙한 생활, 흡연, 흥분, 스트레스 등을 피한다.

(2) 심근경색

심근경색은 심장근육의 산소 공급 결핍으로 인해 심근이 괴사된 것으로 급성 사망률(경색 후 1시간 내에 사망)이 35~50%에 이르며, 발병 후 처음 1년 내에 10~15%가 사망하는 것으로 알려져 있다. 증상으로는 심장의 압박감, 작열감, 죄는 느낌, 질식감 등 극심한 통증을 느낀다. 이러한 증상은 가슴에서부터 시작되지만 목, 목구멍, 턱, 어깨, 팔까지 그 느낌이 퍼질 수도 있다. 보통 휴식 중일 때 발생하며 심근경색의 약 15~20%는 증상을 수반하지 않는 경우도 있으나, 대부분 급성 경색이 일어나기 전에 모호한 가슴 불편함, 허약감, 피로감, 오심, 구토나 발한 등의 전구 증상이 나타난다. 심근경색은 발생 후 1~2시간 이내에 사망할 수 있기 때문에 흉통이 발생하면 즉시 병원에 가거나 조치를 취해야 한다. 1시간 이내에 치료하면 50%가 치료 가능하나 6시간 이상 지나면 심근이 괴사되어 치료가 어렵다.

2) 치료

허혈성 심장질환의 치료목표는 협심증의 발생빈도를 줄이고 심근경색 예방 및 심장 부담 감소, 통증 및 합병증 완화 등이다.

(1) 약물치료

급성 발작 치료, 만성적 협심증 치료, 심근경색 재발 방지 등을 위해 강심제, 혈관확장제, 항혈소판제, 항응고제 등을 사용한다. 항응고제로 와파린을 사용하는 경우에는 비타민 K 섭취 조절이 필요하다 표 7-16.

표 **7-16** 심장질환 치료 약물

구분	약물	작용
수축촉진제(강심제)	digitalis계(digoxin)	심장근육의 수축력 증가, 박동 안정화
혈관확장제	nitroglycerin	혈관을 확장시켜 심근 혈류 공급, 심장 부담 완화
항응고제	wafarin	비타민 K 작용 억제
항혈소판제	aspirin	혈소판 응집 억제

*고혈압 및 이상지질혈증 치료제는 고혈압과 이상지질혈증 부분 참고

(2) 수술치료

약물에 반응을 하지 않거나 부작용 등으로 약물 치료가 어려운 경우, 고위험 관상동맥 질환이 있는 경우 등은 수술을 시행한다. 많이 이용되는 수술이 관상동맥 혈관재건술(coronary artery revascularization)로서 경피적 관상동맥중재술(percutaneous coronary intervention, PCI)과 관상동맥 우회이식술(coronary artery bypass graft surgery, CABG)로 구분된다. 경피적 관상동맥 중재술에는 풍선을 이용하여 혈관의 협착 부위를 넓히는 풍선혈관성형술, 스텐트(stent)를 삽입하여 혈관이 좁아지지 않고 유지하도록 하는 스텐트삽입술이 있다. 관상동맥 우회이식술은 환자의 혈관을 이용하여 막힌 관상동맥의 우

알아보기 풍선혈관성형술과 스텐트삽입술 비교

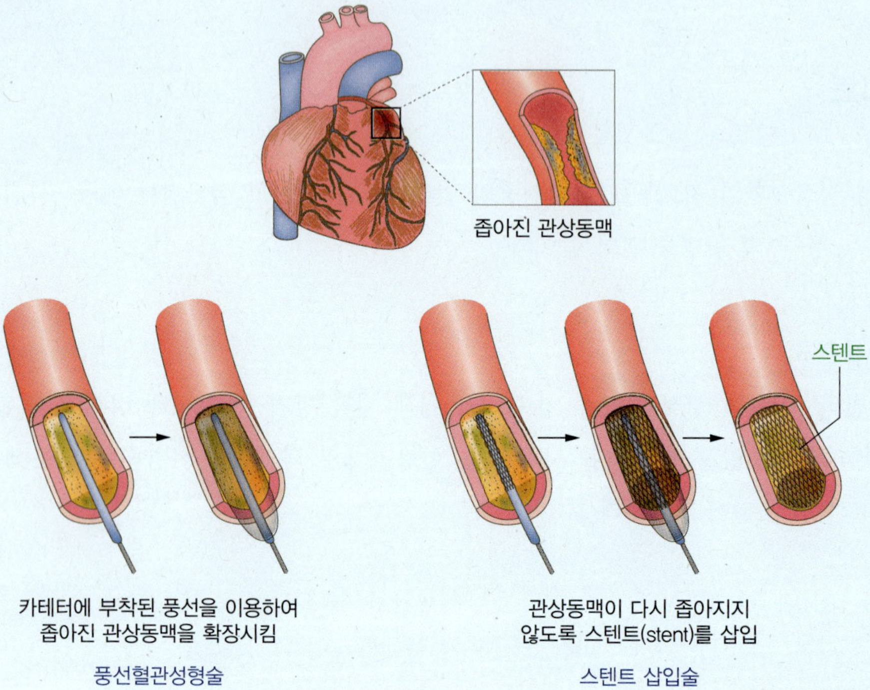

회로를 만드는 수술이다.

(3) 식사요법

허혈성 심장질환의 영양관리 목표는 심장의 안정과 휴식, 심장기능을 회복하는 것이다. 급성상태의 심근경색에서는 식사 조절에 대한 세심한 주의가 필요하며, 심장 발작 직후와 재활기로 구분하여 식사요법을 실시한다. 일상 활동이 가능해지면 이상지질혈증 예방 식사요법을 실시하여 주 원인 질병인 동맥경화증을 치료하도록 하고, 협심증은 재활기 영양치료에 준한다.

① 심장 발작 직후

심장마비가 나타난 후 며칠 동안에는 저영양상태를 권장한다. 음식을 소화·흡수·대사시키기 위해서는 많은 심장활동이 필요하기 때문이다. 심장 발작 직후 6~24시간은 금식을 하고, 금식이 끝나면 2~3일 정도 나트륨과 콜레스테롤을 제한한 500~800 kcal/일 유동식을 공급한다. 회복 정도에 따라서 연식으로 전환하며, 심장에 부담을 줄이기 위해 1,200~1,500 kcal/일을 공급한다. 환자가 비만한 경우에는 저에너지 수준을 장기간 유지하여 점차적으로 체중을 감량하도록 한다. 심장에 부담을 최소화하기 위해 상온의 부드러운 음식을 소량씩 자주 공급한다.

② 재활기

심장 발작 후 2개월 이상 경과하여 일상 활동이 가능해지면 일반식을 공급할 수 있다. 심장의 휴식과 안정을 취하면서 동맥경화 위험요인을 줄일 수 있는 식사와 생활습관 개선이 중요하다.

- 에너지 : 적정체중을 유지하는 수준으로 섭취하도록 하고, 비만인 경우에는 지속적으로 에너지를 제한하여 표준체중에 도달하도록 한다.
- 단백질 : 심장근육의 회복을 위해 단백질을 충분히 공급하며(1.2~1.5 g/kg·체중/일), 생물가가 높은 단백질을 충분히 공급한다.
- 지방 : 이상지질혈증의 지침을 따른다. 특정한 지방 대사 이상이 나타나면 개개인의 필요에 맞추어 지방의 조성을 조정한다.
- 나트륨 : 음식의 나트륨 함량은 중등 정도의 저염식(2 g/일)으로 제한하여 체액이 축적되는 것을 막아 심장의 부담을 줄이도록 한다.
- 비타민 K : 항응고제로 와파린을 사용하는 경우에는 비타민 K 섭취에 영향을 받기 때문에 녹색채소류, 콩류의 섭취 조절이 필요하다.
- 카페인과 알코올 : 카페인은 심장의 박동을 증가시키거나 불규칙하게 한다. 카페인 섭취를 제한하고 커피를 마시는 경우에는 2잔/일 이하로 한다. 과량의 알코올 섭취도 중성지방을 증가시키며 동맥경화증의 위험을 증가시키므로 주의한다.
- 식품의 질감, 온도 등 : 너무 딱딱하거나 자극적인 음식을 피하여 심장에 부담을 줄이는 것이 좋다.

7. 울혈성 심부전

심부전은 심장의 구조적, 기능적 이상으로 인해 정상적으로 혈액을 박출하지 못해 조직에 필요한 양의 혈액이 공급되지 않는 것으로, 폐나 동맥 등의 조직에 혈액이 정체되어 울혈을 야기하기 때문에 울혈성 심부전이라고 한다. 울혈성 심부전은 심혈관계질환의 말기에 주로 나타나며, 그 자체로 심장에 큰 부담을 주게 된다.

1) 원인과 증상

울혈성 심부전(congestive heart failure)의 원인으로는 허혈성 심장질환, 고혈압성 심장질환, 심근비대, 심장 판막질환, 선천성 심장질환 등 심혈관계질환으로 인해 발생하며, 그 외에도 나트륨 과다 섭취, 스트레스 등도 영향을 미칠 수 있다.

심부전은 심박출량 감소로 울혈을 야기한다. 좌심부전이 발생하면 폐로 혈액이 역류하면서 폐울혈을 야기하고 우심부전으로 이어진다. 또한 좌심부전으로 심박출량이 감

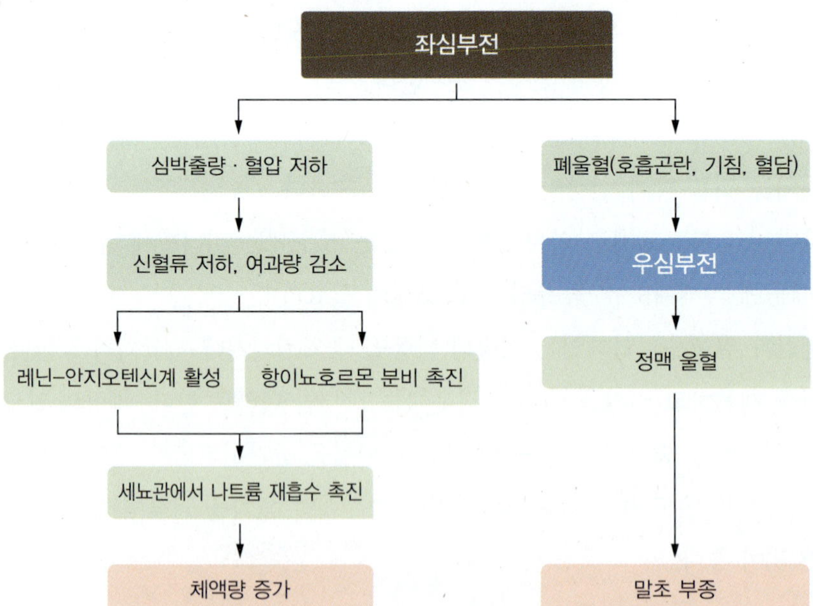

그림 **7-11** 울혈성 심부전 대사

소하면 혈압이 저하되면서 신혈류량이 감소하여 레닌-안지오텐신계가 활성화되고, 항이뇨호르몬 분비가 증가되어 신장에서 나트륨을 재흡수하여 체액량이 증가되어 부종을 일으키게 된다. 우심부전은 말초조직으로부터 돌아오는 혈액을 제대로 받아들이지 못해 정맥에 혈액이 정체되어 정맥울혈이 되며, 말초조직의 부종을 야기하고 복부기관으로 혈액이 역류되면서 복부 팽창 및 복수, 간울혈 등의 증상이 나타난다 **그림 7-11**.

울혈성 심부전의 주요 증상은 호흡곤란, 피로감, 부종 등이다. 호흡곤란은 심부전의 가장 대표적 증상으로 초기에는 활동 시에만 나타나지만, 악화되면 움직이지 않고 있어도 나타난다. 또한 부종이 심해지고 소화기관계 및 간 등에 영향을 미치면서 심부전 말기에는 식욕 부진과 소화·흡수 불량으로 인하여 극심한 영양불량 증상을 초래하는 심장악액질이 나타나게 된다.

2) 치료

울혈성 심부전의 치료목표는 심장의 부담을 최소화하고 안정을 취하며, 심장근육의 수축력을 강화시키고 부종을 제거하는 것이다.

(1) 약물치료

심부전 환자에게 사용되는 약물은 질환의 정도에 따라 심혈관계질환 치료에 이용되는 약물이 이용된다. 레닌-안지오텐신·알도스테론계 차단제, 베타 차단제, 염류코티코이드 길항제, 이뇨제, 강심제, 항응고제 등의 약물을 이용한다.

(2) 식사요법

영양관리 목표는 심장의 부담을 최소화하고 부종을 제거하는 것이다. 과식을 피하며 정상체중을 유지하도록 하고, 부종을 제거하기 위해 이뇨제 등의 약물 투여 시 저칼륨혈증을 예방하도록 한다.

- 에너지 : 비만하거나 과체중일 경우에는 체중을 줄여 심장에 부담을 줄일 수 있도록 에너지 공급을 줄이고, 심부전이 중증인 경우에도 에너지 섭취를 제한해서 심장의 부담을 줄인다. 비만이거나 중증 심부전일 경우에는 1,000 kcal/일 내외의 에

너지를 공급하다가 회복 정도에 따라 에너지 섭취를 증가시킬 수 있다.

저체중이거나 심장악액질이 있는 경우에는 에너지를 충분히 공급하여 표준체중으로 회복되도록 한다. 그러나 과식을 하면 위가 늘어나 횡격막을 압박해 심장에 부담을 줄 수 있고, 소화기능 증진으로 심장활동이 증가하기 때문에 소량의 식사를 자주 섭취하는 것이 바람직하다.

- 단백질 : 위·장관계와 간의 울혈 및 기능장애로 인하여 단백질 흡수 저하, 알부민 합성 감소, 체단백 분해가 일어나므로 단백질을 충분히 공급한다. 단백질을 1.2~1.5 g/kg·체중/일 공급하나, 중증일 때는 1 g/kg·체중/일로 감량하고 양질의 단백질을 공급하도록 한다.
- 지방 : 심혈관계질환의 위험을 낮추기 위해 콜레스테롤, 포화지방을 낮추고 불포화지방산의 섭취를 늘인다. 이상지질혈증 식사지침을 참고한다.
- 나트륨 : 울혈 및 부종 치료를 위해 나트륨 섭취량은 2 g/일 이하로 줄이고, 중증일 경우에는 0.5~1 g/일로 줄인다. 개인의 심부전의 정도와 부종 정도에 따라 나트륨 섭취량을 조절한다.
- 비타민과 무기질 : 심장근육을 강화시키는 강심제, 이뇨제, 혈관확장제 등의 사용으로 인하여 칼륨, 마그네슘, 수용성 비타민 배설이 증가하므로 비타민과 무기질을 보충해야 한다. 특히 하루 섭취에너지가 1,200 kcal 미만인 경우에는 영양 보충제 섭취가 필요하다.
- 식이섬유 : 이뇨제 사용과 운동 제한으로 인해 변비가 생기기 쉬우므로 식이섬유를 적절히 섭취한다. 그러나 장내 가스를 생성하는 채소는 심장에 부담을 줄 수 있으므로 제한한다.
- 수분 : 환자의 신장기능과 심장의 상태에 따라 수분 공급량이 결정되나, 일반적으로 체액의 과다 저류를 해소하기 위해 1,500 mL/일로 제한하고 2,000 mL/일을 넘지 않도록 한다.
- 음식의 질감과 식사형태 : 음식을 섭취하는데 최소한의 신체활동을 하도록 부드러운 질감을 가진 음식을 4~6회/일로 나누어서 소량씩 천천히 섭취하도록 한다.

8. 뇌졸중

동맥경화증과 고혈압은 뇌혈관에도 영향을 미치게 된다. 뇌혈관질환은 어떤 혈관이 영향을 받느냐에 따라 증상이 달라지는데, 작은 혈관에 문제가 발생하는 경우에는 일과성 뇌허혈(transient ischemic attacts, TIAs)이 나타나며, 큰 혈관에 문제가 발생하면 뇌졸중(cerebrovascular accident, stroke, CVA)을 일으킨다. 뇌졸중은 노인의 사망 원인 1위이고, 일단 발병하면 심각한 장애를 초래하기 때문에 예방과 제때 치료가 중요하다.

1) 원인과 증상

뇌졸중은 허혈성 뇌졸중(ischemic stroke, 뇌경색)과 출혈성 뇌졸중(hemorrhagic stroke, 뇌출혈)으로 구별된다. 뇌경색은 뇌동맥이 경화되거나 혈전 덩어리가 뇌혈관을 막아 뇌가 손상되는 경우이며, 뇌출혈은 약해진 뇌혈관이 동맥경화나 고혈압에 의해 터지는 것을 말한다. 우리나라는 서양과 비교할 때 뇌경색보다 뇌출혈 발생률이 더 높다 **그림 7-12**.

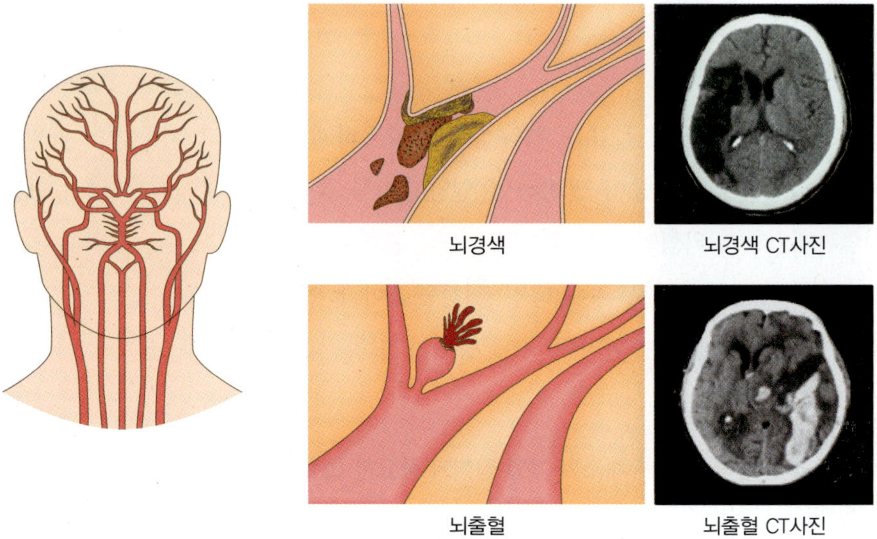

그림 **7-12** 뇌혈관 구조 및 뇌경색, 뇌출혈

뇌졸중의 최대 위험요인은 고혈압이며, 연령 증가와 함께 발생률이 증가한다. 심혈관계 질환의 위험요인과 마찬가지로 이상지질혈증, 흡연, 당뇨 등이 뇌졸중의 위험요인이다.

뇌졸중의 합병증으로 혈관성 치매, 편측 마비, 인지기능장애, 연하곤란, 언어장애, 시각장애 등의 심각한 장애를 초래하기 때문에 예방과 제때 치료가 중요하다.

2) 치료

뇌졸중의 최선의 치료는 예방이다. 예방 및 재발을 방지하기 위해서는 항응고제, 항혈소판제 등을 이용한 지속적인 약물치료와 함께 고혈압, 이상지질혈증, 당뇨병 등의 위험요인을 조절하고, 금연, 절주, 운동, 스트레스 저하, 식생활 등의 생활습관 교정이 중요하다.

뇌졸중이 의심되는 급성 두통, 구토, 메스꺼움 등의 전조 증상이 나타나면 바로 병원에 가야 한다. 뇌졸중이 발생하면 황금시간이라 불리는 3시간 이내에 응급처치를 해야 하며, 6시간 이상 경과하면 치료가 어렵다.

(1) 약물치료

항혈전제(항혈소판제, 항응고제)를 사용하며, 고혈압, 심부전 치료약물을 참고한다.

(2) 식사요법

뇌졸중 환자의 영양관리 목표는 영양상태를 양호하게 유지하고 뇌졸중의 재발을 방지하는 것이다. 일단 뇌졸중이 발병하면 영양관리를 통해 치료하기가 어렵기 때문에 평소 심혈관계질환의 위험인자를 줄이는 생활습관이 중요하다.

뇌졸중의 정도와 발생 부위에 따라 저작곤란이나 연하곤란 등의 섭식장애를 야기하는 경우가 많으며, 뇌졸중 환자의 50% 정도가 연하곤란을 겪는다. 연하능력에 따른 적

알아보기 **뇌졸중에 다양한 채소와 과일 섭취가 중요한 이유는?**

채소와 과일에는 항산화 비타민, 식이섬유가 풍부할 뿐만 아니라 피토케미칼이 풍부하여 뇌졸중의 위험을 줄이는 것으로 알려져 있다. 다양한 색깔의 채소를 섭취하면 강력한 항산화작용을 하는 많은 피토케미칼을 섭취할 수 있다.

절한 식사 제공, 혈압 강하를 위한 나트륨 제한, 동맥경화증의 진행을 막기 위한 포화지방산과 콜레스테롤 제한이 영양관리의 중요 내용이다.

① 음식 공급방법

- 영양지원 및 음식 공급방법 결정 : 뇌졸중 발병 직후 탈수에 주의하며, 메스꺼움이나 구토가 사라지면 유동식부터 단계별로 실시할 수 있다. 그러나 의식장애가 있는 경우에는 경관급식을 실시해야 하며, 연하장애가 있는 경우에는 연하곤란식을 실시해야 한다.
- 연하곤란식 제공 : 뇌졸중 환자에게 음식을 공급하기 전에 저작기능이나 연하기능에 문제가 있는지 확인해야 한다. 연하곤란은 뇌졸중 환자에게 흔히 나타나는 합병증으로 환자 영양실조의 주요 원인이며, 음식물의 기도 흡인 및 호흡기 감염을 초래하여 뇌졸중 사망의 직접적인 원인이 되기도 한다. 환자의 연하능력을 평가하여 음식의 점도를 조절해야 하고, 상체 직립 상태에서 식사하도록 한다. 연하곤란식에 대한 내용은 3장을 참고한다.

② 영양관리

- 에너지, 지방, 단백질 : 고혈압 식사지침을 참고한다.
- 비타민 : 뇌졸중 예방 및 재발 방지를 위해 항산화 비타민, 엽산, 비타민 B_{12}, 비타민 D 등을 충분히 섭취한다.
- 무기질 : 고혈압을 방지하기 위해 나트륨을 줄이고(2 g/일 이하), 칼륨, 칼슘, 마그네슘 등을 충분히 섭취한다.
- 식이섬유 : 변비 예방을 위해 식이섬유를 충분히 섭취한다(25 g/일 이상).

9. 저혈압

저혈압(hypotension)은 수축기 혈압이 100 mmHg 이하 또는 확장기 혈압이 60 mmHg 이하로 낮아진 상태를 말하며, 고혈압에 비해 합병증이 적은 편이다.

1) 원인과 증상

혈압이 낮아지는 이유는 심박출량이 감소하거나 말초혈관 저항 감소, 순환혈액량 감소 등을 들 수 있다. 원인으로는 뚜렷한 증상 없이 발생하는 본태성 저혈압, 심장 쇠약, 폐결핵, 암, 빈혈, 내분비질환 등의 질병에 의하거나 위하수체, 영양 부족, 출혈, 유전, 기온 등에 의해서도 나타난다. 증상으로는 무기력감, 피로, 어지러움, 두통, 불면, 수족냉증 등이 나타난다.

2) 치료

충분한 영양을 공급할 수 있도록 고에너지, 고단백, 고비타민 식사를 하루 세 끼 이상 섭취하도록 한다. 위장질환이나 신경증을 동반한 환자가 많으므로 소화·흡수가 잘되는 우유, 달걀, 생선 등을 권장하며, 신선한 채소과 과일, 수분을 충분히 섭취하도록 한다. 규칙적이고 균형 잡힌 식사가 중요하고 가벼운 전신체조나 마사지를 통해 몸을 따뜻하게 한다.

이상지질혈증 환자 사례 연구

대상자

남자 42세, 건설사 영업직

병력, 약 복용력, 가족력

신경과 진료 중, 2012년 뇌경색 입원
이상지질혈증 약 atorvastatin 10 mg 복용
고혈압(부), 당뇨병(모)

신체 계측

Ht 174 cm, Wt 84.5 kg, BMI 27.8 kg/m^2, %IBW 127%, BP 135/91 mmHg

생화학적 자료

T-chol 221 mg/dL, LDL-chol 132 mg/dL, HDL-chol 44 mg/dL, TG 364 mg/dL,
FBS 123 mg/dL

생활습관, 운동/활동량

금연, 주 2회 2병 이상 음주, 주 3회 걷기

식품 및 영양소 섭취, 식사력

- 밥 : 아침 반 공기, 점심 1공기, 저녁 반 공기, 라면·냉면 주 5회 선호
- 육류 : 주 2~3회 1인분, 가공육류 1~2회, 닭고기 주 1~2회, 생선 주 2~3회
- 국, 찌개류 거의 매끼니, 채소류 일 1~2회, 과일 주 3~4회
- 소주, 맥주 주 2~3회 2병 이상, 외식 주 3회 이상(찌개류, 탕류, 중식 위주)
- 영양 섭취 : 1,830 kcal, 당질:단백질:지방 = 46:24:30, 술 21%, 나트륨 3,729 mg, 콜레스테롤 282 mg

1. 이 환자의 검사결과와 체위 측정결과, 식사내용을 참고로 하여 식생활을 분석하고 영양상태를 평가하시오.

2. 이 환자가 식습관을 개선하지 않을 경우 예상되는 건강상의 문제점에 대해 설명하시오.

3. 이 환자에게 적합한 영양처방을 하고 식사를 계획하시오.

CHAPTER **8**

신장질환

1. 신장의 구조와 기능
2. 신장질환의 진단과 증상
3. 신증후군
4. 사구체신염
5. 신부전
6. 투석
7. 신장이식
8. 신결석

학습목표

1. 비뇨기계의 구조와 기능을 설명할 수 있다.
2. 신장질환의 종류와 증상을 설명할 수 있다.
3. 신장질환의 영양관리 원칙을 설명할 수 있다.

신장질환(콩팥병)은 암이나 심혈관계질환과 달리 주요 사망원인이 아니고, 지난 수십 년 동안 투석, 장기이식 등 획기적인 치료방법의 발달로 인해 신장질환자의 수명이 연장되고 있다. 그러나 신장질환은 여전히 매우 소모적이고 지속적인 질병이다. 신장질환의 치료 목적은 수명 연장과 삶의 질 향상이며, 영양치료는 이런 목적 달성을 위해 필수적이다.

1. 신장의 구조와 기능

1) 구조

신장은 후복막에 위치한 한 쌍의 장기로 강낭콩 모양으로 생겼으며, 제12흉추와 제3요추 사이의 후복벽에 좌우로 하나씩 위치하고 있다. 오른쪽 신장은 간으로 인해 왼쪽 신장보다 약간 아래에 위치한다. 성인 신장 한 개의 무게는 약 120~150 g이다. 신장은 바깥쪽의 피질, 안쪽의 수질, 가운데의 신우로 이루어져 있다. 한쪽 신장은 약 100만 개의 네프론으로 구성되어 있는데, 네프론은 신장의 해부학적·기능적 단위이다. 네프론은 사구체(glomerulus), 보우만주머니(Bowman's capsule), 근위세뇨관(proximal tubule), 헨레고리(Henle's loop), 원위세뇨관(distal tubule), 집합관(collecting duct)으로 구성되어 있다 **그림 8-1**. 피질 부위에는 주로 사구체, 보우만주머니, 근위세뇨관이 밀집해 있고, 수질 부위에는 헨레고리, 원위세뇨관, 집합관이 포함되어 있다.

신장으로 들어온 혈액은 네프론을 통과한다. 네프론은 혈액성분 중 적혈구와 단백질을 제외한 물질들을 여과하고, 여과된 물질 중 필요한 것은 신세뇨관에서 재흡수하며, 산-염기 평형을 유지하기 위해 여분의 이온들을 분비하고, 또한 불필요한 물질들은 요를 통해 배설한다. 이와 같은 기능을 수행하기 위하여 네프론은 독특한 구조를 가지고 각각의 고유 기능을 통해 체내 항상성을 유지한다. 사구체는 네프론의 머리부분에 해당하는 모세혈관 덩어리로서, 이 모세혈관을 통해 여과작용이 일어난다. 사구체는 컵 모양의 막(membrane)인 보우만주머니에 단단하게 고정되어 있다. 보우만주머니와 연결된 세뇨관은 신장 신우(pelvis)의 끝을 향해 꼬불꼬불 구부러져 있다. 근위세뇨관에서는

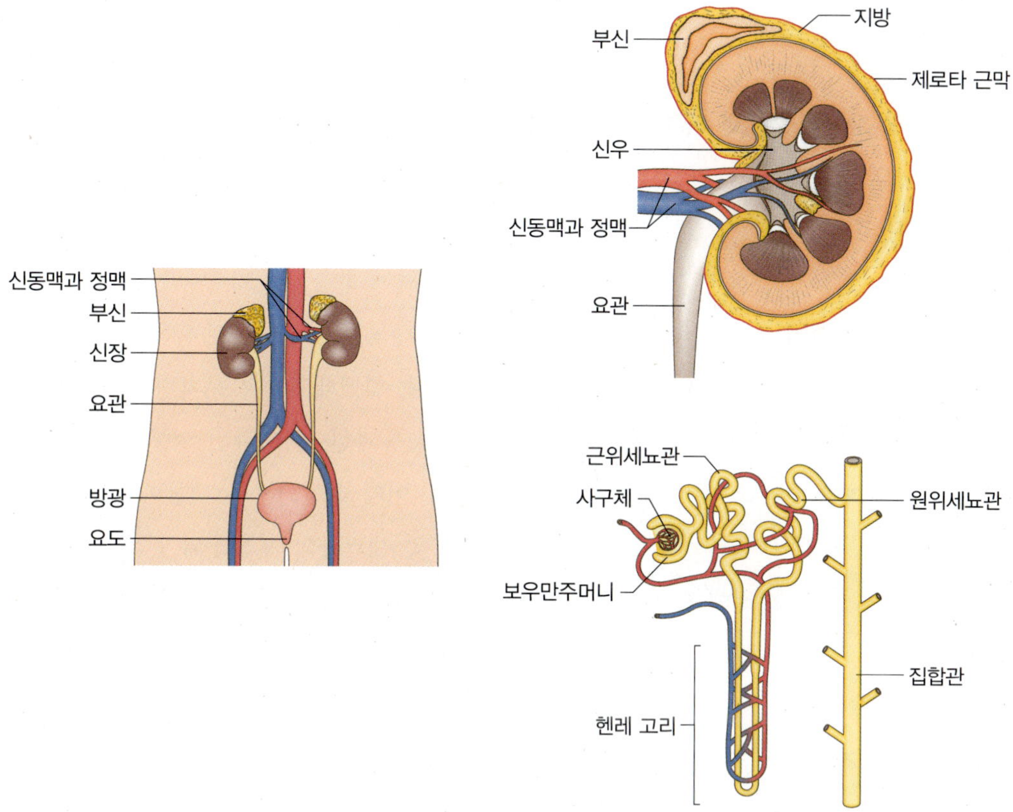

그림 **8·1** 비뇨기계와 신장, 네프론의 구조

포도당과 아미노산의 100%, 수분의 80~85%, 나트륨, 칼륨, 염소, 그리고 기타 대부분의 물질 등 주요 영양소의 재흡수가 일어난다. 헨레고리는 근위세뇨관의 수질에서 머리핀처럼 굽어서 고리를 이룬 것이다. 헨레고리는 근위세뇨관보다 가늘고 수질로 직진하는 하행지와 수질에서 역행하여 피질로 향하는 상행지의 두 개 부분으로 구성된다. 헨레고리에서 대부분의 수분을 재흡수하여 요를 농축시킨다. 원위세뇨관은 수소이온을 분비하여 산-염기 평형과 수분 평형을 이루는 기능을 한다. 집합관에서는 수분이 항이뇨호르몬(antidiuretic hormone, ADH)과 주변 간질액의 삼투압의 작용에 의해 재흡수된다. 최종 요의 양은 처음에 여과된 수분과 용질의 약 0.5~1.0%에 불과하다. 이렇게 형성된 요는 신우와 요관을 거쳐 배설된다.

2) 기능

신장의 기능은 네프론에 의해 수행되며 배설, 내분비, 대사적 기능을 통하여 노폐물의 배설, 산-염기 평형, 수분과 전해질 균형 등 체내 항상성을 유지하는데 가장 중요한 역할을 한다.

(1) 요 생성 및 배설

사구체에서는 150~180 L/일의 혈장성분이 여과된다. 혈액세포들과 분자량이 큰 단백질은 여과되지 못하며, 수분이나 작은 용질들은 쉽게 통과한다. 여과된 성분은 세뇨관에서 약 99% 재흡수되고 나머지는 체외로 배설된다. 이때 배설되는 노폐물에는 요소, 요산, 암모니아, 크레아티닌 등이 있다. 사구체 여과 및 세뇨관의 재흡수와 분비기능을 통하여 체액량, 삼투압, 전해질 균형, 산-염기 평형 등이 조절된다.

(2) 혈압 조절

혈압이 낮아지면 레닌-안지오텐신-알도스테론계를 통하여 혈압 상승이 유도되고, 항이뇨호르몬의 작용으로 삼투압을 조절하여 혈압을 정상 수준으로 조절한다.

(3) 조혈작용

신피질의 간질세포에서는 골수에서 적혈구 생성을 촉진하는 호르몬인 에리트로포이에틴을 분비한다. 만성신부전 환자는 에리트로포이에틴의 감소로 인해 빈혈이 발생하게 된다.

(4) 무기질 평형 유지

신장은 칼슘, 인, 비타민 D의 대사에 관여한다. 근위세뇨관 세포에서 비타민 D의 1번 위치에 수산화반응이 일어나 1,25-디하이드록시 비타민 D_3〔$(1,25\text{-}(OH)_2D)$〕로 전환되어 활성형 비타민 D가 되고, 이것은 장에서 칼슘과 인의 흡수를 증가시킨다.

2. 신장질환의 진단과 증상

1) 진단

(1) 요검사

신장기능에 이상이 생기면 요성분이 변화할 수 있다. 그러므로 신장병 진단에 요검사가 이용된다. 신장과 요도 질환일 경우 적혈구, 백혈구, 미생물, 포도당, 단백질 등이 요로 배설된다. 요의 산성도, 비중, 삼투질 농도, 산-염기 평형, 색, 냄새도 신장병 진단에 이용된다 표 8-1.

표 8-1 요검사

검사	정상치	신장질환 시
색	미색	요에 함유된 물질에 따라 색 변화 : 흰색, 적색, 갈색 등
비중	1.005~1.030	세뇨관의 요 농축기능 감소 시 비중 낮아짐(희석뇨)
pH(산도)	4.5~8.0	만성신부전 시 대사성 산증 발생
단백뇨	미검출	150 mg/일 이상 단백질 배설 시 단백뇨라 함 사구체 손상, 세뇨관 재흡수 이상일 때 알부민 등 단백질 배설
혈뇨	미검출	사구체, 세뇨관, 요로 손상 시 혈뇨 발생

(2) 혈액검사

신장기능이 비정상인 경우 신장에서 배설되어야 할 물질들이 혈액에 축적되므로 이러한 물질들의 농도를 측정하여 진단에 이용한다. 혈액검사는 비교적 간단하고 비용이 저렴해서 신장질환 판정에 많이 사용된다 표 8-2.

- 크레아티닌 : 근육 내 인산크레아틴(phosphocreatine)의 분해산물로, 근육량에 비례해서 생성되며 요로 배설된다. 신장기능이 감소하면 크레아티닌의 농도가 증가한다.
- 혈액요소질소(BUN) : 신부전 시 요소 배설이 저하되어 혈액요소질소 농도가 증가한다.
- 요산 : 퓨린 대사의 최종산물로, 신장기능이 감소함에 따라 요산 농도가 증가한다.

표 **8-2** 혈액검사

검사	정상치	신장질환 시
크레아티닌	0.6~1.5 mg/dL	증가
혈액요소질소	4~22 mg/dL	증가
요산	4.0~8.5 mg/dL	증가
나트륨	136~145 mEq/L	-
칼륨	3.5~5.0 mEq/L	증가
칼슘	9~11 mg/dL	감소
인	2.5~4.7 mg/dL	증가
헤마토크릿	남 : 35~39%, 여 : 34~36%	감소

(3) 신장기능검사

신장기능 측정에 가장 많이 사용되는 것은 사구체여과율(glomerular filtration rate, GFR)이다. 사구체여과율은 신장이 일정 시간 동안 특정 물질을 제거할 수 있는 혈장량을 의미하며, 신장기능을 가장 잘 반영하는 지표로서 신장기능 저하 시 감소되고, 신장질환의 경중 평가, 경과 및 치료효과 판정 등에 이용된다. 정확하게 사구체여과율을 측정하려면 이눌린(inulin)이나 동위원소(^{125}I-iothalmate) 등을 주사하여 그 배설률을 측정하여야 하나, 그 과정의 번거로움 때문에 실제 진료 현장에서 널리 쓰기에는 어려움이 있다. 이를 대신하여 크레아티닌 제거율을 사구체여과율의 추정값으로 많이 사용한다. 크레아티닌 제거율의 정상치는 남자 110~150 mL/분, 여자 105~132 mL/분이다.

(4) 영상검사 및 조직검사

X-선 촬영, 초음파, 컴퓨터단층촬영, 자기공명영상, 혈관조영술 등을 통하여 신장의 크기, 면적, 위치 등 비뇨기계 구조의 문제점을 시각적으로 조사할 수 있고, 신장조직 생검을 실시할 수도 있다.

2) 일반증상

- 단백뇨 : 정상 사구체는 단백질과 같이 분자량이 큰 물질이 여과되지 않으나, 사구체에 염증이 생겨 사구체 막의 구멍이 커지면 단백질이 여과된다. 이렇게 여과된

단백질은 대부분 세뇨관에서 다시 재흡수되나, 여과된 양이 많은 경우 요로 배설된다. 정상인의 요 단백질은 150 mg/일 미만이다. 일반적으로 500 mg/일 이상의 단백질이 배설될 때 단백뇨라 하고 그 이하는 미세단백뇨라 한다.

- 혈뇨 : 요로 배설되는 단백질에는 적혈구, 백혈구 등의 혈구단백질과 알부민, 글로불린 등의 혈장단백질, 그리고 신장의 상피세포나 세균 등이 있다. 신장염, 신결석, 요로계통 질환에서 적혈구가 배설되는 혈뇨는 흔한 증상이다.
- 부종 : 신장질환의 부종은 얼굴, 특히 눈 주위에 많이 나타난다. 여기에 심장성 부종이 더해지면 하지와 전신에 부종이 나타나고, 이후 흉수와 복수 증세가 나타나게 된다 표 8-3.

표 **8-3** 신장질환에서 부종의 원인과 기전

원인	기전
사구체 장애	사구체여과율 감소 → 핍뇨 → 나트륨·수분 보유 → 부종
신혈류량 감소	레닌-안지오텐신계 활성화 → 알도스테론 분비, 항이뇨호르몬 분비, 혈관 수축, 갈증중추 자극 → 나트륨·수분 보유 → 부종, 고혈압
단백뇨	저알부민혈증 → 삼투압 저하 → 혈액에서 세포간질액으로 수분 이동 → 부종

- 고혈압 : 신장질환자는 신혈류량 감소 및 사구체여과율 감소로 고혈압이 발생하는데 이는 신경화증과 신부전을 가속화시킨다.
- 빈혈 : 신부전 환자는 신장에서 분비하는 에리트로포이에틴의 부족으로 적혈구 생성이 감소하여 빈혈 증상이 나타나기 쉽다.
- 핍뇨와 다뇨 : 하루 요량이 200 mL 이하인 경우 무뇨, 500 mL 이하인 경우 핍뇨라 하고, 2,000 mL 이상인 경우를 다뇨라 한다. 급성신부전에서 핍뇨 증상이 나타나며, 만성신부전에서는 신장기능이 80% 이하로 떨어지기 전까지는 다뇨 증상을 보이다 이후 신장기능이 더 감소하면 핍뇨 증상이 나타난다.
- 고질소혈증 : 혈중 질소화합물은 단백질을 제외하고는 주로 요소이고, 나머지가 요산, 크레아티닌, 아미노산, 암모니아 등이다. 이들은 대부분 신장을 통해 배설되는데, 신장질환에서는 이러한 노폐물의 배설능력이 감소하여 혈중 질소화합물 농도가 증가한다.

3. 신증후군

1) 원인

신증후군(nephrotic syndrome)은 신증(nephrosis)이라고도 하며, 사구체 모세혈관의 손상으로 사구체의 투과성이 증가하여 혈중 단백질이 여과되어 요로 배설되는 특징을 가진 신장질환이다. 이것은 단일 질병이 아니라 많은 신장질환에서 볼 수 있는 증상의 하나로서 요 단백질이 3.5 g/일 이상 배설되는 모든 신장장애를 통틀어 일컫는다. 신장의 감염, 신장혈관의 혈전, 당뇨병성 신증, 암, 약물 중독, 중금속 오염 등이 원인이 될 수 있다.

2) 증상

- 단백뇨 : 사구체의 투과성이 증가하여 정상 네프론에서는 여과되지 않는 단백질이 사구체에서 여과되어 배설되므로 단백뇨 증상을 보인다. 심한 경우에는 3.5~30.0 g/일의 단백질이 요로 배설된다. 주로 알부민이 다량 손실되며, γ-글로불린, 트랜스페린, 세룰로플라스민, 티록신-결합단백질이 소량 손실된다.
- 저단백혈증 : 요로 단백질 배설이 심해지면 저단백혈증이 나타난다. 저단백혈증은 각종 영양 불량상태를 유발하므로 신증후군 환자의 영양상태는 일반적으로 불량하다.
- 부종 : 부종과 복수도 일반적으로 나타나는 증상이다. 단백질 손실에 따른 혈청 알부민 농도 감소에 따라 교질삼투압이 감소하고 혈액의 수분이 간질액으로 이동한다. 혈량이 감소하므로 신혈류와 혈압이 감소하고 레닌-안지오텐신-알도스테론계를 자극하여 원위세뇨관에서 나트륨과 수분의 재흡수가 증가하여 부종이 악화된다.
- 이상지질혈증 : 이상지질혈증도 일반적인 증상으로, 혈청 콜레스테롤, LDL-콜레스테롤, 인지질, 중성지질 농도가 증가한다. 따라서 장기간 신증후군을 앓은 환자는 심혈관계질환 위험이 높다. 단백뇨가 심할수록 이상지질혈증이 심하다. 가끔은 지방이 요로 배설되어 지질뇨증을 보이기도 한다.
- 기타 증상 : 허약, 식욕 부진, 두통, 핍뇨 증상이 나타난다. 단백질 손실은 간에서의 지방분해와 조직분해를 초래하여 근육과 연조직이 소모되나 부종으로 인해 조직

소모가 가려질 수 있다. 단백질 손실로 많은 생리적 활성 단백질과 단백질-결합 미량 물질들의 수준이 감소되므로 영양 불량상태가 된다.

3) 식사요법

신증후군 영양관리 목표는 저단백혈증, 이상지질혈증, 부종 등 영양불량의 주요 증상들을 조절하는 것이다 표 8-4.

- 에너지 : 충분히 섭취하여 단백질이 조직 합성에만 쓰일 수 있도록 한다. 식욕이 부진한 편이므로 개인의 식습관에 맞춰 충분한 식사를 하도록 한다.
- 단백질 : 양질의 단백질을 0.6~0.8 g/kg으로 주며, 단백뇨가 심할 경우 1.5 g/kg의 고단백식사를 준다. 과거에는 3~4 g/kg의 고단백식사를 권장하여 혈중 단백질 농도를 증가시키고자 하였으나, 고단백식사가 단백뇨로 인한 단백질 손실을 보상하지 못하며, 오히려 신장기능 저하를 촉진할 우려가 있어 지금은 과도한 고단백식사를 추천하지 않는다.
- 지방 : 이상지질혈증 예방 및 치료를 위해 포화지방, 콜레스테롤, 단순당이 적은 식사를 권장한다. 그러나 신증후군 환자의 이상지질혈증이 식사로 인한 것이 아니므로 식사요법만으로 혈중 지질 농도를 조절하기는 어렵다.
- 나트륨 : 부종을 감소시키기 위한 이뇨제의 사용과 더불어 나트륨 제한이 필요하다.

표 **8-4** 신증후군 환자의 영양지침

영양소	영양지침
에너지	• 표준체중 유지에 적합한 에너지 공급 • 35 kcal/kg·표준체중/일
단백질	• 크레아티닌과 요소 농도가 정상일 때 : 0.8~1.0 g/kg·표준체중/일 • 사구체여과율 감소 시 : 0.8 g/kg·표준체중/일 + 요단백질 배설량 • 단백뇨가 심할 때 : 1.5 g/kg·표준체중/일 • 영양불량일 때 : 고단백식사 공급
지방	• P:M:S = 1:1:1 • 콜레스테롤 : ≤ 300 mg/일
나트륨	• 부종이 심할 때 : 500 mg/일 이하의 무염식 • 부종이 빠지는 회복기 : 1,000~2,000 mg/일

4) 약물치료

신증후군에서 나타나는 다양한 증상을 정상화하기 위해 증상에 따른 약물을 처방한다. 이뇨제, 항고혈압제, 이상지질혈증 치료제, 스테로이드계 항염제가 일반적으로 처방된다.

4. 사구체신염

1) 원인

사구체신염(glomerulonephritis)은 사구체 모세혈관의 염증으로, 급성 형태는 3~10세 어린이에서 주로 발생한다. 급성사구체신염은 대개 완치되지만, 잘 치료하지 않은 경우 만성신부전으로 진행될 수 있다. 사구체신염은 박테리아나 바이러스 감염이 주된 원인이나 자가면역이 문제가 되기도 한다. 혈액 내에 항원-항체 복합체(antigen-antibody complex)가 많아지면, 이들 복합체들은 네프론의 상피세포와 사구체 기저막에 축적되어 사구체신염의 원인이 될 수 있다.

2) 증상

- 단백뇨와 혈뇨 : 사구체신염의 일반적인 증상으로, 단백질과 적혈구가 요로 배설된다.
- 부종 : 나트륨과 수분 보유, 혈량의 증가로 부종이 빈발한다.
- 빈맥과 혈압 상승 : 약간의 고혈압 증세를 보인다.
- 원주뇨(cylinduria) : 요에 있는 적혈구와 단백질이 응고되어 전(plug) 또는 원주(casts)가 형성되고 이것이 배설된다.
- 기타 증세 : 사구체여과율 감소, 세뇨관기능 감소, 식욕 부진이 동반된다. 급성인 경우 핍뇨 또는 무뇨 증상을 보인다.

3) 식사요법

(1) 급성인 경우

합병증이 없는 급성사구체신염의 경우 식사요법은 중요하지 않다. 주요 치료는 휴식과 약물(항생제)치료이다. 임상 증상은 대개 2~3일 내에 없어진다. 핍뇨 또는 무뇨가 일어나지 않는 한 적정 에너지와 단백질을 준다. 수분은 구토나 설사로 손실되는 양에 맞춰 공급한다. 나트륨은 부종, 고혈압 또는 핍뇨가 없는 한 제한하지 않는다.

(2) 만성인 경우

질병이 장기화되면 단백질, 당질, 나트륨, 칼륨, 그리고 수분 조절이 필요하다 표 8-5.

- 단백질 : 혈액요소질소가 증가하고 핍뇨현상이 나타나면 단백질을 제한한다. 대개 0.5 g/kg의 양질의 단백질을 준다. 혈액요소질소 수준이 정상인 환자는 1 g/kg의 단백질을 줄 수도 있다.
- 당질 : 당질을 충분히 공급하여 에너지 요구량을 충족시킴으로써 단백질 분해와 케톤증을 방지한다.
- 나트륨 : 나트륨은 핍뇨의 정도에 따라 제한한다. 부종, 핍뇨, 수분 보유현상이 일어나면 나트륨과 수분을 제한한다. 나트륨은 1,000 mg/일 이하로 제한하고 회복됨에 따라 섭취량을 증가시킨다.

표 **8-5** 만성사구체신염 환자의 영양지침

영양소	영양지침
에너지	• 표준체중 유지에 적합한 에너지 공급 • 35 kcal/kg·표준체중/일 • 에너지는 주로 당질로 공급
단백질	• BUN 증가, 핍뇨 증상 있을 때 : 0.5 g/kg·표준체중/일 • BUN 정상일 때 : 1 g/kg·표준체중/일
지방	• 케톤증, 이상지질혈증, 동맥경화증 예방 위해 지방은 적당량 섭취
나트륨	• 핍뇨기 : ≤1,000 mg/일 • 이뇨기 : 1,000~2,000 mg/일 • 회복기 : 2,000~3,000 mg/일
칼륨	• 핍뇨기 : 칼륨 제한
수분	• 전날 소변량 + 500 mL

- 칼륨 : 심한 핍뇨와 함께 칼륨의 신장제거율이 저하되어 혈중 칼륨 농도가 높아지면 칼륨을 제한한다.
- 수분 : 수분은 요를 배설시키는 신장기능이 회복될 때까지 제한한다. 수분 섭취는 '전날 소변량+500 mL'로 제한한다.

4) 약물치료

치료 약물로는 항생제, 고혈압제, 이뇨제, 스테로이드제 등이 사용된다.

5. 신부전

신부전(콩팥병, renal failure)은 사구체여과율의 감소나 세뇨관 손상 등으로 신기능이 저하되는 질환이다. 급성과 만성으로 나뉜다.

1) 급성신부전

급성신부전(acute renal failure)은 신장기능이 갑자기 저하되는 현상으로 질소 노폐물의 축적과 사구체여과율의 급속한 감소에 기인한다. 대부분 신장병력이 없던 환자에서 급성으로 발생한다. 사망률은 신독소에 의한 급성신부전의 경우 10~30%, 패혈증이나 수술 후 합병증으로 인한 경우에는 40~80%로 매우 높다. 이와 같이 급성신부전은 급속하게 신기능이 감소되는 위급한 상황이지만, 만성신부전과 달리 회복이 가능한 경우가 많다. 그러나 일부 환자는 완전히 회복되지 못하고 만성신부전으로 진행된다.

(1) 원인

급성신부전은 외상, 출혈, 감염, 유해물질 등에 기인하며 기능 손상의 원인과 부위에 따라 신전성, 신성, 신후성으로 구분한다. 신전성은 신장으로의 혈류 감소로 인해 사구체여과율이 감소하는 것으로 네프론 조직의 손상이 없어 혈류량을 정상화 하면 신장기능

표 **8·6** 급성신부전의 원인

원인(발생비율)	특징
신전성(60~70%)	• 신혈류량이 감소한 경우 – 탈수, 출혈, 과도한 이뇨 등으로 인한 혈량 감소 – 심장질환으로 불충분한 심박출량 – 패혈증 등으로 인한 순환부전
신성(25~40%)	• 신장 내부에 문제가 있는 경우 – 사구체질환(사구체신염), 세뇨관질환(세뇨관 괴사 또는 폐색), 신혈관질환(신경화) 등
신후성(5~10%)	• 신장에서 생성된 요 배출통로에 문제가 생긴 경우 – 신결석, 요로 폐색, 전립샘 종양 등

도 회복된다. 신성은 사구체나 세뇨관의 손상에 의하여 신장의 조직학적 변화를 수반한다. 따라서 원인이 제거되어도 신기능 회복은 수주 혹은 수개월에 거쳐서 서서히 일어난다. 신후성은 세뇨관 이하 부위의 손상으로 보우만강의 내압이 증가하여 사구체여과율이 감소한다 표 8-6.

(2) 증상

급성신부전 환자의 임상 증세는 3단계로 나누는데 초기에는 요량이 감소하고 단백뇨가 나타나는 핍뇨기를 거쳐 환자가 회복됨에 따라 요량이 증가하는 이뇨기가 나타나고, 서서히 신기능이 회복되는 회복기를 거쳐 치료된다 표 8-7.

표 **8·7** 급성신부전 진행단계에 따른 증상

단계	증상
핍뇨기	• 신혈류 감소로 사구체여과율 감소 • 조직 손상으로 생긴 세포 파괴물질 또는 여과된 물질에 의해 세뇨관 폐색 • 혈중 요소, 크레아티닌, 칼륨, 인산 농도 증가 • 식욕 부진 • 산혈증, 고칼륨혈증, 저칼슘혈증, 고혈압, 부종 유발 • 핍뇨기가 1주 이상 지속되면 투석 필요
이뇨기	• 세뇨관의 재흡수 능력 저하 • 소변량 3 L/일까지 증가, 1주간 지속 • 다량의 수분과 전해질 손실에 따른 보충 필요
회복기	• 이뇨기 후 수주에 걸쳐서 서서히 회복 • 소변량 정상 수준 • 신장기능 완전 정상화(급성신부전 환자의 약 60%)

(3) 식사요법

급성신부전 환자의 단계별 영양치료 목표는 다음과 같다.

핍뇨기에는 수분, 전해질, 영양소 균형을 이루고 이화작용을 방지하며, 손상된 조직의 재생을 돕고 감염을 방지하는 것이 목표이다. 또한 질소 급원과 칼륨, 인, 그리고 황 수준을 제한하기 위해 단백질을 제한한다. 핍뇨기 환자는 심한 식욕 부진과 이화현상을 보이므로 비경구 급식이 필요한 경우가 대부분이다. 이뇨기에는 수분, 나트륨, 칼륨의 배설량이 증가할 수 있으므로 요량과 혈청 농도를 살펴서 적절한 보충이 필요하다.

급성신부전 환자의 영양지침은 표 8-8에 요약하였다. 신세포독소에 의한 급성신부전 또는 임신성 급성신부전인 경우는 일반적으로 영양지원이 필요 없다. 그러나 염증성 장염, 홍반성 낭창, 유전분증(amyloidosis), 만성췌장염, AIDS, 소화기계 암 등의 원인으로 생긴 급성신부전의 경우에는 정맥영양지원이 필요하다.

- 에너지 : 체단백질 손실을 방지하고 체중을 유지하기 위하여 충분한 에너지를 공급한다. 에너지는 비단백 에너지원으로 공급하는데, 지방보다는 당질로 주로 공급한다. 당질은 환자의 에너지 요구량을 충족시키고 케톤증을 방지하기 위해 충분히 공급해 준다. 무단백-전해질-고당질 액체보충제, 사탕 등을 사용하여 에너지를 보충해 줄 수 있다. 비타민 B군과 비타민 C는 에너지 대사와 조직의 치료를 위해 충분히 공급한다.
- 단백질 : 양질의 단백질 급원으로 0.6~0.8 g/kg를 공급하여 고질소혈증을 방지한

표 **8-8** 급성신부전 환자의 영양지침

영양소	영양지침
에너지	• 체단백 손실 방지와 체중 유지에 충분한 양 : 30~35 kcal/kg·표준체중/일 • 비단백 에너지원(지질, 단순당 등) 이용 권장
단백질	• 투석하지 않는 경우 : 0.6 g/kg·표준체중/일 또는 40 g/일
나트륨	• 1,000~2,000 mg/일 • 다뇨기에는 요량, 나트륨 배설량, 부종, 투석 빈도에 따라 섭취량 증가시킴
수분	• 음료, 액체식품 섭취 제한 • 전날 소변량 + 500 mL • 이뇨기에는 충분히 공급
칼륨	• 고칼륨혈증일 경우 : 1,000~2,000 mg/일로 제한 • 다뇨기에는 요 배설량, 혈중 농도, 투석 빈도, 치료약물 종류에 따라 증가시킴
지방	• 제한하지 않음

다. 이러한 단백질 제한은 혈액요소질소와 혈중 크레아티닌 수준이 정상으로 될 때까지 계속하며 증세가 회복됨에 따라 단백질량을 증가시킨다. 그러나 심한 이화 상태의 환자는 혈액요소질소가 100 mg/dL 이상으로 증가하고 혈중 칼륨 농도가 증가하며 산독증 증세를 보이는데, 이 경우에는 단백질량을 증가시켜 준다. 증세가 심해지면 더 많은 단백질을 주고 투석을 하여 영양상태를 양호하게 유지한다.

- 수분 : 수분은 전날 소변량에 500 mL를 더한 양을 공급한다. 부종이 심한 경우에는 모든 수분 손실량과 대사수를 포함한 수분 섭취량을 상세히 계산하여 수분 균형을 맞추도록 한다. 구토, 땀, 설사 등으로 체액을 손실하는 경우에는 수분을 보충해 준다. 환자가 회복되는 이뇨기에 들어서면 정상 수준에 도달할 때까지 이뇨 과정에 따라 증가시킨다.
- 나트륨 : 나트륨은 1,000~2,000 mg/일을 주나 심하면 500 mg/일로 제한한다. 수분과 나트륨 섭취가 적합해도 에너지 섭취가 심하게 감소된 환자는 0.25~0.5 kg/일의 체중 감소가 있을 수 있다. 환자의 체중을 매일 측정하여, 만일 체중이 증가하면 수분 보유를 의미한다. 이 경우 울혈성 심장마비의 위험이 커지므로 수분과 나트륨을 더 제한해야 한다.
- 칼륨 : 칼륨 배설량 감소와 조직의 칼륨 방출로 고칼륨혈증이 쉽게 나타난다. 그러므로 요량이 정상으로 회복될 때까지는 1,000~2,000 mg/일로 제한한다. 그런데 칼륨 섭취를 이 정도로 낮추면 적정량의 단백질을 섭취하기 어려워진다. 고칼륨혈증 시 칼륨 제한 외에 포도당, 인슐린, 수분 등을 조절해 주어야 한다. 이런 노력으로도 고칼륨혈증이 조절되지 않으면 투석을 해야 한다.

2) 만성신부전

(1) 원인

신조직이 점점 퇴행성 변화를 일으켜 모든 신기능의 감소가 가속화된 상태를 만성신부전(chronic renal failure)이라 한다. 제 기능을 하는 네프론의 수가 점차 감소하며, 신장 구조가 변형되고, 고혈압과 같은 혈관의 변화가 초래된다. 이러한 기능 저하는 비가역적 변화로, 궁극적으로 체내 거의 모든 장기에 영향을 미친다.

만성신부전의 원인 질환으로는 당뇨병, 고혈압, 신장질환〔(사구체질환, 세뇨관질환, 만성 신우신염(pyeloephritis) 등〕이 있다. 이외에도 독성물질에의 노출과 감염도 원인이 될 수 있다.

(2) 만성신부전의 진행

만성신부전의 진행은 각각의 단계를 정확히 구분할 수는 없지만 신장의 예비력(reserve) 감소(제1~2단계), 투석전 만성신부전(제3~4단계), 그리고 요독증(제5단계) 등 5단계로 나눌 수 있다 표 8-9. 신장의 예비력은 매우 커서 정상 네프론의 기능이 60% 이상 감소하고 사구체여과율이 정상의 50% 정도에 불과한 제2기까지도 별다른 증상을 못 느끼는 경우가 대부분이다. 제3기부터 신부전에 해당되며, 네프론기능이 80% 이상 손실되고, 사구체여과율은 30~59 mL/분으로 정상의 20~25%로 감소하며, 혈액요소질소와 크레아티닌이 약간 증가한다. 제4단계는 네프론기능의 90%가 손실되고, 사구체여과율은 15~29 mL/분으로서 신장의 수분, 산-염기 조절 능력이 저하되어 부종, 대사적산증 및 저칼슘혈증, 핍뇨, 요독증 증상이 나타난다. 제5단계는 만성신부전의 최종단계로서 신

표 8-9 신부전의 진행단계

단계	사구체여과율 (mL/min/1.73m²)	신장 손상의 특성과 증상
1	≥ 90	• 네프론 기능의 손상이 시작되었으나 환자가 아무런 증상을 느끼지 못하는 시기 • 사구체여과율은 정상의 80% 정도
2	60~89	• 네프론 기능의 60% 이상 손실되었으나 환자가 증상을 느끼지 못하는 시기 • 사구체여과율은 정상의 50% 정도 • 혈액요소질소, 크레아티닌 농도 정상
3	30~59	• 네프론 기능의 80% 이상 손실 • 사구체여과율은 정상의 20~25% 정도 • 약간의 고질소혈증이 나타남 - 혈액요소질소와 크레아티닌 약간 증가 • 빈혈, 고혈압, 다뇨, 이뇨 증상 나타남
4	15~29	• 네프론 기능의 90% 손실 • 사구체여과율은 정상의 20~25% 미만 • 신장의 배설기능, 산-염기 및 수분 대사 조절 능력 저하 → 부종, 대사성 산혈증, 저칼슘혈증, 핍뇨, 요독증 나타남
5	<15(또는 투석)	• 네프론 기능의 90~100% 손실 • 요독증 단계 • 사구체여과율<15 mL/분 • 심한 핍뇨 및 무뇨 증상

기능의 90~100%를 상실하고 사구체여과율은 15 mL/분 미만이며, 더 이상 수분과 노폐물 배설기능을 수행할 수 없어 혈액요소질소와 크레아티닌 농도가 5~10배 이상 상승하고 고칼륨혈증이 유발되는 요독증이 나타난다. 이때는 투석 또는 신장이식 등 신대체요법이 필요하다.

(3) 증상

신부전은 점진적으로 진행되며 신기능 감소에 따라 다른 기관에도 영향을 미쳐 여러 가지 증상을 보인다 표 8-10. 만성신부전의 주증상은 네프론의 점진적인 손실, 신혈류와 사구체여과율의 감소이다. 초기에는 다뇨, 야뇨증, 피로, 빈혈, 구토, 식욕 부진 증세를 보인다. 네프론 수가 감소하여 체수분 균형 유지능력, 체액 내 용질의 농축능력(삼투질 농도), 그리고 전해질과 산-염기 균형능력을 점점 상실하게 된다. 이러한 네프론의 지속적인 손실은 많은 대사적 문제를 유발한다.

- 수분 불균형 : 용질의 양이 증가하면 삼투적 이뇨의 원인이 된다. 또한 신장은 정상 농도의 요를 배설시킬 수 없어 탈수와 부종이 일어날 수 있다.
- 전해질 불균형 : 신기능 감소로 인해 전해질 불균형이 생긴다.
  - 나트륨 : 삼투적 이뇨와 함께 나트륨의 손실로 세포외액의 양이 감소한다. 혈장량이 감소함에 따라 신장에서의 여과가 더욱 감소하고 신부전이 악화된다. 이 상태에서 나트륨 섭취가 많을 경우 쉽게 배설시키지 못해 부종이 생긴다.

표 **8·10** 만성신부전에 따른 신체기관의 증상

조직 또는 기관	증상
소화기계	구강건조, 구내염, 설염, 악취, 딸꾹질, 오심, 구토, 위염, 흡수불량, 소화기계 출혈
피부	소양증, 피부와 모발 건조, 발적
순환기계	부정맥, 심막염, 심근염, 고혈압, 호흡곤란, 울혈성 심장마비
호흡기계	객혈, 호흡곤란, 늑막염, 폐렴, 흉막염, 폐부종
조혈계	빈혈, 혈소판 비정상, 출혈, 혈액응고 결함
신경계	말초신경염, 지각 이상, 감각 이상, 근육 약화, 위축, 피곤, 감정 둔화, 혼동, 혼수, 비정상적 행동, 정신병, 시각장애, 청각장애, 테타니
골격	골격 성장 부진, 골통, 관절통, 구루병, 골연화증, 골다공증, 테타니
기타	감염에 대한 저항력 감소, 상처 회복 지연, 배란 감소, 질 출혈, 정자 수 감소, 발기부전

– 칼륨 : 칼륨은 대개 핍뇨증이 심화되거나 산증이 증가될 때까지는 불균형이 일어나지 않는다. 그러므로 고칼륨혈증은 병이 심화되었음을 의미한다.

– 인, 황, 유기산들 : 신기능 감소와 함께 여과율이 감소하므로 식품 대사 결과 생기는 인, 황, 그리고 유기산의 배설이 감소되어 이들 음이온들이 체액 내에 축적되어 대사적산증의 원인이 된다.

– 칼슘, 인 : 만성신부전 환자는 신장에서 비타민 D의 수산화가 일어나지 못해 활성화되지 못하므로 칼슘과 인의 항상성 유지가 어렵다. 즉, 혈중 인 농도가 증가하고 칼슘 농도는 감소한다. 이와 같이 비타민 D의 대사가 부적절해지면서 골이영양증(osteodystrophy) 등의 골질환이 생기기 쉬우며, 이로 인해 뼈의 통증, 불안한 걸음걸이 등의 다양한 골변형, 그리고 어린이의 성장 저해가 일어난다.

• 질소 보유 : 신기능 감소로 요소와 크레아티닌 등의 혈중 질소 대사물이 증가한다. 요소 축적은 식사 단백질 대사에 기인하고, 크레아티닌 축적은 근육 분해 증가로 인한 것이다.

• 빈혈 : 신장에서 에리트로포이에틴을 분비하지 못하여 빈혈 증상을 일으킨다.

• 고혈압 : 신조직에서 혈액 흐름이 점점 불량해지고 결과적으로 허혈이 생겨 레닌-안지오텐신-알도스테론계 기전에 의해 고혈압이 심해진다. 그 다음, 고혈압으로 인해 심혈관계가 손상되어 신장 퇴화가 더욱 가속화되는 악순환이 계속 된다.

• 기타 : 신기능이 심하게 손상되면 허약, 호흡곤란, 식욕 부진, 체중 감소, 설사 또는 구토와 같은 일반적인 소화기계 과민 증상이 나타난다. 모세혈관이 약해져서 피부, 코, 입, 그리고 소화기관 출혈이 생기고, 신경계 이상으로 인한 근육경련과 요독증으로 인한 경련이 생긴다. 불규칙한 호흡(Cheyne-stokes respiration)은 산증의 신호이다. 입에 궤양이 생겨 나쁜 금속성 맛이 지속되고 호흡할 때 악취가 난다.

(4) 식사요법

투석과 신장이식 방법의 발달로 만성신부전 환자의 치료에 획기적인 전환점을 마련해 주었으나 이러한 치료도 신기능의 점진적인 저하를 막을 수는 없다. 이들 환자에게는 각자의 신장기능에 맞는 식품과 수분을 섭취하여 체내 항상성을 유지하는 것이 중요하다. 적절한 치료만 받으면 사구체여과율이 약 10 mL/분으로 감소할 때까지 환자가 통증을 느끼지 않을 수도 있다. 사구체여과율이 이보다 더 감소하면 요독증으로 인한 합병증 발현을 막기 어렵고 적절한 영양상태를 유지할 수 없다. 이 시점을 말기신부전(end-stage renal disease, ESRD)이라 하며 투석 또는 신장이식을 해야 한다.

신부전 환자의 식사요법은 단백질, 나트륨, 칼륨, 인, 수분의 대사에 중점을 두고 충분한 비단백 에너지를 공급해야 한다. 각 영양소의 공급 수준은 신장의 기능 정도와 사용된 치료 유형에 따라 개별적으로 적용한다. 신부전 환자의 영양관리 목적은 다음과 같다.

- 적절한 영양상태와 식욕을 유지하도록 도와준다.
- 충분한 에너지와 적절한 단백질 공급으로 체단백질 분해를 막고 요독증을 최소화한다.
- 혈압을 조절하고, 탈수 또는 부종을 방지한다.
- 산증을 방지하고 전해질 균형을 유지하며, 구토와 설사로 인한 체액과 전해질 손실을 조절한다.
- 정서적으로 안정된 상태를 유지하도록 도와준다.
- 고혈압, 뼈의 통증, 중추신경계 이상과 같은 합병증을 예방한다.
- 신부전의 진행을 지연시켜 투석 필요시기를 늦춘다.

만성신부전 환자의 상태에 따라 각 영양소 권장량이 달라진다 표 8-11.

- 에너지 : 단백질을 절약하고 에너지를 공급하기 위해 적절한 에너지 공급이 필요하다. 충분한 당질 섭취를 권장한다.
- 단백질 : 체단백질의 분해를 막으면서 혈액요소질소 수준을 증가시키지 않을 정도의 단백질을 공급하는 것이 원칙이다. 단백질은 양질의 급원으로 0.6~0.8 g/kg으로 제한하여 고질소혈증과 고칼륨혈증을 방지하고 산증을 조절한다. 대개 사구체여과율이 60 mL/분 이상일 때는 단백질을 제한하지 않는다. 그러나 사구체여과율이 이보다 낮아지면 신장기능의 감소에 따라 식사단백질 수준을 점차 제한한다. 식사단백질 수준이 감소할수록 양질의 단백질로 필수아미노산을 공급하여 환자의 불필수아미노산 산화와 체단백 분해를 최소화한다. 어느 상황에서든 단백질은 환자 개인의 필요량에 맞게 조절해야 하며, 높은 생물가를 가진 양질의 단백질을 공

급해야 한다.

- 수분 : 총 수분 섭취량은 부종 또는 탈수를 방지할 수 있는 수준으로 한다. 만성신부전 환자는 신장기능이 손상되어 수분 조절능력이 감소되어 있으므로 나트륨과 요소 등 다량의 용질이 과부하되면 불가피 수분 손실량이 많아질 수 있다.
- 나트륨 : 나트륨은 세포외액 삼투압을 결정하는 전해질이므로 환자의 수분 조절능력에 맞게 섭취량을 조절한다. 단, 심각한 제한이나 과잉은 피한다. 나트륨 손실이 심하고 체중과 요량이 감소하면 나트륨 보충이 필요한 경우도 있으며, 고혈압과 부종이 나타나면 나트륨 섭취는 500~2,000 mg/일 수준에서 조절한다.
- 칼륨 : 혈중 칼륨이 정상 수준을 유지하도록 2,000 mg/일 정도로 섭취량을 조절한다. 만일 구토나 설사로 칼륨 손실이 많은 경우 칼륨을 보충해 줄 수 있으나, 손상된 신장은 칼륨 배설능력이 불충분하므로 신중히 결정한다.
- 인과 칼슘 : 심한 신부전 환자는 고인혈증과 저칼슘혈증을 보이고, 이것이 이차적인 갑상샘기능항진증과 신성골이영양증(주 : 신질환에 따른 Ca, P 대사 이상이 원인이 되어 생기는 골병변을 종합해서 일컬음)을 유발할 수 있다. 그러므로 인 섭취는 약간 제한한다. 초기 신부전 환자에게 단백질과 인을 제한함으로써 신장 퇴화속도를 지연시킬 수 있다.
- 비타민 : 심한 단백질 제한 식사의 경우 모든 비타민 권장량을 충족시키기 어려우므로 비타민을 보충해 주어야 한다. 대개 종합비타민제를 주며, 골질환이 있는 경우 활성화된 형태의 비타민 D를 치료 목적으로 사용할 수 있다.

표 8-11 만성신부전 환자의 영양지침

영양소	영양지침
에너지	표준체중 유지 가능한 에너지 섭취
단백질	0.6~0.8 g/kg 비단백 에너지원(불포화지방, 당질)의 공급 권장
나트륨	2,000 mg/일
칼륨	2,000 mg/일
인	저단백식사로 인 섭취량 감소하므로 혈중 인 농도 증가 시에만 제한
칼슘	1,200 mg/일 의사의 처방에 따라 보충

- 기타 : 여러 가지 식사보충제를 사용할 수 있다. 수산화알루미늄 젤(aluminum hydroxide gel)은 소장에서 인과 결합하여 인의 흡수를 억제하므로 인 수준 조절을 위해 사용한다. 칼슘 보충제는 저칼슘혈증을 방지하기 위해, 탄산칼슘은 대사적산증 중화를 위해 사용한다.

(5) 식단 작성

① 신장질환의 식품교환표 활용

신장질환자가 식품을 쉽게 선택할 수 있도록 '신장질환 식품교환표'를 만들어 식단 작성에 활용하고 있다 표 8-12. 이것은 당뇨병 식품교환표와 비슷한 개념으로 곡류군, 어육류군, 채소군, 지방군, 우유군, 과일군, 에너지 보충군으로 나누고, 또한 칼륨의 함량에 따라 식품을 분류하였으므로 선택에 참고할 수 있다. 각 식품군별 식품의 종류와 교환단위는 〈부록 III〉에 제시하였다. 표 8-13에는 만성신부전 환자의 1일 식단의 예를 나타내었다.

표 8-12 신장질환의 식품교환표

식품군	단백질(g)	나트륨(mg)	칼륨(mg)	인(mg)	에너지(kcal)
곡류군	2	1	30	30	100
어육류군	8	50	120	90	75
채소군 1(칼륨 저함량)			100		
2(칼륨 중함량)	1	미량	200	20	20
3(칼륨 고함량)			400		
지방군	0	0	0	0	45
우유군	6	100	300	180	125
과일군 1(칼륨 저함량)			100		
2(칼륨 중함량)	미량	미량	200	20	50
3(칼륨 고함량)			400		
에너지 보충군	0	3	20	5	100

표 **8-13** 만성신부전 환자의 1일 식단의 예(에너지 2,000 kcal, 나트륨 2,000 mg, 칼륨 2,000 mg 미만)

	메뉴	재료	분량	식품군 단위수								
				곡류군	어육류군	채소군		지방군	우유군	과일군		에너지 보충군
						1군	2군			1군	2군	
				9.5	2.0	3.5	1.5	5.0	1.0	2.0	1.0	3.0
아침	쌀밥	쌀밥	210	3.0								
	콩나물국	콩나물	21			0.3						
	연두부	연두부	75		0.5							
	가지튀김	가지	35			0.5						
		식용유	10					2.0				
	연근정과	연근	25				0.5					
	호박볶음	호박	35			0.5						
		식용유	2.5					0.5				
	저염깍두기	무	28			0.4						
	사과	사과	100							1.0		
	꿀물	꿀	30									1.0
	단위 합계(644 kcal, 32.2%)			3.0	0.5	1.2	1.0	2.5		1.0		1.0
점심	쌀밥	쌀밥	140	2.0								
	조기구이	조기	20		0.5							
	고사리 들깨나물	고사리	35			0.5						
	오이볶음	오이	35			0.5						
		식용유	2.5					0.5				
	양배추초절이	양배추	25			0.5						
	파인애플	통조림	100							1.0		
	인절미구이	인절미	75	1.5								
	우유	우유	200						1.0			
	사탕	사탕	25									1.0
	단위 합계(715 kcal, 35.7%)			3.5	0.5	1.5		0.5	1.0	1.0		1.0
저녁	쌀밥	쌀밥	210	3.0								
	배춧국	배추	21			0.3						
	탕수육	소고기	40		1.0							
		식용유	10					2.0				
	우엉정과	우엉	25				0.5					
	무생채	무	35			0.5						
	귤	귤									1.0	
	젤리	젤리	30									1.0
	단위 합계(641 kcal, 32.1%)			3.0	1.0	0.8	0.5	2.0			1.0	1.0

영양소량 : 에너지 2,000 kcal, 단백질 45 g, 나트륨 227 mg, 칼륨 1,930 mg, 인 820 mg

* 나트륨 허용량 2,000 mg 중 227 mg을 뺀 나머지 1,773 mg을 3끼에 나누어 소금 또는 간장 등으로 따로 제공하여 환자가 원하는 음식에 넣어 먹을 수 있도록 함.

② **칼륨 제한**

고칼륨혈증은 심장마비를 초래할 수 있다. 따라서 신장질환자에서 고칼륨혈증이 나타나면 칼륨 제한 식사를 해야 한다. 보통 칼륨 섭취량은 약 4,000 mg/일인데, 저칼륨식사는 2,000 mg/일 이하로 제한한다. 따라서 칼륨 함량이 높은 육류, 우유, 채소, 과일의 섭취를 제한하고, 고칼륨혈증이 심한 경우에는 투석으로 칼륨을 제거해야 한다. 칼륨 섭취량을 낮추기 위한 방법은 다음과 같다.

- 칼륨은 수용성이므로 채소를 잘게 잘라 다량의 물에 담갔다가 조리한다.
- 채소를 다량의 물에 데치고 채소 삶은 물은 버린다.
- 채소의 껍질과 줄기에 칼륨 함량이 많으므로 가능한 잎만 사용한다.
- 과일은 껍질을 벗겨 먹고, 생과일보다 통조림 과일을 이용한다. 단, 시럽은 먹지 않는다.
- NaCl을 KCl로 대체한 저염 소금 사용 시 주의한다.
- 칼륨을 다량 함유한 식품은 소량씩 나누어 섭취한다.

③ **염분 제한**

저염식(나트륨 제한식)은 고혈압, 심장질환, 신장질환자에게 일반적으로 적용된다. 제한 정도는 병의 종류와 환자의 상태에 따라 다르다. 보통 저염식은 2,000 mg Na 식사이며, 아주 엄격히 제한할 때는 500 mg Na 식사를 하는데 이는 식품 자체에 있는 Na 외에 줄 수 있는 염분이 거의 없으므로 무염식으로 불린다 표 8-14. 식사 나트륨의 중요 급원은 염화나트륨(NaCl)이다. 식염은 약 40%가 나트륨이므로 소금 1 g에는 400 mg의 Na

표 **8-14** 저염식 단계

단계	나트륨 함량(mg/일)	주의 사항
경저염식	3,000~4,000	• 조리 시 소금을 약간만 넣고 식탁염은 사용하지 않는다. • 젓갈, 장아찌, 염장생선, 피클, 베이컨, 햄, 감자칩 등 염장 가공식품은 피한다.
저염식	2,000	• 조리 시 소금을 사용하지 않는다. 하루 허용된 나트륨 양에서 식품 중에 함유된 양을 제외하고 나머지를 따로 소금 또는 간장 등의 형태로 제공하여 환자가 원하는 메뉴에 넣어 먹을 수 있도록 한다. • 식품 중에 자연적으로 함유된 소금도 주의해야 한다. 나트륨 함량이 높은 채소의 사용도 제한하며, 무염 통조림과 빵을 사용해야 하고, 육류와 유제품 섭취도 중등 정도로 줄인다.
극심한 저염식	<500	• 이 정도의 나트륨 제한은 심각한 경우에 한해 사용한다. • 나트륨 함량이 높은 채소(당근, 셀러리, 케일, 시금치, 비트, 순무 등)의 사용을 피한다. • 육류, 우유, 난류의 사용을 제한적으로 허용한다.

가 포함되어 있고 이것은 Na 원자량인 23으로 나누면 mEq가 된다(알아보기 참조). 소금 외에 고추장, 된장, 간장과 각종 소스류에도 나트륨의 함량이 높으므로 주의해야 한다.

일반적으로 가공식품은 천연식품보다 나트륨 함량이 높은데, 점점 가공식품의 섭취가 증가하고 있어 나트륨 섭취량 중 상당량이 각종 가공식품에서 온다. 천연식품 중 어육류는 나트륨 함량이 높고 곡류, 채소, 과일은 나트륨 함량이 낮은 편이나, 채소도 종

표 **8-15** 저염식의 권장식품과 주의식품

식품 종류	권장식품	주의식품
곡류 및 빵류	쌀밥, 잡곡밥, 식빵, 하드롤, 국수(국물 제외), 찹쌀밥(소금 제외), 우유, 과즙, 보리차, 홍차, 커피, 탄산음료	라면, 냉동조리식품, 소금을 넣은 곡류, 베이킹파우더나 소다를 넣은 빵
탕류	소금, 된장, 해조류, 생선, 두부 등을 넣지 않은 국	소금, 된장, 해조류, 멸치, 두부, 간한 생선을 넣은 국
어육류, 난류	쇠고기, 간, 돼지고기(살코기) 신선한 생선, 저염건조생선, 두부, 콩, 달걀	통조림류, 소금에 절인 고기, 베이컨, 장조림, 두부조림, 치즈, 생선조림, 간고등어 등
채소류	감자, 고구마, 신선한 모든 채소	김치, 깍두기, 장아찌, 통조림채소, 해조류, 시금치, 셀러리, 냉동채소
과일류	모든 과일, 과일주스, 과일통조림	토마토주스, 채소주스
지방	참기름, 들기름, 콩기름	버터, 마가린, 깨소금, 땅콩버터, 마요네즈, 프렌치드레싱, 소금으로 간한 견과류
외식	비빔밥, 쌈밥(된장, 고추장 조절), 한정식, 생선구이, 김밥, 초밥, 국수류(국물 제외)	찌개류, 전골류, 탕류, 중국요리
기타	고춧가루, 후추, 식초, 겨자, 레몬, 파, 마늘, 생강, 양파, 고추냉이, 카레가루, 계피, 레몬주스, 민트, 페퍼민트, 오레가노 등을 양념으로 사용한 것	소금, 간장, 된장, 고추장, 우스터소스, 케첩, 바비큐소스, 조미료(다시다)

알아보기

소금 중의 Na 함량 계산법

NaCl의 분자량은 58.442이다. 이 중 Na이 22.990(약 23), Cl이 35.452이므로 NaCl 중 Na이 차지하는 비율은 39.34%(약 40%)이다. Na 양을 NaCl로 환산하려면 Na 양에 2.5419(약 2.5)를 곱해 주면 된다.

밀리그램(mg)을 밀리그램 당량(miliequivalent, mEq)으로 환산할 때

Na mg/Na 원자량(23)= Na mEq (예 : 1,000 mg Na = 1,000/23 = 43.5 mEq Na)

Na 양을 NaCl로 환산할 때

Na 양 × 2.5 = NaCl 양 (예 : 1,000 mg Na × 2.5 = 2.5 g NaCl)

NaCl 양을 Na로 환산할 때

NaCl 양 × 0.4 = Na 양 (예 : 2,500 mg NaCl × 0.4 = 1,000 mg Na)

표 **8-16** 저염식 조리 시 고려할 점

포인트	방법
짠맛 대신 신맛, 매운맛, 단맛 활용	• 소금 대신 식초나 레몬즙을 이용하여 신맛을 살린다. • 소금 대신 다양한 향신료나 양념을 사용한다. • 양파, 마늘, 레몬, 오렌지를 이용한 소스를 사용한다. • 소금 대신 후추, 겨자, 고추, 카레가루, 계피, 산초 등을 사용한다.
맛있는 재료 활용	• 천연의 맛난 맛이 있는 다시마, 조개, 버섯류 등을 이용한다.
저염 조미료 활용	• 일상생활에서 저염간장, 저염된장을 사용한다. • 간장을 물과 가다랑어가루 등을 이용해 묽게 희석해서 소스로 사용한다. • 조리 시에는 소금을 넣지 말고, 나중에 식탁에서 먹기 전에 넣는다. • 신부전환자에게는 저염소금(KCl) 사용을 금한다.
식물성 기름 활용	• 식물성기름을 이용한 볶음, 튀김요리를 권장한다. • 그러나 튀김류의 과식은 피한다.
식품표시 활용	• 식품구매 시 식품표시를 잘 읽고 저나트륨 식품을 선택한다. • 가공식품, 특히 라면과 패스트푸드에는 다량의 소금이 함유되어 있으므로 피한다.

류에 따라 나트륨 함량이 높은 것이 있으므로 주의해야 한다 표 8-15. 나트륨 제한 정도에 따라 천연식품 선택도 주의해야 하는 경우도 있고, 가공식품 혹은 조미료의 양만을 조절해야 하는 경우 등 다양하다.

저염식의 경우 음식의 간이 맞지 않아 환자들은 맛이 없어서 잘 먹지 못한다. 그러므로 식염 외에 다른 양념들을 사용하여 음식의 맛과 향을 내도록 한다. 식초, 과일향, 카레, 커피 등을 사용할 수 있다 표 8-16.

알아보기 **염분 1 g(400 mg Na)에 해당되는 식품량**

식품명	중량(g)	목측량
소금	1	1/2작은술
진간장	5	1작은술
된장, 고추장	10	1/2큰술
토마토케찹	30	2큰술
마요네즈, 우스터소스	40	2.5큰술
마가린, 버터	50	3큰술

6. 투석

투석(dialysis)은 반투과막으로 분리된 용액 사이의 확산과 여과 과정을 이용하여 혈액 속의 과잉 수분과 노폐물을 투석액으로 여과하여 제거하는 방법으로, 급·만성 신부전 환자의 치료를 위해 사용된다. 투석은 고칼륨혈증, 대사적산증, 수분 축적, 심막염, 요독증이 심해진 말기 신부전단계에서 선택하는 방법으로, 환자의 상태를 호전시킬 수 있지만 모든 환자에게 사용할 수 있는 것은 아니다. 투석을 시행해도 투석 중간에 노폐물이 위험 수위까지 축적될 수 있어 장기간의 투석 환자에게 영양치료는 매우 중요하다. 투석에는 혈액투석과 복막투석의 2가지 방법이 있다.

1) 혈액투석

(1) 원리

혈액투석(hemodialysis)은 '인공신장기' 또는 '투석기'를 사용하여 혈액 중의 노폐물을 걸러내는 방법이다. 혈액투석을 위해서는 누관(catheter)을 삽입하여 동맥과 정맥을 투석기와 연결한다. 인공신장기를 통과하면서 환자의 혈액은 투석액에 의해 정화된다 **그림 8-2**. 한 번 처치받는데 걸리는 시간은 4~8시간이며, 만성신부전 환자는 대개 일주일에 두세 번의 처치가 필요하다. 이 처치 동안 환자의 혈액은 인공신장에서 투석용액을 통해 정상 혈액 수준으로 깨끗이 정화된다.

(2) 식사요법

투석환자의 영양소 섭취기준은 투석빈도, 신장의 잔여기능과 환자의 체격에 따라 달라진다. 혈액투석에서 환자의 식사는 단백질, 에너지, 수분, 전해질에 중점을 두고 계획한다. 일반적으로 투석을 하기 시작하면 투석 전에 비해 식사 제한이 덜 심하다. **표 8-17**에는 혈액투석 환자의 영양지침을 요약하였다.

- 에너지 : 표준체중을 유지할 수 있도록 충분히 공급한다. 체단백질의 분해를 막기 위해 당질을 충분히 공급한다. 그러나 복합당은 저생물가의 단백질을 함유하므로 이들로 단백질 요구량의 대부분이 취해질 우려가 있어 당질 급원으로는 대부분 단

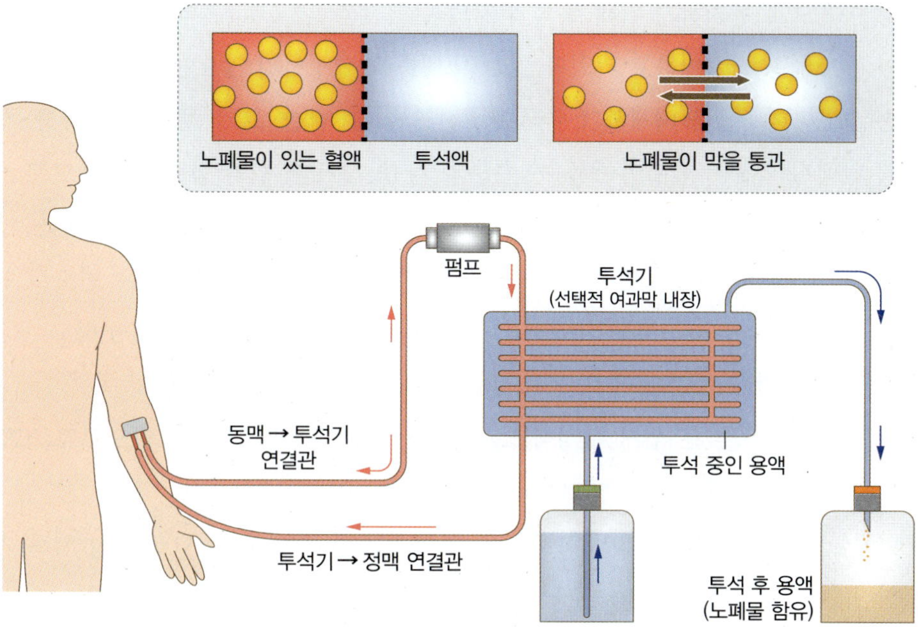

그림 **8-2** 혈액투석

순당을 선택한다. 지방은 혈중 지질 농도에 따라 조절한다. 혈액투석 환자들은 대개 중성지방 수준이 높다.

- 단백질 : 체단백질 분해를 막고 투석 중 손실되는 질소 보충 및 혈액 단백질을 적

표 **8-17** 혈액투석 환자의 영양지침

영양소	영양지침
에너지	표준체중 유지에 충분한 양 • 30~35 kcal/kg(60세 이상) • 35 kcal/kg(60세 미만) 비단백 에너지(지방, 기름, 단순당) 섭취 권장
단백질	1.2 g/kg·표준체중/일 잔여 신기능 등 환자의 상태에 따라 적용
나트륨	2,000~3,000 mg/일
칼륨	2,000~3,000 mg/일
인	800~1,000 mg/일
칼슘	의사 처방에 따라 보충
비타민	수용성 비타민 보충
수분	전날 소변량 + 500 mL 또는 약 750~1,500 mL/일

정 수준으로 유지하기 위해 투석 환자의 단백질은 1.2 g/kg을 권장한다. 이것은 양의 질소균형을 유지하고 과잉의 질소 노폐물을 생성하지 않으면서 투석 처치 동안 손실된 아미노산을 대체하기 위해 필요한 양이다. 달걀, 고기, 생선, 가금류 등 양질의 단백질 식품이 좋으며 우유는 수분과 칼륨, 나트륨, 인의 함량이 높으므로 주의한다.

- 수분 : 수분은 전날 소변량+500 mL로 제한한다. 총 수분 섭취량은 변으로 손실된 수분과 대사수도 모두 계산해 주어야 한다. 이러한 제한에도 불구하고 처치과정 중에 약간의 수분 보유가 생겨 체중 증가가 있게 된다.
- 칼륨 : 칼륨 축적은 쉽게 부정맥 또는 심박동 정지를 일으킬 수 있으므로 고칼륨혈증 방지를 위해 2,000~3,000 mg/일로 칼륨 섭취를 제한한다.
- 나트륨 : 체액 보유와 고혈압 조절을 위해 나트륨은 2,000~3,000 mg/일로 제한한다.
- 비타민 : 투석치료 동안 혈액에서 수용성 비타민이 투석액에 손실되므로 모든 수용성 비타민을 매일 보충해 준다. 그러나 지용성 비타민, 특히 비타민 A와 비타민 D는 투석 후에 높아지므로 이들 비타민이 포함되지 않은 비타민제제의 사용을 권장한다.

2) 복막투석

(1) 원리

복막투석(peritoneal dialysis)은 복강에 투석액을 주입하고 복막을 투석막으로 이용하여 복강의 투석액과 복막 모세혈관의 혈액 사이에 용질과 체액이 교환되는 방법이다. 즉, 환자의 뱃속에 관을 삽입하고 이 관을 통해 깨끗한 고삼투압 투석액을 주입해 놓으면 투석액이 뱃속에서 수시간 머무는 동안에 몸 속의 노폐물과 수분은 투석액 쪽으로 확산을 통해 빠져나간다. 그 다음 노폐물을 함유한 투석액을 관을 통해 회수하여 버리고 새로운 투석액을 주입함으로써 지속적으로 노폐물을 처리할 수 있다. 즉, 용액 교환은 복막을 여과장치로 이용한 삼투압과 확산에 의해 이루어진다 **그림 8-3**. 상용 투석용액에는 1.5%, 2.5% 또는 4.25%의 덱스트로스가 들어 있다.

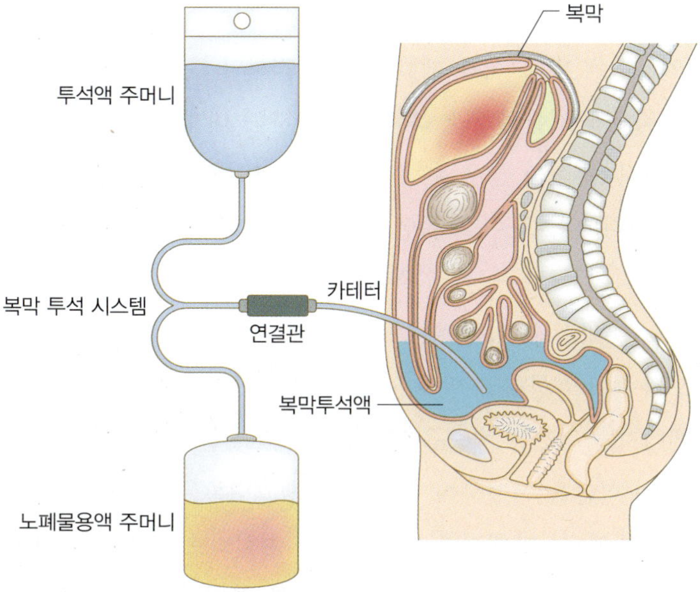

그림 **8-3** 복막투석

복막투석은 인공투석기에 연결되어 있지 않아 이동이 자유로울 뿐 아니라 혈액투석에 비해 분자량이 큰 물질을 제거할 수 있어서 요독증이 덜하고, 지속적으로 투석이 진행되므로 체내의 노폐물, 전해질, 수분 등이 일정한 상태로 유지되어 엄격한 식사 제한으로부터도 비교적 자유롭다. 그러나 복막투석은 복막염 위험이 높고 혈액으로부터 투석액으로 단백질, 수용성 비타민, 무기질의 손실 우려가 있으며, 투석액으로부터 포도당이 흡수되어 비만과 고중성지방혈증이 유발될 수 있는 단점이 있다.

알아보기 **복막투석의 종류와 특징**

복막투석의 종류	특징
지속성 외래 복막투석 (continuous ambulatory peritoneal dialysis, CAPD)	• 기계적 작동 없이 손으로 교환하는 자가투석 방법 • 6시간을 주기로 낮에 3~4회, 밤에 1회 정도 투석액 교환
지속성 주기적 복막투석 (continuous cyclic peritoneal dialysis, CCPD)	• 밤 8~10시간 동안 자동복막투석기를 이용하여 투석액을 3~5회 자동교환하고, 낮에는 15시간 동안 1회 교환하는 방법 • 낮에 투석액을 복강에 지닌 채 생활하는 방법
야간 간헐적 복막투석 (noctumal intermittent peritoneal dialysis, NIPD)	• 밤에만 약 10시간 정도 자동복막투석기를 이용하여 투석하고, 낮에는 투석없이 생활하는 방법

(2) 식사요법

복막투석은 혈액투석에 비해 식사 제한이 덜 엄격하다. 혈액투석 환자는 단백질, 나트륨, 수분 등을 엄격하게 제한하지만, 복막투석 환자는 대개 나트륨과 칼륨, 수분은 제한하지 않는다. 단, 복막투석의 경우 투석액에서 포도당이 흡수되므로 이를 감안하여 에너지를 섭취해야 한다. 나트륨이 부족한 경우 저혈압과 현기증이 생길 수 있으며, 칼륨이 결핍된 경우 구역질, 구토, 근육 약화, 부정맥이 생길 수 있다. 또한 급속한 수액 제거에 의한 탈수도 일어날 수 있다. 투석 환자는 식욕을 잃기 쉬우므로 충분한 식사를 할 수 있도록 도와주어야 한다 표 8-18.

- 에너지 : 에너지는 적절한 체중을 유지하도록 조절한다. 투석액에서 흡수되는 에너지를 고려하여 식단을 작성하여 비만이 되지 않도록 주의한다.
- 단백질 : 복막투석 시 단백질과 아미노산이 손실되므로 단백질 권장량을 높게 책정한다. 단백질 손실량은 5~20 g/일 정도인데, 복막염이 있는 경우에는 이보다 많다. 단백질 권장량은 1.3~1.5 g/kg이며, 단백질을 충분히 섭취할 수 없는 환자는 투석액에 아미노산을 첨가해 줄 수 있다.

표 **8-18** 복막투석 환자의 영양지침

영양소	영양지침
에너지	30~35 kcal/kg·표준체중/일(60세 이상) 35 kcal/kg·표준체중/일(60세 미만) 에너지섭취량 = 총 에너지요구량 - 투석액에서 흡수된 에너지 * 투석액에서 흡수된 에너지 = 덱스트로스 농도(g/L) × 3.4 kcal/g × 0.8(흡수율) × 부피(L)
단백질	1.3~1.5 g/kg·표준체중/일, 복막염 시 단백질량 증가
나트륨	90~200 mEq (2,000~4,000 mg)/일
칼륨	혈청 칼륨 농도 증가 시에만 2,000~3,000 mg/일로 제한
수분	일반적으로 제한하지 않음 또는 24시간 투석배액+요량
인	≤17 mg/kg 표준체중 또는 1,200 mg/일로 제한 우유 : 하루 1/2컵 이내로 제한
칼슘	의사 처방에 따라 보충
단순당	고중성지방혈증이 있거나 과체중일 경우 제한
알코올	고중성지방혈증일 경우 제한
포화지방산	고콜레스테롤혈증 시 포화보다 불포화지방산 이용
콜레스테롤	고콜레스테롤혈증 시 저콜레스테롤 함유식품을 주되, 적절한 단백질 공급이 가능한 정도로만 제한

표 **8-19** 복막투석 환자 식단의 예(에너지 1,600 kcal, 단백질 75 g, 나트륨 4,000 mg, 인 1,200 mg 미만)

	메뉴	재료	분량	식품군 단위수									
				곡류군	어육류군	채소군			지방군	우유군	과일군		에너지 보충군
						1군	2군	3군			1군	2군	
				7.5	6.0	4.0	0.5	1.5	3.2	1.0	1.0	0	0
아침	쌀밥	쌀밥	175	2.5									
	북엇국	북어채	5		0.5								
		달걀	25		0.5								
		참기름	1						0.2				
	사태찜	우사태	40		1.0								
		무	35			0.5							
	시금치나물	시금치	35					0.5					
		참기름	1						0.2				
	호박볶음	호박	35				0.5						
		식용유	2.5						0.5				
	저염양배추김치	양배추	25			0.5							
	저지방우유	우유	100							0.5			
	단위 합계(520.5 kcal, 32.65%)			2.5	2.0	1.0	0.5	0.5	0.9	0.5			
점심	쌀밥	쌀밥	175	2.5									
	순두부국	순두부	200		1.0								
	병어구이	병어	40		1.0								
		식용류	2.5						0.5				
	물미역무침	물미역	35					0.5					
	고사리나물	고사리	35			0.5							
		들기름	2						0.4				
	저염깍두기	무	35			0.5							
	사과	사과	100								1.0		
	단위 합계(520.5 kcal, 32.65%)			2.5	2.0	1.0		0.5	0.9		1.0		
저녁	쌀밥	쌀밥	175	2.5									
	배춧국	배추	35			0.5							
	불고기	소고기	80		2.0								
		양파	25			0.5							
		식용유	5						1.0				
	취나물	취나물	35					0.5					
		참기름	1						0.2				
	가지나물	가지	35			0.5							
		참기름	1						0.2				
	저염무생채	무	35			0.5							
	저지방우유	우유	100							0.5			
	단위 합계(553 kcal, 34.7%)			2.5	2.0	2.0		0.5	1.4	0.5			

영양소량 : 에너지 1,594 kcal, 단백질 75 g, 나트륨 415 mg, 칼륨 2,445 mg, 인 1,085 mg

- 지방 : 혈중 중성지방 수준은 높은 편이다. 따라서 중성지방 조절을 위해 식사 중 당질 함량을 줄이고 다가불포화지방산의 수준을 증가시킨다. 운동과 약물요법을 병행하고, 투석액에 포도당 대신 아미노산을 사용할 수 있다.
- 인 : 1,200 mg/일로 제한한다. 따라서 인을 많이 함유한 식품을 제한하고 유제품과 달걀의 섭취에 주의해야 한다.
- 칼륨 : 일반적으로 제한하지 않으나 고칼륨혈증이 유발되면 2,000~3,000 mg/일 정도로 제한한다.
- 나트륨과 수분 : 복막투석 중 나트륨과 수분은 잘 조절되므로 엄격히 제한할 필요는 없으나 가급적 나트륨의 섭취는 줄이는 것이 좋다.
- 비타민 : 수용성 비타민은 투석액으로 손실된다. 권장량은 혈액투석 환자와 같으며 비타민 D의 보충이 필요하다.

7. 신장이식

신부전 환자에게 건강한 사람의 신장이식은 가장 좋은 치료방법이다. 이식 수술을 한 경우에도 급성세뇨관 괴사 또는 면역 거부반응에 의해 이식이 실패할 수 있다. 이 경우 혈중 크레아티닌이 증가하고 요량이 감소하며 단백뇨와 고혈압 증상을 보인다. 그러므로 면역억제제 등 여러 가지 임상치료방법을 병행하게 된다.

이식 환자의 영양치료는 이식 전 단계, 이식 직후 단계, 면역억제제의 합병증 관리단계, 그리고 장기간의 이식 후 단계 등 4단계로 나뉜다. 이식 전 단계에는 영양불량 치료가 중요하다. 수술 직후 영양치료방법은 보통의 수술 환자와 같다. 처음에는 맑은유동식을 주고 차츰 고형식으로 진행한다. 면역억제제 투여에 따른 합병증세로는 체단백질의 과다한 분해, 비만, 이상지질혈증, 고혈당증, 고칼륨혈증, 칼슘과 인 대사의 변화, 골질환, 영양결핍 등이 있다. 영양처방은 이식된 신장이 제대로 기능하는지에 따라 달라진다.

영양치료 목표는 적절한 체단백질 합성과 상처 치유를 촉진하며 수술과 면역억제제 처치에 따른 감염 예방과 전해질 불균형을 예방하는 것이다. 따라서 적절한 단백질과 에너지를 섭취하고 단순당, 지방, 콜레스테롤, 포화지방은 제한한다.

신장이식 환자의 영양권장량은 표 8-20과 같다. 첫 1달 동안은 회복을 위해 고단백식사를 주고 그 이후는 정상식사를 준다.

표 **8·20** 신장이식 후 환자의 영양지침

영양소	영양지침	
	신장이식 직후(1달 이내)	신장이식 1달 이후
에너지	30~35 kcal/kg·표준체중/일	표준체중 유지에 적합한 양
단백질	1.3~1.5 g/kg·표준체중/일	1.0 g/kg·표준체중/일
나트륨	2,000~4,000 mg/일	좌동
칼륨	고칼륨혈증 시 3,000 mg/일 정도로 제한	좌동
칼슘	800~1,500 mg/일	좌동
지방	총 섭취에너지의 30% 미만 콜레스테롤 ≤ 300 mg, P/S율 = 1:1	좌동
단순당	고혈당증을 최소화하기 위해 단순당 제한	복합당 섭취 권장
기타	식이섬유의 섭취를 늘리고 알코올 제한	좌동

8. 신결석

1) 원인과 증상

신결석(urolithiasis)의 원인은 분명하지 않으나 요성분 및 요도 환경과 관련 있는 것으로 본다. 신결석의 주요 성분은 칼슘, 수산, 요산, 인산, 시스틴 등이다. 결석 형성에 영향을 미치는 요인으로는 잦은 요도감염, 과도한 수분 손실로 인한 요의 농축, 요의 산도 변화, 유전 등이 있다. 신결석은 발생 부위에 따라 요관결석, 신결석, 방광결석, 요도결석으로 구분한다.

신결석의 증상은 결석의 위치와 크기, 요로 폐쇄의 정도와 감염 등의 합병증 유무에 따라 다르다. 대개 배뇨통, 빈뇨, 구역질 및 구토가 동반된 산통이 나타난다. 신결석의 치료목표는 요를 희석시켜 결석 물질의 용해와 배설을 촉진시키고 결정 생성을 최소화하는 것이다. 일반적으로 다량의 수분 섭취를 권장한다.

2) 유형

(1) 칼슘 결석

대부분의 신결석은 수산칼슘 또는 인산칼슘의 형태로 된 칼슘 결석이다. 정상인의 경우 칼슘 흡수량은 소장에서 조절하므로 칼슘 섭취량에 관계없이 요로 배설되는 칼슘량은 일정하게 유지된다. 칼슘 결석 환자 중 절반 정도는 요 칼슘 함량이 정상 수준을 유지하나, 나머지 50%는 분명하지 않은 이유로 증가되어 있는 특발성 신결석(idiopathic hypercalciuria) 양상을 보인다.

칼슘 결석의 원인은 과다한 칼슘 섭취와 흡수 증가, 뼈의 칼슘 재흡수 증가, 부갑상샘호르몬의 이상, 신세뇨관 산성증 등이다. 또한 칼슘 결석의 약 절반 정도는 수산칼슘 결석인데, 소변의 수산 농도가 증가하면 칼슘과 쉽게 결합하여 불용성 염을 형성하기 때문이다. 지나친 저칼슘식사는 소장에서 수산 흡수를 증가시키고, 일단 체내에 흡수된 수산은 대사되지 않고 요로 배설되므로 주의한다.

(2) 스트루비트 결석

칼슘 결석 다음으로 많은 것이 스트루비트 결석(struvite stones)인데, 이것은 마그네슘인산암모늄($MgNH_4PO_4$)으로 이루어져 있다. 스트루비트 결석은 감염 결석으로도 부르는데, 기괴감염균(proteusmirabilis)에 의해 요도관이 감염되어 생긴다. 이 균은 요소를 암모니아로 가수분해하는 효소(urease)를 함유하고 있다. 암모니아 농도가 높은 환경에서 스트루비트가 침전되고 커져서 결석을 형성한다.

(3) 요산 결석

전체 신결석의 4% 정도가 요산 결석이다. 요산은 퓨린 대사의 최종산물이므로 퓨린 대사에 문제가 있는 사람은 요산 결석이 생길 수 있다. 고칼슘뇨증, 탈수 또는 과도한 산성뇨, 소모성 질환 등으로 인한 급속한 조직 분해도 요산 결석의 위험요인이다.

(4) 시스틴 결석

전체 신결석의 1% 정도가 시스틴 결석이다. 유전적 결함으로 신세뇨관에서 시스틴의 재흡수가 안 되는 경우 시스틴이 요로 배설되는데, 시스틴은 요중 용해도가 낮아 결석을 형성할 수 있다. 시스틴뇨증은 메티오닌 섭취량을 감소시킴으로써 낮출 수 있다. 이 질병은 유전적인 것으로 사춘기 이전의 어린 나이에 발병하는 경우가 많으며, 가족병력이 있는 경우 발생 빈도가 높다.

3) 식사요법

신결석의 식사요법은 요와 결석의 화학성분에 따라 다르다 표 8-21. 신결석의 일반적 치료원칙은 다음과 같다.

- 수분 공급 : 다량의 수분을 섭취하여 요를 희석한다.
- 요의 산도 : 형성된 결석의 성질에 따라 요의 산도를 산성 또는 알칼리성으로 변화시켜 결석의 용해도를 높이도록 한다.
- 결석 원인물질 조절 : 결석의 원인이 되는 식사요인을 조절해 준다.
- 결합제 사용 : 결석 원인물질과 결합하여 흡수를 방해하는 결합제를 사용한다. 예를 들어, 피틴산나트륨(sodium phytate)은 칼슘과, 알루미늄 젤은 인산과, 글리신과 칼슘은 수산과 결합할 수 있다.

표 8·21 신결석 환자의 영양지침

결석의 종류	영양원칙	식사 회분(요의 pH)
칼슘 결석 인산칼슘 결석 수산칼슘 결석	저칼슘식(400 mg/일) 저인식(1,000~1,200 mg/일) 저수산식	산성 식품 섭취 권장
스트루비트 결석	저인식(1,000~1,200mg/일)	산성 식품 섭취 권장
요산 결석	저퓨린식	알칼리성 식품 섭취 권장
시스틴 결석	저메티오닌식	알칼리성 식품 섭취 권장

① 칼슘 결석

모든 칼슘 결석은 알칼리성이므로 산성 식품을 섭취하여 결석 형성을 억제하도록 한다. 산성 식품에는 육류, 곡류, 달걀, 치즈 등이 있다 표 8-22.

- 칼슘 결석 : 하루 400 mg 정도의 저칼슘식사를 권장한다. 우유와 유제품을 제한

표 **8-22** 산성 식품과 알칼리성 식품

구분	해당식품
산성 식품	육류, 전곡, 난류, 치즈, 덩굴월귤(cranberry), 서양자두(prunes), 서양오얏(plums)
알칼리성 식품	우유, 채소류, 과일(덩굴월귤, 서양자두, 서양오얏은 제외)
중성 식품	음료(커피, 차)

하고 경우에 따라서는 잎채소와 전곡 등 다른 칼슘 급원식품도 제한한다. 그러나 지나친 저칼슘식사는 음의 칼슘 균형을 나타낼 수 있으므로 주의한다.

- 인산칼슘 결석 : 인이 함유된 식품도 제한하며 우유와 유제품 섭취를 제한한다. 부갑상샘호르몬 수준이 높은 것이 원인이라면 하루 200 mg 정도의 저칼슘식사를 권장한다.
- 수산칼슘 결석 : 요중 수산 농도가 높은 것이 원인이므로 수산이 많은 식품을 피한다 표 8-23. 또한 흡수된 비타민 C의 절반가량은 수산으로 전환되므로 비타민 C 보충제는 복용하지 않는다.

표 **8-23** 수산 함량이 많은 식품

식품군	식품
과일	포도, 딸기, 귤, 블랙베리, 블루베리, 과일칵테일, 레몬껍질, 오렌지껍질
채소	콩류, 순무, 셀러리, 근대, 파슬리, 가지, 케일, 겨자잎, 고추, 시금치, 호박, 고구마, 토마토, 부추, 상추, 실파
견과류	땅콩, 아몬드, 호두, 땅콩버터
음료	초콜릿, 코코아, 맥주, 차
기타	전곡류, 두부, 콩가공물, 밀 배아

② 요산 결석

퓨린 함유식품의 섭취를 제한한다. 퓨린은 살코기와 육류 추출물에 많이 들어 있다. 요산은 산성이므로 알칼리성 식품의 섭취를 권장한다 표 8-22.

③ 시스틴 결석

시스틴은 메티오닌으로부터 형성되므로 저메티오닌식사를 권장하며, 알칼리성에서 시스틴 용해도가 증가하므로 알칼리성 식품의 섭취를 권장한다.

신장질환 환자 사례 연구

대상자

37세, 남자, 직업 기업체 전산개발업무

병력, 약 복용력

- 주 증상 : 지난해 직장 건강검진 시 콩팥이 나쁜 것 같다는 소견이 있었으나, 특별한 증상도 없고 바빠서 그냥 지내오다 1주일 전부터 온 몸에 힘이 없고 어지러움, 구역감, 부종이 심해져 내원함. 만성콩팥병 5기로 입원하여 정밀 검사를 받을 예정. 만성콩팥병교육 의뢰되어 외래영양상담실을 방문함
- 과거력 : 학생 신체검사, 채용 신체검사 시 현미경적 혈뇨, 단백뇨(+/–)가 있었으나 특별한 치료 없이 지냄
- 처방 약물 : Lipitor(이상지혈증치료제), Candesartan(고혈압치료제), Feroba, Nephvita(만성신부전환자용 비타민보충제), Cicibon(인결합제), Mircera PFS(적혈구 생성 촉진 주사제), kalimate(고칼륨혈증 조절제)

신체 계측

- Ht 179.7 cm, Wt 79.2 kg, IBW 71.0 kg, %IBW 111.5%, BMI 24.5 kg/m^2
- 체중 변화 : 평소 체중 78 kg(1~2개월간 3 kg 증가)
- 혈압 : 135/78 mmHg

생화학적 자료

Ca 6.6 mg/dL, P 8.3 mg/dL, T. protein 6.8 g/dL, Alb 3.2 g/dL, BUN 93 mg/dL, Creatinine 9.11 mg/dL, Hb 8.6 g/dL, Hct 24.7%, K 5.9 mmol/L

생활 습관

활동량 적음(전산개발업무)

식품 및 영양소 섭취, 식사력

- 영양교육 이력 : 없음
- 술, 담배 : 5년 전에 끊은 상태
- 식품/음료 섭취 : 혼자 자취하며 직장생활, 1일 2끼 식사, 주 2회 정도 야식, 식사 횟수와 시간 불규칙, 탕류, 육류, 짬뽕, 라면 등 선호. 평소 아침식사 안 하나 최근 건강을 위해 바나나를 아침 식사대용으로 1~2개씩 주 2~3회 먹음. 점심식사는 회사식당 이용. 반찬은 김치 포함 3~4가지를 골고루 먹음. 저녁은 매식-삼겹살, 돼지갈비 등 고기 선호. 최근에는 입맛이 없어서 짬뽕, 감자탕 등 매콤하고 국물이 있는 음식 위주로 먹음. 야식으로는 치킨(1/2마리)과 콜라 350 mL를 애용. 속이 답답해서 매일 콜라 1캔과 냉커피 2캔을 먹음. 1달 전부터 붓는 느낌이 있어서 콜라 대신 호박즙을 1~2봉씩 먹고 있음. 투석에 대한 두려움과 불안해하는 모습 관찰됨

- 에너지 및 영양소 섭취량 : 에너지 2,300 kcal, 단백질 120 g, 당질 300 g, 지방 70 g, 염분(NaCl) 10 g 이상

1. 이 환자에게 지속성 외래 복막투석과 혈액투석 중 어느 것을 추천할지 그 이유를 설명하시오.

2. 만일 지속성 외래 복막투석을 하게 되는 경우 필요한 영양소량을 산출하시오.

CHAPTER 9

암

1. 우리나라 암 발생과 사망률의 변화
2. 암 발생기전
3. 암의 분류와 치료
4. 암에 의한 대사 변화와 영양문제
5. 암 치료법에 따른 영양관리
6. 암 환자의 식사요법

학습목표

1. 암의 병인을 설명할 수 있다.
2. 암과 영양소 대사를 설명할 수 있다.
3. 암의 영양관리원칙을 설명할 수 있다.

73
74
75
76

1. 우리나라 암 발생과 사망률의 변화

1) 암 발생률

우리나라의 암 발생률은 전국 단위 암 발생 통계를 산출하기 시작한 1999년 이후 2011년까지 연평균 3.8%의 증가율을 보였으나, 2011년 이후 2016년까지 매년 3.0%씩 감소하는 추세를 보이고 있다. 2016년 기준 남녀 전체의 암 발생률은 위암, 대장암, 갑상샘암, 폐암, 유방암, 간암, 전립샘암의 순으로 높았는데, 남자는 위암, 폐암, 대장암, 전립샘암, 간암 순이었고, 여자는 유방암, 갑상샘암, 대장암, 위암, 폐암 순이었다.

2) 암 사망률

2017년 기준 사망률이 높은 암은 폐암, 간암, 대장암, 위암, 췌장암 순이었다. 남자는 폐암, 간암, 위암, 대장암, 췌장암 순으로, 여자는 폐암, 대장암, 위암, 췌장암, 간암 순으로 사망률이 높았다. 과거에 비해 폐암, 대장암, 췌장암 사망률은 증가 추세이고, 위암 사망률은 감소 추세이다.

2. 암 발생기전

1) 특징

종양(tumor)이란 신체 조직의 자율적인 과잉 성장에 의해 비정상적으로 자라난 덩어리를 의미한다. 종양은 양성과 악성으로 구분한다. 양성종양이 비교적 성장속도가 느리고 전이되지 않는 것에 반해, 악성종양은 주위 조직에 침윤하면서 빠르게 성장하고 혈관이나 림프계를 통하여 신체 각 부위에 확산되거나 전이되어 생명을 위협한다. 따라서 악성종양은 암(cancer)과 동의어처럼 사용된다. 정상세포는 유전암호(genetic code)에 따라 정확하게 세포분열을 하며 이 분열과정은 특정 유전자에 의해 엄격히 조절된다. 그

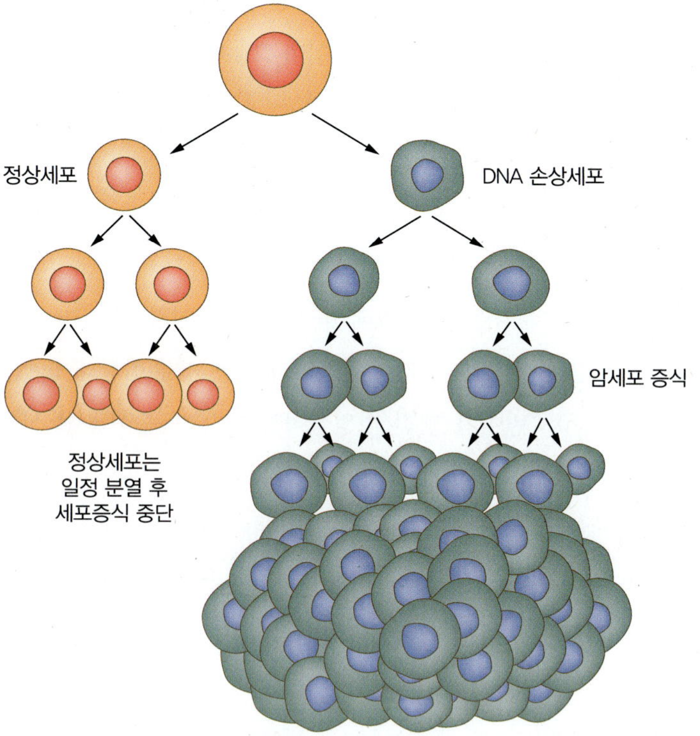

그림 **9·1** 암세포 증식

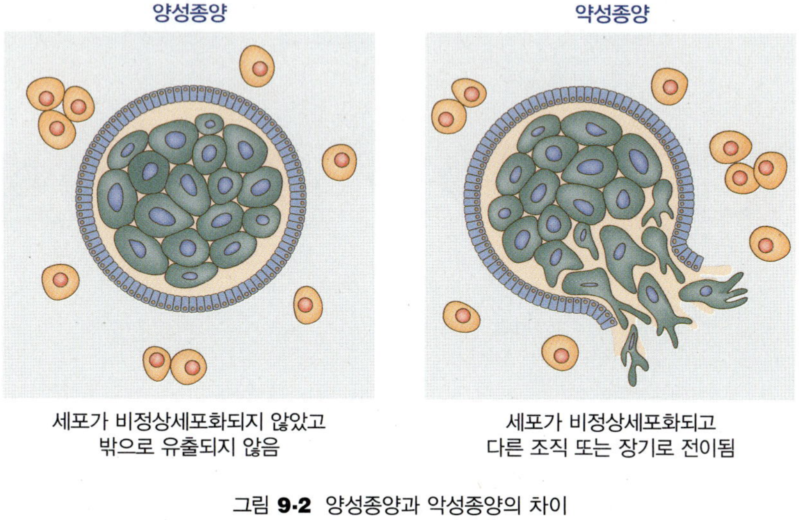

그림 **9·2** 양성종양과 악성종양의 차이

러나 암세포는 세포분열을 조절하는 유전자에 돌연변이가 생겨 세포분열 조절능력을 상실하고 계속 증식하여 종양을 형성하는 것이다 **그림 9-1, 그림 9-2**.

2) 발생과정

암 발생과정은 3단계로 나눌 수 있다 **그림 9-3**.

- 개시과정(initiation) : 발암물질에 의해 유전자에 변이가 생기는 단계이다. 이렇게 손상된 세포는 종양촉진제에 의해 활성화되기 전에는 휴면상태에 있다.
- 촉진과정(promotion) : 변이가 생긴 비정상적인 세포가 증식하여 신생물이 되는 단계이다. 이 과정은 종양촉진제에 의해 가속화된다.
- 진행과정(progression) : 암세포는 혈관 신생(angiogenesis), 침윤(invasion), 이동(migration), 전이(metastasis) 등의 과정을 통해 인접 조직은 물론 혈액이나 림프를 통해 전신을 순환하면서 정상 조직에 암을 퍼뜨릴 수 있다.

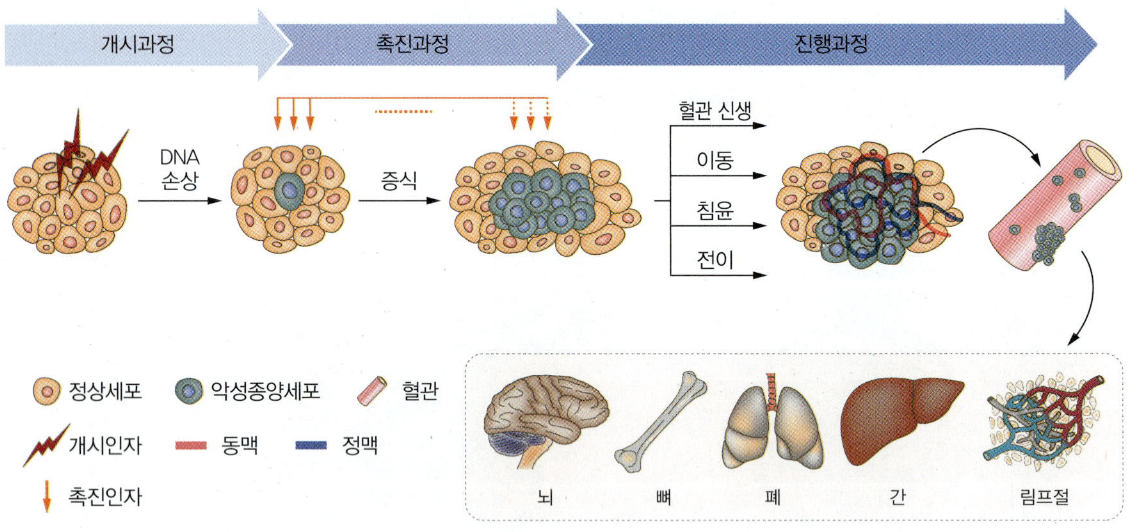

그림 **9-3** 발암과정

3) 원인

암의 원인은 대부분 흡연, 식생활 및 신체활동과 관련 있다. 금연하고 적정체중을 유지하며 건강한 식생활과 활발한 신체활동을 하면 암 발생을 줄일 수 있다.

(1) 유전

일부 암은 유전의 영향을 받는다. 이러한 유전적 요인은 특정 유전자들의 변이에 의한 것으로, 이들 유전자 간 또는 이들 유전자와 환경요인 간 상호작용에 의해 종양 생성이 달라진다. 해당 유전자를 구성하는 염기서열의 변화에 의해 종양 촉진 유전자의 발현이 과도하게 일어나거나 종양 억제 유전자의 발현이 억제 또는 기능을 상실하면 암 발생이 촉진된다.

(2) 환경적 요인

① 화학적 발암물질

국제암연구소가 발표한 주요 화학적 발암물질에 대해 표 9-1에 요약하였다.

- 직업적·환경적 노출 가능한 화학 발암물질 : 벤젠, 다이옥신, 4-아미노비페닐, 벤조피렌, 굴뚝 그을음 등은 발암원이다. 또한 철 및 강철 주조 공정, 디젤 엔진 배출물, 미네랄 오일, 고무 제조산업 종사자도 암 위험이 높다.
- 중금속, 분진, 석면 : 비소, 베릴륨, 카드뮴, 6가 크롬, 니켈, 석면, 석영이나 홍연석 형태의 결정형 실리카 분진, 불화 이데나이트(Fluoro-edenite), 가죽과 나무를 가공할 때 발생하는 발암물질이다.
- 흡연, 대기오염 : 흡연, 간접 흡연, 무연담배 모두 암을 유발한다. 가정 석탄연료 연소 배출물과 대기오염 및 대기오염 내 먼지는 폐암의 원인이다.
- 식생활 : 소금에 절인 생선은 니트로사민 생성과 엡스타인-바 바이러스(Epstein-Barr virus, EBV)의 재활성화를 통해 암을 유발한다. 염장 또는 훈연가공육도 섭취가 증가할수록 대장암 발생 위험이 증가한다. 곰팡이 독소인 아플라톡신은 간암을 유발한다. 알코올 섭취는 구강암, 인두암, 후두암, 식도암, 대장암, 유방암을 유발한다. 흔히 '적정 음주'를 말하지만, 이는 암 예방에 도움이 되지 않으며, 소량의 알코올도

표 9-1 주요 화학적 발암원

I군 발암요인	발암 증거가 충분한 종양
다환방향족탄화수소(벤조피렌, 다염소비페닐, 콜타르 피치, 굴뚝 그을음 등)	폐암
방향족아민(2-나프틸아민, 벤지딘, 4-아미노비페닐)	방광암
벤젠	급성비림프구성 백혈병
다이옥신	다중원발암
포름알데히드	비인두암, 백혈병
염화비닐	간혈관 육종, 간세포암
철 및 강철 주조 공정 작업자	폐암
도장공	폐암, 방광암, 흉막 중피종
고무 제조산업 종사자	백혈병, 림프종, 방광암, 폐암, 위암
비소 및 그 무기화합물	폐암, 피부암, 방광암
카드뮴, 베릴륨, 6가 크롬 및 그 화합물	폐암
니켈 및 그 화합물	폐암, 비강 및 부비동암
석면	폐암, 중피종, 후두암, 난소암
가죽 및 나무 분진	비강 및 부비동암, 비인두암
부모 흡연 시 자녀 암 발생	간모세포종
간접 흡연	폐암
무연담배	구강암, 췌장암
빈랑자(areca nut, 씹는 담배)	구강암, 인두암, 식도암
알코올 섭취	구강암, 인두암, 후두암, 식도암, 간암, 대장암, 유방암, 췌장암
알코올 섭취와 관련된 아세트알데히드	식도암, 두경부암
염장 생선	비인두암
가공육	대장암
아플라톡신	간세포암
대기오염 및 대기오염 내 먼지	폐암

자료 : 국제암연구소, 2010

암 발생 위험을 높일 수 있다.

② 생물학적 발암물질

국제암연구소에서는 11가지의 생물학적 요인(바이러스, 박테리아, 기생충 등)을 1군 발암요인으로 분류했다 표 9-2. 이 중 B형 및 C형 간염 바이러스, 인유두종 바이러스, 위암 헬리코박터균, 엡스타인-바 바이러스, 간흡충의 감염은 우리나라에서 비교적 흔하다.

표 **9-2** 주요 생물학적 발암원

I군 발암요인	발암 증거가 충분한 종양
엡스타인-바 바이러스	비인두암, 버킷 림프종, 면역 억제 관련 비호지킨 림프종, 결절 외 NK/T-세포 림프종, 호지킨 림프종
B형 간염 바이러스	간세포암
C형 간염 바이러스	간세포암, 비호지킨 림프종
카포시육종 헤르페스 바이러스	카포시육종, 원발성 삼출성 림프종
인간면역결핍 바이러스 1형	카포시육종, 비호지킨 림프종, 호지킨 림프종, 자궁경부암, 항문암, 결막암
인유두종 바이러스	자궁경부암
인간 T세포 바이러스 1형	성인 T세포 백혈병과 림프종
헬리코박터균	비분문 위암, 저등급 B세포 점막연관림프조직(MALT) 위 림프종
간흡충	담관암
타이간흡충	담관암
방광주혈흡충	방광암

자료 : 국제암연구소, 2010

③ **방사선**

이온화 방사선은 화학적 발암원과 마찬가지로 DNA 돌연변이를 유도하여 암을 발생시킬 수 있다. 240~300 nm 범위에 있는 자외선도 DNA 변이를 유도하는 발암원이다.

4) 암 발생과 관련된 영양소 및 식품

식품에 포함된 유해물질뿐만 아니라 영양 불균형도 암의 원인이 될 수 있다. 즉, 영양상태가 암 발생에 영향을 미치며 적절한 식습관으로 암 발생을 억제할 수 있다. 또한 암 자체가 영양불량을 유도하고 암의 치료과정에서 영양상태가 나빠지게 되어 환자의 삶의 질이 저하되므로 적절한 영양 공급이 필요하다. 대부분의 종양은 오랜 잠복기를 거친 후 발현되는데, 식사는 종양의 개시단계나 촉진단계에 영향을 미치기 때문에 장기간의 추적연구를 통해서야 그 원인을 추정할 수 있다. 암 발생에 영향을 미치는 영양소는 암의 종류에 따라 다르다.

(1) 암과 영양소

- 에너지 : 에너지 제한은 암 발생을 억제하며, 고지방식사를 하는 경우에도 에너지를 제한하면 암 발생을 낮출 수 있다. 에너지의 과다 섭취는 유방암, 자궁암, 난소암, 신장암 위험을 높인다.
- 지방 : 총 지방, 특히 동물성 지방의 섭취는 대장암 및 유방암, 전립샘암을 비롯한 여러 암의 위험인자이다.
- 단백질 : 일반적으로 종양 형성에는 단백질 필요량이 증가하기 때문에 저단백식사는 종양 발생을 억제할 것으로 추정되나 아직 과학적 근거가 부족하다. 단백질 섭취의 증가는 육류 섭취량 증가를 의미하고, 이것은 고지방식 및 저식이섬유식과 부합되는 경우가 많아 단백질 단독의 영향을 규명하기는 어렵다.
- 식이섬유 : 식이섬유의 섭취는 대장암, 직장암, 유방암, 난소암을 예방한다. 식이섬유는 변량을 증가시키고 장 통과시간을 단축하며, 장내 미생물 대사를 변화시키고 유기물을 흡착하며, 양이온 교환을 증가시키고 대장세포의 증식을 자극하여 암을 예방한다.
- 항산화영양소 : 비타민 E, 비타민 C, 비타민 A, 베타-카로틴, 셀레늄과 같은 항산화영양소는 암 발생을 억제한다. 카로틴, 비타민 C, 비타민 E의 섭취량과 폐암 발생 간에는 역상관관계를 나타내며, 비타민 A의 부족은 유방암의 위험을 증가시킨다. 또 비타민 C는 대부분의 암 발생을 낮추고, 셀레늄은 식도암과 위암의 발생을 낮춘다. 그러나 이들 항산화영양소를 권장섭취량 이상으로 섭취하는 것은 권장하지 않으며, 보충제보다는 식품을 통해 섭취하는 것이 좋다.
- 기타
  - 엽산 : 엽산 부족 시 대장암과 유방암 발생이 증가하나, 보충제로 엽산 과량 섭취 시 전립샘암, 대장암, 유방암 발생이 증가할 수 있다.
  - 비타민 A : 보충제 섭취 시 암 발생 감소효과 없으며, 흡연자 또는 과거 흡연자에서 비타민 A 보충제 섭취는 오히려 폐암 발생을 증가시킬 수 있다.
  - 비타민 D : 대장암 예방에 효과가 있다는 연구가 있으나 확실치 않다.
  - 칼슘 : 대장암 예방에 효과가 있으나 과량 섭취 시 전립샘암 발생이 증가할 수 있으므로 권장섭취량을 초과하지 않도록 섭취하는 것이 좋다.

(2) 암과 식품

① 과일과 채소

과일과 채소 섭취가 많은 사람은 대장·직장암, 방광암, 자궁경부암, 난소암, 자궁내막암, 췌장암, 위암 발생 위험이 낮다. 과일과 채소에는 카로틴, 비타민 C, 비타민 E, 셀레늄과 같은 항산화물질이 풍부할 뿐 아니라 식이섬유와 여러 피토케미컬 성분이 많이 들어 있기 때문이다. 예를 들면, 식물성 기름과 견과류에 풍부한 피토스테롤, 십자화과 채소의 설포라펜, 토마토의 라이코펜, 대두의 이소플라본 등은 암을 예방할 수 있다 표 9-3.

표 9·3 피토케미컬의 암 예방 효과

성분	함유식품	암 관련 체내 기능
플라보노이드	녹차, 포도, 사과, 배, 체리, 양파, 케일, 아욱, 브로콜리, 상추, 마늘, 적포도주	뇌암 및 기관지암 예방, 흡연 시 폐 보호
폴리페놀화합물	포도, 딸기, 자두, 토마토, 현미	발암물질의 활성 억제
이소플라본	대두, 두부, 된장, 청국장, 콩나물, 감자, 옥수수, 땅콩, 멜론, 건포도	유방암 예방, 혈중 콜레스테롤 감소, 골다공증 예방
설포라펜	배추, 브로콜리, 케일, 양배추, 순무	대장암 예방
알릴화합물	마늘, 양파, 부추, 파	간암, 유방암, 대장암, 위암 예방
리모넨	귤, 오렌지, 자몽, 레몬	폐 보호 및 암 예방
인돌	브로콜리, 양배추	유방암 예방
리그난	아마씨, 해조류, 콩류, 전곡류	유방암 예방
사포닌	콩류, 전곡류	항암 효과

② 적색육과 가공육

적색육이나 가공육은 대장·직장암 위험을 높인다. 그러나 적색육과 가공육을 섭취하지 않는 완전채식이 암 예방에 효과가 있는지는 확실하지 않다. 육류가공육의 과다 섭취 시 대장암과 위암 위험이 증가되는 것은 육류의 색을 유지하고 박테리아 성장을 막기 위해 첨가되는 아질산염 때문이다. 질산아민류는 강력한 발암물질로서, 이것은 질산이나 아질산이 식사에 들어 있는 아민이나 아마이드와 결합하여 생성된다. 이러한 질산화과정(*N*-nitrosation)은 위, 대장, 방광뿐 아니라 타액에서도 쉽게 일어나는 현상이다. 질산염은 주로 채소나 식수를 통해 섭취하게 되며, 식품가공 중에 많이 사용되는 질산이나 아질산을 통해서도 섭취하게 된다. 질산아민은 흡연을 통해서도 체내로 들어

온다. 항산화제가 풍부한 채소와 과일의 섭취는 질산아민의 생성을 억제하므로 암 발생의 개시와 촉진단계에 모두 효과적으로 작용할 수 있다.

③ 대두식품

대두는 에스트로겐 유사작용을 하는 이소플라본을 함유하므로 호르몬 관련 암(유방암, 전립샘암, 자궁내막암 등)을 예방할 수 있다.

④ 염장식품

염장식품은 위암, 두경부암 위험을 높인다. 그러나 조리나 가공 중에 첨가하는 소금이 암의 발생을 증가시킨다는 증거는 부족하다.

⑤ 커피, 차

각종 차는 폴리페놀, 플라보노이드 등의 항산화물질을 함유하고 있어 동물에서 암 예방효과가 확인되었다. 그러나 인체시험에서는 결과가 불명확하다. 커피와 카페인이 췌장암 발생을 증가시킨다고 알려졌으나 증거는 불분명하다.

표 **9-4** 암 종류별 발생에 영향 미치는 요인

종류	요인	
	증가요인	감소요인
위암	짠 음식, 염장식품, 가공육, 훈제식품, 직화구이한 동물성 식품, 탄 음식, 질산염, 헬리코박터균	채소, 과일, 콩류, 셀레늄 함유식품
폐암	식수 중 비소, 베타카로틴 보충제, 적색육, 가공육, 총 지방, 레티놀 보충제, 체지방 부족, 흡연, 직업력(비소, 석면 등), 대기오염	과일, 카로티노이드 함유식품, 셀레늄, 퀘세틴(quercetin)
간암	간염 바이러스(B형, C형), 간경변증, 아플라톡신	과일
대장암	적색육, 가공육, 음주, 체지방, 복부 지방, 고지방식, 저식이섬유식, 동물성 지방, 당류, 치즈	신체활동, 식이섬유, 마늘, 우유, 칼슘, 채소, 과일, 비타민 D 함유식품
유방암	음주, 체지방, 복부지방, 고지방식, 여성호르몬, 비만	수유, 신체활동
자궁내막암	체지방, 복부 지방, 적색육	채소, 신체활동
췌장암	체지방, 복부 지방, 적색육	엽산 함유식품, 과일, 신체활동

⑥ 인공감미료

사카린을 비롯한 인공감미료가 암을 유발한다는 증거는 없다.

⑦ 알코올

알코올과 그 대사물인 아세트알데히드가 구강, 인두, 후두, 식도, 간, 유방 및 대장암의 발생을 증가시키며, 알코올 중독자의 영양불량도 암 발생 위험을 증가시키는 요인으로 작용한다. 음주와 흡연을 동시에 실시하면 암 발생 위험이 훨씬 증가한다.

3. 암의 분류와 치료

1) 분류

암은 발생한 위치의 세포나 조직에 따라 그리고 암의 병기에 따라 분류한다 표 9-5.

표 9-5 암의 분류

발생 위치 및 단계	분류
발생 위치의 세포/조직별 분류	• 선암(adenoma) : 분비성 세포 • 암종(carcinoma) : 상피세포 • 신경교종(glioma) : 중추신경의 신경교세포 • 백혈병(leukemia) : 골수조혈세포 • 림프종(lymphoma) : 림프세포 • 흑색종(melanoma) : 피부색소 • 육종(sarcoma) : 뼈, 근육, 결체 조직
암 단계별 분류	• T : 암의 크기와 국소적 침범 정도(T0~T4, 숫자 커질수록 크기/침범도 증가) • N : 암이 퍼진 주변 림프절의 수와 범위(N0~N4, 숫자 커질수록 원거리 림프절 전이 의미) • M : 전이 여부(M0~, 전이된 장기 수)

2) 치료

암의 치료방법은 크게 수술, 방사선치료, 화학항암치료의 3가지로 나뉘고, 특정 암이나 조건을 가진 경우 골수이식, 유전자 맞춤치료, 암 백신치료 등을 할 수 있다. 암 치료방법은 암세포의 종류, 진행 정도, 환자의 건강상태 등 여러 가지 요인에 의해 결정되고 대개 2가지 이상의 치료를 같이 병행한다. 암 치료의 일차적 목표는 암을 근절하는 것이나 이 목표를 달성할 수 없을 경우 일시적 증상 완화 및 삶의 질 보존을 목표로 한다.

(1) 수술

종양을 초기에 발견하여 제거하는 것이 가장 성공적인 암 치료법이다. 수술은 치료를 위해 종양을 제거하는 근치적 수술뿐 아니라 예방적 수술과 증상을 완화시키기 위한 완화적 수술이 있다. 두경부 및 상하부 소화기관의 절제 등 음식물의 섭취 및 소화와 관련된 장기의 수술은 환자의 회복과 영양상태에 큰 영향을 미치게 된다.

(2) 방사선치료

방사선치료는 방사선의 고주파에너지를 이용하여 암세포를 직접 사멸하거나 암세포의 분열을 억제하는 치료법으로서, 수술이 어렵거나 전이 위험이 있는 암의 치료에 이용된다. 방사선으로 인한 세포분열 억제는 분열속도가 빠른 세포에서 가장 효과가 커서 암세포가 정상세포보다 크다. 그러나 정상세포 중 분열속도가 비교적 빠른 장상피세포, 골수세포, 두피세포의 사멸도 일어나 이로 인해 소화기계 증상, 감염, 탈모 등의 부작용이 나타나게 된다.

(3) 화학항암치료

화학항암치료는 항암제를 투여하여 종양세포의 성장을 조절하거나 파괴하는 방법으로, 전신에 작용하기 때문에 방사선이나 수술보다 광범위하게 신체에 영향을 준다. 항암제는 DNA와 RNA의 합성 및 유사분열을 방해하거나 DNA 자체에 손상을 입혀 암세포를 사멸시킨다. 기존의 항암제는 세포내에 일반적으로 존재하는 DNA나 미세소관(microtubule)을 표적으로 하므로 암세포뿐만 아니라 정상세포에도 악영향을 미쳤으나, 근래에는 정상세포에는 해를 끼치지 않으면서 특정 암세포만 공격하는 표적치료제가 개발되어 주목을 받고 있다.

(4) 면역치료

면역치료는 항암치료로 인한 부작용을 최대한 줄이면서 인체의 면역기전을 이용하여 암세포를 제거하려는 치료법을 말하며, 생물학적 치료라고도 한다. 면역치료의 목표는 숙주에 유익하게 숙주-종양 상호작용을 조작하는 것이다. T-세포의 세포매개성 면역을 이용하여 T-세포가 종양세포를 이물질로 인식하여 공격하게 하는 방법, 종양 특이항원에 반응하는 항체를 이용하는 방법, 사이토카인을 이용하는 방법 등이 개발되어 있다.

(5) 골수이식

골수이식은 백혈병, 림프종, 재생불량성 빈혈 치료에 시행된다. 골수이식의 성공을 위해서는 공여자와 환자와의 조직적 합성항원(human leukocyte antigen, HLA)의 일치 여부가 중요하다. 골수이식 전에는 병의 악화를 막고, 이식 후 거부반응과 재발을 방지하기 위해 고용량의 항암제 투여 및 전신 방사선 조사를 하는 수일간의 조건화(conditioning) 과정을 거쳐야 한다. 따라서 이식 후뿐만 아니라 이식 전 조건화 시기에도 저균식 또는 무균식을 제공해야 한다.

4. 암에 의한 대사 변화와 영양문제

1) 암악액질

(1) 정의와 증상

암악액질(cancer cachexia)이란 암 환자에게 특이적으로 나타나는 영양 불량상태로 몸이 극도로 쇠약해지고 체중이 감소되는 것을 말하는데, 일반적으로 5% 이상의 체중 감소가 있거나 식사 섭취량이 감소하고 전신성 염증반응이 있을 때를 일컫는다. 암은 만성소모성 질환으로 체지방과 체단백질을 소모함으로써 체중 감소와 빈혈, 저단백혈증을 초래한다. 항암제의 투여나 방사선 치료는 식욕 부진 및 구토를 유발하여 영양 결핍 상태를 더욱 악화시킬 수 있다.

암악액질의 증상은 극심한 체중 감소, 식욕 감소, 만복감, 쇠약증, 빈혈, 부종, 면역기능 저하 등이다. 암 환자는 미각의 변화로 식품의 맛과 향에 대한 감각이 변하는데, 대개 단맛, 신맛, 짠맛에 대한 역치는 증가하고 쓴맛에 대한 역치는 감소한다. 이로 인해 암 환자는 더 단 음식을 찾게 되고, 반면에 쓴맛을 쉽게 느끼기 때문에 육류의 섭취가 힘들어진다. 또한 암 환자는 조금만 먹어도 포만감을 쉽게 느껴 식욕이 감소한다. 두경부나 소화기계 종양 환자들이 더욱 섭취에 어려움이 있어 영양불량 발생 가능성이 높다. 암 환자의 조기 사망 원인의 20~40%는 극심한 영양불량으로 추정된다. 암악액질의 정도는 종양의 종류에 따라 다르다. 예를 들어, 소화기계 암 환자는 악액질이 흔하고 심각한 반면 유방암 환자에서는 나타나는 않는 경우가 많다.

(2) 원인

암악액질의 원인은 아직 불분명하나 종양에 의한 직접적인 영향과 종양 대사의 부산물에 의한 영향 둘 다에 의해 발생하는 것으로 보인다. 암 환자는 종양으로 인해 대사율이 항진된다. 영양소가 종양의 성장에 우선적으로 쓰이면서 정상세포는 영양 공급이 부족해지고 체중과 함께 체단백질과 체지방이 감소하며 모든 기관의 기능이 저하된다. 종양조직에서 분비되는 여러 가지 사이토카인과 단백질 및 지방 이동 인자, 섬모성신경체 인자 등이 식욕 부진과 조직 분해를 촉진하는 것으로 밝혀졌다. 또한 각종 치료와 심리적 스트레스에 의한 식욕 부진도 암악액질의 원인이 될 수 있다. 암악액질은 심각한 영양불량을 나타내는 점에서는 기아상태와 비슷하나, 기아상태와는 매우 다른 영양소 대사 양상을 보이며 훨씬 위험하다.

2) 암에 의한 영양소 대사의 변화

암 환자의 체중 감소는 식품 섭취량의 감소만으로는 완전히 설명되지 않는다. 체중 감소는 식품 섭취량의 감소와 비례해서 나타나지도 않고, 심지어는 정상적으로 식품을 섭취하는 경우에도 체중이 감소한다. 암 환자의 체중이 감소해도 종양이 커지는 것으로 미루어 보면 종양세포가 모든 영양소의 이용에 대해 우선적임을 알 수 있다. 표 9-6에는 암 환자와 기아상태에서 나타나는 대사상의 변화를 요약하였다.

표 9-6 암 환자와 기아 상태의 대사 변화 비교

대사 \ 상황		암악액질	기아
기초대사량		유지 또는 감소	감소
당질 대사	인슐린 민감성	감소	감소
	포도당 전환	증가	감소
	간의 포도당 신생합성	증가	감소
	코리회로 활성	증가	변화 없음
지방 대사	지질 분해	증가	증가
	지질 합성	다양	변화 없음
	지단백분해효소 활성	증가	변화 없음
	혈청 유리지방산	증가	변화 없음
단백질 대사	단백질 전환	증가	감소
	체단백질 분해	증가	감소
	체단백질 합성	증가	감소
	질소 평형	(–)	(–)
	소변 내 질소 배설	변화 없음	감소

(1) 에너지와 당질

암 환자의 에너지 대사는 섭취량의 감소와 기초대사량의 증가로 지속적인 음의 균형을 보이고 이로 인해 체중 감소가 나타난다. 암 환자의 영양소 대사는 기아상태와는 다르다. 일반적으로 식욕 부진으로 식품 섭취가 극도로 감소하거나 굶주리면 이러한 상태에 대응하기 위하여 대사율이 낮아진다. 그런데 종양을 가진 경우에는 대사율이 오히려 증가하여 음의 에너지와 질소균형상태에 적절하게 대응하지 못해 극심한 체중 감소가 일어난다.

(2) 지질

암 환자는 지방 분해가 증가되어 체지방이 고갈되고, 혈중 지방산 농도는 증가한다. 저장지방의 분해와 이동 증가는 종양조직에서 지방 분해 촉진 사이토카인들이 분비되기 때문이다.

(3) 단백질

체단백질의 합성이 감소되면서 혈중 단백질 농도가 감소된다. 암 환자는 아미노산과 에너지의 섭취가 적절한 때에도 체조직의 감소가 나타난다. 반면 종양조직의 단백질 합성은 증가하므로 전체적으로 보면 양의 질소균형을 보이기도 하는데 이것을 질소 트랩(trap)이라고 한다. 이러한 이유로 인해 빠르게 성장하는 종양을 가진 암 환자는 체중이 감소하는 상황에서도 양의 질소균형을 나타낼 수 있다. 종양조직은 섭취한 단백질뿐만 아니라 숙주의 근육단백질을 분해시켜 이용하므로 내장기관의 위축이나 저알부민혈증 및 아미노산의 불균형을 초래한다.

(4) 수분과 전해질

암 환자에서는 부종이 흔하다. 어떤 경우에는 부종으로 인해 체중 감소가 잘 드러나지 않는 경우도 있다. 심한 설사나 구토로 인해 심각한 체액과 전해질의 불균형이 생길 수 있으며, 이때는 탈수를 동반하며 수용성 비타민의 손실을 초래하게 된다. 이러한 대사상의 문제는 암의 종류나 부위에 따라 다르게 나타난다.

5. 암 치료법에 따른 영양관리

1) 수술과 영양관리

(1) 종양 제거수술

대부분의 암환자는 대사가 항진된 상태이고 영양불량이 흔하므로 수술 전후에 적절한 영양관리가 중요하다. 종양 제거수술 환자의 영양치료는 일반적인 수술 환자 식사요법에 따른다. 즉, 일반적인 치료단계와 원활한 신체 대사를 지원해야 하며, 수술 부위에 따라 영양상태에 미치는 영향이 다르므로 그에 따른 식사요법이 고려되어야 한다. 수술 부위에 따른 영양적 문제점을 표 9-7에 요약하였다.

표 9·7 수술 부위에 따른 영양문제

수술 부위	영양문제
두경부	저작 및 연하곤란, 구강 건조, 후각장애, 미각장애, 흡인 위험
식도	연하곤란, 위식도역류, 위 마비, 소화불량
위	덤핑증후군, 조기만복감, 탈수, 위 마비, 지방 흡수불량 비타민·무기질 흡수불량(엽산, 비타민 B_{12}, 비타민 D, Ca, Fe)
소장	유당불내증, 지방 흡수불량, 설사, 수분·전해질 불균형 비타민·무기질 흡수불량(비타민 B_{12}, 지용성 비타민, Ca, Fe, Zn)
대장	잦은 변의, 설사, 탈수, 수분·전해질 불균형 비타민·무기질 흡수불량(비타민 B_{12}, Na, K, Mg, Ca)
췌장	위 마비, 고혈당, 지방 흡수불량, 지방변 비타민·무기질 흡수불량(비타민 B_{12}, 지용성 비타민, Ca, Fe, Zn)
간	고혈당, 고중성지방혈증, 수분·전해질 불균형 비타민·무기질 흡수불량(엽산, 비타민 B_{12}, 지용성 비타민, Mg, Zn)
담낭/담도	위 마비, 고혈당, 지방 흡수불량, 수분·전해질 불균형 비타민·무기질 흡수불량(비타민 B_{12}, 지용성 비타민, Mg, Ca, Fe, Zn)

(2) 골수이식

골수이식은 백혈병이나 림프종과 같은 혈액암에 주로 이용된다. 이식수술 후 첫 2달 동안 점막염, 위염, 식도염, 미각 변화, 장관 손상 등과 같은 만성적 부작용이 나타날 수 있으므로 이식 초기에는 완전 혹은 부분 정맥영양을 실시한다. 이식거부증이 있는 경우에는 장기간의 치료와 식사처방이 중요하다. 골수이식을 받은 환자는 기초대사량이 1.3~1.5배 정도 증가하고, 단백질 필요량도 1.5 g/kg 정도로 증가한다. 어린이, 심한 스트레스, 이식거부증, 고열, 장의 손실이 있는 경우는 단백질 필요량이 더 증가한다.

2) 방사선치료와 영양관리

방사선치료의 강도와 치료 부위에 따라 영양상태에 미치는 영향이 다르다 표 9-8. 두경부와 식도의 방사선치료는 특히 식품 섭취에 영향을 미칠 수 있다. 인후통, 점막염, 구강건조증이 생길 수 있고, 침샘 분비가 감소하여 치아와 잇몸의 손상을 초래할 수 있다. 또 미각 이상, 음식의 온도나 질감에 대한 예민도 변화도 나타날 수 있다.

복부의 방사선치료는 급성위염이나 장염을 일으켜 구역질, 구토, 설사, 식욕 부진이

표 9-8 방사선 조사 부위에 따른 영양문제

조사 부위	영양문제	
	급성	만성
뇌, 척수	오심, 구토, 피로, 식욕 부진, 고혈당	두통, 무기력
두경부(혀, 인두, 후두, 편도, 비인강, 침샘)	구강건조증, 구강 및 인후염, 연하곤란, 연하통, 점막염, 미각과 후각 변화, 피로, 식욕 감퇴	점막 건조, 점막 위축, 점막궤양, 침샘섬유증, 방사선골괴사증, 입벌림장애, 미각과 후각 장애
흉부(폐, 식도, 유방)	연하곤란, 연하통, 피로, 식욕 감퇴, 가슴쓰림	식도섬유증, 식도 협착, 식도 괴사, 협심증, 심낭염, 심비대, 폐렴, 폐섬유증, 마른 기침
복부, 골반(위장관계, 비뇨기계, 생식기계)	오심, 구토, 설사, 복통, 가스 팽만, 빈뇨, 배뇨통, 급성대장염, 장염, 유당불내증, 피로, 식욕 감퇴	설사, 소화 흡수불량, 만성장염, 장궤양, 장협착, 장폐색, 장천공, 장누관, 혈뇨, 방광염

생길 수 있으며, 위·장관계의 심각한 손상으로 흡수불량을 초래할 수 있다. 방사선치료로 인한 장염은 좀 더 만성적인 형태로 진행되어 장관 내벽의 비후, 혈전, 궤양 생성, 염증 등을 일으킨다. 또한 폐색이나 누관 형성, 협착 등으로 흡수불량이 야기되어 식욕부진이나 암악액질로 인한 영양불량을 더욱 악화시킬 수 있다.

3) 화학항암치료와 영양관리

항암제의 투여로 가장 문제가 되는 부위는 골수, 소화기 장관, 모공 등이다. 골수에 미치는 영향으로는 백혈구 감소, 혈소판 감소와 이에 따른 빈혈, 면역기능 저하 등이 있다. 또한 항암제 투여는 미각과 후각의 문제를 일으켜 식욕 부진과 식품 섭취 감소를 초래하여 영양상태를 악화시킬 수 있다.

항암제로 인해 점막염, 설염, 구순염, 위염, 식도염 등이 발생하면 식품 섭취를 방해한다. 소화기 장관의 손상은 구역질, 구토, 위염, 식욕 부진, 궤양, 설사 등의 문제를 일으키고 수분과 전해질 균형에 심각한 영향을 줄 수 있으므로 관리가 필요하다.

항암제는 또한 간과 신장에 독성을 나타낼 수 있고, 무월경, 정자 감소, 태아 기형 등을 유발할 수 있다. 탈모증은 심각한 부작용이라고 할 수는 없으나 환자에게 심리적인 부담감과 우울증을 일으킬 수 있다. 부작용은 사용 약물, 복용량, 복용기간에 따라 다르고 개인차도 크다.

6. 암 환자의 식사요법

1) 목표

암의 종류와 치료방법에 따라 발생하는 영양문제가 다르므로 동일 암에서도 암의 진행 상태와 치료목표 및 환자의 영양상태에 따라 영양관리의 목표와 영양요구량이 달라진다. 암 환자의 영양관리 목표는 식품섭취량을 증가시켜 근육 및 체지방의 손실을 최소화하고 면역기능 저하를 방지하며 암 치료에 의한 합병증을 예방하는 것이다. 환자가 최적의 영양상태를 유지할 때 암 치료효과가 증진되며 삶의 질이 향상될 수 있다. 우선 환자의 상태에 대한 정밀한 영양판정을 실시하고, 그 결과에 근거하여 각 환자의 개인별 요구량에 따라 적정한 영양제공 계획을 수립한다(환자 영양평가 도구-부록 II-2 참조). 암 환자의 임상영양치료 목표는 표 9-9와 같다.

표 **9-9** 암 환자의 임상영양치료 목표

<table>
<tr><th colspan="2">판정 요인</th><th>임상영양치료 목표</th></tr>
<tr><td colspan="2">체중 조절 관련</td><td>• 적정체중 범위의 환자 : 현재 체중 유지
• 과체중 이상의 환자 : 치료에 따른 메스꺼움, 설사 등 임상 증상이 없는 경우 0.9 kg/주 이내의 체중 감소
• 평생체중 목표 : 자신의 적정체중 범위 내에서 유지</td></tr>
<tr><td rowspan="2">경구 섭취 및 식사 준비 관련</td><td>경구 섭취가 양호한 환자</td><td>• 식품군별 1일 섭취 기준량 유지
• 적정체중을 유지하기 위한 건강식 조리</td></tr>
<tr><td>치료가 지연될 위험이 있는 환자</td><td>• 치료하는 동안 0.9 kg/주 이상의 체중 감소가 생기지 않을 정도의 식사량 유지
• 환자/보호자는 피로감을 최소화하는 간편조리법을 이용
• 환자의 식중독 위험 방지</td></tr>
<tr><td colspan="2">수분 섭취량</td><td>• 탈수를 예방하기 위해 충분한 수분 섭취</td></tr>
</table>

자료 : ADA, 2010

2) 영양요구량

일반적으로 암 환자는 영양요구량이 증가하나 극심한 식욕 부진으로 충분한 에너지 및 영양소를 섭취하기 힘들다. 그러므로 개인에 맞게 처방하되, 환자가 먹을 수 있는 식품

표 9-10 암 환자의 영양요구량

영양소	환자상태	기준 요구량
에너지 (kcal/kg·체중)	체중 증가 및 영양 개선이 필요한 환자 움직임이 거의 없는 환자 과대사나 스트레스 상태의 환자 패혈증 골수이식	20~35 25~30 35 25~30 30~35
단백질 (g/kg·체중)	정상상태 유지 스트레스가 없는 환자 과대사 상태의 환자 스트레스 상태의 환자 영양지원이 필요한 환자 골수이식	0.8~1.0 1.0~1.2 1.2~1.6 1.5~2.5 1.6~2.0 1.5~2.0

으로 충분히 공급한다. 환자의 영양상태가 극도로 부진하면 경관영양이나 정맥영양을 사용할 수도 있다. 필요에 따라 영양보충제 사용을 권장한다 표 9-10.

(1) 에너지

암 환자는 체중 감소 예방과 항진된 대사요구량 충족을 위해 에너지 섭취량을 증가시켜야 한다. 충분한 당질을 제공하여 단백질이 에너지원으로 낭비되지 않도록 한다. 지방은 여러 가지 암의 발생과 진행, 전이와 관련이 있으므로 총 에너지의 30% 이하로 제한한다. 하루 에너지 필요량이 3,000 kcal까지도 될 수 있으나, 대부분의 환자는 이 양을 섭취할 수 없으므로 환자의 상태에 맞게 제공한다.

(2) 단백질

체단백질의 소모를 막고 질소균형을 유지하며 조직의 재생, 회복, 재활을 위해 추가적으로 단백질이 요구된다. 보통 1.0~1.5 g/kg을 권장하나, 심한 근육 소모가 있는 경우에는 1.5~ 2.5 g/kg까지도 처방한다.

(3) 비타민과 무기질

에너지와 단백질 대사를 조절하는 B 비타민을 충분히 공급한다. 비타민 A와 비타민 C는 조직 재생에 중요하다. 비타민 A는 면역기능과 세포분화에 중요한 역할을 하고, 비타민 C는 항산화 역할과 면역기능에 관여한다. 따라서 이러한 비타민과 무기질의 공급을 위해 식사에서 채소와 과일류의 섭취를 늘리는 것이 권장되며, 최소한 영양권장량 이상으로 제공해야 한다.

(4) 수분

소화기계의 문제나 기타 감염과 발열로 인해 발생하는 수분 손실량을 보충해 줄 수 있도록 섭취량을 증가시킨다. 이것은 신장에서 노폐물이나 약물의 배설을 원활하게 하고 비뇨기계의 염증을 예방하는 차원에서도 유용하다.

알아보기 **암 예방수칙**

1. 우리나라 국가암정보센터의 '암 예방을 위한 10대 수칙'
   - 담배를 피우지 말고, 남이 피우는 담배 연기도 피하기
   - 채소와 과일을 충분하게 먹고, 다채로운 식단으로 균형 잡힌 식사하기
   - 음식을 짜지 않게 먹고, 탄 음식을 먹지 않기
   - 암 예방을 위하여 하루 한두 잔의 소량 음주도 피하기
   - 주 5회 이상, 하루 30분 이상, 땀이 날 정도로 걷거나 운동하기
   - 자신의 체격에 맞는 건강체중 유지하기
   - 예방접종지침에 따라 B형 간염과 자궁경부암 예방접종 받기
   - 성 매개 감염병에 걸리지 않도록 안전한 성생활하기
   - 발암성 물질에 노출되지 않도록 작업장에서 안전보건수칙 지키기
   - 암 조기 검진지침에 따라 검진을 빠짐없이 받기

2. 세계암연구재단의 '암 예방을 위한 권고안'
   - 건강체중을 유지하자.
   - 신체활동을 활발히 하자.
   - 통곡류, 채소, 과일, 콩류를 충분히 섭취하자.
   - 패스트푸드와 기타 지방과 전분 또는 당류가 많은 가공식품의 섭취를 제한하자.
   - 적색육과 가공육의 섭취를 제한하자.
   - 가당음료의 섭취를 제한하자.
   - 알코올 섭취를 제한하자.
   - 암 예방을 목적으로 보충제를 섭취하지 말자.
   - 가능한 모유수유를 하자.
   - 암 진단 후에도 이 권고안을 따르자.

3) 암으로 인한 영양문제에 따른 식사지침

암 발생과 치료에 따른 영양문제와 이를 해결하기 위한 식사지침을 표 9-11에 제시하였다.

표 **9·11** 암으로 인한 영양문제에 따른 식사방법

영양문제	식사방법
식욕 부진	소량씩 자주 공급 고단백·고에너지식 제공 맛, 향기, 식사 분위기 조성 고형물을 먹기 힘든 경우 액상 음식 활용
이미각증	찬 음식 또는 상온 음식 제공 베이킹소다 희석액으로 식전 가글 냄새 강한 생선, 육류, 초콜릿, 커피 제한
조기 만복감	소량씩 자주 공급 기름진 음식 피함 식사 전이나 도중의 음료 섭취 제한
구토/메스꺼움	식사 중 수분 섭취 제한 기름지고 달고 향이 강한 음식 제한 맑고 찬 음료, 마른 음식(토스트, 크래커) 권장 화학항암치료 2시간 전부터 금식 식후 바로 눕지 않기 꼭 끼는 옷 피함 머리를 약간 높인 상태로 쉬게 함 체위를 자주 변경함
저작곤란/연하곤란	묽은 음료 및 거칠고 건조하고 부스러지는 식품 제한 액체는 증점제 사용 인공타액, 빨대 사용 식염수로 입 헹구기 상온으로 음식 공급
구내염/점막염	찬 음식 권장 부드럽게 조리하고 잘게 잘라 섭취 자극적인 식품, 질감이 거친 식품 제한 음료는 빨대 사용
지방변증 설사	소량씩 식사 고단백·고에너지식 제공 MCT 이용 염분과 칼륨 함유식품 섭취 유당, 지방, 식이섬유(생과일, 생채소) 섭취 제한

알아보기

국가암검진사업

국가암검진사업은 국민에게 암 검진의 중요성에 대한 인식을 고취시키고 국민의 수검률을 향상시켜 암을 조기에 발견하여 치료를 유도함으로써 암 치료율을 높이고 암으로 인한 사망을 줄이기 위하여 암 검진을 무료로 실시하는 사업이다. 2019년 현재 암종별 대상자 연령기준 및 검진주기는 다음과 같다.

암의 종류별 대상자 연령기준 및 검진주기

암의 종류	검진 대상	검진 주기	기본 검사
위암	만 40세 이상의 남녀	2년	위 내시경검사/위장조영검사
간암	만 40세 이상의 남녀 중 간암 발생 고위험군 해당자(간경변증, B형 간염 항원 양성, C형 간염 항체 양성, B형 또는 C형 만성 간염자)	6개월	간초음파검사, 혈청알파태아 단백검사
대장암	만 50세 이상의 남녀	1년	분변잠혈검사
유방암	만 40세 이상의 여성	2년	유방촬영
자궁경부암	만 20세 이상의 여성	2년	자궁경부세포검사

위암 환자 사례 연구

대상

57세, 남자, 직업 없음

병력, 약 복용력

- 주증상 : 무기력감, 지속적 체중 감소, 식후 간헐적인 복통과 설사(3~4회/주)
- 과거력 : 위암 진단받고 2017년 7월 위전절제수술을 받음. 위암 병기 III기(T3N1M0)로 수술 1개월 후부터 5개월 동안 항암치료(Oxaliplatin과 Xeloda 병행요법 3주 간격으로 6회 치료), 치료 종료 1개월 후 외과 정기 F/U을 위해 방문. 항암치료 중 식욕 저하, 메스꺼움, 잦은 설사 등의 부작용으로 체중 감소가 지속되어 4회차부터 항암제 용량을 감량함
- 처방 약물 : Feroba(철 보충제), Megesterol(식욕촉진제)

신체 계측

- Ht 171.5 cm, Wt 51.0 kg, IBW 64.7 kg, %IBW 78.8%, BMI 17.3 kg/m^2, Muscle Mass 23.7 kg(부족), Fat Mass 6.1 kg/12.0%(양호)
- 체중 변화 : 수술 전 63.5 kg, 항암치료 전 55.4 kg
- 혈압 : 100/62 mmHg
- PG-SGA score : 19 point (중등도 영양불량 상태)

생화학적 자료

Alb 3.7 g/dL, T. Protein 7.2 g/dL, T. Chol 155 mg/dL, CRP 0.5 mg/dL, BUN 7.5 mg/dL, Cr 0.9 mg/dL, Na 140 mmol/L, K 4.2 mmol/L, Cl 105 mmol/L, Vitamin B_{12} 155 pg/mL, Hb 10.1 g/dL, Hct 34.0%, TLC 1,600

생활습관

활동량 적음(대부분 집안에서 지내고 있음)

식품 및 영양소 섭취, 식사력

- 영양교육 이력 : 위암 수술 후 영양교육 2회(수술 직후, 퇴원 직전), 6개월 전 항암치료 시작 시 항암치료 영양교육
- 식품/음료 섭취 : 항암치료 기간 동안 치료 때마다 메스꺼움과 복통으로 경구 섭취 어려움. 치료 종료 후에도 계속 식욕이 없어 매끼 밥 1/2공기 이내, 국물 위주로 섭취 중임. 천천히 식사해야 한다는 건 알고 있지만 예전 습관대로 10분 이내로 빨리 먹음. 단백질 식품을 매끼 섭취해야 하는 건 알고 있지만 생선은 냄새 때문에 먹기 힘들고, 육류는 암 환자에게 나쁘다고 해서 안 먹고 단백질은 주로 달걀, 두부, 콩 위주

로 섭취 중임. 삼킬 때 명치 부분이 답답해서 평소 선호하던 국이나 찌개 국물 위주로 섭취하고 있고 어느 정도 먹고 나면 포만감이 너무 심해 어육류 반찬은 하루 2단위 정도 섭취함. 간식은 하루 3~4회 간단히 먹을 수 있고 시원하고 잘 먹히는 과일(하루 평균 2개)을 주로 먹음. 과일 외에 요구르트, 단호박, 증편 등을 추가로 1~2회 섭취 중임. 현재 건강보조식품이나 민간요법은 하지 않고 술/담배는 모두 끊었음.

- 에너지 및 영양소 섭취량 : 에너지 1,330 kcal, 단백질 41 g, 당질 215 g, 지방 34 g, C:P:F = 65:12:23

1. 이 환자의 영양상태를 평가하시오.

2. 이 환자에서 해결해야 하는 영양문제를 도출하고 해결방안을 제시하시오.

CHAPTER **10**

면역질환

1. 면역체계
2. 영양과 면역기능
3. 감염
4. 과민반응과 식품알레르기
5. 후천면역결핍증후군

학습목표

1. 면역반응의 개념을 설명할 수 있다.
2. 영양과 면역의 관계를 설명할 수 있다.
3. 면역관련 질환의 영양관리 원칙을 설명할 수 있다.

73
74
75
76

1. 면역체계

면역반응은 이물질(non-self)에 대한 방어반응이다. 우리 몸에서 면역반응을 유도하는 이물질을 면역원 또는 항원(antigen)이라고 한다. 항원은 그 성분이 대부분 단백질이며, 내인성과 외인성으로 구분할 수 있다. 외인성 항원은 박테리아, 바이러스, 독소 등이 있고, 내인성은 암세포 또는 바이러스에 감염된 세포 등이 있다.

면역반응은 2단계로 이루어지는데, 첫째는 항원을 인지하는 단계이고, 둘째는 인지된 항원을 제거하는 단계이다. 항원의 인지는 면역세포 표면의 수용체에 의하여 이루어지고, 항원과 결합한 면역세포는 효과세포(plasma cell)로 분화하여 항원을 제거하게 된다.

면역체계가 항원을 인지하는 과정에서 오류를 범하는 경우가 있다. 자아(self)를 이물질로 면역체계가 잘못 인지하면 이에 대한 방어반응이 일어나는데, 이를 자가면역(autoimmunity)이라고 하며, 퇴행성관절염, 당뇨병, 전신성 홍반성낭창증(루프스) 등 많은 질병의 원인이 된다.

1) 면역계의 구조

면역계는 면역기능을 담당하는 림프계 기관과 면역세포로 이루어져 있으며 이들의 기능을 조절하는 여러 가지 면역단백질이 관여한다.

(1) 림프조직

림프조직은 중앙림프계(1차 면역기관)와 말초림프계(2차 면역기관)로 나뉜다. 중앙림프계에는 골수와 흉선이, 말초림프계에는 비장, 림프절, 점막면역계(mucosal associated lymph tissue, MALT)가 있다. 말초림프계는 공통적인 기본구조를 가지고 있으며, 감염부위로부터 항원을 취하여 림프절에 전달하여 적응면역반응을 유도한다. 비장은 혈액으로부터, 림프절은 조직에 있는 감염 부위로부터, 점막림프계는 상피세포 표면으로부터 각각 항원을 수집한다. 림프절은 고도로 정돈된 면역 구조물로, 내부에 림프구를 비롯한 백혈구가 존재한다. 각 림프절은 림프관에 의해 서로 연결되어 있으며, 림프절에서는 림프관을 타고 림프절로 들어온 외부 항체 등에 대한 탐식작용, 항원 제시, 항체 생

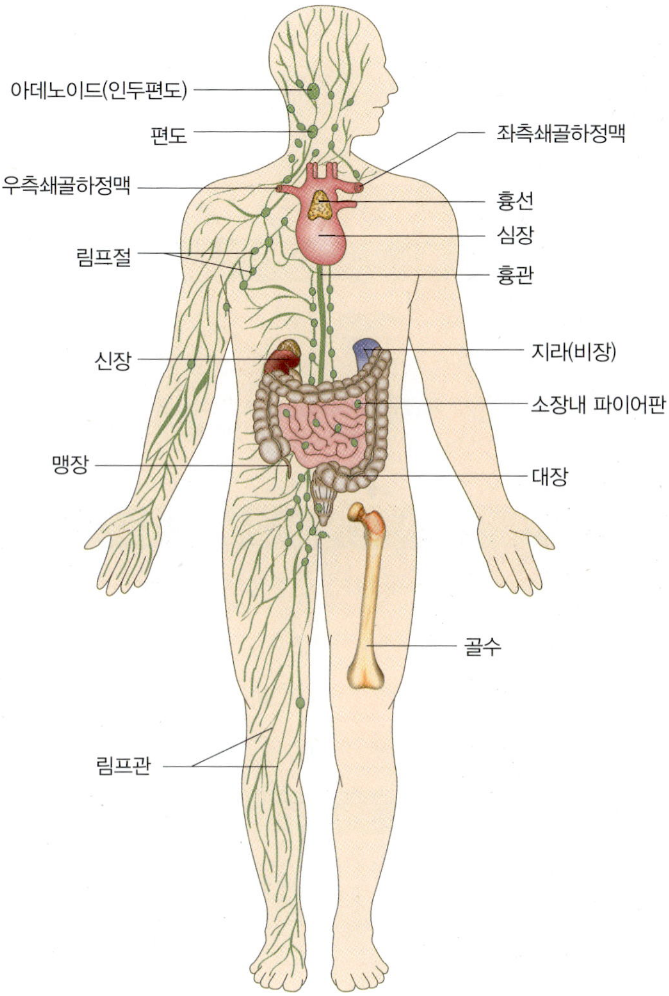

그림 **10-1** 림프조직

성 림프구의 증식 등 일련의 면역반응이 일어난다 **그림 10-1**.

(2) 면역세포

모든 면역세포는 적혈구, 혈소판 등의 혈구세포와 마찬가지로 공통된 골수의 줄기세포(다능조혈줄기세포, pluripotent hematopoietic stem cell)에서 분화된다. 면역세포는 골수계열 세포와 림프계열 세포로 나눌 수 있다 **그림 10-2**. 골수계열 세포에는 호중구

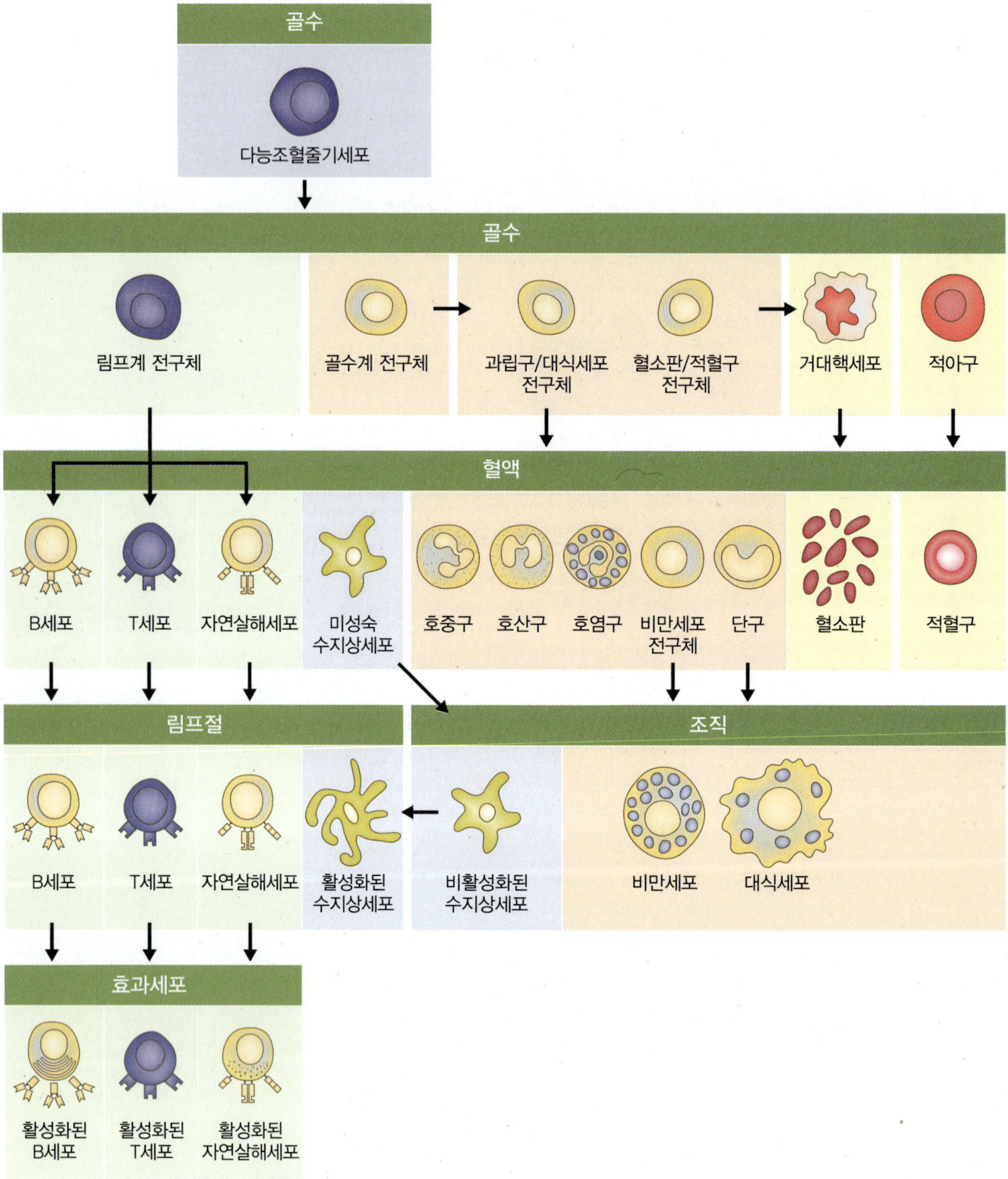
골수
다능조혈줄기세포
골수
림프계 전구체
골수계 전구체
과립구/대식세포
전구체
혈소판/적혈구
전구체
거대핵세포
적아구
혈액
B세포
T세포
자연살해세포
미성숙
수지상세포
호중구
호산구
호염구
비만세포
전구체
단구
혈소판
적혈구
림프절
조직
B세포
T세포
자연살해세포
활성화된
수지상세포
비활성화된
수지상세포
비만세포
대식세포
효과세포
활성화된
B세포
활성화된
T세포
활성화된
자연살해세포

그림 **10-2** 면역세포

(neutrophil), 호산구(eosinophil), 호염구(basophil) 등의 세 가지 과립구(granulocyte)와 단구(monocyte), 비만세포(mast cell), 대식세포(macrophage) 등이 있고, 림프계열 세포에는 B세포와 T세포, 그리고 자연살해세포(natural killer cell)가 있다. 또한 골수계와 림프계 둘 다에서 분화되는 수지상세포(dendritic cell)가 있다. 각 면역세포의 기능은 표 10-1에 요약하였다.

과립구는 이물질과 반응할 때까지 혈관 내를 순환하며, 대식세포와 비만세포는 조직에 들어와 분화를 끝내고 숙주 방어의 제1선에서 염증반응을 시작한다. T세포는 흉선에서 성숙하고 항원을 만나면 항원특이효과세포로 증식한다. B세포는 골수에서 성숙하고, 항원과 결합하면 효과세포로 분화하고 증식하여 항체를 분비한다. 성숙한 림프구는 끊임없이 혈액을 타고 말초림프계를 순환하면서 림프 혈관을 통하여 다시 혈액 내로 돌아온다 표 10-1.

표 **10-1** 면역세포의 종류와 기능

면역세포	주요 기능
B세포	체액성 면역에 관여. 항체 분비
T세포	세포매개성 면역에 관여 • 도움T세포(helper T cell, Th) : Th1(세포독성T세포와 대식세포 활성화), Th2(B세포 활성화) • 세포독성T세포(cytotoxic T cell, Tc): 감염된 세포 살해
자연살해세포	바이러스 감염세포와 암세포 살해
호중구	식세포작용
호산구	이물질 해독, 기생충 감염 방지
호염구	염증반응 시 히스타민 분비, 헤파린 방출
단구	혈액에 있는 단구가 조직으로 가서 대식세포가 됨
비만세포	알레르기 반응에 관여
수지상세포	항원을 T-세포에 제시
대식세포	식세포작용

(3) 면역단백질

면역기능을 수행하는 체액 내의 면역단백질(soluble factor)에는 여러 가지 종류가 있다.

- 보체계(complement system) : 가장 대표적 면역단백질로서 20여 개의 혈장 단백질로 구성된 체계로, 염증반응의 조절과 함께 여러 가지 면역반응에 보조 역할을 한

다. 보체의 기능은 미생물의 세포막을 용해하고 직접 균을 죽이거나, 감염 받은 장소로 식균세포를 이동시켜(chemotaxis) 균의 파괴를 돕고, 박테리아의 표면에 붙어(opsonization) 식균세포가 박테리아를 인지하게 돕는 것 등이다.

- 사이토카인(cytokine) : 면역세포가 분비하는 단백질을 통틀어 일컫는 말이다. 사이토카인은 면역반응 과정에서 세포와 세포 사이의 신호를 전달하는 역할을 하는 펩티드 분자이다. 인터페론, 인터루킨, 케모카인 등이 이에 속한다. 최근에 사이토카인의 연구가 활발하게 이루어지고 있는데 그 종류가 매우 다양하며 면역 조절작용 외에 체내에서의 다른 기능이 규명되고 있다.
- 락토페린(lactoferrin) : 초유에 가장 많고 혈액, 점액분비물, 침, 눈물 등에 함유되어 있으며 항바이러스 및 항균성을 띤 물질이다.
- 라이소자임(lysozyme) : 동물의 조직, 침과 눈물, 알의 흰자 등에 포함되어 있으며 항균작용을 한다.

2) 면역체계의 분류

면역체계는 내재면역(innate immunity)과 적응면역(adaptive immunity)으로 대별되고, 적응면역은 다시 체액성 면역(humoral immunity)과 세포매개성 면역(cell mediated immunity)으로 구분된다.

(1) 내재면역

내재면역은 외부 미생물로부터 신체를 보호하는 일차적 방어기전으로, 항원에 대한 특이성이 없이 여러 가지 항원에 대하여 모두 반응하는 체계라서 세균 감염을 방어하는 데 중요하다. 피부, 점막 등의 이물질 침입 방지작용을 비롯하여 과립구와 대식세포, 자연살해세포 등의 면역세포와 여러 가지 면역단백질이 내재면역에 속한다. 대식세포나 과립구에는 병원체의 공통 구조를 인지하는 일반적인(nonspecific) 수용체가 있다. 이 수용체와 병원체가 결합하면 병원체를 삼키고, 사이토카인과 보체 등의 면역단백질을 분비하며, 염증반응을 유도한다.

(2) 적응면역

내재면역으로 병원체를 제거하는데 실패하면 적응면역(획득면역, 후천성면역)이 작용한다. 적응면역은 특정하고(specific), 다양하고(diverse), 또한 적응하는(adaptive) 방어체계이다. 즉, 적응면역은 내재면역보다 진보된 다양한 방어수단으로서 병원체를 특이적으로 인식하고 재감염에 대하여 강화된 방어체계이다. 적응면역에는 B세포와 T세포가 관여한다. 이들 세포들은 처음 항원에 노출된 후 반응이 일어나기까지 시간은 걸리나, 일단 방어기전을 효과적으로 수행한 뒤에는 대부분의 세포는 사라지고 소수의 세포만이 기억세포(memory cell)로 남아 재감염 시 반응이 빨라져 병원체로부터 신속히 보호체계를 갖춘다.

① 체액성 면역

B세포에 의해 수행되며, B세포 표면의 면역글로불린(항체, Ig)이 수용체로 작용하여 혈장과 세포외액에 존재하는 항원을 인지하고 결합하여 활성화된다. 활성화된 B세포는 효과세포로 분화되어 면역글로불린을 혈액, 침 등 체액으로 분비하여 체액에서 항원-항체 복합체를 형성한다. 이것이 대부분의 박테리아에 대한 방어기전이다.

면역글로불린에는 IgG, IgA, IgM, IgD, IgE의 5 가지가 있다 **그림 10-3**. 감염되면 IgM이 가장 먼저 증가하므로 IgM을 1차 반응의 매개체라고 할 수 있고, 2차 반응에서는 IgG가 가장 많이 합성된다. 일반적으로 혈액 내에는 IgG가 가장 많이 존재한다. IgA는 지엽적 면역반응(local immunity)에 관여하고, 침, 눈물, 콧물, 유즙, 소화기장액, 호흡기와 비뇨기관의 분비액에 포함되어 있으며 이를 분비형 IgA(sIgA)라고 한다.

② 세포매개성 면역

T세포에 의하여 수행되며, 숙주세포 내에서 생성된 항원, 즉 바이러스나 병원체의 펩티드 조각을 인지하고 제거한다. T세포는 병원체의 펩티드 조각을 인지하는 수용체를 가지고 있다. T세포는 이물질에 감염된 세포를 파괴하는 작용과 함께 면역기능을 조절하는 기능도 가지고 있다. 항원이 T세포의 수용체와 결합하면 T세포는 활성화되어 여러 가지 다른 기능을 하는 세포로 분화한다. 세포독성T세포(Tc세포)는 직접 항원을 죽이는 일을 하고, 도움T세포(Th세포)는 다른 면역세포의 활성화를 돕는 역할을 하는데, Th1세

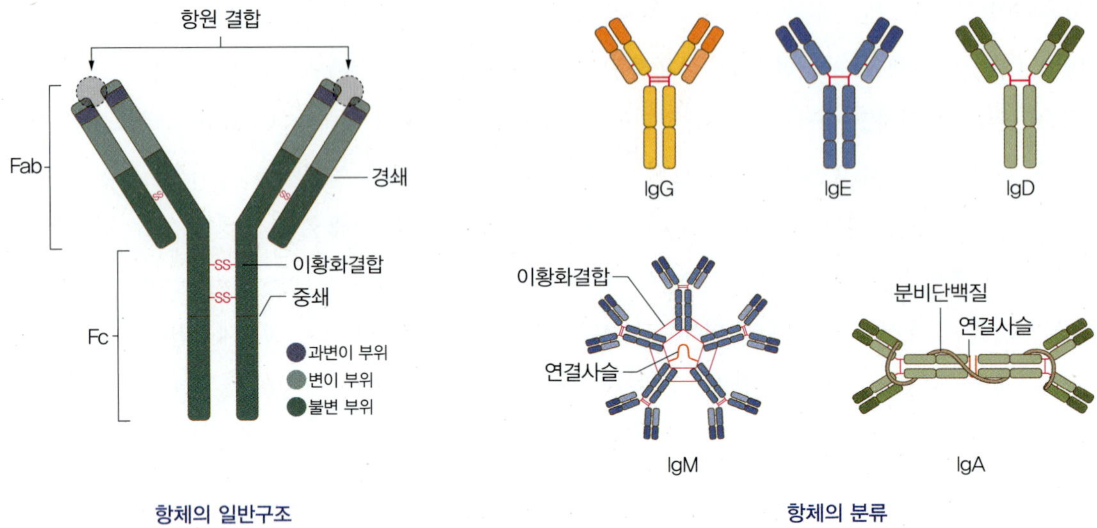

그림 **10-3** 항체의 일반구조와 분류

포는 Tc세포나 대식세포를, Th2세포는 B세포를 활성화시킨다.

2. 영양과 면역기능

영양상태가 불량하면 면역기능이 저하되어 질병이환율이 증가한다. 면역기능의 저하는 감염성 질병뿐만 아니라 퇴행성 질병의 유병률도 높인다. 영양상태는 면역기관의 성숙과 퇴화, 면역세포의 수와 기능, 면역단백질 분비와 조절에 영향을 미친다. 일반적으로 흉선의 발달과 세포매개성 면역이 영양상태에 의한 영향을 가장 많이 받는다. 면역기능을 유지하기 위해서는 특정 영양소나 식품의 보충보다는 전반적인 영양상태를 좋게 유지하는 것이 더 중요하다. 어떤 특정 영양소의 결핍 시 이 영양소를 보충해 주면 면역기능이 회복되는 것을 볼 수 있으나, 어떤 영양소의 영양상태가 정상인데도 그 영양소를 보충해 준다고 해서 면역기능이 더 좋아지는 것은 아니다. 오히려 과잉 섭취에 의해 면역기능이 감소할 수도 있다.

면역세포막에는 불포화지방산의 함량이 높아 산화적 스트레스를 받기 쉽다. 또한 면역세포는 식균작용 중에 정상적으로 과산화물질이 생성되므로 이 과산화물이 제거되지 않으면 면역세포의 손상을 초래하게 된다. 그러므로 항산화효소나 항산화영양소의 부족은 면역기능 저하를 초래한다.

1) 에너지

에너지의 과다 섭취와 운동 부족에 의한 비만은 만성 염증상태를 유발하고 인슐린 저항성을 유도하며 면역계에 악영향을 미친다. 단백질·에너지 영양불량은 흉선과 비장 등 면역기관의 성숙을 저해한다. B세포보다는 T세포가 영향을 많이 받아 세포매개성 면역기능의 저하가 현저하다. 체액성 면역 중에서는 분비형 IgA의 농도가 감소하여 영양불량 어린이들이 소화기계와 호흡기계의 감염에 쉽게 걸리는 원인이 된다.

2) 단백질

단백질 결핍 시 면역기능이 저하된다. 특히 필수아미노산 결핍 시 세포매개성 면역뿐만 아니라 체액성 면역 감소가 일어난다. 함황아미노산은 글루타티온 합성에 필요하므로 산화적 스트레스가 증가하는 감염 또는 염증반응 시 필요량이 증가한다. 아르기닌과 글루타민은 조건부 필수아미노산으로서 면역결핍 환자에게 보충해 주면 도움이 된다.

3) 지방

일반적으로 필수지방산의 부족이나 고지방식이는 면역기능을 저하시킨다. 오메가-3 지방산의 적절한 섭취는 면역기능을 증진시키는 효과가 있다. 그러나 과도한 오메가-3 지방산의 섭취는 면역기능 저하의 원인이 될 수 있으므로 주의해야 한다.

4) 비타민

- 비타민 A와 카로티노이드 : 결핍 시 점막면역계의 손상이 일어나 소화기계, 호흡기

계, 비뇨기계 등의 감염률이 높아진다.

- 비타민 E : 결핍 시 면역기능 감소가 일어나는데, 이때 비타민 E를 보충해 주면 적응면역이 향상된다.
- 비타민 C : 결핍 시 면역기능이 저하되나, 보충 시 면역기능의 회복은 비타민 E에 비해 떨어지며, 고용량의 보충이 면역기능을 증진시키는지는 확실하지 않다. 즉, 항산화영양소로서 적정량의 비타민 C 섭취는 면역기능 유지에 필요하나 과량의 섭취는 권장하지 않는다.

5) 무기질

- 아연 : 결핍 시 특히 T세포의 성숙이 저해되며 림프구의 세포사멸이 증가된다. 또한 만성적 아연 결핍은 코티솔 분비를 증가시켜 면역기관 퇴화를 촉진함으로써 면역기능을 손상시킨다. 그러나 과량의 아연 보충은 오히려 면역기능 감소를 초래할 수 있으므로 주의한다.
- 철 : 결핍 시 세포매개성 면역의 손상을 초래한다. 일반적으로 철 결핍은 단백질 결핍과 함께 일어나는데 이 경우 면역기능 감소가 더 심하다. 이 경우 철 영양상태만 개선하면 숙주보다 미생물이 철을 더 잘 이용하게 되므로 미생물 증식이 촉진될 수 있다. 따라서 철과 단백질 영양상태를 함께 회복시켜야 면역기능이 회복된다. 과량의 철 보충은 면역기능 감소를 초래할 수 있으므로 주의한다.
- 셀레늄 : 결핍 시 보충해 주면 면역기능이 향상되고, 암 발생 위험도 감소된다.

3. 감염

1) 원인

감염이란 병원성 미생물이 체내에 침입하여 염증 증상을 나타내는 것을 말한다. 미생물은 세균, 진균, 원생동물, 바이러스가 있고, 기생충은 미생물은 아니지만 감염성 질환의 원인이 된다.

병원균의 감염경로는 직접 접촉, 섭취, 흡입, 매체 감염 등이 있다. 직접 접촉은 감염된 조직이나 분비물에 들어있는 병원균에 직접 노출되어 감염되는 것이다. 섭취는 구강이나 소화기관을 통해 병원균이 침입하는 것으로 식중독균, 콜레라균, 기생충, 간염 바이러스 등이 오염된 식품이나 물을 섭취하여 감염된다. 흡입은 호흡기계를 통해 병원균이 침입하는 것으로 세균성 폐렴, 결핵, 수막염, 홍역, 수두, 인플루엔자, 유행성 이하선염 등이 해당된다. 매개체 감염은 말라리아와 같이 곤충이나 동물이 중간매개로 작용하여 감염되는 경우이다.

감염이 되어도 모두 질병이 발생하는 것은 아니며, 개인의 면역 및 감수성 등에 따라 질병 발생이 영향을 받는다. 영양불량, 스트레스, 당뇨, 알코올 중독, 허혈, 악성종양, 신부전, 화상 등은 면역기능을 저하시켜 감염에 대한 감수성을 증가시킨다. 감염성 질병에는 감기, 폐렴, 성홍열, 뇌염, 장티푸스, 콜레라, 패혈증, 결핵, 매독, 류마티스열, 류마티스관절염 등이 있다.

2) 증상

감염성 질환의 대표적 증세는 발열로서 체내 영양소 손실을 가져오는 중요한 원인이 된다. 체온이 상승하면 기초대사량이 증가하여 에너지 소모량이 증가한다. 또한 발열에 의하여 식욕 부진, 알칼리증, 수분과 전해질 손실이 나타난다. 뿐만 아니라 감염 시 발열과 성장호르몬, 글루카곤, 코르티코이드 등 호르몬의 분비 증가로 이화작용이 촉진되어 체단백질 소모가 많아진다.

3) 영양관리

감염의 치료는 항생제 등 원인균에 대한 약물치료가 우선되며, 충분한 영양을 공급하고 안정을 취하도록 해준다. 특히 고열 시에는 충분한 에너지와 수분을 공급해 주어야 하는데, 식욕 부진과 소화기능 저하로 충분한 에너지 공급이 어려우므로 먹기 쉽고 소화가 잘 되며 에너지 밀도가 높은 식품을 준다.

- 에너지 : 발열 시 발열에 따른 여분의 에너지를 보충해 주어야 한다. 성인 남자의 경우 체온이 1℃ 올랐을 때 약 300 kcal 정도의 에너지를 더 공급해 준다. 발열 시 소화·흡수 기능이 저하되므로 에너지는 주로 당질과 단백질로 공급한다.
- 단백질 : 성인 열병 환자에게는 하루 1.5 g/kg의 고단백식사를 권장하며 양질의 단백질을 제공한다.
- 비타민 : 발열과 대사 항진 시 비타민 요구량이 증가하므로 충분히 공급한다.
- 수분과 전해질 : 땀, 구토, 설사 등으로 손실된 수분을 보충하고, 체내 분해산물의 원활한 배설을 위하여 수분을 충분히 공급해 준다. 또한 발열 시 손실된 전해질(특히 나트륨과 칼륨) 보충을 위하여 충분한 염분(15~20 g/일)의 공급을 권장하며, 정상 식사를 통해 충분한 칼륨 보충이 힘든 경우 정맥영양으로 공급한다.

4. 과민반응과 식품알레르기

1) 과민반응

과민반응(hypersensitivity)은 알레르기라고도 부르며, 정상인에서는 항원으로 작용하지 않을 물질을 항원으로 인지하여 이에 대한 항체를 만들고 이렇게 일단 항원에 감작된 개체가 재감작되면서 이미 만들어져 있는 항체와 2차적으로 면역반응이 일어나는 경우를 말한다. 과민반응은 면역반응의 종류와 세포 또는 조직에 손상을 주는 면역반응의 효과기전에 따라 4가지 유형으로 분류한다 표 10-2.

(1) 제1형 과민반응

식품알레르기와 아토피성피부염 등 대부분의 알레르기 반응이 여기에 속한다. 알레르기 반응을 유발하는 요인을 알레르기원(allergen)이라고 하며, 알레르기 반응은 알레르기원에 대한 일종의 면역반응이다. 즉, 식품과 먼지 등을 항원으로 인지하여 IgE 항체를 만들고, 이 IgE가 비만세포 표면에 부착되어 존재하다가 같은 항원에 재노출되면 이 감작된 비만세포의 IgE에 항원이 결합하여 비만세포를 활성화시킨다. 활성화된 비만세

표 **10·2** 과민반응(알레르기)의 4가지 유형

	제1형	제2형	제3형	제4형
면역 반응물질	IgE	IgG, IgM	IgG(면역복합체)	T세포 Tc
효과기전	IgE가 비만세포에 부착되고 여기에 알레르겐이 결합하면 비만세포의 탈과립이 일어남	보체 또는 Tc가 활성화되어 항체와 결합된 세포가 파괴됨	Ag-Ab 복합체가 조직에 침착되고, 그 부분을 호중구가 공격함	보체 또는 Tc가 활성화되어 항체와 결합된 세포가 파괴됨
	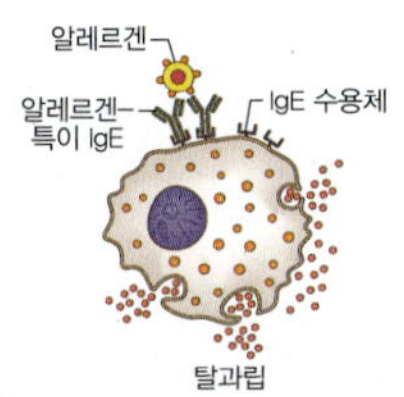	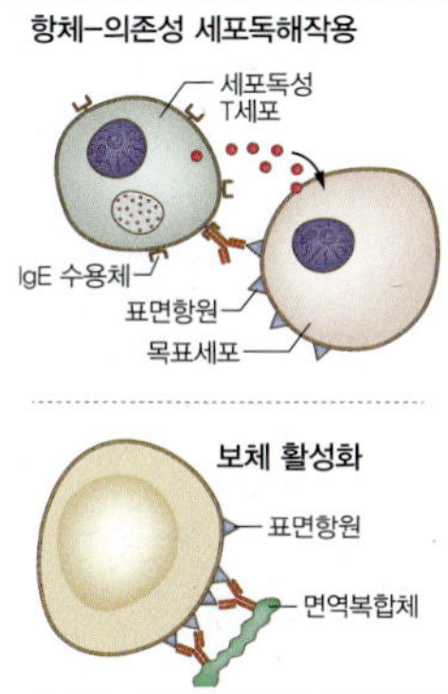	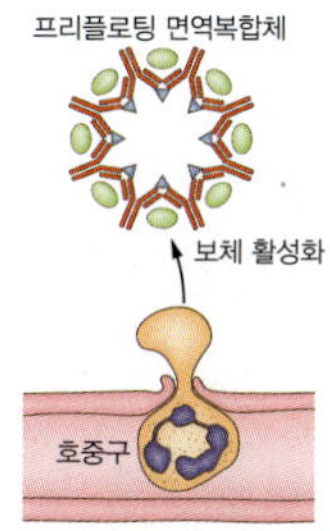	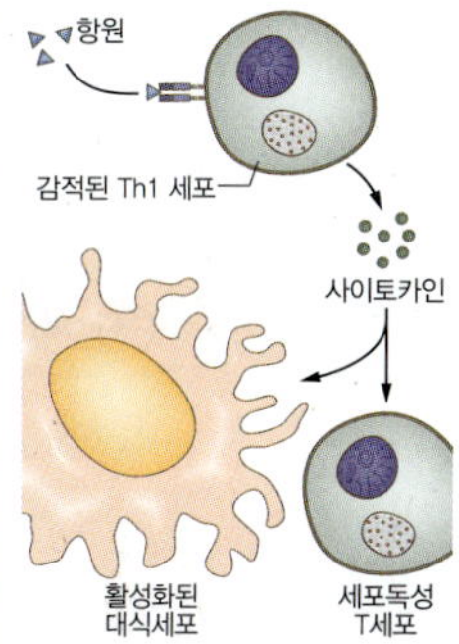
증상 (과민반응)	식품알레르기, 알레르기비염, 천식, 전신성 아나필락시스	잘못된 혈액형 수혈 시 적혈구 파괴, 일부 약물(페니실린) 중독, 만성두드러기	대부분의 면역복합체질환(사구체신염, 류마티스관절염, 루프스), 혈청병, 아르투스반응	접촉성피부염, 만성알레르기비염, 만성천식, 투베르쿨린반응, 자가면역질환, 이식 거부반응

포는 탈과립에 의해 여러 가지 염증성 매개물질(히스타민, 프로스타글란딘, 류코트리엔, 혈소판 활성인자, 사이토카인, 카텝신G, 키마아제 등)을 분비하는데 이 때문에 모세혈관 확장, 분비선 자극, 근육 수축 등의 알레르기 반응이 일어나고 이에 따라 부종, 가려움증, 코막힘, 재채기, 기침, 복통, 설사, 콧물, 가래, 호흡곤란, 구토 등의 증상이 나타나게 된다.

(2) 제2형 과민반응

IgG와 IgM이 관여하는 반응으로, 항체-매개 세포파괴가 일어난다. 세포 표면 항원에 항체가 부착하여 보체계와 면역세포(대식세포, 호중구 등)를 활성화시키고, 표적세포를 파괴한다. 이것의 예로는 잘못된 혈액형 수혈 또는 페니실린 약제 부작용에 의한 적혈구 파괴(용혈성 빈혈), 혈소판 파괴 등이 해당된다.

알아보기 **혈청과 아르투스반응**

- 혈청병(serum disease) : 이종단백에 대한 과민반응이다. 예를 들어 말에서 만든 치료용의 면역혈청을 사람에게 주사한 경우, 말 혈청단백이 항원이 되어 항체를 만들고, 항원-항체반응에 의한 여러 가지 병적 증상을 일으키는 경우이다. 초회 주사인 경우, 10일쯤 뒤에 주사 부위 주변에 두드러기, 발진, 발적, 부종이 나타나고, 중증인 경우에는 전신권태, 근육통, 관절통, 림프절의 종창, 단백뇨나 백혈구의 감소가 나타난다. 또 말 혈청으로 치료를 실시한 경험이 있는 사람에게 말 혈청을 재주사하면 전신성의 즉각적 반응이 나타나 쇼크사를 일으킬 수도 있다.
- 아르투스반응(Arthus phenomenon) : IgG 항체를 생산하고 있는 개체의 피하에 대응하는 항원을 주사하면 항원-항체복합체를 형성하고 주사 부위 근처의 혈관벽에 침착되어 혈관염과 조직 괴사를 일으키는 현상이다.

(3) 제3형 과민반응

용해성 항원을 대상으로 하여 항원-항체 복합체가 형성되어 조직에 침착되고, 그 부분을 호중구가 공격하여 조직 상해가 생긴다. 혈청병, 아르투스반응, 대부분의 면역복합체 질환(사구체신염, 류마티스관절염, 루프스)이 여기에 속한다.

(4) 제4형 과민반응

이것은 세포매개성 과민반응으로, 지연성 과민반응으로도 불린다. Th1에 의해 대식세포가 활성화되어 조직 손상이 일어나는 경우(접촉성피부염 또는 투베르쿨린반응), Th2에 의해 호산구가 주도하는 염증성 반응이 일어난 경우(만성알레르기 비염, 만성천식), Tc에 의해 직접 세포 독성이 일어나는 경우(이식 거부반응)가 있다.

2) 식품알레르기

식품알레르기는 알레르기원이 식품인 경우로, 특정 식품을 먹은 후에 면역기전을 통해 반응을 일으키는 식품에 대한 과민반응이다. 식품알레르기는 식품성분 중 단백질이나 고분자물질이 소화기 막을 통과하여 흡수되어 체내의 면역기전과 작용하여 일어난다. 정상상태에서는 소화기 막으로 단백질이 흡수될 수 없으나, 이 방어막이 붕괴되어 단백질이 직접 흡수되면 면역반응을 초래하게 되는 것이다.

식품알레르기는 식품불내성(food intolerance)과는 구분된다 **그림 10-4**. 식품불내성은 면역반응은 매개하지 않으면서 독성, 약리학적, 대사적, 특이적 작용에 의한 식품의 거

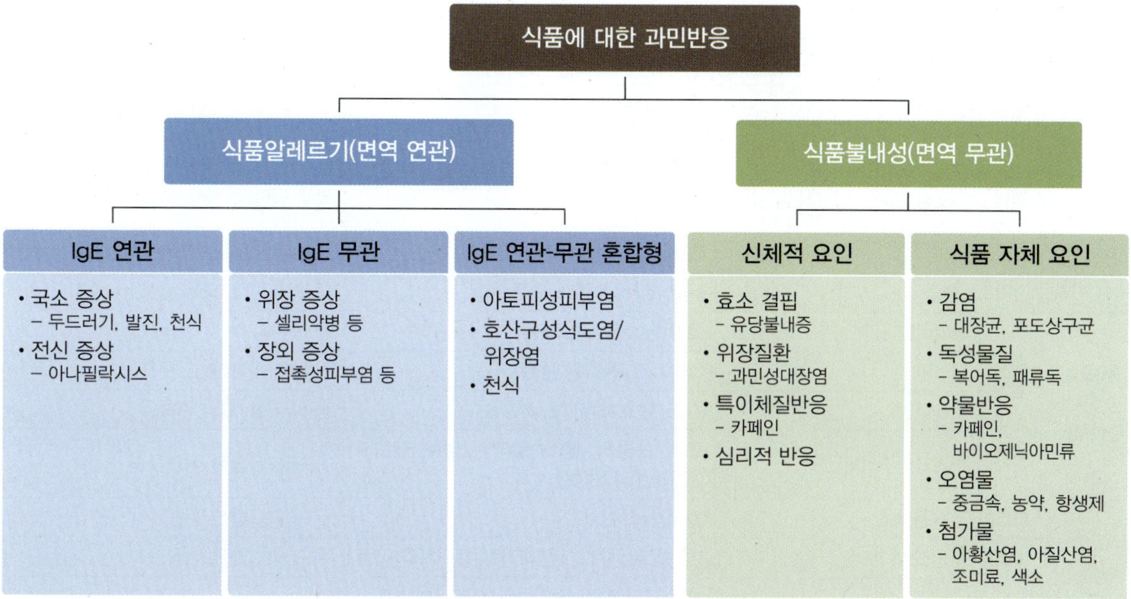

그림 **10·4** 식품에 대한 과민반응 : 식품알레르기와 식품불내성

부반응이다. 증상은 식품알레르기와 비슷하며 소화기계, 피부, 호흡기계의 이상을 나타낸다. 유당불내증은 잘 알려진 식품불내증 중의 하나이고 그 외에도 아황산류, 타트라진(tartmzine), BHA(butylated hydroxyanisole), BHT(butylated hydroxytoluene), MSG 등의 식품첨가물이나 니켈, 아스파탐, 페니실린, 곰팡이 등도 불내성의 원인이 된다 표 10-3.

(1) 원인

유전은 식품알레르기 발생의 가장 주요한 인자이다. 항원에 노출되는 빈도나 항원의 소화기 장관 투과성도 식품알레르기 발생에 영향을 미친다. 어릴수록, 특히 영유아는 소장벽이 미성숙하고 sIgA 시스템이 미성숙하며 위산 분비량이 적고, Th1보다 Th2 면역체계가 발달하여 식품 항원에 대한 감작이 증가하여 식품알레르기 발생 가능성이 높다. 그 외에 소화기계의 질병, 영양불량, 면역 결핍상태 등도 소화기 장관을 통한 항원의 투과성을 증가시켜 식품알레르기 가능성을 높인다. 서로 다른 항원들은 서로 부가적인 효과를 나타낼 수 있고 흡연, 스트레스, 운동, 추위 등과 같은 환경인자들이 식품알레르기 증상을 악화시킬 수 있다.

표 **10-3** 식품불내성의 원인과 증상

원인			관련식품	증상
소화기계 이상	효소 결핍	락타아제	유당 함유식품, 우유	복부 팽만감, 헛배부름, 설사, 복통
		글루코스-6 인산탈수소효소	파바콩, 잠두	용혈성 빈혈
	질병	낭포성섬유증, 담낭질환, 장염	고지방이나 특정 단백질을 포함하는 식품들	복부 팽만감, 설사, 복통
선천성 대사 이상	페닐케톤뇨증		페닐알라닌 함유식품	혈중 페닐알라닌 증가, 정신장애
	갈락토스혈증		유당이나 갈락토스 함유 식품	구토, 무기력, 의욕 상실
식품에 포함된 의약품	혈관 확장 성아 민류	페닐에틸아민	초콜릿, 치즈, 적포도주	편두통
		티라민	체다치즈, 통조림 생선	편두통, 피부 홍반, 두드러기
		히스타민	치즈, 발효식품(피클, 젓갈 등)	홍반, 두통, 혈압 저하
		히스타민분비제	조개, 초콜릿, 딸기, 토마토, 땅콩, 돼지고기, 와인, 파인애플	두드러기, 습진, 가려움증
식품 첨가물	타트라진, 식용색소		황색음식, 탄산음료	두드러기, 발진, 기침
	벤조익산, 벤조익나트륨		탄산음료, 치즈, 무염마가린, 토마토 가공품	두드러기, 발진, 기침
	아황산염(아황산나트륨, 아황산칼륨 등)		새우, 가공식품, 인스턴트 감자, 건과, 채소, 주스, 와인, 맥주	급성 기침, 아나필락시스, 의식 불명
	MSG		중국음식	두통, 안면근육 경직, 발한, 흉통, 졸음
미생물 오염 식품	히스타민 유사물질 생성 미생물		냉동되지 않은 생선(참치, 고등어 등), 열 안정성 독소	혈중 페닐알라닌 증가, 정신장애
	와편모충		독소 생산 미생물을 삼킨 홍합이나 조개, 열 안정성 독소	구토, 무기력, 의욕 상실

자료 : Anastasia S, 2008

식품 항원으로 의심되는 품목은 많으나 실제로 정확히 보고된 종류는 적다. 일반적으로 가장 흔한 항원은 단백질 함량이 많은 식품이다. 유아나 아동은 달걀, 생선, 우유, 땅콩, 콩, 밀 등이, 성인은 조개, 땅콩, 견과류, 밀 등이 주요 식품알레르기원이다. 이들 식품 중 고분자단백질이 알레르기원으로 작용한다. 표 10-4에는 식품알레르기의 주요 원인식품을 요약하였다.

(2) 증상

식품알레르기의 증상은 매우 다양한데 소화기계 증상이 가장 빈번하며 그 다음 피부와 호흡기계 증상이 많이 나타난다. 소화기계의 체액 분비와 연동운동의 증가로 인해 설사, 복통, 구토 증상이 나타나며, 호흡기계의 기도 수축과 점액 분비 증가로 청색증,

표 **10·4** 식품알레르기의 주요 원인 식품

식품알레르기 \ 원인식품	영유아·어린이	청소년·성인
약 90%	달걀 우유 땅콩 대두 밀	갑각류 생선 땅콩 견과류
약 10%	견과류	달걀 우유 밀

기도 울혈, 재채기, 기침, 가래, 코막힘. 콧물 증상이 나타난다. 또한 혈관의 혈류량과 투과성 증가로 부종이 나타나고, 피부의 두드러기, 가려움증이 나타난다. 그 외에 혈압 강하, 흉통, 쇼크, 긴장성피로증(tension fatigue syndrome) 및 자극과민성, 조급증 등의 증상이 나타나며, 심지어는 전신성 아나필락시스에 의해 사망에 이르기도 한다. 증상의 종류와 정도는 먹은 항원의 양과 흡수된 정도 및 반응의 종류, 기관의 예민도 등에 따라 다양하다.

(3) 진단

식품알레르기를 진단하기 위해서는 의심이 되는 식품을 찾아서 그 식품에 대한 거부반응을 확인하고 면역반응이 관여하는지를 검증해야 하며, 면역반응이 매개된 것이 아닌 것은 식품알레르기에서 배제한다. 일반적으로 다음의 단계를 거쳐 식품알레르기에 대한 진단을 수행한다.

- 식사력 조사 및 식품 증세 일지 : 가족력을 포함하여 식품을 먹은 후 증상이 발현되기까지의 시간과 증상들에 대한 정보를 수집하고, 가장 최근에 일어난 반응과 의심이 되는 식품명 및 반응을 기록한다. 그리고 1~2주 동안 먹은 식품의 종류와 분량, 먹은 시간, 증상이 나타난 시간, 약의 복용 유무 등을 기록한다.
- 피부단자검사 : 항원으로 의심되는 식품을 확인하고 체내 면역기전이 관여하는지의 유무를 검증하는 단계로 피부반응검사를 실시한다. 소량의 식품 추출물을 피부 위에 떨어뜨린 후 바늘로 표피에 상처를 만들어 추출물이 침투하도록 한 후 붓

거나 빨갛게 반응이 일어나는지 보는 방법이다. 이 검사는 여러 식품 중 의심되는 식품 수를 줄이기 위해 사용하는 안전하고 쉬운 검사이나 적중률이 50% 정도여서 정확한 진단에는 불충분하다.

- 혈청 항체검사 : 특이 알레르기원에 대한 IgE 수준을 측정하기 위해 RAST(radio-allergosorbent test)법, ELISA(enzyme-linked immunosorbent assay)법, CAP-FEIA (CAP system fluorescent-enzyme immunoassay)를 시행한다. 혈액을 사용하므로 환자에게 부담은 없으나 검사 결과가 일정하지 않고, 피부단자검사에 비해 신뢰도가 높은 편도 아니다. 따라서 피부단자검사와 혈청 항체검사만으로 원인식품을 단정하기 어렵다.
- 식품의 제거 및 원인식품의 시도(food challenge) : 의심이 되는 식품을 약 2주 이상 식사에서 제외시켜 증상이 없어지는지를 관찰하거나, 반대로 의심이 되는 식품을 한 가지씩 제공해서 증상 발현 유무를 확인하는 것이다. 대부분의 알레르기 반응은 먹은 후 2시간 내에 나타나고, IgE가 매개되지 않은 반응의 경우는 24시간 정도 후에 나타나므로 지속적으로 관찰하는 것이 필요하다. 위험을 최소화하기 위해 이러한 시도단계에서는 의료진이 참여한 가운데 단계적으로 양을 늘려가면서 관찰한다.

(4) 식사요법

식품알레르기나 식품불내증에 대한 치료법은 원인이 되는 식품을 식사에서 제거하는

알아보기 **우유 알레르기가 있는 신생아의 식사**

신생아에게 모유가 가장 좋지만 모유를 먹일 수 없는 경우에는 조제유를 사용하게 된다. 우유는 신생아에게 가장 빈번한 항원으로, 조제유를 먹는 신생아의 3~5% 정도가 알레르기를 나타낸다. 우유 알레르기가 있는 신생아는 즉각적으로 두드러기, 부종과 같은 증세를 보이고 이어서 창백, 구토, 설사 등의 증세를 나타낸다. 우유 알레르기가 있는 신생아의 15~50%는 콩에 대해서도 알레르기가 생기는 경우가 많다. 이런 경우 카제인이나 콩단백질 가수분해 형태의 분유를 이용하는 것이 바람직하므로 분자량 1,200 이하의 펩티드 형태로 줄 것을 권장한다. 유청단백질 가수분해물이나 염소젖은 권장하지 않는다.

드물지만 모유에 대한 알레르기도 보고되고 있는데 이것은 모체의 식사 중에 있는 우유, 달걀 등의 항원이 수유를 통해 신생아에게 알레르기 반응을 일으키는 경우이다. 모체의 식사에 있는 식품 중 식품불내성과 관계있는 카페인 음료, 허브차, 양배추, 양파, 순무, 마늘, 래디시, 대황, 시금치, 향료 등도 문제가 될 수 있으므로 수유부는 문제가 되는 식품의 섭취를 피하고, 수유를 중단하는 것이 바람직하다.

것이다. 항원식품을 피하는 방법, 제한식품 대신 대체식품으로 준비하거나 조리하는 방법, 영양적으로 부족하지 않도록 대체하는 방법에 대한 영양교육이 필요하다 표 10-5. 식품알레르기는 보통 생후 1~2년 안에 가장 많이 생기고, 대부분은 이 시기에 항원식품을 피하면 과민성이 없어지지만 콩류, 생선, 조개류에 과민성이 있는 경우 성인기까지 지속될 수도 있다. 식품알레르기의 증상은 나이가 들면서 호전되므로 식품들을 매 1~3개월마다 다시 시도해 보는 것이 필요하다.

(5) 약물치료

일반적으로 알레르기 질환에 사용하는 약물은 항히스타민제, 교감신경자극제, 항알레르기제, 테오필린(theophylline)제, 스테로이드제 등이 있다. 항히스타민제는 여러 알레르기질환에 가장 많이 사용되는 비교적 안전한 약제이나 진정작용과 최면작용이 있다. 이러한 약제들은 증상만 완화시킬 뿐 알레르기의 근본적인 치료는 될 수 없다. 스테로

표 **10-5** 식품알레르기 원인별 제한식품과 대체식품

원인식품	제한식품		부족 주의 영양소	대체식품
	음식	성분		
달걀	과자, 빵, 마요네즈, 샐러드드레싱, 달걀 함유 아이스크림, 달걀 함유 어묵, 만두, 국수, 튀김, 부침, 기타 달걀 함유 표시식품	달걀단백질, 락토글로불린, 카제인, 송아지혈청알부민, 알부민, 난황, 난백, 달걀가루, 아비딘, 라이소자임, 리베틴, 에그노그, 오보알부민, 오보글로불린, 오보뮤신	단백질, 철	쇠고기, 흰살생선, 달걀 미함유 과자와 빵류
우유	우유 및 유제품(요구르트, 치즈, 버터, 분유, 크림, 탈지분유, 사워크림), 피자, 초콜릿, 캐러멜, 푸딩, 우유 함유 과자와 빵, 기타 우유 함유 표시식품	우유단백질, 카제인, 카제인네이트, 유청, 캐러멜색소, 누가, 버터밀크, 버터, 버터지방, 인공버터향, 탈지분유, 칼슘카제인네이트, 락토알부민, 락토글로불린, 유당, 커스터드, 커드, 캐러멜 캔디, 에그노그, 포타슘카제인네이트, 밀크초콜릿	단백질, 칼슘, 비타민 D	두유, 두부, 곡류빵, 가수분해조제유
대두	간장, 된장, 두부, 두유, 콩기름, 낫토, 데리야키소스, 콩기름으로 만든 마가린	콩단백질, 콩가루, 식물성 단백질, 간장, 된장, 콩기름	단백질	우유, 쇠고기
밀	밀가루, 과자, 빵, 국수, 스파게티, 핫도그, 도넛, 튀김, 부침	밀가루, 글루텐, 밀기울, 밀배아, 밀전분	당질	쌀로 만든 빵, 떡, 과자, 옥수수전분, 당면

이드제는 항염작용과 면역 억제작용이 있어 장기간 투여는 심한 부작용의 위험성이 있으므로 주의를 요한다.

5. 후천면역결핍증후군

면역결핍은 선천적인 것과 후천적인 것으로 나뉜다. 선천적인 것은 유전에 의한 것이고, 후전적인 것은 영양결핍, 질병, 인체면역결핍바이러스(human immunodeficiency virus, HIV) 감염 등에 의해 나타난다. 후천면역결핍증후군(acquired immune deficiency syndrome, AIDS)은 HIV에 감염되어 후천적으로 면역결핍이 유발된 것이다.

1) 원인 및 증상

AIDS는 그 발병 빈도가 해마다 증가하고 있으며, 정확한 감염자 수는 추산하기 어렵다. AIDS는 Th세포를 공격하는 HIV의 감염에 의한 것으로, 점차적으로 면역력을 상실하게 되고 2차 감염과 악성종양으로 사망에 이르게 된다. HIV는 성관계, 수혈이나 혈액제제를 통한 전파, 병원 관련 종사자가 바늘에 찔리는 등의 의료사고에 의한 전파, 감염된 엄마로부터 신생아에게로 전파되는 수직감염 등의 감염경로가 있다.

개인마다 HIV 감염에 대한 진행단계는 다르지만 감염된 후 2~4주 후에는 감기 같은 증상이 약 1주일 정도 지속될 수도 있다. 이것은 바이러스 감염으로 항체를 생성하면서 나타나는 반응이며, 이후부터는 HIV에 대한 양성반응을 나타낸다. HIV 감염 후 치료제를 복용하지 않은 상태에서 약 10년 후 감염인의 50%가 발병하고, 15년 후에는 약 75%의 감염인이 발병한다. 그러나 최근 다양한 치료제의 개발로 일찍 발견하여 적극적으로 치료한다면 AIDS 환자로의 진행을 장기간 막을 수 있게 되었다.

잠복기가 지나고 나면 HIV가 신체의 면역기능을 저하시켜 여러 가지 감염성 질병들이 나타나기 시작한다. 일반적 증상으로는 피곤, 발열, 두통, 피부 발진, 피부색 변화, 체중 감소 등이 나타난다. AIDS 환자는 질병으로 인한 생활 전반의 변화와 식욕 부진, 구토, 구역질, 호흡곤란, 피로, 신경증, 구강이나 식도 이상으로 인해 식품 섭취량이 감소하고 극심한 체중 감소를 보이며 결국 영양불량으로 인한 사망으로 이어진다. 바이러스가 인체의 면역기능을 완전히 제압할 정도가 되면 결국에는 사망에 이른다.

2) 진단

HIV 감염 진단은 혈액검사를 통해 이루어진다. HIV 진단검사는 1차 선별검사와 2차 확인검사로 나누어지며, 2차 확인검사까지 양성이면 HIV 감염으로 확진한다. 선별검사인 엘라이자(ELISA) 검사는 민감도가 높은 검사로써 조금이라도 AIDS의 가능성이 있는 검체는 모두 걸러내기 때문에 위양성(false positive)이 나올 수 있다. 따라서 특이도가 높은 2차 확인검사인 웨스턴 블럿(Western blot) 검사를 통해 HIV 감염인을 확진하는 체계를 적용하고 있다.

질병 진단 후에는 병의 진행 정도와 치료법 결정을 위해 혈액내 CD4+ T세포수를 측정한다. CD4+ T세포수의 정상치는 600~1,500 cell/mm^3 정도이며, 500 cell/mm^{3}로 떨어지면 면역기능이 저하된 상태, 200 cell/mm^3 미만으로 감소하면 심한 면역계의 손상을 의미한다. HIV-RNA 정량검사는 체내에 HIV가 얼마나 많이 증식되어 있는지 확인하는 검사로서 CD4+ T세포수와 함께 HIV 감염인의 치료시기를 결정하는 지표로 사용된다. HIV-RNA 수치가 높으면 몸 안에 HIV가 많이 있다는 것을 의미하며, 이런 경우 면역기능 저하가 더 빨리 진행될 수 있다.

3) HIV 감염이 영양상태에 미치는 영향

AIDS 환자는 극심한 영양 불량상태가 되기 쉽다. 그러므로 최적의 영양상태를 유지하여 병의 진행속도를 늦추고 적극적인 치료계획을 세워야 한다. 이들의 영양불량은 식욕부진, 영양소 흡수 저하, 열이나 감염으로 인한 대사 항진에 기인한다. AIDS 환자에서도 암 환자와 유사한 극단적인 악액질이 초래되어 극심한 식욕 부진과 체중 감소가 나타날 수도 있다.

단백질·에너지 영양불량은 AIDS 환자에서 빈번하게 나타나는 증세로, 체지방과 근육량 감소로 인한 극심한 체중 감소와 저알부민혈증이 나타난다. 모든 영양소의 부족

> 알아보기 **CD4+ T세포와 CD8+ T세포**
>
> 도움T세포는 세포 표면에 CD4 단백질을 가지고 있어 CD4+ T세포라고도 한다. 세포독성T세포는 세포 표면에 CD8 단백질을 가지고 있어 CD8+ T세포라고도 한다.

은 면역기능을 더욱 저하시키고, 심한 체중 감소는 기관의 손상을 초래하여 감염에 따른 위험성을 증가시킨다.

AIDS 환자의 영양지원 계획은 환자의 질병단계나 약물의 사용 여부, 그리고 환자의 요구량 등 다각적인 측면에서 고려되어야 한다. 환자의 영양상태는 직·간접적으로 질병의 진전과 관련이 되므로 최적 단백질 수준을 유지하고 면역기능을 약화시킬 수 있는 특정 영양소의 결핍 혹은 과다가 일어나지 않도록 영양지원을 계획해야 한다.

4) 약물치료

현재 HIV 바이러스를 강력하게 억제할 수 있는 치료제가 개발되어 있으므로 HIV에 감염되었어도 치료를 잘 받으면 건강하게 살 수 있다. 다만, 주의할 것은 모든 만성질환이 그렇듯이 AIDS도 약을 빠뜨리지 않고 잘 복용하고 건강관리를 잘 하는 것이 매우 중요하다. 국내에 유통 중인 HIV 치료제는 크게 뉴클레오사이드 역전사효소 억제제, 비뉴클레오사이드 역전사효소 억제제, 단백질분해효소 억제제, 통합효소 억제제 등이 있으며, 국내에 약 30여 가지의 치료제가 유통되고 있다. 약에 대한 가장 좋은 효과를 얻기 위해 두 가지 이상의 약제를 병합하여 사용하는 칵테일요법을 많이 사용하는데, 주로 3가지 약제 병용요법이 가장 많이 사용된다. 2011년 대한에이즈학회에서 발표한 진료지침에는 CD4+ T세포수가 350 cell/mm^3 미만이면 치료를 시작할 것을 권고하고 있으며, 가능하면 조기투약할 것을 추천하고 있다.

5) 영양관리

모든 HIV 감염자나 AIDS 환자에게 영양상담을 실시하여 균형된 식사를 하도록 교육한다. 환자의 영양상태를 유지 혹은 증진시키고, 단백질·에너지 영양불량과 비타민·무기질 결핍을 예방할 수 있도록 적절한 영양을 제공하는 것이 영양치료의 궁극적 목표이다. 정상적인 식품 섭취가 어려울 때는 영양지원이 필요하다. 에너지, 단백질, 비타민과 무기질을 비롯한 모든 영양소는 권장량 이상으로 충분히 제공해야 한다.

식욕 부진이 심하므로 음식을 충분히 섭취할 수 있는 방안을 강구하는 것이 중요하다. 고지방식을 피하며 부드럽고 너무 뜨겁거나 차지 않은 실온 정도의 음식을 제공하고 자극적인 음식을 피한다. 영양보충제를 비롯하여 영양밀도가 높은 식품을 제공하고, 소량씩 자주 식사와 간식을 주며, 경관영양이나 정맥영양을 통한 영양지원도 고려해야 한다.

AIDS 환자 사례 연구

대상

69세, 남자, 직업 없음

병력, 약 복용력

고혈압 과거력 있음. 최근 발열과 오한, 기침이 있었고 2일 전부터는 의식처짐과 발열로 응급실 통해 입원. 결핵성 뇌수막염으로 신경과 입원치료 하던 중 HIV 감염 양성 확인되어 감염내과로 전과되었음. 환자와 의사소통이 어려워 HIV 감염 경로 등을 알 수 없음. 검사상 새로운 뇌경색이 여러 곳에서 발견되었으며 이는 혈관성 뇌경색이라기보다 HIV 관련 혈관염에 의한 것으로 진단됨

결핵약(tazolactam)과 스테로이드, 혈압약(cardura), 혈소판응집제제(cilostazol), HIV 치료제[Triumeq (dolutegravir, lamivudine, abacavir)] 및 항생제(metronidazole) 복용

생활습관

- 흡연 : 0.5갑/일,　　음주 : 3개월 전까지 2회/주
- 커피 2~3잔/일
- 활동량 적음(평소 운동 안 함), 수면장애 있음

신체 계측

Ht 170.0 cm,　 Wt 69.2 kg,　 IBW 63.5 kg,　 %IBW 108.8 %

- 체중 변화 : 82.5 kg(3개월 전) → 78 kg(1개월 전) → 69.2 kg(2주 전)　최근 3개월간 급격한 체중 감소
- 혈압 128/68 mmHg,　맥박 110 회/min,　체온 37.3℃

생화학적 자료

T. Chol/TG/HDL-chol 103/102/30 mg/dL, FBS 105 mg/dL, Hb/Hct 10.5/30.7, TLC 1240, T.Protein/Alb 6.2/3.1, CD4 18.0%, CD4 167 counts/μL, CD8 64.0%, CD8 594 counts/μL, CD4/CD8 Ratio 0.28

식품 및 영양소 섭취, 식사력

소화기계 증상 : 뇌경색으로 인한 삼킴장애로 액상 음식, 음료 섭취 시 흡인 증상(+)

식품 및 수분/음료 섭취

식사처방 : 연하보조식 2단계 죽(주식 50%, 부식 50%)

→ 1일 약 700 kcal, protein 30 g 이하 섭취 → 1일 약 700 kcal, protein 30 g 이하 섭취

1. 이 환자의 영양상태를 평가해 보시오.

2. 영양상태 개선을 위한 영양처방을 하시오.

3. 이 환자에게 경구 섭취 부족이 계속될 경우 영양공급방법에 대해 설명하시오.

CHAPTER 11

수술, 화상, 호흡기계질환

1. 생리적 스트레스
2. 수술
3. 화상
4. 호흡기계질환

학습목표

1. 생리적 스트레스로 인한 체내 대사의 변화를 설명할 수 있다.
2. 수술 전·후 영양관리 원칙을 설명할 수 있다.
3. 화상환자의 영양관리 원칙을 설명할 수 있다.
4. 호흡기계질환의 영양관리 원칙을 설명할 수 있다.

1. 생리적 스트레스

1) 원인

생리적 스트레스는 수술, 총상, 자동차 사고, 뇌 손상, 화상, 심한 염증, 암, 패혈증 등 중증 상해에 의한 대사 항진 및 이화반응이 나타나는 것을 말한다. 생리적 스트레스는 저산소증, 염증, 감염, 조직 괴사 등을 동반할 확률이 높다. 외상이 심할수록 생리적 스트레스도 심해지고 매우 복잡한 체내 대사의 변화를 유발한다. 스트레스 상태에서는 무지방 신체 질량의 분해가 증가되어 음의 질소 균형상태가 되고 근육이 소모되는 대사 항진 상태가 되며 면역체계가 활성화된다. 따라서 이때의 영양관리의 중점은 음의 질소 균형 상태를 회복시키고 무지방 신체 질량을 증가시키는 것이다. 또한 적절한 영양 공급을 통해 스트레스에 대항할 수 있는 물질의 분비, 상처 회복 및 면역반응을 강화하는 것이다.

2) 스트레스 반응

중증 상해에 대한 스트레스 반응은 감퇴기(ebb period)와 유출기(flow period)로 나눌 수 있다 **표 11-1**.

표 **11·1** 생리적 스트레스 반응

단계 / 반응	감퇴기	유출기	
		급성기	적응기
상태 요약	• 스트레스 발생 후 24~48시간 • 혈액 또는 수분 손실에 의한 쇼크 • 조직의 저산소증	• 감퇴기 후 최소 7일간 지속 • 이화작용 우세 • 에너지 소비 증가 • 스트레스호르몬 반응 : 코티솔, 글루카곤, 카테콜아민 증가, 인슐린 상승 또는 정상, 글루카곤:인슐린 비 상승	• 동화작용 우세 • 회복기 • 스트레스 해소 • 스트레스호르몬 반응 점차 사라짐
증상	• 조직 혈액 공급 감소 • 기초대사량 감소 • 산소 소비 감소 • 혈압 감소 • 체온 저하 • 심박출량 감소	• 과대사 • 호흡률 증가 • 산소 소비 증가 • 심박출량 증가 • 고혈당 • 급성기 단백질 생성	• 정상 혈당상태 유지 • 과대사 속도 감소 • 체단백질 회복

- 감퇴기 : 상해 후 24~48시간 내에 발생하는 단계로, 혈량 감소로 인한 심박출량, 산소 소비, 체온의 감소가 특징이며, 쇼크와 조직 저산소증이 나타난다.
- 유출기 : 감퇴기 후에는 유출기가 온다. 유출기는 급성기와 적응기로 나뉜다. 급성기는 최소 7일 정도 증상이 지속되면서 에너지 소비가 증가되고 체액과 산소 운반 정상화를 위한 심박출량, 산소 소비, 체온, 체내 단백질 합성 증가가 나타나며 질소 배설량이 증가한다. 또한 포도당 생성과 유리지방산 방출이 증가한다. 이것은 코티솔, 카테콜아민, 글루카곤 등 스트레스호르몬 분비 증가와 관련 있다. 이후 적응기가 되면 동화작용이 우세해지고 신체기능이 회복되며 스트레스가 해소된다.

생리적 스트레스 상황에서 스트레스호르몬의 변화와 이에 따른 영양소 대사의 변화는 **표 11-2**에 요약하였다. 스트레스 동안에는 근육단백질이 분해되어 에너지로 사용되는 비율이 증가하는데, 근육에서 분지아미노산이 산화되어 질소 공급, 근육에너지 공급, 포도당-알라닌 회로를 위한 탄소 공급, 글루타민 합성 등에 사용된다. 스트레스 동안에는 알라닌이 당신생과정의 주 기질로 사용되고 글루타민이 면역반응에 관여하므로 알라닌과 글루타민의 요구량이 증가된다. 이러한 근육단백질의 분해는 면역 저하, 감염률 증가, 상처 회복속도 감소를 유발하며 결국 사망률이 증가하게 된다.

스트레스에 의한 면역반응은 우선은 국부적으로 나타나는데, 세포 손상, 감염, 염증

표 **11-2** 스트레스 상황 시 스트레스호르몬과 영양소 대사의 변화

호르몬	농도 변화	대사적 변화
카테콜아민	증가	• 글리코겐 분해 및 지방 분해(지방산 방출) 증가 → 에너지원으로 이용
코티솔	증가	• 유리지방산 이동 증가, 근육 이화반응 증가 • 간 내 아미노산으로부터 포도당 합성 증가, 글리코겐 분해 증가, 급성기 단백질 합성 증가 • 고혈당 유발 → 인슐린 분비 증가, 인슐린 저항성 유발
글루카곤	증가	• 아미노산 유입 증가, 단백질 이화작용 증가, 요소 생성 증가, 포도당 생성 증가 • 고혈당 유발 → 인슐린 분비 증가, 인슐린 저항성 유발
인슐린/글루카곤 비	감소	• 글리코겐 분해 증가 • 간에서 당신생과정 증가 • 유리지방산 이동 증가
항이뇨호르몬	증가	• 수분 보유량 증가 → 혈량 유지
알도스테론	증가	• 나트륨 보유량 증가 → 혈량 유지

에 의해 대식세포에서 종양 괴사인자(tumor necrosis factor, TNF), 인터루킨, 인터페론 등의 사이토카인이 분비되며, 이들에 의해 혈관 투과성이 증가되어 백혈구, 혈소판 등 상처 치료에 관련된 세포들이 상처 부위로 이동하게 되며, 급성기 스트레스 반응단백질〔피브리노겐, C 반응성 단백질(C-reactive protein), 세룰로플라스민, 혈청 아밀로이드 A 등〕이 증가하고, 간의 아미노산 유입, 단백질 합성, 근육 분해, 당신생과정 등이 일어난다. 스트레스 반응이 지속되면 면역반응은 전체 면역체계의 활성화로 번져 사이토카인은 신체 전 기관에 영향을 미치며 이것은 조직의 산소 공급 증가와 대사적 활성을 유도하고 에너지 영양소의 공급을 증가시킨다. 영양불량 시에는 면역기능의 손상으로 생리적 스트레스 상황에 잘 대처하지 못하므로 감염이나 수술 시 사망 위험이 증가하게 된다.

알아보기 **생리적 스트레스와 기아상태의 생리적 변화 차이**

		기아상태	생리적 스트레스 상태
에너지원	초기	글리코겐과 단백질	글리코겐과 단백질
	장기	저장지방을 주에너지원으로 이용 포도당 공급 위해 체단백질 분해 → 점차 포도당 이용 요구 감소하면서 체단백질 분해 감소 → 지방을 주에너지원으로 사용	포도당 생성과 스트레스 대처 모두 주로 단백질에 의존 → 체단백질 소모 심함
기초대사량		감소(에너지 필요량 최소화)	증가(에너지 필요량 증가)
열 손실		방지	증가(상처 부위 염증, 발열)
체단백질		체단백질 손실 최소화(체단백질 보존)	체단백질 고갈
적응반응		있음	없음
스트레스호르몬			글루카곤, 코티솔, 카테콜아민 분비 증가
스트레스 단백질			C-반응성 단백질, 피브로넥틴, 세룰로플라스민 등 증가

3) 영양관리

(1) 에너지 및 단백질

생리적 스트레스의 정도에 따라 적정한 에너지와 단백질 필요량을 결정한다. 환자의 에너지 요구량을 계산하기 위한 공식이 여러 개 존재하며, **표 11-3**에는 그중 일부를 소개

표 11-3 생리적 스트레스 상황에서의 에너지 및 단백질 필요량

영양소	필요량 및 계산공식
에너지	**에너지 필요량 계산공식** 1) 외상계수를 활용한 공식 환자의 에너지 필요량 = 휴식대사량×활동계수×외상계수 * 활동계수 : 침대 밖 1.2, 침대 생활 1.1 * 외상계수 : 수술 1.0~1.3, 감염 1.0~1.4, 외상 1.2~1.4, 두부외상 1.5 2) 해리스-베네딕트 공식 여자 : 휴식대사량 = 655.1 + 9.6×체중(kg) + 1.9×키(cm) - 4.7×나이(년) 남자 : 휴식대사량 = 66.5 + 13.8×체중(kg) + 5.0×키(cm) - 6.8×나이(년)
단백질	정상 성인 권장량 0.8 g/kg 체중 가벼운 수술 1~1.1 g/kg 체중 대수술 1.2~1.5 g/kg 체중 화상 1.5~2.0 g/kg 체중

하였다. 환자의 체중은 탈수 또는 부종에 의해 영향받을 수 있으므로 공식에 적용할 때 주의한다. 환자의 영양 공급은 경구 섭취를 우선적으로 하나, 여의치 않을 경우 정맥 영양 등 적극적인 영양지원을 시행한다.

(2) 특정 아미노산

- 글루타민 : 혈중 아미노산의 20%, 근육세포 내 유리아미노산의 50%를 차지할 정도로 체내에서 가장 풍부한 아미노산이고 다른 비필수아미노산의 합성과 단백질, 핵산 등의 여러 물질 합성에 필요하며 장점막 등 빨리 증식하는 세포들의 에너지원으로 중요하다. 스트레스 상황에서 글루타민 요구량이 증가하므로 중환자에게 보충 시 효과적이다.
- 아르기닌 : 상처 회복, DNA 합성, 면역기능 증진에 필요한 아미노산으로서 글루타민 만큼은 아니지만 스트레스 상황에 보충 시 효과가 있다.
- 시스테인 : 글루타티온 합성의 전구체로서, 항산화기능에 필요한 비필수아미노산이다. 중증 상해 시에는 메티오닌에서 시스테인으로의 합성이 잘 안 되므로 보충이 필요하다.
- 분지아미노산 : 심한 스트레스 상황의 환자에게 분지아미노산의 보충은 질소 공급, 간에서의 단백질 합성 증가, 단백질 분해 감소 등에 효과가 있다.

알아보기 **두뇌 외상환자의 식사요법**

외상으로 인한 두뇌 손상 환자는 대사가 항진되고 이화작용이 심하게 일어난다. 두뇌 손상이 심할수록 카테콜아민과 코티솔 분비가 증가하고 이에 따라 대사가 더욱 항진된다. 손상 전에 영양상태가 좋았던 환자라 해도 적극적으로 영양 보충을 하지 않으면 무지방 신체 질량과 면역기능이 급속히 감소한다.

두뇌 외상환자는 경구 섭취가 불가능한 경우가 많아 30% 이상의 환자가 연하곤란 증세를 보인다. 환자들은 쉽게 기분이 나빠지고 이에 의해 식사시간이 지연되어 결과적으로 식사량이 감소하게 된다. 반대로 일부 두뇌 외상환자는 빨리 먹으며 과도한 양의 식품을 섭취하기도 한다. 두뇌 외상환자에게 초기의 영양 보충은 매우 중요한데, 이는 적절한 영양 공급을 해줌으로써 스트레스 반응을 감소시킬 수 있기 때문이다. 위장관을 통한 음식 섭취가 불가능하면 소장관급식, 정맥영양 등으로 영양을 공급해 주어야 한다.

- 에너지 : 에너지 소비량이 40% 정도 증가한다.
- 단백질 : 양질의 단백질을 주어도 2~3주 동안 음의 질소균형을 보인다. 단백질 요구량은 1.5~2.2 g/kg이다.
- 비타민과 무기질 : 두뇌 외상환자에서 혈중 비타민 B군과 비타민 C 수준이 감소하고 대사가 항진되어 있으므로 비타민 필요량이 증가한다. 원활한 에너지와 단백질 대사를 위하여 비타민과 무기질을 충분히 공급한다. 이들 환자는 나트륨 손실이 크므로 체액을 보유하고 나트륨을 유지하기 위한 치료가 필요하다. 다른 무기질도 충분히 공급하여 영양불량을 방지한다.

(3) 지방

고지방 섭취는 스트레스 반응을 악화시키고 면역기능을 저하시킨다. 그러나 적정량의 오메가-3 지방산 섭취는 면역기능을 증진시키고 염증반응을 감소시킨다.

2. 수술

1) 수술 전 영양관리

수술 전 영양관리는 환자의 영양상태와 수술의 종류에 따라 다르다. 영양상태가 좋은 환자는 수술 스트레스를 잘 견뎌 낼 수 있으나 영양불량이 있는 경우는 여러 가지 합병증을 일으키기 쉽다. 따라서 수술계획이 잡히면 수술에 필요한 영양 섭취를 강화하고 영양불량이 있으면 교정해 주어야 한다.

- 에너지 : 체중 감소가 없도록 충분한 에너지를 공급해 준다. 글리코겐 축적과 단백질 절약작용을 위해 당질을 충분히 준다.

- 단백질 : 수술과 관련하여 가장 강조되는 영양소는 단백질이다. 단백질 영양상태가 수술 시 위험을 감소시키는 데 있어 중요하다. 수술 시의 혈액 손실과 수술 후 조직 이화작용에 대비하여 체내 단백질을 충분히 보유하고 있어야 한다. 뿐만 아니라 병균에 대한 감염 예방과 조속한 상처 회복을 위해서도 충분한 단백질이 필요하다.
- 비타민과 무기질 : 정상적인 당질 및 단백질 대사와 수분과 전해질 균형을 유지하고 빈혈, 탈수, 산독증, 알칼리증을 방지하기 위해서는 비타민과 무기질을 충분히 공급해 주어야 한다. 특히 비타민은 상처 회복에 중요한 역할을 한다. 비타민 C는 콜라겐 합성에 필수이므로 상처 회복에 중요하고, 비타민 K는 혈액 응고에 필요하다. 또한 에너지와 단백질 섭취가 증가함에 따라 비타민 B군의 섭취도 증가시켜야 한다.
- 수술 전 금식 및 저잔사식 섭취 : 수술 전 적어도 8시간 전부터는 금식하여 위에 음식물이 남아 있지 않게 하고, 응급 수술인 경우에는 위 흡입법으로 내용물을 제거해 준다. 위에 음식물이 남아 있으면 수술 동안 또는 마취에서 회복되는 동안 구토하여 기도로 넘어갈 수 있으며, 남아 있는 음식은 수술 후 위의 정체와 위의 비대를 야기할 수 있고, 또한 복부 수술인 경우 수술 그 자체를 방해할 가능성도 있다. 복부 또는 소화기계 수술 전에는 저잔사식 **표 11-4** 또는 무잔사식을 며칠 전부터 실시하여 수술 부위를 깨끗이 해주는 게 좋다.

2) 수술 후 영양관리

수술 후 영양관리는 환자의 건강상태와 수술 부위에 따라 달라진다. 수술로 인해 체내의 혈액, 수분, 전해질이 손실되고 이로 인한 탈수와 쇼크가 일어날 수 있다. 따라서 충분한 영양 공급을 통해 회복을 도와야 한다.

(1) 수술 후 영양 공급방법

수술 후 일상적으로 사용하는 정맥용액은 모든 영양소를 공급해 줄 수 없다. 이것은 수분과 전해질 공급이 주목적으로서 영양소 함량이 충분하지 않다. 대부분 5% 정도의 덱스트로스 용액으로 1 L당 단지 200 kcal의 에너지를 공급해 줄 수 있을 뿐이다. 장의

표 11·4 저잔사식 허용식품과 제한식품

식품군	허용식품	제한식품
곡류	• 흰밥, 찹쌀밥, 흰빵, 국수, 체에 내린 감자	• 보리, 현미, 율무, 조, 수수, 콩류, 고구마, 옥수수, 통밀빵, 미숫가루
우유 및 유제품 (1일 1/2컵 이하)	• 우유, 플레인요구르트, 푸딩, 아이스크림(과일, 땅콩 제외)	• 허용량 이상의 우유 및 유제품, 크림수프
육류	• 연한 쇠고기, 돼지고기, 달걀, 두부, 껍질 벗긴 닭고기, 생선	• 질긴 육류, 햄류, 조개류, 비지
채소류	• 잘 익힌 시금치, 애호박, 당근, 가지(껍질 제외), 숙주, 양송이, 양상추, 채소주스	• 생채소(양상추 제외), 허용식품 이외의 채소 : 도라지, 고사리, 콩나물, 근대, 우엉, 부추 등 • 말린 나물: 무말랭이, 건호박 등
과일류	• 잘 익은 바나나, 과일 통조림(복숭아, 포도 등), 과일 주스	• 생과일(바나나 제외) : 토마토, 딸기, 사과, 배, 귤, 감, 파인애플 등 • 말린 과일: 건포도, 대추, 곶감 등
해조류, 견과류		• 미역, 김, 다시마, 파래 등 • 땅콩, 아몬드, 호두, 해바라기씨 등
기타		• 과량의 된장, 고추장, 겨자가루 등 • 팝콘, 포테이토칩 등의 간식

연동운동이 회복되자마자 보리차나 주스와 같은 맑은유동식을 주어 수분과 전해질을 공급해 줌으로써 정상적 소화기능이 일어나도록 자극하고, 그 다음 전유동식으로 빨리 진행한다. 연식에서 고형식으로 진행하는 것은 환자의 상태에 따라 다르나, 가능하면 빨리 경구로 고형식을 섭취할 수 있도록 시도하는 것이 좋다. 수술 후 경구 섭취가 불가능한 환자의 경우 경관급식이 사용된다. 경관급식을 통한 적극적인 영양 공급이 수술 결과에 큰 영향을 미친다. 환자의 영양상태는 수술 후 합병증 예방과 생존율 향상에 중요 요소이다.

(2) 수술 후 영양지침

- 에너지 : 수술 후 환자에게는 충분한 에너지 섭취가 필요하다. 대수술 또는 화상과 같은 급성 스트레스에는 단백질 요구량이 하루 200 g 정도로 높아지고 에너지가 4,000 kcal 이상 필요할 수도 있으나, 환자가 통증 등으로 많은 양을 섭취할 수 없는 경우가 대부분이므로 환자의 상태에 맞추어 공급한다. 당질은 단백질 절약작용과 증가된 대사요구량 충족을 위해 충분히 공급해 준다. 또한 당질은 글리코겐 저장량 고갈로 인한 간 손상을 방지해 주는 역할도 한다. 지방은 체지방이 축적되지

않을 정도로 적당히 공급한다.

- 단백질 : 수술 후에는 이화작용이 가속되어 조직과 혈장단백질의 손실로 이어지고 또한 대사 항진으로 인하여 단백질이 손실된다. 소변으로의 질소 배설량도 증가하여 음의 질소균형을 이룬다. 그러므로 수술로 소모된 단백질을 보충하고 수술 후 증가된 요구량을 충족시키기 위해 충분한 단백질을 공급해야 한다. 영양불량 또는 만성감염이 있는 환자는 단백질 요구량이 더 증가한다. 수술 후 단백질 영양상태가 적절하지 못하면 상처 회복의 지연, 면역력의 저하로 감염에 의한 합병증 위험, 수술 봉합 부위의 부종으로 인한 봉합 안전성의 문제 등이 야기된다. 또한 단백질 부족에 의한 혈량 감소는 쇼크를 일으키기 쉬우며 빈혈, 소화기능 장애, 폐와 심장 기능의 저하, 심한 체중 감소, 간 손상 등 수술 후 복합적 임상문제가 생길 수 있고 이로 인해 사망률이 증가하게 된다.
- 비타민과 무기질 : 상처의 조속한 회복을 위하여 비타민과 무기질을 충분히 공급한다. 비타민 A는 상피세포 합성에 필요하고, 비타민 C는 결체조직, 세포벽, 콜라겐 합성에 필요하다. 에너지와 단백질 섭취량 증가에 따라 비타민 B군도 같이 증가시켜 준다. 비타민 K는 혈액 응고에 필요하다. 조직 분해로 K과 P이 손실되며 전해질 손실, 특히 Na과 Cl의 손실로 체액이 감소된다. 혈액 손실로 철 결핍성 빈혈이 생길 수도 있다. 따라서 이들 무기질이 정상 수준을 유지할 수 있도록 공급해 준다.
- 수분 : 수술 후 구토, 출혈, 삼출물, 이뇨, 발열, 땀, 그리고 대사 증진으로 수분이 손실된다. 배액법(drainage)을 사용하는 곳은 많은 수분 손실이 일어나게 된다. 수술 직후에는 정맥으로 필요한 수분을 공급할 수도 있다. 수분 섭취는 개인 요구량

알아보기 머리와 목 수술 환자의 식사요법

입, 인후, 목, 혀에 관계된 수술은 환자가 정상적인 방법으로 씹거나 삼킬 수 없으므로 먹는 방법의 변형이 필요하다.

- 경구 유동식 : 액체 형태로 농축된 식사를 준다. 이것은 단백질 가수분해물 또는 아미노산, 당질, 지방, 비타민, 무기질을 포함하여 특수한 조리법으로 만든다. 우유를 기본으로 한 음료, 수프, 과일주스, 또는 특수보충식을 사용할 수 있다.
- 경관급식 : 혼수상태, 의식불명, 목이나 안면수술 환자는 경관급식을 한다. 장기간의 경관급식 시에는 환자의 신체적 상황뿐만 아니라 환자의 심리적 스트레스도 영양요구량에 영향을 미칠 수 있다는 사실을 고려하여 개인적 특성에 맞게 영양소 공급량을 계획해 주어야 한다.

에 맞게 탈수 또는 부종이 일어나지 않도록 조절하며, 매일 체중을 측정하여 수분 요구량을 결정한다.

3. 화상

1) 원인

화상은 불, 뜨거운 물이나 액체, 증기 등에 의한 열상화상, 강산이나 강알칼리에 의한 화학화상, 뜨거운 공기나 연기에 의한 흡입화상, 그리고 방사선과 전기 등에 의해 피부 및 조직이 손상된 것을 말한다.

2) 화상의 정도와 증상

화상을 입은 넓이와 깊이에 따라 중증도를 결정하며, 화상을 입은 부위와 나이를 고려한다. 화상은 상처 부위의 깊이에 따라 4단계로 분류한다 **그림 11-1**. 전체 체표면적의 15~20% 이상의 상해를 받은 2도와 3도 화상, 또는 어린이와 노인에서 10% 이상의 화상은 많은 양의 수액이 손실되므로 정맥을 통해 수액을 공급해 준다. 전신 50% 이상의

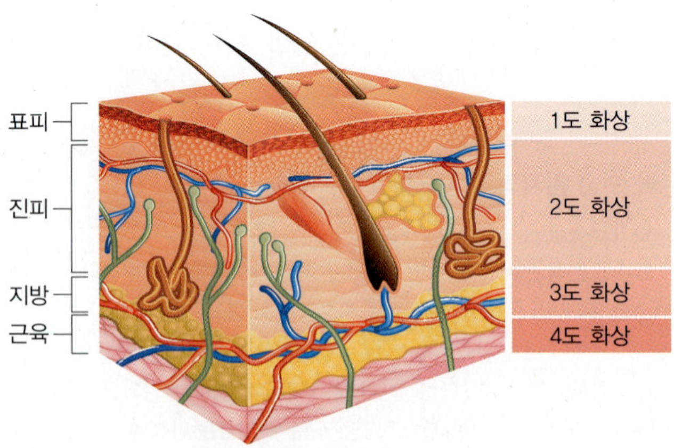

그림 **11-1** 화상의 정도

표 **11-5** 화상의 단계별 특징

단계	특징
1도	• 표피를 덮고 있는 상피세포층의 괴사로 생긴 홍반 • 동통, 발적, 부종이 동반되나 수포는 생기지 않음 • 감염 방어능력은 손상받지 않아 상처가 감염되지 않음 • 대부분 상피세포로부터 피부 조직이 재생되어 별다른 합병증이나 후유증 없이 회복
2도	• 진피 내 조직 괴사와 함께 홍반과 수포 동반 • 진피의 일부만 상해를 받은 경우에는 피부 재생이 가능하나 진피 깊이 손실되면 완전 회복 불가
3도	• 피하지방을 포함한 피부 전 층이 손상된 상태로 피부색이 흰색 또는 검은색으로 변색 • 피부신경이 손상되어 통증 못 느낌 • 피부 재생 불가, 피부 이식수술이 필요할 수도 있음 • 관절 부위 화상 시 관절 주위 조직이 굳어 관절 움직임이 제한될 수 있음
4도	• 피부 전 층과 근육, 신경 및 뼈 조직이 손상된 상태 • 여러 합병증 발생 및 사망 위험 높음

화상은 치명적이며, 특히 유아와 노인의 경우 위험하다. 화상단계별 특징은 **표 11-5**에 요약하였다.

화상은 예고 없이 급격히 일어나는 사고로 화상 환자는 심한 쇼크 상태에 있고 감염되기 쉽다. 화상은 대사상으로 여러 가지 변화를 동반하는데 극심한 스트레스 반응으로 체단백질 분해 증가, 요 질소 배설량 증가, 그리고 삼출액을 통한 단백질 손실이 일어나므로 에너지와 단백질 요구량이 증가한다. 중증 화상 환자는 장폐색증과 식욕 부진이 빈발하므로 영양 공급이 매우 어렵다. 따라서 영양치료 시 고에너지와 상처 치료에 필요한 필수영양소 공급 및 개인적인 요구량 등을 고려한다.

체액량 소실로 인한 합병증으로는 저혈압, 부정맥, 콩팥과 간기능 저하, 쇼크 등의 합병증이 발생할 수 있다. 또한 피부의 방어능력이 손상된 상태이므로 외부 세균과 미생물에 감염될 가능성이 커진다. 얼굴이나 코, 입, 목 부위에 화상을 입었다면 감염되거나 기도가 좁아질 정도로 부종이 생겨 숨을 제대로 쉴 수 없게 될 수도 있으므로 이에 대한 응급처치가 필수적이다. 손가락, 손목, 발가락, 발목 등 관절 부위 조직에 화상을 입었다면 관절 주위 조직이 굳어 관절 움직임이 제한될 수도 있다.

3) 영양관리

화상 환자는 스트레스와 대사 증진에 따라 영양요구량이 증가하는데 화상에 의해 손상된 체표면적에 따라 영양요구량이 달라진다 **그림 11-2**. 화상 환자의 영양치료는 개인 요구량과 반응에 따라 다르다. 충분한 에너지와 단백질 공급이 중요하고 수분과 전해질 균형을 유지하도록 해야 한다. 화상 환자의 치료는 초기의 수분 및 전해질 균형과 상처 회복을 위한 충분한 영양 공급이 중요하다.

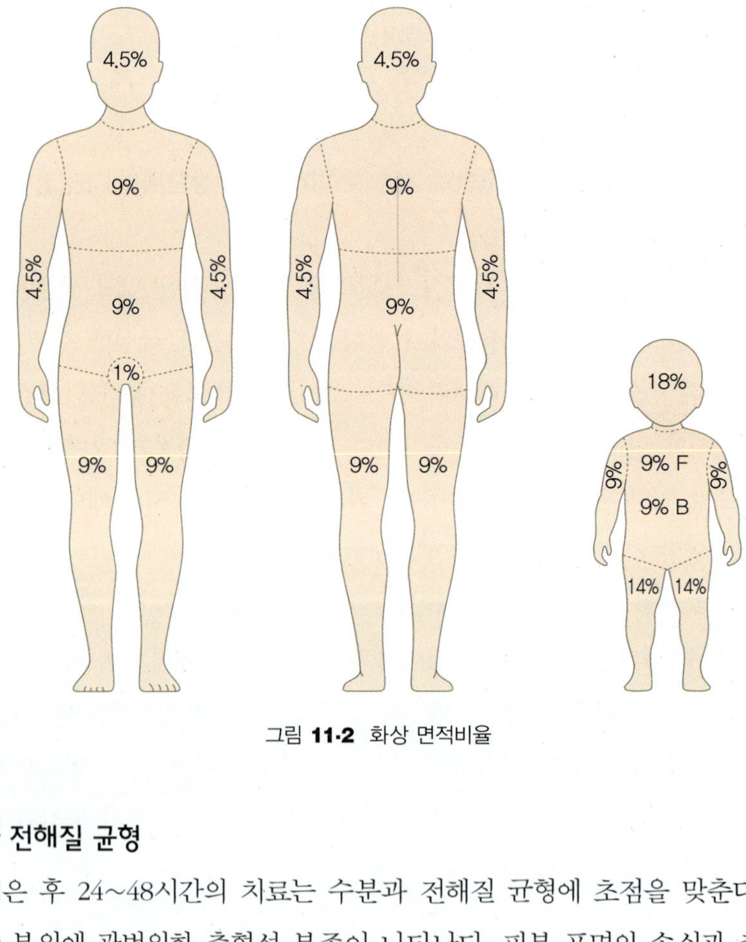

그림 **11-2** 화상 면적비율

(1) 수분과 전해질 균형

화상을 입은 후 24~48시간의 치료는 수분과 전해질 균형에 초점을 맞춘다. 1~2시간 내에 화상 부위에 광범위한 출혈성 부종이 나타난다. 피부 표면의 손실과 출혈은 즉시 간질액과 전해질, 그리고 다량의 단백질 고갈로 이어진다. 체액은 화상 부위를 통해 계속적으로 손실되고, 이에 따라 혈량이 감소하고 혈압이 떨어지며 혈액이 농축되고 소변 배설량이 감소한다. 이러한 체액 손실에 따라 세포내액이 세포 외로 이동되고 이때 세포 내 칼륨도 같이 분비되어 혈청 칼륨 수준이 증가된다.

즉시 정맥을 통해 수액을 공급하여 수분과 전해질을 대체해 주어야 쇼크를 방지할 수 있다. 이 시기에는 콜로이드 용액이 혈관 밖으로 흘러 나가므로 알부민 또는 혈장 보충은 효과가 없다. 화상과 함께 혈관 상피세포의 투과성이 증가하여 염증이 생기기 쉽다. 대개 혈관 상피세포의 투과성은 첫날 이후 정상으로 돌아오므로 이후에는 콜로이드 용액을 주어 혈장 부피를 회복시킨다. 이 시기에 포도당 공급은 고혈당증을 일으킬 우려가 있고 화상 후 충격으로 장운동 장애가 생기기 쉽기 때문에 포도당이 없는 전해질 용액을 준다. 48~72시간 후에 조직 수액과 전해질은 차츰 단계적으로 회복되고, 과도한 수액은 배설된다. 1주일 후쯤 환자는 화상 전 체중으로 회복되고 수액 균형도 서서히 회복된다. 이 시기에 갑작스러운 이뇨가 있을 수 있으므로 수액 섭취와 배설량을 주의 깊게 관찰하여 탈수 또는 부종에 대비한다. 또한 1주일 후쯤 장운동이 정상적으로 회복되어 왕성한 식사기가 이어진다. 이때는 영양요구량이 증가하므로 이에 적합한 식사관리가 필요하다.

(2) 영양지침

환자의 우울증과 식욕 부진에도 불구하고 신체는 다량의 영양소 공급을 필요로 한다. 충분한 영양 공급은 화상 환자 회복에 큰 영향을 미친다. 성공적 영양치료는 충분한 에너지와 단백질 공급에 달려 있다. 화상 환자는 조직 파괴와 이화작용이 심하고 대사율이 증진되므로 추가 영양 보충이 필요하다. 또한 성공적인 피부 이식을 위해서도 환

표 **11-6** 화상 환자의 에너지 필요량 계산방법

공식	에너지 필요량
쿠레리(Curreri)	성인 : 25 kcal × 화상 전 체중(kg) + 40 kcal × 화상 면적비율(%) 어린이 : 30~100 kcal(나이에 따른 RDA) × 화상 전 체중 (kg) + 40 kcal × 화상 면적비율(%)
해리스와 베네딕트 (Harris & Benedict)	기초량* × 활동계수 × 스트레스계수** * 기초량 남자 = 66.5 + {13.8 × 체중(kg)} + {5.0 × 키(cm)} − (6.8 × 나이) 여자 = 655.1 + {9.6 × 체중(kg)} + {1.8 × 키(cm)} − (4.7 × 나이) ** 스트레스계수 : 수술(1.0~1.2), 골격 외상(1.2~1.5), 심한 화상(1.4~1.8)

자가 건강해야 하므로 영양관리가 중요하다.

- 에너지 : 3,000~5,000 kcal/일을 공급한다. 당질을 충분히 공급하여 단백질 절약 작용을 해주고 증가된 에너지 요구량을 충족시켜 준다. 에너지 요구량은 **표 11-6**과 같이 공식에 따라 계산할 수 있다.
- 단백질 : 화상 정도에 따라 단백질 요구량이 150~400 g/일로 다양하다. 어린이는 정상 권장량의 2배 이상이 필요하다. 일반적으로 성인의 단백질 요구량도 2~3 g/kg·체중으로 증가된다. 성인의 단백질 요구량은 다음 공식에 따라 계산할 수 있다.

단백질 요구량 1 g 단백질/kg·화상전 체중 + [3 g 단백질 × 화상 면적비율(%)]

- 비타민 : 과량의 당질과 단백질 대사를 위해 티아민, 리보플라빈, 니아신을 보충해 준다. 조직 재건을 위해 1.2 g/일 정도의 비타민 C가 필요하다.

3) 급식 형태

영양요구량이 수시로 변하므로 섭취한 단백질과 에너지를 기록하여 다음 치료계획에 사용한다. 경장영양이나 정맥영양을 사용할 수 있다. 단백질 가수분해물 또는 아미노산을 사용한 농축된 액체 형태를 사용할 수 있다. 고형식 공급은 환자 상태에 따라 시작하는데, 환자가 수용할 수만 있다면 경구 투여가 바람직하다. 환자가 필요한 식품을 먹을 수 있도록 개별적 지도와 격려를 해주고 환자의 기호에 맞는 식품 선택을 하여 식욕을 증진시켜야 한다.

어느 정도 치료가 된 후에도 계속 다량의 영양소가 필요한데, 이는 성공적 피부 이식 또는 성형수술을 위해 중요하다. 종종 형태 변형, 불구가 되는 경우가 있으므로 환자의 육체적 회복뿐만 아니라 정신적·사회적 재활치료도 필요하다.

4. 호흡기계질환

1) 호흡기계의 구조

호흡기계는 코, 인두, 후두, 기관, 기관지, 폐로 구성된다 그림 11-3. 공기는 호흡기의 외부와 연결된 코나 입을 통해 들어와 후두를 지나 기관, 기관지, 세기관지, 도관, 폐포낭을 거쳐 폐포에 이른다. 폐포로 들어간 공기는 폐포벽에 있는 모세관을 통해 정맥혈에 산소를 주고, 그 대신 노폐물(탄산가스)을 받아 기도를 반대로 통과하여 외부로 배출된다.

폐는 심장과 함께 흉강(thoracic cavity) 안에 있다. 흉강은 횡격막에 의해 복부와 분리되어 있다. 폐는 해면상으로 탄력을 가지며, 좌우 양쪽에서 심장을 둘러싸고, 횡격막 위에 놓여 있으며, 흉강의 대부분을 차지하고 있다. 우측 폐는 상엽, 중엽, 하엽의 세 부분, 좌측 폐는 상엽과 하엽의 두 부분으로 나뉘어져 있고, 각 폐엽은 늑막으로 견고하게 싸여 있다. 폐에는 약 3억 개의 폐포가 있다. 폐포는 기체교환이 일어나는 장소이다. 폐포의 면적은 매우 커서 대량의 산소를 저장하고 이용할 수 있다. 폐포에는 근육이 없어 운동신경은 분포되어 있지 않으며, 폐포에 있는 확장수용기(stretch receptor)로부터 감각신경섬유가 미주신경을 통해서 연수에 자극을 전달한다. 세기관지의 평활근은 교감신경과 부교감신경의 지배를 받는다, 부교감신경이 흥분하면 세기관지는 수축되고, 교감신경이 흥분되면 세기관지가 확장되어 환기작용이 증가한다.

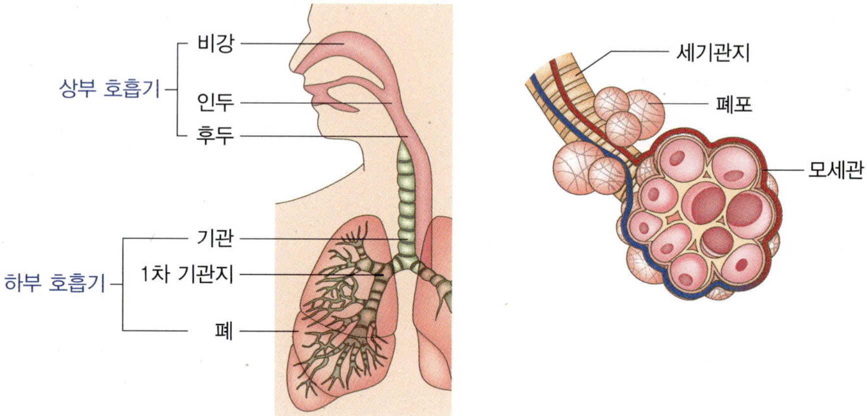

그림 **11-3** 호흡기계의 구조

2) 호흡기계의 기능

호흡은 외기의 산소를 폐 안으로 흡입하여 혈액을 통해 각 세포로 산소를 운반하며, 각 세포에서 산소를 이용하여 에너지를 생성하고, 이때 생성된 이산화탄소를 가스교환을 통해 체외로 배출하는 과정을 말한다. 호흡의 주된 목적은 산소를 얻기 위함이 아니라 이산화탄소를 우리 몸에서 빨리 제거하기 위함이다.

- 산소 공급 및 이산화탄소 배출 : 호흡의 주 기능은 공기 중의 산소를 폐 안으로 흡입하여 혈액을 통해 산소를 각 세포로 운반함으로써 체세포로 하여금 산소를 이용하여 에너지를 생성하게 하는 것이다.
- 이산화탄소 배출 : 세포 내에서 에너지 영양소를 이용하여 ATP를 합성하는 과정에서 탄산가스가 생성된다. 이 탄산가스는 혈액으로 방출되어 탄산이 되어 폐로 운반되고, 호흡을 통해 체외로 배출된다.
- 체액 산-염기 평형 : 호흡은 체내에서 끊임없이 생성되는 탄산을 배출하여 체액의 산-염기 평형을 조절한다. 이것은 체액의 pH를 7.4 ± 0.05의 범위 내로 유지시키는 매우 중요한 기전 중의 하나이다.
- 수분 및 열 방출 : 호흡으로 인한 성인의 수분 배설량은 400~500 mL/일이다. 이러한 수분 방출은 피부를 통한 땀 배출과 함께 체온을 조절하는 중요한 방법이다.
- 발성 : 상부 기도인 성대는 발성기와 공명통의 역할을 한다. 성대의 움직임과 떨림으로 발성이 가능하다.

3) 호흡기계질환

(1) 폐렴

① 원인

폐렴은 폐 실질의 경화를 초래하는 다양한 종류의 질환을 의미하며 하부 호흡기의 감염을 의미한다. 원인은 바이러스, 박테리아, 세균, 기생충 등에 의한 감염이며, 폐에서 발생하는 일차성 급성감염과 조직의 저항이 감소된 다른 호흡기나 전신상태에서 오는 이차감염이 있다.

② 증상

감염된 폐포는 세포막에 구멍이 뚫려 액체와 각종 혈구세포가 혈액에서 폐포로 흘러 들어가므로 점차 액체와 세포로 차게 되고, 심해지면 폐 전체가 하나의 폐낭을 이루어 폐 전체가 액체와 세포로 차게 된다. 주 증상은 고열, 식욕 부진, 기침, 가래, 호흡곤란, 가슴 통증이며, 간혹 가래에 혈흔이 섞여 나올 수 있다.

③ 식사요법

폐렴 환자의 식사요법은 폐조직의 복원을 위해 단백질을 비롯한 모든 영양소를 충분히 공급하고, 수분과 나트륨을 보충하는 것이다. 식사는 조금씩 자주 공급한다. 우유는 폐렴 환자의 갈증 해소와 필수영양소 공급에 유용한 식품이다.

(2) 폐결핵

① 원인

폐결핵(pulmonary tuberculosis)은 폐가 결핵균에 감염되어 염증을 일으킨 것으로, 과로 또는 영양불량, 비위생적 환경에서 많이 발생한다. 우리나라는 OECD 가입국 중 결핵 발생률 1위로서, 노인이나 청소년에서 발생률이 높고 사망률도 높은 질환이므로 주의해야 한다.

② 증상

호흡기 증상으로는 기침과 가래가 나타나며 병이 진행된 경우 혈담과 객혈이 동반되기도 한다. 병이 진행되어 폐 손상이 심해지면 호흡곤란이 나타나고 흉막이나 심막을 침범하였을 때는 흉통을 호소하기도 한다. 전신 증상으로는 발열, 야간 발한, 쇠약감, 신경과민, 식욕 부진, 소화불량, 집중력 소실 등과 같은 비특이적 증상이 나타날 수 있으며, 특히 식욕 부진은 환자의 체중 감소를 야기할 수 있다.

③ 식사요법

결핵 치료를 위해서는 장기간 다량의 약을 복용해야 하고 대부분의 결핵약은 간에서 대사가 된다. 따라서 간에 추가 부담이 되지 않도록 보약이나 개소주 등의 건강보조식품의 섭취에 주의한다. 결핵 환자는 일상적인 음식을 골고루 충분히 섭취하면서 휴식하는 것이 필요하다.

- 에너지 : 결핵은 소모성 질환이므로 정상체중을 유지할 수 있는 한 고에너지식사를 제공한다. 환자의 에너지 필요량은 40~50 kcal/kg·체중이다.
- 단백질 : 체조직의 손실과 발열 등으로 체단백질 소모가 많으므로 충분한 단백질 공급이 필요하다. 양질의 단백질로 1.5 g/kg·체중의 단백질을 제공한다.
- 지방 : 충분한 에너지 공급을 위해 적절한 지방 공급이 필요하다.
- 비타민과 무기질 : 모든 비타민과 무기질을 충분히 제공한다.

(3) 기관지천식

기관지천식은 비만세포, 호산구 등이 관여하는 기도의 만성염증성 질환인 상태로, 기관지에 만성적 염증이 생겨 기관지가 좁아져서 공기가 잘 드나들지 못해 숨 쉴 때마다 '쌕쌕' 소리가 나는 호흡기질환이다. 숨이 몹시 차고 가슴이 답답하며 심한 경우 발작적 기침, 가래, 호흡곤란이 오기도 한다.

① 원인

외인성 기관지천식은 집먼지 진드기나 꽃가루, 동물의 털, 곰팡이 같은 외부 물질에 대해 알레르기 반응이 나타나 생긴다. 내인성 기관지천식은 주로 노인에게 잘 생기는데 아스피린이나 진통소염제 같은 약물과 색소, 방부제 같은 식품첨가물에 의해 유발된다.

소아천식은 외인성(아토피성)이 많고 치유되기 쉬운데 비하여, 어른이 되어 발병한 성인천식(호발 연령 : 40~60대)은 내인성으로 치료에 잘 반응하지 않으며 예후가 나쁘다.

② 증상

그렁거림(천식)을 동반한 발작성 호흡곤란, 날숨 연장, 연속성 수포음이 나타나며, 중증이 되면 오히려 그렁거리는 소리는 들리지 않는다. 기도가 폐쇄되면 환기가 잘 되지 않아 폐 안에 부분적인 저환기를 초래한다. 즉, 가스교환을 거치지 않고 심장으로 돌아오는 혈액이 증가하여 산소분압이 낮아진다. 경증인 경우에는 산소분압 감소가 호흡중추를 자극하여 호흡 과다가 되고, 이산화탄소분압은 오히려 낮아지기 때문에 호흡성 알칼리증이 된다. 증세가 심해지면, 폐포 호흡 저하(hypoventilation)가 발생해 산소분압의 현저한 저하와 함께 이산화탄소분압의 상승이 일어나 호흡성 산증이 된다.

③ 식사요법

천식 환자는 금연이 필요하며, 건강상태를 최상으로 유지하고 과로하지 않는 생활습관을 갖는 것이 중요하다. 치료는 기관지 평활근 확장제, 거담제, 항알레르기제, 부신피질 스테로이드 약물을 복용한다. 중증 환자는 일상생활이 거의 불가능하며, 어떤 치료를 해도 호흡기능은 정상으로 돌아오지 않는다.

기관지천식 환자 중 일부는 메밀, 달걀, 복숭아, 밀가루, 땅콩 등의 식품 섭취에 의해 천식을 일으키거나 악화시킬 수 있다. 그러나 특정 음식을 먹고 나서 증세의 악화를 경험한 경우가 아니면 음식을 가려 먹지 않아도 된다. 또한 보존제, 산화방지제, 식용색소 등의 식품첨가물과 바이오제닉 아민류도 천식 발작을 일으킬 수 있으므로 주의한다.

(4) 만성폐쇄성 폐질환

만성폐쇄성 폐질환(chronic obstructive pulmonary disease, COPD)은 만성기관지염과 폐기종과 같이 흡연과 매연 등 유해물질에 지속적으로 노출되면서 폐에 염증이 생겨 저산소증, 고탄산증 및 호흡곤란이 나타나는 여러 가지 증상을 총칭한다. COPD에서 영양불량이 흔히 나타난다.

① 원인

흡연은 COPD의 주된 원인이며 이 질환의 예방을 위해 금연은 매우 중요하다. 흡연 이외에도 유전자, 기도 과민반응, 직업성 분진과 화학물질, 실내외 대기오염 등이 관련 있는 것으로 알려져 있다.

② 증상

COPD는 대부분 40대 이후에 발병하며 초기에는 증상이 없을 수도 있다. 주된 증상은 만성적 기침과 가래이며, 처음에는 간헐적으로 발생하나 점점 지속적으로 변하고, 가래는 끈끈하여 양이 적고 아침에 기침과 함께 배출된다. 더 진행되면 운동 시 호흡곤란이 발생하게 되고, 이러한 증상은 일단 발병하면 점점 진행한다. 쌕쌕거리는 천명음이 동반되기도 하여 기관지천식과 혼동하기 쉽고, 고령 환자에서는 감별이 잘 되지 않는 경우도 있다.

③ 치료

금연이 COPD의 예방과 병의 진행 감소에 가장 효과적인 방법이다. 증상 예방과 완화를 위해 기관지 확장제, 부신피질호르몬 흡입제 등의 약물요법을 사용하나, 현재 COPD에 사용되는 어떤 약도 폐기능의 점진적 저하를 완화시키지는 못한다. 약물 외에 호흡재활치료와 산소치료가 있다. 인플루엔자 독감과 폐렴 예방주사를 맞는 것도 도움이 된다. 또한 운동을 하여 환자의 근육 소실을 막는 것도 필요하다.

④ 식사요법

COPD의 식사요법의 목표는 영양불량을 교정하고 건강체중을 유지하고 근육 소모를 막는 것이다. 음식을 충분히 섭취하도록 격려하는 것이 필요하다. 식사요법은 체내 산소필요량을 낮추기 위해 호흡계수를 낮게 조절한다.

- 에너지 : 만성감염과 호흡근의 작업부하 증가로 인한 과대사 때문에 에너지 요구량이 증가한다. 영양불량 환자는 고에너지·고단백 식사가 필요하지만 과량의 에너지 섭취는 이산화탄소 생성을 증가시켜 호흡 부담이 커질 수 있다. 과체중인 경우는 에너지제한식을 하여 호흡계의 부담을 줄여야 한다.
- 당질과 지방 : 당질은 호흡계수가 1.0으로 높아 호흡 부담이 커지므로 제한하고, 대신 호흡계수가 0.7로 낮은 지방의 섭취를 늘린다. 폐질환에 사용하는 경장용액은 표준용액보다 지방에서 더 많은 에너지를 공급하고 당질에서 적은 양을 공급하는 것을 선택한다.
- 단백질 : 1.2~1.5 g/kg·체중의 고단백 식사를 권장한다.
- 무기질 : 근육 수축·이완에 작용하는 칼슘, 마그네슘 등의 무기질을 충분히 제공한다. 폐심장증과 부종이 있는 경우 나트륨과 수분 제한이 필요하다.
- 비타민 : COPD 환자에서 골밀도가 감소하고 스테로이드제 사용으로 비타민 D와 비타민 K의 보충이 필요하다.

- 식이섬유 : 식이섬유가 많거나 질긴 음식은 피하고, 식사는 씹고 삼키기 쉬운 부드러운 형태로 제공한다.
- 식사횟수 : 식사는 소량씩 자주 제공한다. 식욕 증진과 소화 증진을 위해 노력한다.
- 간식 : 농축된 음료 형태의 간식이 도움이 된다. 식사 사이와 취침 전에 간식을 섭취 하여 체중 감소를 방지한다.

위전절제술 환자 사례 연구

대상자

73세 남성, 농업

병력, 약 복용력

수술기왕력(+) : 3년 전 외상성 경막하출혈로 혈종 제거, 고혈압(+) 혈압약 복용 중

건강검진 결과 위암 발견 후 위전절제 수술 위해 내원함

가족력 : 모름

신체계측

Ht 160 cm, Wt 65.0 kg, BMI 25.4, 평소체중 73 kg, IBW 56.3 kg

- 체중 변화 : 1년 동안 8 kg 감소(최근 위암 진단 후 더욱 감소)

생화학적 자료

T. Chol 221 mg/dL, TG 180 mg/dL, LDL-chol 140 mg/dL, HDL-chol 45 mg/dL, FBS 90 mg/dL, BP 148/94 mmHg

생활습관, 활동량

- 음주 : 매일 막걸리 1병, 흡연력 : (-)
- 운동은 안 하지만 농사일이 많음
- 농번기이므로 활동량 증가함

식품 및 영양소 섭취, 식사력

- 1일 3끼 식사를 규칙적으로 함
- 짜고 매운 음식 선호(찌개, 젓갈, 장아찌 등)
- 식사속도 매우 빠름
- 식사마다 쌀밥 1그릇(4~5단위)+국 또는 찌개+김치(2~3단위), 젓갈(1스푼), 장아찌(4~5젓가락)
- 하루 믹스커피 5~6잔
- 신선한 채소 반찬은 적게 먹으며, 과일을 가끔 생기면 섭취
- 간식으로 막걸리 1병을 일하는 중간에 나눠 섭취

1. 이 환자의 검사결과, 체위 측정결과, 식사내용을 참고로 하여 식생활을 분석하고 영양상태를 평가하시오.

2. 수술 후 이 환자에게 적합한 영양처방을 하고 식사를 계획하시오.

3. 이 환자에게 수술 후 발생할 수 있는 덤핑증후군을 예방하기 위한 식사요법을 설명하시오.

CHAPTER 12

빈혈

1. 혈액의 구성성분
2. 적혈구 조혈작용과 산소 운반
3. 빈혈의 정의와 진단
4. 빈혈의 분류

학습목표

1. 빈혈의 정의와 종류를 설명할 수 있다.
2. 빈혈 판정의 방법을 설명할 수 있다.
3. 빈혈 환자의 영양관리 원칙을 설명할 수 있다.

1. 혈액의 구성성분

혈액은 혈장과 혈구로 구성되어 있으며, 체중의 약 8%를 차지하고 있다. 혈장은 전체 혈액의 55%를 차지하고 있으며, 주로 액체 성분으로 약 90%가 물로 구성되어 있다. 그 외 단백질, 포도당, 아미노산 등의 영양소와 항체 등이 포함되어 있어 식균작용, 혈액 응고, 체온 조절 등의 기능을 가지고 있으며, 여러 가지 영양소와 노폐물 및 이산화탄소를 운반한다. 혈구는 적혈구, 백혈구, 혈소판 등으로 구성되어 있으며, 전체 혈액의 45%를 차지한다 **그림 12-1**.

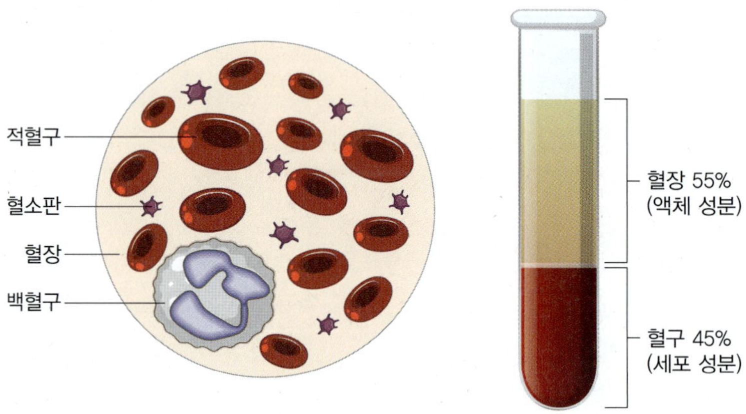

그림 **12-1** 혈액의 구성성분

1) 적혈구

적혈구는 핵이 없고, 둥글고 납작한 원반 모양이며 혈구 중 가장 많은 수를 차지한다. 적혈구의 크기는 지름 약 7.5 μm, 두께 약 1.5 μm이며, 가운데가 움푹한 원반 모양을 하고 있다. 적혈구는 헤모글로빈을 포함하고 있으며, 주로 산소와 이산화탄소를 운반하고, 헤모글로빈으로 인해 동일한 양의 물보다 약 60배 많은 산소를 수용할 수 있다.

2) 백혈구

백혈구는 적혈구와는 달리 세포핵을 지니고 있으며 독립적인 운동을 할 수 있다. 염색하였을 때 세포내에 알갱이가 염색되는 과립성 백혈구와 알갱이가 염색되지 않는 무과립성 백혈구로 구분된다. 과립성 백혈구로는 염색 특징에 따라 호산구, 호염구, 호중구가 있고, 무과립성 백혈구로는 림프구와 단핵구가 있다. 일반적으로 감염에 대한 보호작용을 하며 체내 면역계의 주요 기능을 담당하고 있다.

3) 혈소판

혈소판은 크기가 약 3~4 μm이며, 골수세포에서 분리되어 나오는 부정형의 조직이다. 손상된 혈관에서 응고작용을 일으켜 혈액의 손실을 막고 혈관의 재생을 돕는 것이 주된 역할이다.

2. 적혈구 조혈작용과 산소 운반

1) 적혈구 형성과 성숙

적혈구는 골수에서 생성되며, 혈액에서 정상적혈구로 성숙한다. 적혈구 생성과 성숙에는 헤모글로빈 농도, 적혈구 생성 자극 요소, 필수영양소의 공급 등이 영향을 미친다. 조직에 산소가 부족하거나 적혈구 수가 감소하면, 신장은 적혈구생성호르몬(에리트로포이에틴, erythropoietin)을 분비하여 전적아구세포(proerythroblast)를 적아구세포(erythroblast)로 분화시켜 조혈과정을 촉진한다 **그림 12-2**. 적아구세포는 헤모글로빈이 축적됨에 따라 망상적혈구(reticulocyte)가 되며, 망상적혈구는 혈액에서 볼 수 있는 미성숙 적혈구로서, 혈액에서 적혈구로 성숙된다.

정상적인 적혈구와 헤모글로빈 합성을 위해서는 단백질, 철, 엽산, 비타민 B_{12}, 비타민 C가 필요하며, 그 외에도 구리, 비타민 A, 비타민 E, 니아신, 티아민, 리보플라빈, 비타민

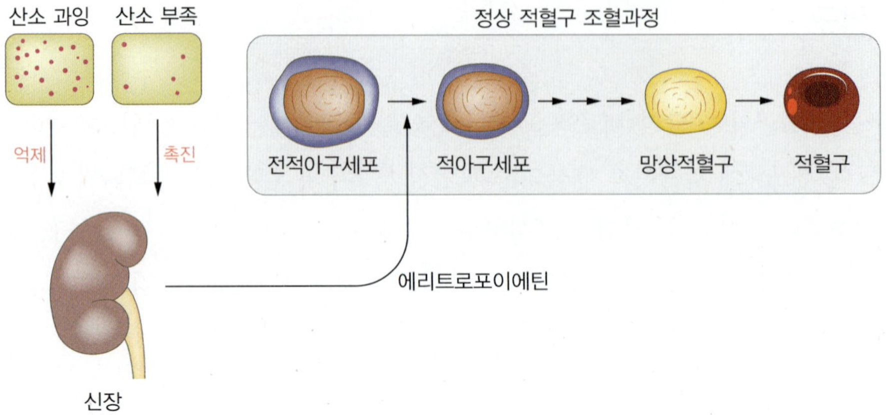

그림 **12-2** 적혈구의 조혈과정

표 **12-1** 적혈구 형성 및 성숙에 관여하는 영양소

역할	영양소
헤모글로빈 생성	철, 단백질
헴 합성	비타민 A, 구리
적혈구막 보호	비타민 E
조혈작용	엽산, 비타민 B_{12}, 비타민 C

B_6 등이 관여한다 **표 12-1**.

2) 헤모글로빈의 산소 운반

혈액의 산소 운반은 적혈구의 헤모글로빈에 의해 진행된다. 헤모글로빈은 4개의 단백질 소단위로 구성되어 있고, 소단위들에는 헴(heme)이 부착되어 있다. 헴은 철을 함유한 포피린(porphyrine) 고리 구조로 되어 있으며, 산소와 결합할 수 있는 능력이 있다 **그림 12-3**. 철 또는 피리독신 결핍으로 인해 헴 합성이 감소될 수 있으며, 이러한 헴 합성에 영향 미치는 요인들은 궁극적으로 체내의 산소 공급에 영향을 미칠 수 있다.

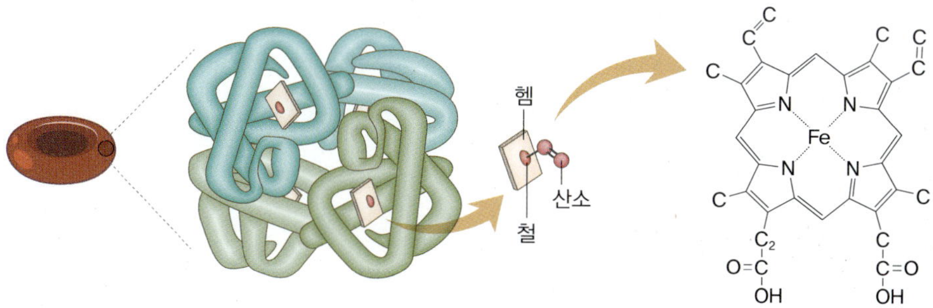

그림 **12·3** 헤모글로빈과 헴 구조

3) 적혈구 대사

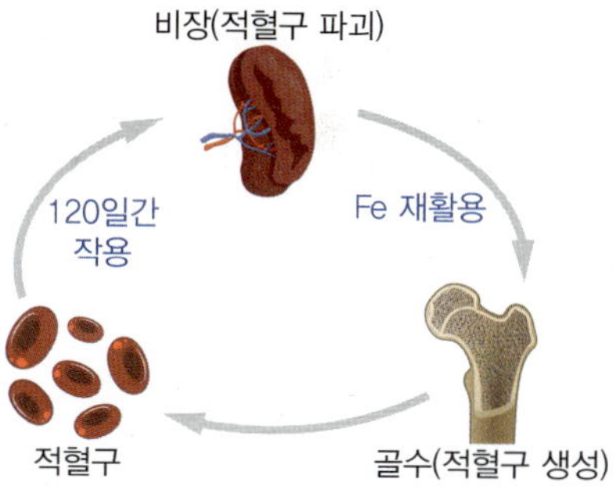

그림 **12·4** 적혈구 대사과정

적혈구는 노화와 헤모글로빈의 비정상적인 결합(packing) 등으로 인해 변성되며, 변성된 적혈구는 대식세포의 식균작용에 의해 제거된다. 적혈구의 생존기간은 약 120일이며, 비장에서 파괴되고, 분해된 철은 골수에서 재활용된다 **그림 12-4**.

적혈구가 파괴될 때 적혈구에서 분리된 헤모글로빈은 리소좀의 단백질분해효소에 의해 분해된다 **그림 12-5**. 헴은 빌리베르딘(biliverdin)을 거쳐 빌리루빈(bilirubin)으로 분해된다. 헴이

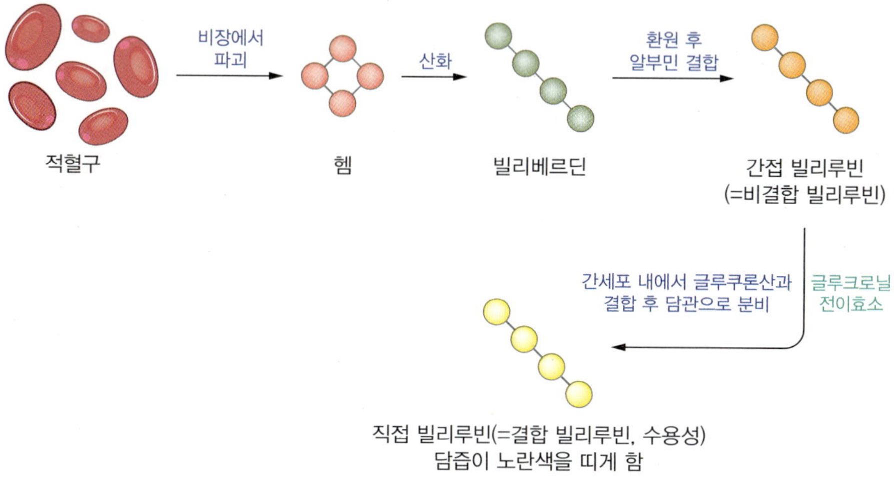

그림 **12·5** 빌리루빈 대사과정

간 이외의 조직에서 분해될 때는 빌리루빈은 순환계로 분비되어 알부민과 결합한 후 간으로 이동되어 간의 빌리루빈과 합쳐지며 담즙을 통해 배설된다.

3. 빈혈의 정의와 진단

1) 정의

빈혈(anemia)이란 혈액이 인체 조직의 대사에 필요한 산소를 충분히 공급하지 못해 조직의 저산소증을 초래하는 상태를 말한다. 혈액의 산소 운반능력이 저하되는 상태는 정상적인 적혈구 수 감소 또는 적혈구당 헤모글로빈 농도 감소, 적혈구와 헤모글로빈 농도 감소 등으로 인해 발생한다.

2) 진단

빈혈 진단에 있어서는 일반 혈액검사가 필수적이며, 적혈구, 헤모글로빈, 헤마토크릿(hematocrit), 평균 적혈구 용적(mean corpuscular volume, MCV), 평균 적혈구 헤모글로빈(mean cell hemoglobin, MCH) 및 평균 적혈구 헤모글로빈 농도(mean cell hemoglobin concentration, MCHC)가 포함된 적혈구지수와 망상적혈구 등으로 진단하게 된다.

표 **12-2** 빈혈의 진단 기준(세계보건기구)

구분	남자	여자
6개월~6세	헤모글로빈 < 11 g/dL	헤모글로빈 < 11 g/dL
6~14세	헤모글로빈 < 12 g/dL	헤모글로빈 < 12 g/dL
성인	헤모글로빈 < 13 g/dL 헤마토크릿 < 39%	헤모글로빈 < 12 g/dL 헤마토크릿 < 36%
임신부		헤모글로빈 < 11 g/dL

(1) 헤모글로빈

혈액 100 mL 안에 들어 있는 적혈구 내에 존재하는 헤모글로빈의 총합을 의미하며, 단위는 g/dL이다.

(2) 헤마토크릿

전혈을 원심분리한 이후 혈액의 총량에서 적혈구가 차지하는 양의 비율이다. 단위는 %이며, 일반적으로 헤모글로빈 양의 3배가 된다.

(3) 적혈구지수

적혈구의 크기와 헤모글로빈 양을 평가하는 지표로 빈혈을 분류하는데 유용하다 표 12-3. 적혈구지수 중 평균 적혈구 용적은 적혈구 1개의 평균 부피를 말하며, 적혈구의 크기를 나타내는 지표로 소구성(microcytic), 정상(mormocytic), 거대적아구성(macrocytic)으로 구분하고 빈혈의 원인을 밝히는 지표로서 가장 주요하게 사용된다. 평균 적혈구 헤모글로빈 농도란 헤마토크릿 1%당 헤모글로빈 농도를 말하며, 정상범위는 33~36%이다.

표 **12-3** 적혈구지수 및 판정기준

적혈구지수		구분	판정기준
평균 적혈구 용적	헤마토크릿/적혈구 수	소구성	<80 fL
		정상	80~100 fL
		거대적아구성	>100 fL
평균 적혈구 헤모글로빈	헤모글로빈/적혈구 수	정상	26~34 pg
평균 적혈구 헤모글로빈 농도	헤모글로빈/헤마토크릿	정상	33~36 g/dL (혹은 %)

fL : femtoliters

(4) 망상적혈구

망상적혈구는 빈혈 시 저산소증으로 유도되는 에리트로포이에틴이 골수 내의 적혈구 전구세포를 자극하여 생산되는 신생 적혈구이다. 망상적혈구는 적혈구당 망상적혈구의 백분율(%)로 표시되고, 일반적으로 성인 남자의 경우 0.5~1.5, 성인 여자는 0.5~2.5 정도의 범위이다. 이는 빈혈에 반응하여 골수 내에서 적혈구 생성을 적절하게 하는가를 평가하는 유용한 지표가 된다.

(5) 체내 철 영양상태지표

체내 철 영양상태지표는 헤모글로빈 합성에 필요한 철의 가용 여부를 나타내는 것으로 혈청 페리틴, 총 철결합능, 트랜스페린 포화도, 적혈구 프로토포피린 함량을 이용하여 평가할 수 있다. 페리틴은 체내 철의 저장 형태로 체내 철 저장량이 감소하게 되면 혈중 페리틴의 양이 감소하게 된다. 혈청 페리틴 농도는 철 결핍을 감지할 수 있는 가장 민감한 지표로 활용될 수 있다. 혈중 철은 철 운반단백질인 트랜스페린과 결합하여 운반되며, 총 철결합능은 트랜스페린과 철의 결합능을 의미한다. 트랜스페린 포화도는 혈중 철 농도를 총 철결합능으로 나눈 값의 백분율로서 혈청 트랜스페린 양을 예측할 수 있는 간접적인 방법이다. 적혈구 프로토포피린은 헴의 전구체로 철 부족으로 인해 헴 생성이 부족할 경우 적혈구 내 축적된다 **표 12-4**.

표 **12-4** 체내 철 영양상태지표(iron profile)

지표	정의	정상범위
혈청 철 함량	혈청 총 철 함량	115±50 μg/dL
혈청 페리틴(serum ferritin)	체내 철 저장량 반영	남성 90~95 μg/L 여성 25~30 μg/L
총 철결합능(TIBC)	트랜스페린과 철의 결합능	300~360 μg/dL
트랜스페린 포화도(TS)	혈청 철/총 철결합능(%)	남성 15~50% 여성 12~45%
적혈구 프로토포피린 함량	철 결핍으로 헴 생성 제한 시 적혈구 내 프로토포피린이 축적됨	0.62~0.27 μmol/L(적혈구)

TIBC : total iron-binding capacity, TS : transferrin saturation

4. 빈혈의 분류

빈혈은 원인에 따라 **표 12-5**와 같이 영양성 빈혈과 비영양성 빈혈로 분류할 수 있다. 영양성 빈혈은 헤모글로빈 생성, 헴 합성, 적혈구막 보호, 조혈작용 등에 관여하는 영양소 결핍이 그 원인이 되므로, 치료에 있어 영양관리가 특히 중요한 질환이다. 영양성 빈혈 중에서는 적혈구 크기 및 헤모글로빈의 농도에 따라 저색소성-소구성 빈혈, 거대적아구성 빈혈, 적혈구 크기와 헤모글로빈 농도는 정상적인 용혈성 빈혈 등이 있다. 저색소성-소구성 빈혈은 적혈구의 크기는 작고, 헤모글로빈의 농도가 낮은 특성이 있으며, 거대적아구성 빈혈은 적혈구의 정상적인 성숙이나 분화가 이루어지지 않는 상태이다.

표 **12·5** 빈혈의 분류

분류	질환	적혈구 특성	원인	영양 원인
영양성 요인	철 결핍성 빈혈	저색소성-소구성	헤모글로빈 생성 감소	철 생체이용률 저하
			헴 합성 저하	단백질, 무기질 부족
	거대적아구성 빈혈	거대적아구성	DNA와 적혈구 미성숙	엽산 또는 B_{12} 부족
	용혈성 빈혈	정상	적혈구 파괴	비타민 E 부족
비영양성 요인	재생불량성 빈혈	정상	적혈구 생성 감소	-
	스포츠형 빈혈	정상	적혈구 희석 및 파괴	-

1) 철 결핍성 빈혈

철 결핍성 빈혈(iron deficiency anemia, IDA)은 적혈구 크기가 작고 혈중 헤모글로빈 농도가 낮은 점이 특징이다.

(1) 원인

철 결핍성 빈혈은 체내 철 필요량이 증가하는 경우, 철의 소실이 증가하는 경우, 철의 섭취량 및 흡수량이 저하될 때 발생한다. 체내 철 필요량이 증가하는 경우는 미숙아, 영아, 성장기 어린이와 청소년, 임신부에서 주로 발생되며, 성장 및 분만으로 인한 체내 철 요구량에 비해 섭취량이 적을 경우 빈혈이 발생한다. 체내 철의 소실이 증가하는 경우는 위장관 출혈, 월경 과다, 철 이용 장애 등이 있을 때이며, 노인의 경우 그 발생비율이 증가한다. 철의 섭취량 및 흡수량 저하는 영아의 경우 우유 알레르기나 생유로의 조기 이행 등이 원인이 되며, 노인의 경우 총 식품 섭취량 부족이 빈번한 원인이 된다. 약물 중 제산제는 철의 흡수를 방해하기 때문에 위장장애로 제산제를 복용할 경우 철 영양상태에 주의해야 한다.

빈혈 발생 시 골수 내 철이 소실되기 시작하여 헤모글로빈의 감소, 혈청 페리틴의 감소, 혈청 철의 감소, 평균 적혈구 용적의 감소, 총 철결합능 증가가 나타난다. 철 결핍이 진행되어 심한 철 결핍성 빈혈이 되면 적혈구 지표의 소구성 변화가 나타나게 된다. 이에 정상적혈구 빈혈에서 체내 철 영양상태 지표검사를 시행하는 것이 조기 진단에 도움이 된다.

(2) 증상

장기적인 만성 철 결핍으로 인한 철 결핍성 빈혈은 신체에 다양한 기능장애를 동반하고, 근육기능 부진으로 작업 수행능력과 운동능력이 감소하고, 피곤, 식욕 감퇴, 이상식이증(특히 얼음을 먹음) 등의 행동 변화를 보인다. 어린이의 경우 철 결핍성 빈혈이 일어나기 전에 비정상적 인지발달을 보이기도 한다. 그 외 성장장애, 상피세포 이상, 위산도의 감소, 세포 매개성 면역과 중성구의 식세포작용 등 면역능력도 감소한다.

증상이 심한 경우 상피세포의 구조와 기능의 결함이 나타나는데 특히 혀, 손톱, 입, 위에서 볼 수 있다 그림 12-6. 피부는 껍질이 벗겨지고 눈 밑이 붉은색 대신 엷은 분홍색으로 변한다. 손톱은 얇고 편평해지고, 입에서는 미뢰의 위축, 열상, 발적 현상이 나타나며, 심한 경우에는 혀가 완전히 반질반질하게 변한다.

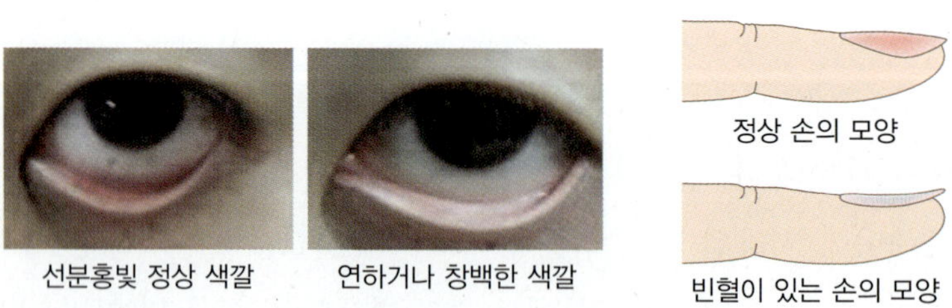

그림 **12-6** 빈혈의 증상

(3) 진단

철 결핍 정도는 혈청 페리틴, 트랜스페린 포화도, 총 철결합능, 헤모글로빈 수치를 측정함으로써 판정할 수 있다. 또한 철 결핍으로 인해 헴의 생성이 제한될 때 헴 전구체

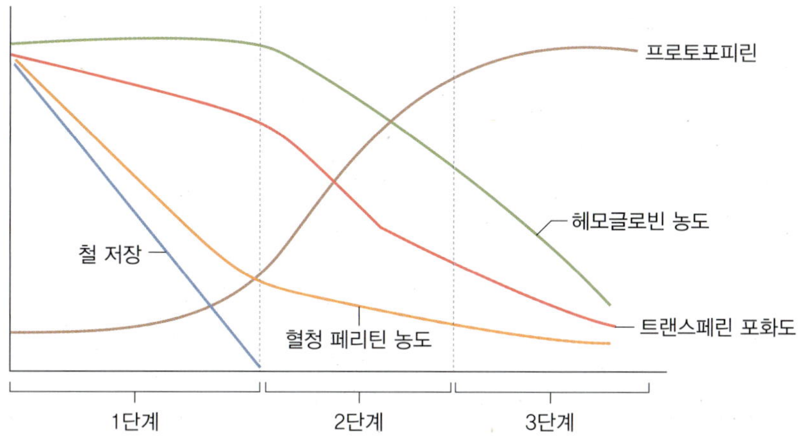

그림 **12-7** 체내 철 결핍 단계

인 프로토포피린이 적혈구에 축적되기 때문에 적혈구 내 프로토포피린 농도(proto-porphyrine/heme)는 헴의 합성과정에서 철 공급량을 나타내 주는 민감한 지표이다.

철의 결핍은 3단계로 진행되며, 철 고갈 1단계는 체내 철 저장량 감소단계로, 혈청 페리틴 농도가 감소하는 단계이다. 2단계는 조혈 부족단계로서 트랜스페린 포화도가 감소하고, 적혈구 내 프로토포피린 농도가 증가하게 되며, 3단계는 임상적 빈혈단계로 평균 적혈구 용적과 헤모글로빈 수치가 감소하게 된다 그림 12-7 표 12-6.

(4) 영양관리

① 철 보충제

철 결핍 시 주요 치료방법은 Fe^{2+} 형태(ferrous)의 무기 철을 경구로 보충해 주는 것이다. 일반적으로 Fe^{2+} 형태는 Fe^{3+} 형태(ferric)에 비해 3배 정도 흡수율이 높다. 빈혈 정도에 따라 성인은 하루 50~200 mg(또는 1~2 mg/kg 체중) 정도의 보충제를 제공한다. 철 보충 시 2~3일 이내 망상적혈구가 증가하며, 4일 정도에는 헤모글로빈 수준이 증가하고 수개월 지속하면 체내 철 보유량이 회복된다. 다만, 철 제제의 부작용으로 메스꺼움, 소화불량, 변비, 설사 등이 나타날 수 있다. 위 내 산도가 산성을 유지할 때 철의 흡수가 증가하므로 가급적 공복에 복용하도록 한다. 그러나 공복 복용 시 위장관 부작용도 더 잘 생기므로 위장관 부작용이 있다면 식후 또는 식사와 함께 복용할 수도 있다.

표 **12-6** 생화학적 지표에 의한 철의 영양상태

생화학적 지표	철 결핍성 빈혈			거대적아구성 빈혈	용혈성 빈혈
	저장철 고갈단계	조혈부족단계	철결핍성빈혈		
총 철결합능(μg/dL)	↑	↑	↑	-	정상
혈청 페리틴(μg/L)	↓	↓	↓	-	↑
트랜스페린 포화도(%)	정상	↓	↓	-	-
적혈구 프로토포피린	정상	↑	↑↑	-	-
평균 적혈구 용적(MCV)	정상	정상	↓	↑	-
헤모글로빈(g/dL)	정상	정상	↓	-	-
총 빌리루빈	-	-	-	-	↑
망상적혈구 수	-	-	-	-	↑

② 식품 선택

철 결핍성 빈혈은 철뿐만 아니라 적혈구 합성에 필요한 에너지, 단백질, 비타민 C, 구리, 비타민 B_6, 비타민 B_{12}, 엽산 등을 충분히 섭취해야 한다. 철 결핍성 빈혈 환자의 철 필요량을 식품만으로는 보충하기 어렵지만, 고에너지식·고단백식·고비타민식을 식단 원칙으로 하고, 철 함량이 높고 **표 12-6** 흡수율이 높은 식품을 제공한다. 철의 흡수율은 급원식품에 따라 차이를 보인다. 헴을 함유하고 있는 동물성 식품의 철 흡수율은 10~30% 정도이며, 식물성 식품의 비헴철은 흡수율이 2~10%이므로 가급적 동물성 식품의 섭취가 권장된다. 동물성 단백질은 소장 내 소화 시 아미노산과 폴리펩티드가 비

알아보기 **헴철과 비헴철 구조 비교**

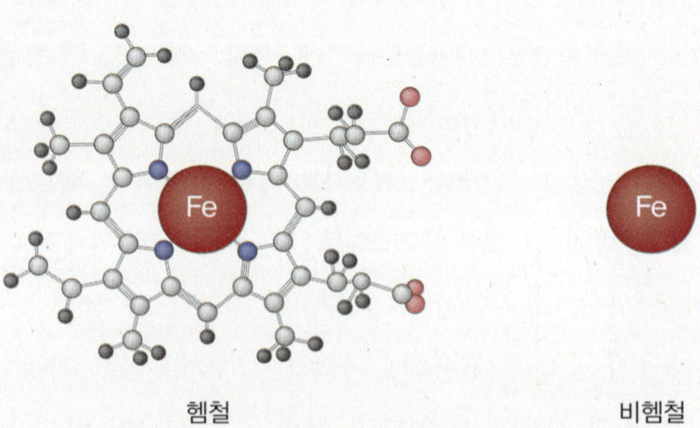

헴철과 복합체를 형성하여 흡수를 도와준다. 이에 헴철을 포함하고 있으며, 비헴철의 흡수를 도와주는 육류, 생선류, 가금류 등을 충분히 섭취하는 것이 바람직하다. 비타민 C는 십이지장에서 철을 Fe^{2+} 형태로 전환시켜 철의 흡수를 도와주므로 채소는 매끼 2~3회 분량을 섭취하며, 매일 간식으로 감귤류, 딸기 등의 과일을 섭취하는 것이 권장된다.

그 외 철의 흡수를 저해하는 식사요인을 주의한다. 대표적으로 탄닌은 철과 결합하여 철의 흡수를 저해하기 때문에 식사 도중이나 식사 전후에는 녹차, 홍차 등을 마시지 않는 것이 권장된다. 또한 커피나 초콜릿에 함유된 폴리페놀은 철 흡수를 방해한다. 철 결핍성 빈혈을 위한 식단 작성은 권장식품과 제한식품 등 식품 선택 요령을 바탕으로 작성하도록 한다 **표 12-7**.

표 **12-7** 식품 1회 분량당 철 함량

헴철			비헴철		
식품	1회 분량	철 함량(mg)	식품	1회 분량	철 함량(mg)
돼지 간(삶은 것)	60	11	시금치	70	1.8
소고기(등심, 삶은 것)	60	1.8	식빵(우유식빵)	100	1.5
돼지고기(등심)	60	1.0	검은콩	20	1.7
닭고기(다리, 튀긴 것)	60	0.6	두부	80	2.1
고등어	60	1.0	토마토	200	0.38
건멸치	15	1.8	땅콩(볶은 것)	8	0.16
생굴	80	3	팽이버섯	30	0.33

자료 : 농촌진흥청 국립농업과학원, 2016

2) 거대적아구성 빈혈

거대적아구성 빈혈은 적혈구의 형성과정에서 적혈구의 전 단계인 적아구가 정상적으로 성숙되지 않을 때 발생한다. DNA 합성이 저해되어 적혈구의 성숙과 분열이 억제되므로 정상 적혈구보다 크고(MCV > 100 mm^3), 미성숙한 적아구가 혈액에 나타난다. 거대적아구는 크기는 크고 막이 얇아 쉽게 터지며, 필요한 산소 운반을 충분히 수행할 수 없다. 비타민 B_{12} 또는 엽산 결핍이 주된 원인이며, 혈액학적 변화는 둘 다 같으나 엽산 결핍이 먼저 나타난다. 그 외 알코올 중독, 만성간질환, 갑상샘기능저하, 재생불량성 빈혈 등

> 알아보기 **빈혈을 위한 식품 선택**
>
> - 육류·어류·가금류 식품은 헴철 함량이 높고, 철 흡수율이 좋다.
> - 동물성 식품인 간은 철의 함량이 매우 높으나, 특유의 냄새가 있으므로, 소금 및 향신료 등을 활용한 메뉴로 활용하는 것이 좋다.
> - 녹색채소에는 철의 함량은 많지만, 비헴철로 구성되어 있어 흡수율은 낮다.
> - 콩류 중 검은콩은 흡수율이 불량하나 대두는 흡수율이 높다.
> - 과일류에 풍부한 비타민 C는 체내 철 이용 효과를 높이므로 자주 사용한다.
> - 녹차, 홍차, 커피 등은 철의 흡수를 방해한다.
> - 철 보충제 섭취 시에는 변비 예방을 위해 식이섬유가 풍부한 식품을 자주 사용한다.

의 원인이 있다.

(1) 엽산 결핍성 거대적아구성 빈혈

① 원인과 증상

엽산 결핍은 엽산의 섭취 부족, 불완전한 흡수와 이용, 엽산의 체내 요구량이 증가할 때 나타난다. 임신 초기 입덧 시나 노인기에는 식품 섭취량 자체가 부족한 경우가 많고, 질환에 따른 약물 처방으로 인해 식욕이 감퇴된 경우에도 엽산 섭취 부족이 나타난다. 임신부의 경우 태반과 태아의 성장으로 체내 엽산 필요량이 증가하며, 암 환자의 경우에도 체내 필요량이 증가한다. 그러나 항암제인 메토트렉세이트(methotrexate)는 엽산 대사를 저해하므로 주의한다. 알코올은 엽산의 흡수를 방해하기 때문에 알코올 중독자는 엽산의 섭취, 흡수, 이용이 불량하고 배설량과 요구량은 증가하여 엽산 결핍증 위험이 높다. 또한 소화기 장애나 염증성 장질환을 동반하는 경우에도 흡수 불량이 발생한다.

엽산 결핍성 빈혈은 일반적으로 빈혈 제반 증상이 나타나며, 설사와 부종, 식욕 감퇴, 체중 감소, 현기증 등이 나타난다. 특히 임신부 엽산 결핍은 기형아의 출산과도 관련이 깊다.

② 영양관리

엽산 결핍 시 정상적인 체내의 엽산 저장량이 2~3개월 안에 빠르게 고갈되고 빈혈이 발생하게 된다. 고갈된 저장량의 복구를 위해서는 하루 500~1000 μg을 보충제로 공급

표 **12·8** 철 함량이 높은 식단(에너지 2,000kcal, 철 30mg 이상)의 예

1일 필요 영양소량				
에너지(kcal)	탄수화물(g)	단백질(g)	지방(g)	철(mg)
2,000	265(53%)	95(19%)	61(27%)	30.9

1일 필요 식품교환단위 수							
곡류군	어육류군		채소군	지방군	우유군		과일군
	저	중			일반	저지방	
9	0.5	6	8	4	1	-	3

식단 예					
아침	재료 및 분량	점심	재료 및 분량	저녁	재료 및 분량
쌀밥	쌀 90 g	비빔밥	쌀 70 g	흑미밥	쌀 80 g
달걀파국	달걀 30 g		시금치 40 g		흑미 10 g
	파 10 g		쇠고기 30 g	대합미역국	대합 25 g
불고기	쇠고기 60 g		고사리 30 g		미역(건) 5 g
취나물	참취 70 g		달걀 50 g	고등어구이	고등어 50 g
배추김치	김치 50 g	근대된장국	근대 50 g	시금치나물	시금치 70 g
사과	사과 80 g	쇠간전	쇠간 50 g	열무김치	열무김치 50 g
			달걀 15 g	대추차	건대추 15 g
		김구이	김 2 g		
		깍두기	깍두기 50 g		
		귤	귤 120 g		
		우유	우유 200 mL		
에너지	650 kcal	에너지	920 kcal	에너지	430 kcal
단백질	27.8 g	단백질	44.5 g	단백질	22.6 g
철	8.4 mg	철	11.8 mg	철	10.7 mg

*Can-pro 5.0 이용

하도록 하고, 체내 엽산 양 유지를 위해서는 최소 50~100 μg의 엽산을 매일 경구로 섭취해야 한다. 엽산 결핍이 음주 또는 다른 요인들과 복합되어 있으면 엽산 요구량이 더 많고 흡수율은 낮아지므로 하루 500~1000 μg을 공급한다. 엽산 보충 후 주의집중력, 협동능력, 식욕 향상 등 증세 호전이 24~48시간 이내에 나타나고, 1달 이내에 혈액 수치들이 정상으로 회복된다.

엽산은 쇠간, 딸기, 브로콜리, 대두, 녹색채소에 많이 함유되어 있다 **표 12-9**. 이에 식단 작성 시 하루 한 번 이상 진한 녹색채소나 콩류 등을 제공하고, 간식으로 색이 진한 과일을 보충하도록 한다. 특히 오렌지주스는 엽산 함량뿐 아니라 비타민 C가 풍부하여 엽산의 산화를 방지하는 데에도 도움을 준다. 엽산은 열에 쉽게 파괴되므로 생과일, 생

표 12·9 식품 1교환단위당 엽산 및 비타민 B_{12} 함량

엽산			비타민 B_{12}		
식품	1교환중량	함량(μg)	식품	1교환중량	함량(μg)
쇠간	40	286.4	쇠간	40	21.1
딸기	150	171.6	굴	70	19.7
브로콜리	70	147.0	멸치(자건품)	15	9.7
대두	20	114.6	꽁치	50	8.9
양배추	70	87.4	고등어	50	5.3
조기	50	84.1	임연수	50	5.4
굴	70	80.5	김(마른김)	2	1.6
밤	60	44.4	소고기	40	1.3
배추김치	50	21.7	메추리알	40	1.9
전란	55	8.7	치즈	30	1.0
우유	200	4.0	우유	200	0.6
백미	30	3.6	된장	발효에 따라 0.3~1.85 μg/100 g	

자료 : 농촌진흥청 국립농업과학원, 2016

채소, 과일주스 등으로 섭취하는 것이 좋다.

(2) 비타민 B_{12} 결핍성 거대적아구성 빈혈

① 원인

비타민 B_{12}는 체내 필요량이 적고, 저장량이 많기 때문에 일반적인 식사를 하는 경우 결핍증이 거의 나타나지 않는다. 다만, 임신·수유로 인한 특별한 생리적 상황이거나, 장기간 동물성 식품을 섭취하지 않는 경우 비타민 B_{12} 흡수에 필요한 내적인자(intrinsic factor) 부족의 경우 결핍증이 발생한다.

- 채식주의자 : 비타민 B_{12}는 대부분 동물성 식품에만 함유되어 있기 때문에 동물성 식품을 섭취하지 않는 채식주의자에서 비타민 B_{12} 결핍이 빈번하게 발생한다.
- 내적인자의 부족 : 위 내에 비타민 B_{12} 흡수에 필요한 내적인자가 선천적으로 결핍된 경우에 흡수 부족으로 빈혈이 발생한다. 위절제, 위종양 등으로 내적인자의 분비가 적을 경우도 있다. 특히 선천적으로 위산과 내적인자가 부족하여 생기는 거대적아구성 빈혈을 악성빈혈이라고 한다.

- 회장 부위의 병변이나 절제 : 회장 부위는 주로 비타민 B_{12}가 흡수되는 부위이다.
- 비타민 B_{12} 요구량 증가 : 임신부나 갑상샘 항진 등에 의해 비타민 B_{12} 요구량이 증가된 경우 거대적아구성 빈혈이 발생하기 쉽다.

② 증상

비타민 B_{12} 결핍에 의한 거대적아구성 빈혈은 뚜렷한 증상 없이 서서히 발생하며 혈액뿐만 아니라 소화기계, 말초신경계와 중앙신경계에도 영향을 미친다. 신경세포의 수초화가 진행되지 않으며, 손발의 떨림, 진동과 시간감각이 무뎌지고, 근육 협동이 불량해지며, 기억력 감퇴, 환각 등의 지각 이상 증세가 나타난다. 결핍상태가 오래 지속되어, 현저한 신경계 손상이 유발될 경우에는 비경구적 비타민 B_{12} 치료가 필요하다.

③ 영양관리

위에서 분비되는 내적인자 부족 혹은 회장 절제로 비타민 B_{12} 흡수불량이 있는 경우에는 하루에 50~1,000 μg의 비타민 B_{12}를 1~2주 동안 근육 또는 피하주사하며, 이후 증상을 보아 보충 빈도를 감소시켜 한 달에 100 μg 정도를 주사해 준다.

비타민 B_{12} 섭취 부족 시에는 비타민 B_{12}와 함께 충분한 에너지와 고단백질을 공급한다. 비타민 B_{12}는 주로 동물성에 풍부히 함유되어 있으며, 쇠간, 굴, 조개류, 난황 등에 많이 포함되어 있다 **표 12-9**. 일부 식물성으로 된장, 청국장과 같은 발효식품에 포함되어 있다.

알아보기 거대적아구성 빈혈의 원인에 따른 영양관리

엽산 결핍성 빈혈	비타민 B_{12} 결핍성 빈혈
• 엽산이 풍부한 브로콜리, 시금치 등의 녹색채소와 과일을 충분히 섭취 • 체내 엽산 저장량을 고려해 매일 섭취 권장 • 열에 의해 쉽게 파괴되므로 신선한 채소와 과일 섭취 권장	• 비타민 B_{12}가 풍부한 쇠간, 생선류, 굴, 조개류 등을 자주 섭취 • 고단백질 섭취 • 동물성 이외에도 대두발효식품 섭취 권장
알코올은 엽산, 비타민 B_{12}의 흡수를 방해하므로 절주가 권장됨	

3) 용혈성 빈혈

(1) 원인 및 증상

용혈성 빈혈은 적혈구가 정상적인 100~120일의 수명을 채우지 못하고 정상보다 빠르게 파괴되어 생기는 빈혈이다. 선천적으로 적혈구 형태의 이상, 효소 결핍, 비정상 헤모글로빈 합성 등의 적혈구 내적 원인과 면역 이상, 약물, 감염, 화상, 신장질환, 간질환, 비타민 E 부족 등 적혈구 외적 원인에 의해 발생한다. 다양한 요인 중 적혈구 용혈의 주원인은 비타민 E 결핍이며, 비타민 E는 세포막에서 산화와 과산화적 손상을 방지하는 역할을 한다. 체내 비타민 E 보유량이 낮은 미숙아의 경우 적혈구 막의 산화적 손상과 용혈이 흔히 발생한다.

용혈성 빈혈 시 피로감, 어지러움, 창백한 피부, 가벼운 운동에도 숨이 차는 등 빈혈 제반 증상이 나타나며, 헤모글로빈 감소, 망상적혈구 증가, 혈액 내 빌리루빈 증가 등으로 진단하게 된다.

(2) 영양관리

비타민 E 부족에 의한 용혈성 빈혈은 비타민 E를 보충하여 적혈구 막의 산화적 손상으로부터 보호한다. 비타민 E 외 비타민 A나 비타민 C의 섭취는 비타민 E의 기능을 도와주는 작용을 한다. 조제분유를 섭취하는 미숙아 및 영유아의 경우 철과 불포화지방산 함량이 높아 불포화지방산의 과산화가 촉진될 수 있으므로 주의가 필요하다.

4) 비영양적 빈혈

(1) 겸상적혈구 빈혈

① 원인 및 증상

겸상적혈구 빈혈(sickle cell anemia)은 유전적으로 헤모글로빈 사슬에서 한 개의 아미노산 또는 그 이상의 아미노산의 변형물들로 인해 여러 가지의 헤모글로빈이 존재하여 발생한다. 주로 흑인에서 발생하며, 적혈구에 헤모글로빈의 결합이 비정상으로 되고, 산소분압이 낮을 때 적혈구 모양이 겸상(초승달 모양)을 나타낸다 **그림 12-8**. 겸상적혈구는 파

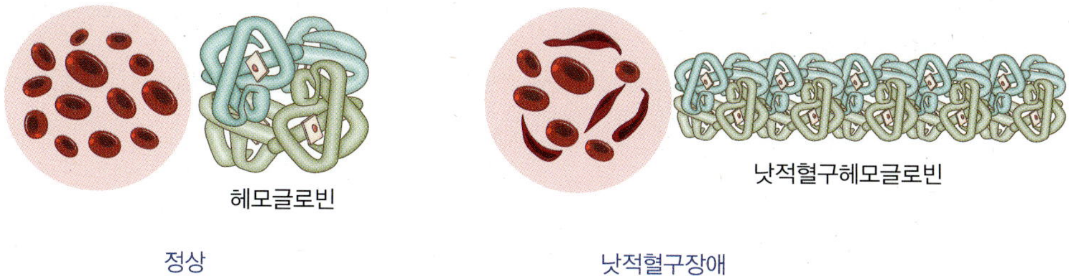

그림 **12·8** 겸상적혈구 빈혈

괴되기 쉽고, 적혈구의 과도한 용혈 시 아연 결핍 증세를 동반한다.

② 영양관리

겸상적혈구 빈혈 환자의 경우 에너지 소모량과 적혈구 파괴율이 높기 때문에 조혈작용을 도와주는 영양소의 요구도가 높다. 또한 아연의 체외 배출이 많아지므로 충분한 아연 섭취가 필요하다.

(2) 스포츠 빈혈

스포츠 빈혈(sports anemia)은 심한 운동을 하는 경우 종종 발견되며, 헤마토크릿이 정상치의 85~90%로 감소한다.

① 원인

심한 운동을 하는 경우 초기단계에 헤모글로빈, 혈청 철, 페리틴 농도의 감소와 함께 적혈구의 파괴가 증가한다. 강도 높은 훈련을 받는 운동선수의 경우 헤마토크릿이 감소하고, 더불어 혈장량의 증가로 인해 빈혈이 생길 확률이 높아진다.

② 영양관리

헤모글로빈 수치가 낮은 경우 영양소와 철이 풍부한 식품을 섭취하고, 차, 커피, 철 흡수를 방해하는 약물〔제산제, 수소방해제, 테트라사이클린(tetracycline, 항생제 일종)〕 섭취를 제한한다. 철 결핍 진단 시 보충제를 권장한다.

빈혈 환자 사례 연구

대상

52세, 여자, 주부

병력, 약 복용력

- 과거력 : 없음
- 처방 약물 : 없음
- 주 증상 : 갑상샘결절, 유방결절, 간결절, 자궁근종 정기체크 중임. 가끔 신물 증상과 변비 증상 있음. 생리 불규칙 증상이 있고, 수면장애가 있음. 갱년기 및 폐경기 상담을 받고자 내원함

신체 계측

- Ht 152.8 cm, Wt 43.5 kg, %IBW 89%, BMI 18.6 kg/m^2
- 체중 변화 : 거의 없음
- 혈압 : 114/76 mmHg

생화학적 자료

Hb 10.7 g/dL, Fe 21 μg/dL, TIBC 370 μg/dL, Ferritin 5.1 μg/L

생활 습관

활동량 적음(주부)

식품 및 영양소 섭취, 식사력

- 술, 담배 : 비흡연, 주 2회 소주 1병
- 식품/음료 섭취 : 아침식사는 주로 결식하며, 블랙커피 한 잔씩만 마심. 점심은 라면 선호하며, 저녁식사는 주로 빵으로 해결함. 주말에는 기본적으로 평소 식사와 유사하나, 육류 0.5인분, 음주를 병행하는 경우가 많음. 간식으로 초콜릿이나 과자를 자주 섭취하고, 커피는 하루 2~3잔 섭취. 등푸른생선, 우유·유제품, 과일 등은 주 1~2회 정도 섭취

1. 이 사례에서 발생할 수 있는 질병은 어떤 것이 있는지 나열하시오.

2. 사례에서 나타나는 생화학적 검사지표의 각 항목이 의미하는 바를 설명하시오.

3. 이 사례의 영양상태를 판단하고, 영양관리목표를 세워보시오.

CHAPTER **13**

골격계질환

1. 골격의 구조와 대사
2. 골격질환
3. 관절질환

학습목표

1. 골격 대사를 설명할 수 있다.
2. 골다공증의 원인과 증상 및 영양관리 원칙을 설명할 수 있다.
3. 관절질환의 원인과 증상 및 영양관리 원칙을 설명할 수 있다.

1. 골격의 구조와 대사

1) 골격의 구조

뼈는 세포와 기질로 구성되어 있다. 뼈의 세포에는 조골세포, 파골세포, 골세포가 있으며, 뼈의 기질은 콜라겐 등의 유기질 성분과 무기질 성분으로 구별된다.

뼈 세포 중 조골세포(osteoblast)는 뼈 형성세포로서 뼈 기질의 90%를 차지하며 콜라겐과 당단백질을 합성한다. 파골세포(osteoclast)는 뼈 흡수(bone resorption)에 관여하며, 골세포(osteocyte)는 뼈를 구성하는 세포로서 뼈세포 중 가장 보편적인 형태이다. 이 세포들은 뼈의 세포외액과 혈장 사이에서 무기질 교환기능을 함으로써 뼈의 무기질 항상성 유지에 기여한다.

뼈의 기질(bone matrix)은 뼈의 석회화에 주요한 역할을 하며, 콜라겐이 90% 이상을 차지하고, 그 외 당단백질, 골 유도단백질, 프로테오글리칸(proteoglycan) 등의 비콜라겐 물질로 구성되어 있다. 특히 골 유도단백질 중 γ-carboxyglutamic acid(GLA)를 함유한 오스테오칼신(osteocalcin)은 골 생성에 중요한 역할을 하고, 비타민 D는 오스테오칼신 합성을 촉진하며, 비타민 K는 오스테오칼신 구성물인 GLA 합성에 필수요소로서 칼슘과의 결합능력을 증가시킨다.

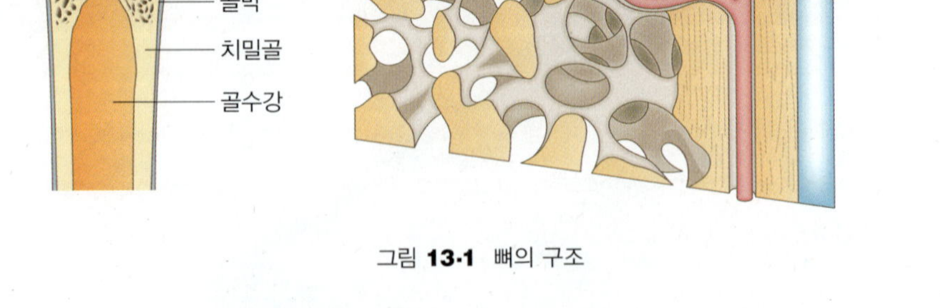

그림 **13-1** 뼈의 구조

2) 골격 대사

뼈 조직은 단단한 치밀골과 연한 해면골로 구성되어 있다 **그림 13-1**. 팔과 다리 등의 긴 뼈(장골, long bone)는 치밀골이 많고, 손목과 발목뼈, 척추 등 짧은 뼈는 상대적으로 해면골을 많이 포함하고 있다.

뼈는 외견상 단단한 조직으로 보이기 때문에 영구적이고 비활성 조직으로 생각하기 쉽지만, 성장이 종료된 후에도 지속적인 골 생성과 용해를 통해 끊임없이 골 대사가 일어나는 조직이다. 이 과정에서 파골세포에 의한 뼈의 흡수가 먼저 일어나고, 그 다음 조골세포에 의해 새로운 뼈가 형성된다. 즉, 파골세포가 뼈의 무기질과 콜라겐 기질을 용해시켜 빈 공간을 만들면, 조골세포가 골격의 빈 공간에 콜라겐 기질을 형성한 후 무기질 축적이 일어나고, 서서히 수산화인회석〔hydroxyapatite, $Ca_{10}(PO_4)_6(OH)_2$〕으로 결정화된다. 성인의 경우 뼈의 질량을 일정하게 유지하기 위해서는 흡수와 형성이 균형을 이루어야 한다.

뼈의 무기질에는 체내 전체 칼슘의 99%, 인의 85%, 마그네슘의 66%가 함유되어 있다. 정상적인 골질량을 유지하기 위해 가장 중요한 요인은 혈청 칼슘 농도를 정상적으로 유지하는 것이다 **그림 13-2**. 혈청 칼슘 농도는 대략 9~11 mg/dL로 일정하게 유지되며, 혈청 칼슘 항상성에 관여하는 주요 호르몬은 부갑상샘호르몬(parathyroid hormone, PTH), 비타민 D(cholecalciferol), 칼시토닌(calcitonin) 등이다. 부갑상샘호르몬은 혈청 칼슘 수준이 저하될 때 부갑상샘에서 분비되며, 뼈의 칼슘을 용출시키고 신장에서의 칼슘 재흡수를 촉진시킨다. 비타민 D(콜레칼시페롤)는 혈청 칼슘 수준 저하 시 간과 신장을 통해 활성형인 $1,25(OH)_2D_3$로 전환되고, 활성 형태는 소장 점막에서 칼슘 결합단백질을 합성하여 칼슘 흡수를 증진시킨다. 칼시토닌은 혈청 칼슘 수준이 증가하였을 때 갑상샘에서 분비되는 호르몬으로 뼈의 칼슘 침착을 증가시키고, 신장 칼슘 재흡수 및 소장 칼슘 흡수를 감소시킨다. 이 호르몬들의 생성 또는 대사가 비정상적인 경우에는 성장기 뼈의 성장, 형성, 뼈 구조와 무기질화 유지가 어렵게 된다.

그 외 골격대사에 영향을 미치는 호르몬으로 성장호르몬, 에스트로겐, 갑상샘호르몬, 인슐린 등이 있다 **표 13-1**. 에스트로겐의 경우 뼈에서 칼슘의 용출을 억제하는 역할을 하므로 폐경 후 골다공증의 주 원인이 된다.

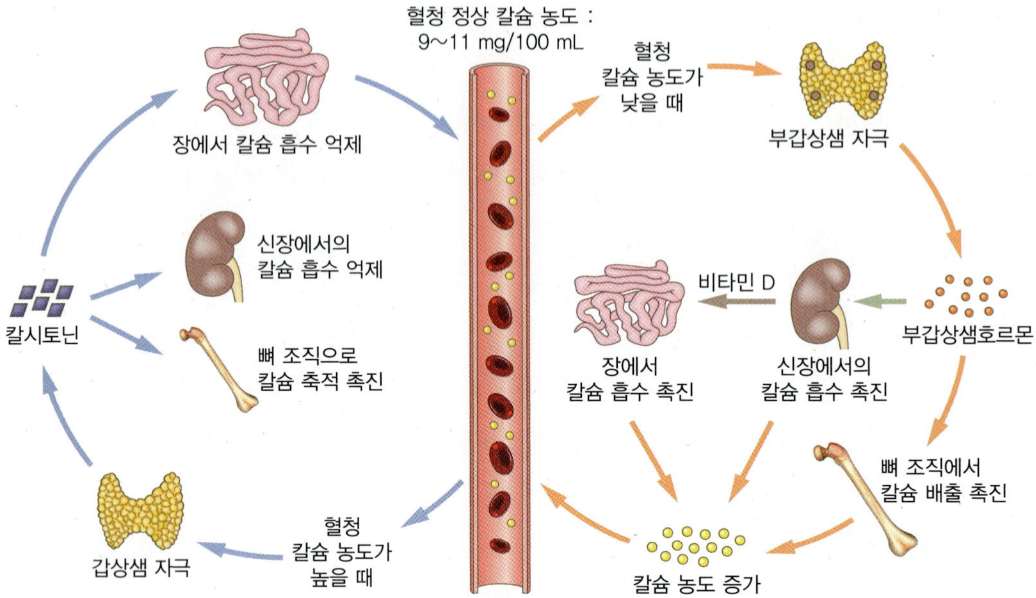

그림 **13-2** 혈중 칼슘 농도의 조절

표 **13-1** 골격 대사에 영향을 미치는 호르몬

호르몬	기능
부갑상샘호르몬(PTH)	• 저칼슘혈증 시 분비, 혈청 칼슘 농도 증가 • 신장에서 칼슘의 재흡수 촉진 • 신장에서 인의 재흡수 감소 • 콜라겐 합성을 방해하여 새로운 뼈의 형성 억제 • 뼈의 칼슘 용출 증가 • 1,25-$(OH)_2D_3$ 생성 촉진
비타민 D	• 혈청 칼슘 농도 증가 • 뼈의 칼슘 침착 증가 • 소장에서 칼슘 흡수 증진
칼시토닌	• 고칼슘혈증 시 분비, 혈청 칼슘 농도 감소 • 신장에서 인의 재흡수 감소 • 파골세포에 의한 뼈의 재흡수 감소
에스트로겐	• 부족 시 뼈의 칼슘 용출 증가 • 부족 시 골다공증 유발
성장호르몬	• 연골과 콜라겐 합성 자극 • 칼슘 흡수 증가 • 부족 시 어린이에서 왜소증 유발 • 1,25-$(OH)_2D_3$ 생성 촉진 • 과잉 시 거대증과 거인증 발생
갑상샘호르몬	• 뼈의 재흡수 촉진 • 부족 시 어린이의 성장 지연, 성인의 뼈 전환율 감소
인슐린	• 조골세포에 의한 콜라겐 합성 촉진 • 부족 시 성장과 골질량 저해

2. 골격질환

1) 골다공증

골다공증(osteoporosis)은 골질량이 감소하는 골격질환이다. 골다공증 환자의 뼈 조직은 골량의 감소와 골의 질 감소로 인해 뼈 조직의 구조가 치밀하지 못하고 거칠며, 뼈 조직 사이에 작은 구멍이 생기면서 골절의 위험이 높아진다 **그림 13-3**.

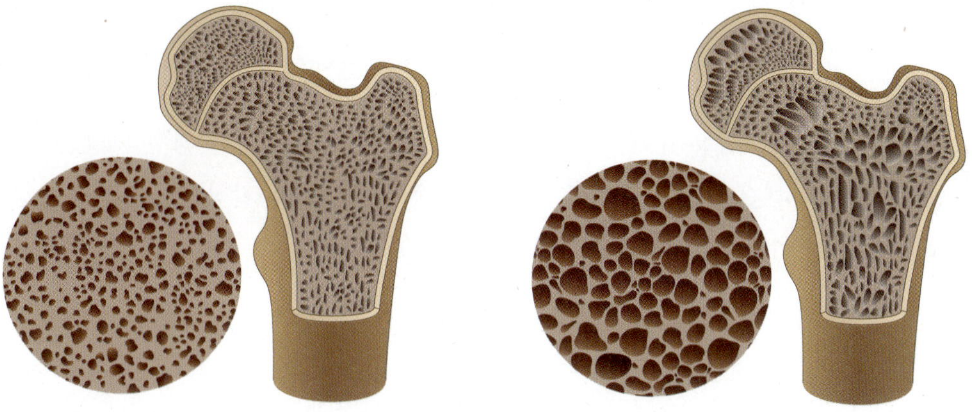

그림 **13-3** 골다공증의 골 조직

(1) 분류

골다공증은 폐경 후 여성에서 흔한 질병 중의 하나이며, 노인에서 일반적으로 일어나는 질병이다. 또한 젊은 층에서는 생식샘기능감퇴증이나 영양소 흡수 불량, 과도한 코티솔이나 약물 복용으로 골다공증이 발생할 수 있다.

① 폐경 후 골다공증

폐경 후 10년 후가 되면 골 손실이 가속화되며, 이는 에스트로겐 분비 감소에 따른 골격 대사 불균형에 의해 발생한다. 폐경 후 골다공증은 폐경 후 10~15년 경과된 여성에게서 나타나며, 60세 이상 여성 노인의 1/4이 골다공증 환자로 추정된다. 주로 해면골에서 발생하며 증상으로는 등이 굽고 통증이 있으며 척추 압박과 신장의 감소 등이 나타난다.

② 노인성 골다공증

노인성 골다공증은 골 형성 저하로 인해 발생하며, 남녀 노인 모두에서 발생한다. 노화에 따라 장내 칼슘 흡수가 저하되며, 활성형 비타민 D의 생성이 감소되고 부갑상샘호르몬의 활성이 증가된다. 해면골과 치밀골의 손실이 일어나고 엉덩이와 손목의 골절이 자주 발생한다.

③ 이차성 골다공증

특정 질환이나 약물 사용 등에 의해 2차적으로 골다공증이 발생한 경우를 말한다. 갑상샘기능항진증, 부갑상샘기능항진증, 신장질환 등의 질환이나 갑상샘호르몬제, 항경련제, 제산제 등의 약물 사용이 이차성 골다공증의 원인이 된다.

(2) 원인

골다공증은 유전적·환경적·생리적·식사적 요인 등 다양한 원인에 의해 발생하며, 대표적으로 여성호르몬 분비 감소, 칼슘 섭취 부족, 칼슘의 생체이용률 저하, 노인에서 칼슘 흡수 감소, 노인에서 칼슘 결핍에 적응하는 능력 감소, 운동 감소, 소화기계질환 등에 의해 골다공증이 발병할 수 있다.

① 유전

최대골질량은 유전적 요인에 영향을 받으며, 유전적으로 골질량이 낮은 경우 칼슘 섭취 부족량에 따른 골손실이 더 크다. 흑인은 백인이나 아시아인에 비해 골밀도가 높으며, 백인은 아시아인이나 흑인보다 골다공증 발병률이 두 배 정도 높다.

② 연령과 성

골질량은 **그림 13-4**와 같이 청소년기부터 거의 직선적으로 증가되어 25~38세에 최대골질량을 나타내며, 45세 무렵까지 유지하다가 그 이후에는 감소된다.

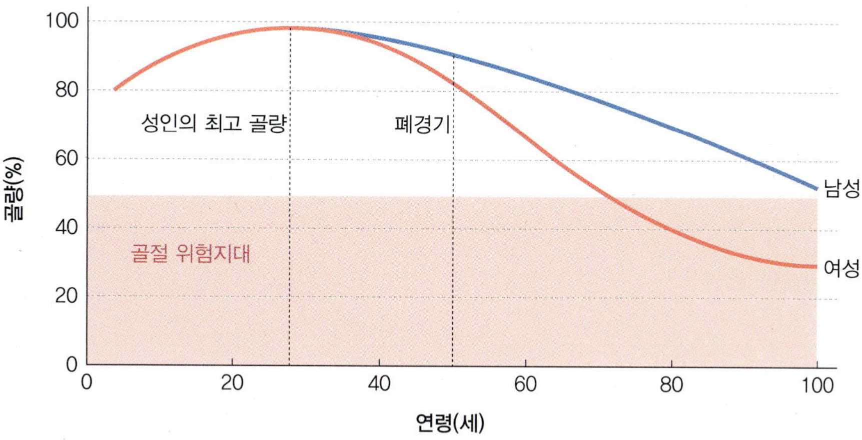

그림 **13-4** 노화에 따른 골량 감소

③ 여성호르몬 결핍

혈중 에스트로겐 수준이 낮은 폐경 후 여성은 뼈의 칼슘 용출이 증가하고 칼슘 흡수율은 감소하며 요 칼슘 배설량은 높아진다. 에스트로겐이 부족하면 부갑상샘호르몬에 의해 뼈로부터 칼슘 용출이 촉진된다. 골다공증 여성 환자에게 에스트로겐을 투여하면 칼슘 흡수가 증가하고 혈청 부갑상샘호르몬 농도가 감소하며, 혈청 1,25-$(OH)_2D_3$ 농도가 증가한다.

④ 신체활동 부족

운동량이 적을수록 뼈 손실량이 증가한다. 신체활동은 조골세포를 자극하여 뼈 재생을 촉진하고, 특히 체중 부하운동이 골밀도 증가에 바람직한 영향을 미친다. 신체활동이 적은 경우에는 칼슘 평형이 음의 방향으로 이루어져 뼈 손실이 빨리 나타난다.

⑤ 체중 부족

식사 제한이나 다이어트로 저체중이나 마른 체격의 사람들은 골밀도가 낮은 경향이 있다. 폐경 후에도 지방조직에서 소량의 에스트로겐이 합성되기 때문에 마른 여성의 경우 골절 발생률이 높다.

⑥ 약물 복용

약물은 칼슘 흡수를 방해하거나 골격의 칼슘을 분해함으로써 골다공증의 위험을 증가시킨다. 특히 스테로이드계 약제는 비타민 D의 대사에 영향을 미치고 뼈 손실을 야기시킨다. 갑상샘호르몬의 투여는 그 양에 상관없이 지속적으로 골질량을 감소시킨다.

⑦ 알코올, 카페인, 흡연

알코올은 직접적으로 조골세포에 작용하여 골 형성을 억제하고 칼슘 흡수를 저해하며, 소변으로의 칼슘 배설을 증가시킨다. 카페인은 칼슘 흡수를 저해하고 소변으로의 칼슘 배설을 증가시키며, 흡연은 에스트로겐 분비를 저하시켜 폐경 시기를 앞당기고 골다공증의 발생 위험을 높인다.

⑧ 식사요인

골다공증과 관련된 식사요인에는 칼슘, 인, 비타민 D, 단백질, 비타민 K, 식이섬유, 식물성 에스트로겐 등이 있다. 이들은 뼈의 구성성분 또는 칼슘의 체내 이용 촉진이나 저해요인으로 골격 대사에 관여한다. 칼슘의 섭취 부족, 단백질의 과잉 섭취, 인의 과다 섭취, 염분의 과다 섭취 등은 골다공증의 위험요인이 된다.

(3) 진단

골다공증 진단에 가장 유용하게 사용되는 기준은 골량을 나타내는 골밀도이다. 골밀도 측정법은 이중에너지방사선측정법이 가장 널리 이용되고 있으며, 특수 X선을 이용하여 주로 척추와 대퇴골 부위를 측정한다. 골다공증의 진단은 20~40대 젊은 연령층의 평균 골밀도를 기준으로 T-값이 2.5 이하를 골다공증으로 진단하고 있다 **표 13-2**.

표 **13-2** 골다공증 진단기준(세계보건기구)

진단	골밀도(T-값)
정상	-1.0 이상
골감소증	-2.5 ~ -1.0
골다공증	-2.5 이하
심한 골다공증	-2.5 이하이면서 골절이 있는 경우

(4) 예방 및 치료

골다공증은 치료보다는 예방이 중요하며, 성인기 최대골질량에 달할 때까지 칼슘을 충분히 섭취하여 최대골질량을 확보하는 것이 중요하다. 골다공증의 예방 및 치료는 호르몬 치료(에스트로겐 요법), 약물치료, 운동요법, 식사요법 등으로 이루어진다.

① 호르몬 치료(에스트로겐 요법)

폐경 후 골손실 감소에 매우 효과적인 방법이나 장기간의 치료가 필요하다. 장기적 에스트로겐요법은 혈전증 및 자궁암 발생 위험률을 증가시킬 수 있다. 현재는 폐경 증상이 심한 여성에서 호르몬요법을 고려하도록 하고 있으며, 개개인의 상황에 따라 투여기간 및 지속 여부를 결정하여야 한다.

② 약물치료

뼈 표면에 침착되어 파골세포를 억제함으로써 골흡수를 억제하는 비스포스포네이트(bisphosphonate)계 약물치료방법을 주로 이용한다. 호르몬 요법의 암에 대한 부작용이 없어서 최근 이용빈도가 높다.

③ 운동요법

운동은 뼈에 지속적인 자극을 주어 골밀도를 증가시키는 데 도움이 된다. 성인기 초반까지는 충격 하중이 비교적 큰 운동을 권장하며, 중년 이후에는 체중을 싣는 중 정도의 강도 운동인 걷기, 계단 오르기, 조깅 등의 규칙적인 운동을 권장한다. 여성의 경우 폐경 이전의 운동이 폐경 이후의 운동에 비해 골밀도를 효과적으로 증가시키므로 폐경기 이전에 활발한 운동을 할 수 있도록 한다.

④ 식사요법

칼슘

골다공증 치료의 기본원칙은 칼슘을 충분히 제공하는 것이다. 체내 칼슘평형과 골밀도 감소 등을 고려하여 제정한 칼슘의 1일 권장섭취량(2015 한국인 영양소 섭취기준)은 남성(19~49세) 800 mg, 여성(19~49세) 700 mg이며, 65세 이상의 남녀는 각각 700 mg과

800 mg이다. 한편, 대한골대사학회에서는 골다공증 예방 차원에서 50세 이상의 남성과 폐경 후 여성에게 1일 800~1,000 mg의 칼슘 섭취를 권고하고 있다.

성인 여성의 칼슘 흡수율은 평균 30%로 알려져 있으며, 폐경 이후에는 지속적으로 감소한다. 칼슘의 흡수율은 식사에 포함된 다른 영양소 및 칼슘 급원식품 등에 따라서 차이를 보인다. 이에 칼슘 섭취를 위해서는 유제품, 채소와 과일을 포함하는 균형 잡힌 식사가 권장된다.

칼슘은 우유와 유제품, 조개류, 뼈째 먹는 생선류 등에 많이 함유되어 있으며, 특히 우

표 **13-3** 칼슘 함유식품과 Ca/P 비율

식품군	식품명	분량(g)	칼슘(mg)	Ca/P 비율
우유 및 유제품	우유	200	226	1:1.01
	고칼슘우유	200	410	1:0.43
	치즈	30	187.8	1:1.37
	요구르트, 호상	110	155	1:0.74
	요구르트, 액상	150	67.5	1:0.73
어패류	마른 멸치	15	372.9	1:0.75
	꽁치통조림	50	143	1:0.75
	고등어통조림	50	83.5	1:1.59
	미꾸라지	50	50.5	1:0.59
	도치	50	368	1:1.01
	뱅어포	15	147.3	1:0.90
	조갯살	70	101.5	1:1.36
	재첩	70	126.7	1:1.17
	굴	70	299.6	1:0.37
	우렁이	70	883.4	1:0.06
	꽃게	70	88.9	1:1.07
	방게	70	3267.6	1:0.06
	대하	100	74	1:2.83
	달걀	50	26	1:3.67
견과류	참깨	8	68.3	1:0.82
	들깨	8	32.3	1:1.83
	아몬드	15	50.6	1:1.60
	땅콩	15	10.1	1:7.06

식품군	식품명	분량(g)	칼슘(mg)	Ca/P 비율
채소류	토란대	70	45.5	1:0.32
	무청	70	238.7	1:0.24
	취나물	70	93.8	1:0.47
	시금치, 포항초	70	74.2	1:0.76
	브로콜리	70	27.3	1:1.74
	고춧잎	70	258.3	1:0.16
	갓	70	135.1	1:0.30
	냉이	70	135.1	1:0.46
	곤드레	70	188.3	1:0.09
	호박잎	70	199.5	1:0.45
	비름나물	70	93.1	1:0.42
	쑥	70	76.3	1:0.63
	깻잎	40	118.4	1:3.58
콩류	두부	100	64	1:2.46
	순두부	200	80	1:1.55
	콩비지	150	99	1:0.37
	대두(검은콩)	20	95	1:3.12
해조류	톳(생)	70	109.9	1:0.20
	미역(생)	70	104.3	1:0.53
	마른김	2	6.5	1:2.35
과일류	복분자	100	90	1:0.40
	오렌지, 칼슘 강화	200	188	1:0.08
	유자	100	36	1:0.41

자료 : 농촌진흥청 국립농업과학원, 2016

유에는 칼슘뿐만 아니라 유당이 함유되어 있어 칼슘 흡수에 도움이 된다. 해조류, 두부, 녹황색채소에도 칼슘이 풍부하게 포함되어 있지만, 시금치에 많이 함유된 수산은 칼슘 흡수를 방해한다. 적당량의 인의 섭취는 칼슘 흡수에 도움을 주지만, 과량의 인 섭취는 체내 칼슘을 배출시키는 작용을 하므로 주의한다. 칼슘의 흡수를 위해서는 적절한 칼슘과 인의 섭취비율이 중요하고, 적정 섭취비율은 1:1로 권장된다. 고식이섬유식 및 고지방식은 소장 내 칼슘 흡수를 저해시키고, 칼슘의 체외 배출량을 증가시켜 골다공증의 위험률을 높인다. 차류에 포함된 탄닌 성분도 칼슘의 흡수를 저해하는 요인이다.

칼슘 섭취량을 증가시키기 위해 급원식품을 잘 활용하도록 하고, 칼슘을 강화한 우유, 오렌지주스, 치즈 등의 칼슘 강화식품을 활용할 수 있다 **표 13-3**.

식사로부터 충분한 칼슘 섭취가 어려운 경우 칼슘 보충제를 제공한다. 보충제는 500~1,000 mg/일 정도를 권장하며, 흡수율을 고려하여 하루 2~4회로 나누어 복용하도록 한다.

비타민 D

비타민 D는 장에서 칼슘과 인의 흡수를 돕고, 골격의 무기질 침착에 관여하여 골밀도를 증가시키므로 비타민 D가 풍부한 식품을 섭취하거나 골다공증 치료를 위해 활성형 비타민 D제를 사용할 수 있다. 매일 약 10~20분 정도의 햇빛에 노출되면 충분한 비타민 D를 체내에서 만들 수 있지만, 햇빛 노출이 제한되는 경우 식품 혹은 비타민 D 보충제 복용이 필요하다.

비타민 D의 1일 권장섭취량(2015 한국인 영양소 섭취기준)은 5~10 μg(200~400 IU)로 제시하고 있으며, 미국국립골다공증재단(National Osteoporosis Foundation)에서는 800~1,000 IU를 권장하고 있다.

비타민 D의 주요 급원식품은 등푸른생선, 난황, 표고버섯, 버터 등이 있으며, 비타민 D 강화식품을 활용할 수 있다. 비타민 D 강화식품으로는 우유, 두유, 치즈가 있으며, 일반적으로 칼슘 강화식품에 비타민 D가 복합적으로 강화된 경우가 많으므로 칼슘의 흡수율을 높이는 좋은 급원으로 활용될 수 있다. 그러나 과도한 비타민 D의 보충은 뼈의 재흡수 역시 증가시켜 고칼슘혈증, 고칼슘뇨증도 동반하므로 과량 사용은 주의한다.

단백질

단백질의 섭취는 인슐린 유사 성장인자의 분비를 증가시키며, 노인과 청소년에서 충분히 섭취할 경우 뼈 건강에 도움이 된다. 이에 적정량의 단백질과 칼슘이 동시에 함유된 우유, 떠먹는 요구르트, 치즈 등의 식품을 선택하는 것이 바람직하다. 그러나 과잉 섭취(2 g/kg 이상) 시 칼슘의 신장 배설을 촉진시키므로 권장기준을 초과하지 않도록 한다.

비타민 K와 비타민 C

비타민 K는 뼈 세포인 오스테오칼신의 합성에 이용된다. 혈중 오스테오칼신은 골절 위험도에 대한 예측지표로 활용되며, 혈중 비타민 K 농도와 골절과도 연관성이 깊다. 비

표 **13-4** 골다공증식의 1일 식단의 예

1일 필요 영양소량					
에너지(kcal)	탄수화물(g)	단백질(g)	지방(g)	칼슘(mg)	비타민 D(μg)
2,000	280(57%)	95(19%)	52(23%)	1,400	10.5

1일 필요 식품교환단위 수							
곡류군	어육류군		채소군	지방군	우유군		과일군
	저	중			일반	저지방	
9	1.5	4	8	4	1	2	-

식단 예					
아침	재료 및 분량	점심	재료 및 분량	저녁	재료 및 분량
잡곡밥	잡곡 80 g	보리밥	멥쌀 70 g	콩밥	멥쌀 60 g
냉이된장국	냉이 35 g		보리 10 g		검정콩 10 g
	두부 30 g	순두부찌개	순두부 100 g	시금치모시조갯국	시금치 50 g
조개파전	조갯살 40 g		바지락 10 g		모시조개 15 g
	실파 40 g		달걀 50 g	풋고추표고전	풋고추 30 g
	달걀 20 g	뱅어포구이	뱅어포 8 g		두부 20 g
비름나물무침	비름나물 70 g		고추장 8 g		쇠고기 20 g
배추김치	김치 50 g	두부톳무침	두부 35 g		달걀 25 g
저지방우유	우유 200 mL		톳 15 g		건표고 10 g
		고추잎나물	고추잎 35 g	취나물무침	취나물 35 g
		열무김치	열무김치 50 g	갓김치	갓김치 50 g
		시니어두유	두유 200 mL	저지방우유	우유 200 mL
에너지	675 kcal	에너지	730 kcal	에너지	606 kcal
단백질	30.7 g	단백질	36.9 g	단백질	30.5 g
비타민 D	1.5 μg	비타민 D	5.9 μg	비타민 D	3.1 μg
칼슘	515 mg	칼슘	578.7 mg	칼슘	373 mg

*Can-pro 5.0 이용, 시니어두유(베지밀 기준)

타민 C는 뼈 세포의 콜라겐 합성에 관여하며, 칼슘의 흡수를 돕는다.

무기질

불소는 조골세포를 자극하여 뼈의 형성을 촉진한다. 섭취가 부족하면 성장장애를 나타낼 수 있으나, 과잉 시 골경화증이 발생할 수 있으므로 주의한다. 마그네슘, 철, 아연, 구리 등은 골격 대사에 관여하는 보조인자이므로 부족하지 않게 섭취하는 것이 중요하다.

식물성 에스트로겐

콩류에 풍부한 이소플라본은 대표적 식물성 에스트로겐이며, 분자 구조가 에스트로겐과 매우 유사하다. 이소플라본 섭취는 파골세포의 형성을 감소시키고, 골 형성에 도움이 되어 골절의 위험도를 낮춘다. 식물성 에스트로겐은 천연 화합물이기 때문에 호르몬 치료 시 발생하는 부작용에 대한 위험도가 상대적으로 낮아서 호르몬 대체요법으로사용된다.

알아보기 **골다공증 예방관리를 위한 7대 생활수칙(대한골다공증학회)**

1. 가능한 한 매일 30분 이상 적절한 운동을 한다.
2. 적정량의 칼슘과 비타민 D를 섭취한다.
3. 반드시 금연한다.
4. 술은 하루에 한두 잔 이하로 줄인다.
5. 카페인과 짠 음식의 과도한 섭취를 피한다.
6. 골절 예방을 위해 넘어지지 않도록 주의한다.
7. 의사와 상의하여 골밀도검사를 적절히 시행한다.

2) 골연화증

주로 성인기에 발생하는 골연화증(osteomalasia)은 새로 생성되는 뼈 기질의 무기질화 장애로 인해 골밀도의 감소를 보이는 질환이다. 골다공증과 함께 나타날 수도 있으며, 대부분의 경우 수술, 비타민 D의 흡수 또는 합성을 감소시키는 다른 질병에 의해서 2차적으로 발생한다.

(1) 원인

골연화증은 태양광선이 부족한 경우, 장 절제 환자, 거동이 불편한 노인, 동물성 식품을 먹지 않는 채식주의자에게서 골연화증의 빈도가 높다. 항경련제, 신경안정제, 우울증치료제, 근육이완제, 경구당뇨약 등도 비타민 D 결핍을 유발할 수 있다.

(2) 증상

골연화증은 무증상일 수 있으며 방사선 검사상 골 감소 소견을 나타낸다. 특징적으로 뼈의 통증을 동반할 수 있으며, 보행 시 좌우가 흔들리는 특징(waddling gait)를 나타내기도 한다. 저강도의 외상에 의해서도 골절이 나타날 수 있으며, 장기간의 골연화증에 이환된 경우 척추만곡(spinal curvatur)의 변형이 나타나기도 한다. 생화학적 증상으로는 혈중 칼슘 농도는 낮고, 부갑상샘호르몬 수치 및 혈청 알칼리 인산효소(alkaline phosphatase)는 증가한다.

(3) 영양관리

충분한 햇볕을 쬐도록 하며, 식사를 통해 비타민 D와 칼슘을 충분히 섭취할 수 있도록 한다. 활성형 비타민 D의 보충제를 섭취할 수도 있다.

알아보기 **구루병(rickets)**

정의 유아와 어린이에서 비타민 D 결핍으로 인해 혈중 무기질 농도가 감소하고 뼈의 무기질 침착이 저해되어 뼈의 강도가 낮아지는 질병이다.

종류
① 비타민 D 결핍성 구루병 : 생후 6개월에서 3년 사이에 가장 흔히 발생하며, 모유만을 장기간 섭취한 경우, 비타민 D의 불충분한 섭취, 만성 설사로 인한 흡수 장애 등에 의해 발생한다.
② 비타민 D 저항성 구루병 : 유전성 구루병으로 PHEX(phosphate-regulating gene with homologies to endo-peptidases on the X chromosome) 유전자의 결함이 원인이며, 신장 근위세뇨관에서 인이 재흡수되지 못하여 발생한다.
③ 비타민 D 의존성 구루병 : 칼슘 부족으로 인한 구루병으로 생후 3~6개월에 증상이 나타나며, 갈비뼈가 염주알처럼 만져지는 구루병 염주(rachitic rosary)가 현저하다.

영양관리
- 비타민 D를 충분히 섭취한다.
- 유아의 경우 비타민 D 강화 조제분유를 제공한다.

3. 관절질환

1) 관절의 구조와 기능

관절(joint)은 두 개 이상의 골격이 관절막(joint capsule)으로 서로 연결되고 그 내부를 아주 얇은 활막(synovium)이 싸고 있다 그림 13-5. 뼈의 말단 부위는 연골로 되어 있고, 연골을 구성하는 연골세포는 연골을 합성하고 분해하는 역할을 하는데, 성인이 되면 합성과 분해가 균형을 이루게 된다. 관절염(arthritis)은 관절의 염증성 변화로 인해 연골 및 뼈의 손상을 초래하는 질병으로, 관절에 통증이 있으며, 관절이 붓고, 관절의 운동범위가 감소하는 경우를 말한다. 만성 관절염의 가장 일반적인 형태는 류마티스 관절염, 골관절염, 통풍이다.

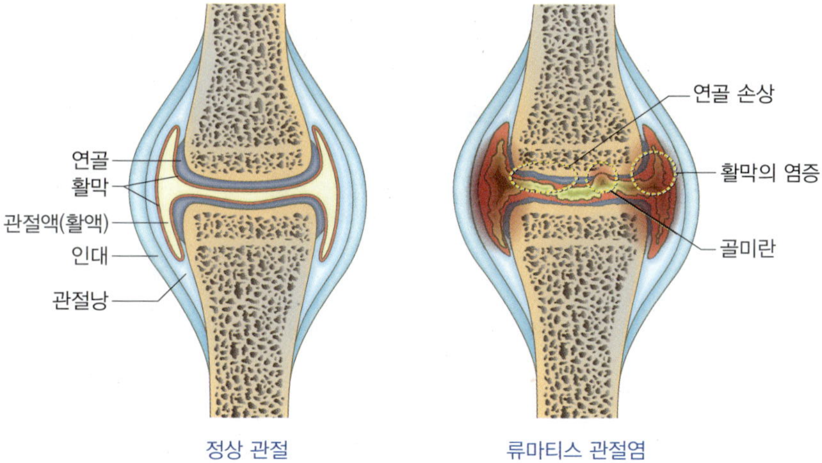

그림 **13-5** 정상 관절 및 류마티스 관절염

2) 류마티스 관절염

류마티스 관절염은 말초관절에 염증과 통증을 일으키는 질환으로서 나이가 증가할수록 발병률이 증가하며, 여자가 남자보다 3배 정도 많이 발생하고 대개 35세 전후로 발병하여 치료하지 않을 경우 재발과 악화를 거듭하게 되는 질병이다.

(1) 원인과 증상

류마티스 관절염의 원인은 아직 정확히 알려져 있지 않으나, 면역학적 기전이 중요한 역할을 하는 자가면역질환으로 보고되고 있다. 류마티스 관절염의 염증은 주로 관절의 활막에 발생한다 **그림 13-5**. 류마티스 관절염이 발병하면 활액막 조직의 혈액에서 여러 가지 염증세포들로 이루어진 '판누스(pannus)'라는 덩어리를 형성하고 이것이 연골을 파괴하고 관절의 변형을 가져오며 관절 주위에 있는 뼈도 약하게 만든다. 흔히 양쪽 관절에 모두 이러한 증상들이 나타나는데, 특히 손가락, 손목, 팔꿈치, 무릎, 발 같은 관절에서 빈번히 발생한다 **그림 13-6**. 특히 아침에 일어날 때에 관절이 뻣뻣해지는 '조조강직 현상'을 느끼고, 보통 30분 이상 지속되는 특징이 있다.

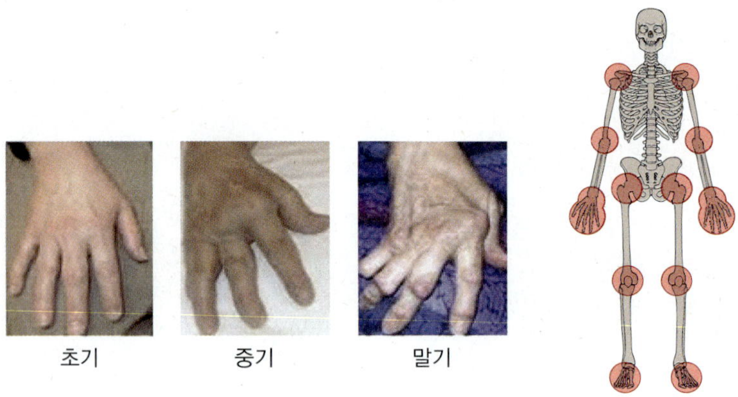

그림 **13-6** 류마티스 관절염의 진행과정과 증상

(2) 진단

혈중 류마티스 인자와 항순환시트룰리네이트 펩티드(항-CCP), C-반응성 단백질, 적혈구 침강속도(ESR) 등을 생화학적 지표로 사용하며, X-ray를 통해 특징적인 관절을 관찰하게 된다. 또한 관절에 주사바늘을 삽입하여 관절 윤활액을 채취하여 검사하는 방법도 있다.

(3) 약물치료

주로 비스테로이드성 항염증제(NSAID), 질병 조절 항류마티스제(DMARD), 코티솔, 면역억제제 등을 사용하고 있으나, 위궤양, 혈압 증가, 신장기능 감소, 심장마비 및 뇌졸중의 위험률이 증가되는 부작용이 있다.

(4) 영양관리

환자의 통증을 줄여주고 염증을 억제하여 관절의 손상을 방지하며, 전신 증상을 호전시키는 것이 치료의 목적이며, 약물요법, 운동요법, 물리치료, 정형외과적 치료와 병행하여 식사요법을 진행한다.

류마티스 관절염은 환자의 영양상태에 여러 측면으로 영향을 준다. 염증으로 인해 대사율이 항진되며 영양요구량이 증가된다. 소화기 점막기능의 변화로 영양소의 흡수 불량이 올 수 있으며, 약물 사용으로 인한 위궤양과 위염 증상이 나타날 수 있다. 또한 음식을 삼키는 것이 어렵게 되고 심한 치아 손상, 미각과 후각 변화 및 연하곤란 등을 일으킨다. 이런 요인들로 인해 음식을 준비하고 적절한 영양을 취하는 일이 어렵게 되어 영양상태가 불량해지기 쉽다.

- 에너지 : 균형 잡힌 식사를 해야 하며, 비만한 경우 관절이 압박을 받으므로 체중을 줄이도록 한다. 반면 많은 류마티스 관절염 환자가 빈혈과 체중 감소현상을 보이므로 적절한 영양 공급이 필수적이다. 영양 불량 시 에너지 섭취를 증가시킨다.
- 단백질 : 영양 불량상태이거나 염증상태라면 1.5~2 g/kg/일까지 양질의 단백질을 충분히 공급하는 것이 권장된다.
- 지방 : 지방 중 오메가-3 지방산은 항염증성 기능이 있으므로, 오메가-3의 함유량이 풍부한 등푸른생선을 충분히 섭취하는 것이 좋다. 이외에도 올리브유와 달맞이꽃기름 등이 함염증 효과를 나타내며, 관절염의 증상을 감소시키는 것으로 알려져 있다.
- 비타민과 무기질 : 류마티스 관절염 환자에게서 골다공증과 골연화증이 자주 나타나기 때문에 비타민 D와 칼슘의 섭취를 충분히 한다. 칼슘과 비타민 D 흡수 불량은 오래된 관절염 환자에서 특징적으로 나타나며, 노화, 칼슘과 비타민 D의 섭취 부족, 운동량 감소, 코티솔 투여, 조사량 부족 등으로 인한다. 관절염 약물을 장기간 복용 시 혈청 비타민 B_6 농도가 낮아지고, 위장 점막 손상이 보편적이어서 비타민 B_6 요구량이 증가한다.

류마티스 관절염 환자에서 구리와 세룰로플라스민(ceruloplasmin)의 양이 증가된다. 혈장 구리 수준은 관절 염증 정도와 관계 있으며, 염증이 감소되면 혈중 구리 수준도 감소한다. 혈중 세룰로플라스민은 염증으로 인해 증가하는 유독한 산소 라디칼에 대해 항산화작용을 함으로써 보호 역할을 한다. 질병이 심각할수록 혈중 셀레늄 농도가 낮아지는데, 이는 셀레늄이 글루타티온 과산화효소(glutathione peroxidase)의 구성분이면서 항산화제로 작용하는 것과 관련된다.

3) 골관절염

골관절염(osteoarthritis)은 나이가 증가함에 따라 염증성 변화 없이 관절을 보호하고 있는 연골이 소실되고 관절이 변형되면서 국소적으로 퇴행성 변화가 나타나는 질환이며, 이러한 특성 때문에 퇴행성 관절염(degenerative arthritis)이라고 부른다.

(1) 원인과 증상

골관절염의 가장 큰 위험인자는 연령이며, 남성보다는 여성에서 유병률이 높다. 비만은 체중 부하를 감당하는 무릎 관절에 골관절염 발병과 진행을 예견할 수 있는 위험인자이며, 그 외 제2형 콜라겐과 비타민 D 수용체 유전자의 결함, 관절 부위의 외상, 관절의 과다 사용 등으로 인해 발생한다.

환자의 대부분은 통증과 기능 손상을 경험하게 된다. 골관절염이 주로 나타나는 관절은 체중 부하와 압력을 많이 받는 고관절, 무릎 및 발목 관절이며, 척추 관절과 손가락 관절에도 나타난다. 골관절염의 진행은 서서히 이루어지며, 증상이 심해졌다 호전되는 경과를 반복하게 된다. 증상은 일부 관절에 국한되고 전신 증상이 별로 나타나지 않는 것이 특징이다. 증상이 심해지는 시기도 주로 아침에 통증을 호소하는 류마티스 관절염과는 달리 관절을 사용하고 난 저녁시간이나 잠자기 전에 통증을 호소하는 경우가 많다.

(2) 진단

X-선 검사를 통해 관절 연골 파괴와 손실에 따른 관절 간격의 감소, 골극, 연골하 골경화 등의 소견을 통해 진단한다.

(3) 약물치료

골관절염은 류마티스 관절염과는 달리 염증성 변화 없이 연골의 손실과 관절의 변형이 초래되는 것이므로, 치료의 목적은 관절의 통증을 감소시키고, 관절 파괴 및 변형을 예방하여 기능의 손상을 최소화시킴으로써 질병의 진행속도를 늦추는 데 있다. 골관절염의 치료법은 크게 약물치료, 물리치료, 운동과 휴식, 그리고 수술치료가 있다. 약물요법으로는 통증을 완화시키기 위하여 아세트아미노펜과 비스테로이드성 항염증제가 주로 사용되고 있다. 적절한 약물치료와 물리치료, 운동 및 식사관리 등 꾸준한 자기관리를 통해 대부분 정상생활을 할 수 있을 정도로 치료가 가능하다.

(4) 영양관리

골관절염은 정상체중보다 비만인 사람에서 발생률이 높다. 과체중으로 인해 연골이 손상되기 훨씬 쉬우며, 골관절염 환자에서의 비만은 질병을 악화시키는 요인이 된다. 비만한 환자는 정상체중으로의 체중 감량을 요한다. 식사요법은 충분한 비타민 D와 칼슘의 섭취를 권장하고, n-3/n-6 섭취비율을 증가시키는 것이 도움이 된다.

4) 통풍

통풍은 인류가 기록한 가장 오래된 질병으로 기원전 5세기경 히포크라테스가 문헌에 기술한 바 있다. 통풍이란 퓨린 대사 이상으로 퓨린의 최종대사산물인 요산(uric acid)이 과량 생산되거나 배설이 저하되어 고요산혈증을 일으키고, 이것이 여러 관절이나 조직에 침착하여 발병하는 관절염의 일종이다.

(1) 원인

핵 안의 퓨린체가 분해되어 생기는 최종산물이 요산이다. 요산은 음식물로부터 섭취된 퓨린과 신체에서 파괴되는 세포에서 유래되는 퓨린으로부터 만들어진다. 혈중 요산치에 더 중요한 역할을 하는 것은 신체 내부에서 생성되는 요산으로서 전체 요산 형성의 85%를 차지한다. 요산은 대부분이 소변으로 배설되는데, 혈중 요산의 증가는 체내에서의 요산의 과도한 생성이나 신장의 배설 감소에 의해 나타난다.

통풍은 대개 10~20년 동안 높은 혈중 요산 수준이 지속되다가 증상이 나타난다. 통풍의 발병을 촉진시킬 수 있는 요인으로는 음주, 과식, 과로, 수술 또는 관절 손상 등이 있다. 즉, 요산치가 높은 사람이 습관적으로 과식을 하거나 술을 자주 마시면 통풍 발작이 일어나며, 정신적 스트레스나 수술을 받거나 과로하게 되면 체내 노폐물의 축적과 함께 혈중 요산치가 올라 발병된다.

(2) 증상

통풍은 대부분 35세 이후의 남성에게서 많이 발병되고 여성은 폐경기 이후에 주로 발병한다. 통풍의 증상은 급성 통풍발작, 간기통풍, 만성결절성 통풍으로 구분할 수 있다. 급성 통풍발작은 극심한 관절통을 특징으로 하며, 통풍의 발병은 대부분 급성 통풍발작부터 시작한다. 엄지발가락에 염증이 나타나는 경우가 많으며 팔꿈치, 발목, 무릎 등 하지의 관절에 흔히 발생한다. 급성 발작은 갑자기 관절이 붓고 벌겋게 되며 매우 심한 통증을 동반하고, 관절 주위의 열감이 거의 모든 환자에서 나타난다 그림 13-7. 통풍발작은 대개 수일에서 수주간 지속되며, 서서히 저절로 가라앉지만, 발작횟수가 반복되면서 최종적으로는 지속적인 관절염으로 발전한다. 간기통풍은 수개월 혹은 수년 동안 아무 증상이 없는 것이 특징이다. 초기에는 재발 빈도가 낮으나 시간이 경과할수록, 혈중 요산치가 높을수록 재발 빈도가 잦아진다. 그러므로 발병의 초기에 질병의 만성화를 예방하는 것이 중요하다. 만성결절성 통풍은 통풍이 장기화된 증상으로 다발성 관절염으로 변하면서 통풍결절(tophi)이 발생하게 된다 그림 13-7. 통풍결절은 요산이 조직

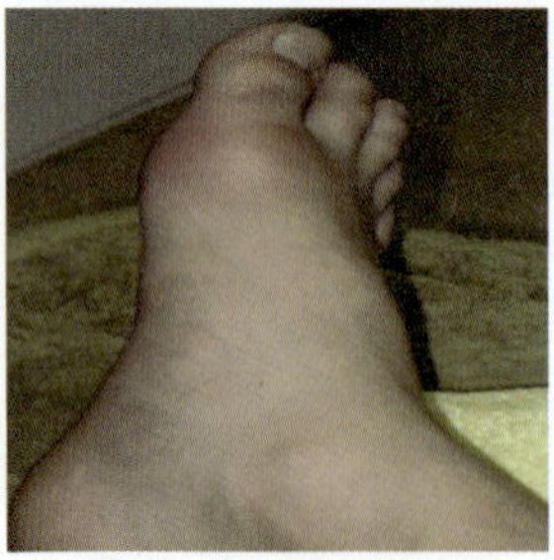

급성 통풍발작

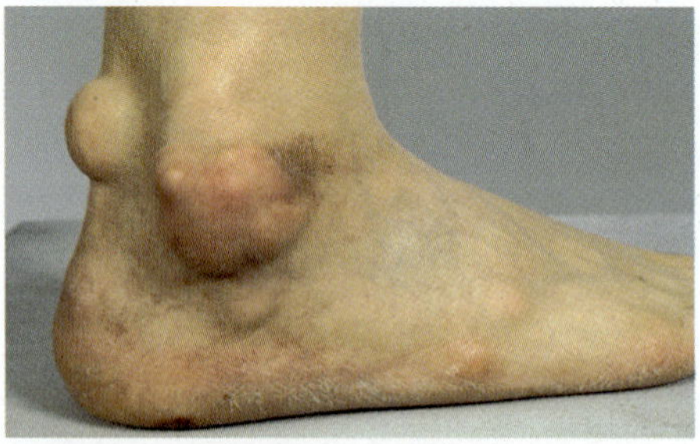

만성 통풍(결절성 통풍)

그림 **13-7** 통풍의 증상

자료 : Korean J Med 2011; 80:255-259

에 침착된 결정으로서 흔히 석회화를 동반하며, 관절 주위나 귓바퀴, 심지어 심장의 판막에까지 생긴다. 이들은 관절조직을 파괴시켜 만성관절염이 된다.

통풍은 대사성 질환 및 심혈관계질환을 동반하는 경우가 흔하며, 특히 비만, 고중성지방혈증, 인슐린 저항성 고혈당증, 고혈압, 신장질환 등의 합병증과 밀접하게 연관되어 있다. 그러나 통풍은 그 발병기전과 치료법이 비교적 잘 밝혀져 있으므로 발병 초기에 적절한 조치를 취한다면 충분히 조절 가능한 질환이다.

(3) 진단

관절액, 점액낭 또는 통풍결절에서 뽑은 검체에서 요산 결정을 관찰하여 통풍을 확진하고, 관절액을 얻는 것이 불가능한 경우는 2015년 미국류마티스학회와 유럽류마티스학회에서 공동으로 발표한 통풍 분류기준을 근거로 진단한다. 이 분류기준에 따르면 임상 진단, 생화학적 검사, 영상 진단 등 3가지 영역의 점수를 합산하여 총 23점 중 8점 이상으로 통풍으로 진단할 수 있다.

(4) 치료

통풍은 급성과 만성 치료를 구분하여 약물을 처방한다. 급성통풍 발작에는 혈중 요산 수치의 변화없이 통증 및 염증을 억제시키는 치료제(NSAID, 코티솔, 콜히친 등)를 주로 사용하며, 만성통풍 시에는 혈중 요산 농도를 감소시키는 요산강하제(xanthine oxidase inhibitor)를 사용한다. 통풍 환자에서 흔히 동반되는 생활습관병을 동시에 치료해야 하며, 금주와 함께 과로를 피하는 것이 좋다. 흡연은 통풍 자체와는 별 관련이 없지만 동반되는 당뇨병, 고혈압, 이상지질혈증, 동맥경화증 등의 증상을 악화시킬 수 있으므로 금연이 바람직하다.

(5) 영양관리

통풍치료에는 약물치료가 우선이지만 저퓨린 식사요법을 통해 대사적인 부담을 줄여 결국 약물 사용을 감소시키는 효과를 가져올 수 있기 때문에 통풍 진단 시 기본적으로 식사요법과 생활요법에 대한 교육이 필수적이다. 특히 비만 혹은 과체중자는 이상체중에 가깝도록 제중을 감소시켜야 하며, 적절한 운동과 충분한 수분 섭취 등을 권장한다.

알아보기 통풍 분류기준

영역	기준	분류	점수
임상 진단	침범된 관절이나 윤활낭의 위치	발목이나 발등 첫 번째 발허리발가락 관절	1 2
	통풍의 특징적 증상 1) 관절 위의 피부 발적 2) 침범 관절의 심한 압통 3) 보행 장애	통풍의 증상 중 한 가지 증상 호소 두 가지 증상 호소 세 가지 증상 호소	 1 2 3
	통풍 발작 특징	급성 발작과 14일 이내 회복 발작 재발성 발작	1 2
	통풍 결절	양성	4
생화학적 검사	혈청 요산 농도	< 4.0 mg/dL 6.0~7.9 mg/dL 8.0~9.9 mg/dL 10 mg/dL	-4 2 3 4
	윤활액 중 요산 결정	불검출	-2
영상 진단	초음파 또는 통풍 CT	이중윤곽징후 또는 결절 양성	4
	일반 X선	통풍관절 양성	4
합계			23

자료 : 2015 미국류마티스학회 & 유럽류마티스학회

- 퓨린 섭취 제한 : 저퓨린식은 하루 600~1,000 mg의 퓨린 섭취로 제한하는 식사이며, 심한 환자의 경우 100~150 mg까지 퓨린을 제한하도록 한다. 급성통풍 발작이 있을 때는 저퓨린 식사요법을 실시하고, 퓨린 함유량이 많은 어육류 및 어육류의 내장, 과당 함유량이 높은 청량음료 및 과자, 그리고 알코올 등을 엄격히 제한하도록 한다. 단, 퓨린체는 물에 쉽게 용해되는 특성이 있어 육류 조리 시 육수를 제거하고 섭취하거나, 생선 역시 조리수와 함께 조리하면 퓨린 섭취 함량을 줄일 수 있다.

저퓨린식과 더불어 고당질식, 중 정도의 단백질, 저지방식을 권장한다. 이는 요산 배설이 당질에 의해 증가되고 지방에 의해 감소되는 경향이 있기 때문이다. 또한 수분 섭취를 증가시켜 퓨린의 배설을 증가시키고 결정체 형성 가능성을 최소화시킨다. 통풍 환자에게 권장해야 할 식품으로는 우유, 요구르트, 치즈 등의 저지방 또는 무지방 낙농식품 및 채소류 등이다. 설탕이나 크림이 함유되지 않은 블랙커피는 요산의 배설을 촉진시키므로 제한하지 않아도 된다 **표 13-5**.

표 **13-5** 퓨린 함량에 따른 식품 분류(식품 100 g에 함유된 퓨린 질소 함량)

식품군	제1군 : 고퓨린 함유식품 (100~1,000 mg)	제2군 : 중퓨린 함유식품 (9~100mg)	제3군 : 극소퓨린 함유식품
곡류군			곡류(오트밀, 전곡 제외), 빵
어육류군	등푸른생선류(청어, 고등어, 정어리, 연어 등) 내장 부위 : 간, 콩팥, 심장, 지라, 신장, 뇌, 혀 멸치, 효모, 베이컨, 고기국물, 가리비조개	육류 가금류 생선류 조개류, 꽃게 강낭콩, 잠두류, 완두콩, 편두류	달걀, 치즈
채소군		시금치, 버섯, 아스파라거스	2군 채소를 제외한 모든 채소
지방군			버터, 식용유
우유군			우유
과일군			과일류
기타			설탕, 커피, 차류
주의사항	급성기, 재발기 환자의 식사에 이용하지 말 것	재발기 동안에 하루에 어육류군 1교환, 채소군 1교환 정도만 허용	매일 섭취해도 무방한 식품들

- 에너지 섭취 조절 : 통풍 환자는 이상체중을 유지하여야 하며, 비만의 경우 체중 감량을 통해 인슐린 민감도를 개선시키는 것이 필요하다. 그러나 급격한 체중 감소는 케톤증을 유발해 요산 배설을 억제하기 때문에 체중을 서서히 감량하는 것이 좋다. 에너지는 1,200~1,600 kcal/일을 권장하며, 복합당질의 형태를 제공하도록 한다. 특히 과당의 경우 요산의 체내 생성을 촉진하므로 주의한다.
- 단백질 섭취 조절 : 단백질은 요산 생성에 관여하기 때문에 과량 섭취를 주의한다. 그러나 장기간의 단백질 제한은 체단백 손실, 체액 균형 유지, 항체와 면역세포 형성 등에 영향을 미치기 때문에 1~1.2 g/kg/일의 단백질을 제공하도록 한다. 이에 양질의 단백질이면서 퓨린의 함량이 극히 적은 식품을 제공해야 하며, 대표적으로 달걀, 치즈 등이 있다.
- 지방 섭취 조절 : 과량의 지방 섭취는 요산의 정상적인 배설을 방해하므로, 하루 50 g 미만으로 권장한다. 통풍은 고혈압, 이상지질혈증, 심장병과 같은 심혈관계질환의 합병증을 유발하게 되어 오메가-3 지방산의 섭취가 도움이 되지만, 퓨린 섭취 제한으로 인한 등푸른생선의 제한으로 인해 오메가-3 지방산을 충분히 섭취할 수 없다. 필요한 경우 오메가-3 지방산을 보충제로 섭취하도록 한다.

골다공증 환자 사례 연구

대상

57세, 여자, 주부

병력, 약 복용력

- 과거력 : 없음
- 처방 약물 : 칼슘제
- 주 증상 : 생활하는데 불편한 증상은 없으나, 수면장애가 있음.

신체 계측

- Ht 161.4 cm, Wt 43.3 kg, IBW 54.7 kg, %IBW 79%, BMI 16.6 kg/m^2
- 체중 변화 : 거의 없음
- 혈압 : 106/54 mmHg

생화학적 지표

T.Chol/TG/HDL-chol/LDL-chol 206/71/76/139 mg/dL, FBS 86 mg/dL, Hb 13.4 g/dL, HbA1c 5.2%
TIBC 317 μg/dL, Vit D 7.02 ng/mL

DXA

1) LUMBAR SPINE (요추)
   L1(제1요추)-L4(제4요추) : 평균 BMD 0.942 g/cm^2, T value -1.7임
2) FEMUR (대퇴골)
   Left femur neck(대퇴골경) : BMD 0.769 g/cm^2, T value -1.4임
   Left femur total(대퇴골 전체) : BMD 0.789 g/cm^2, T value는 -1.5임

생활습관

매일 걷기 1시간

식품 및 영양소 섭취, 식사력

- 술, 담배 : 비흡연, 음주 거의 안 함(맥주 1캔, 월 2~3회)
- 식품 및 음료 섭취 : 식사는 주로 잡곡밥이나 쌀밥으로 섭취. 대략 아침식사는 잡곡밥(빵) 0.3공기, 점심식사는 쌀밥(라면이나 떡국) 0.5공기, 저녁식사는 잡곡밥 0.5공기로 섭취. 칼국수 가끔 섭취하고, 고구마나 옥수수 주 3~4회, 육류 주 2~3회, 생선류 주 1~2회, 멸치, 두부 매일 1~2회, 달걀 매일 1개, 국·찌개류 하루 1~2회, 김치 하루 1~2회, 채소 및 나물 반찬류 매일2회, 과일 매일 1회, 우유 주 1~2회, 유제품 주

1~2회, 커피와 녹차를 하루 1잔씩 섭취. 간식으로 과자나 케이크는 거의 매일 소량 섭취하고, 외식은 주 3~4회 정도

- 에너지 및 영양소 섭취량

에너지 1,650 kcal, 탄수화물 : 단백질 : 지방 섭취비율(%) = 41 : 24 : 35, Na 3,756 mg

1. 이 환자에서 발생한 건강상 문제는 무엇인지 설명하시오.

2. 이 사례의 영양상태를 판정하시오.

3. 식품/영양소 섭취패턴을 보고 영양문제를 진단해 보시오.

4. 영양치료의 목표를 설명하시오.

CHAPTER **14**

신경계질환

1. 신경계의 구조와 기능

2. 주요 신경계질환

학습목표

1. 신경계질환의 종류와 발병기전을 설명할 수 있다.
2. 신경계질환의 영양관리 원칙을 설명할 수 있다.

1. 신경계의 구조와 기능

감각기에서 받아들인 자극을 뇌나 척수에 전달하고, 그의 알맞은 명령을 각 운동기관에 내려 몸의 여러 가지 기능을 조절하는 뇌와 척수 및 말초신경 등을 통틀어 신경계라고 한다. 뉴런은 신경계를 구성하는 기본이 되는 세포로서, 핵과 세포질을 포함하는 신경세포체와 신경세포체에서 뻗어 나온 신경돌기로 구성되어 있다. 뉴런과 뉴런은 시냅스로 연결되어 있으며, 한 뉴런의 흥분은 신경전달물질을 통해 다른 뉴런으로 전달된다 그림 14-1. 주요 신경계질환은 다양한 원인으로 발병하지만, 주로 신경세포 손상과 시냅스에 의한 신경전달물질 부족으로 인해 발생하게 된다.

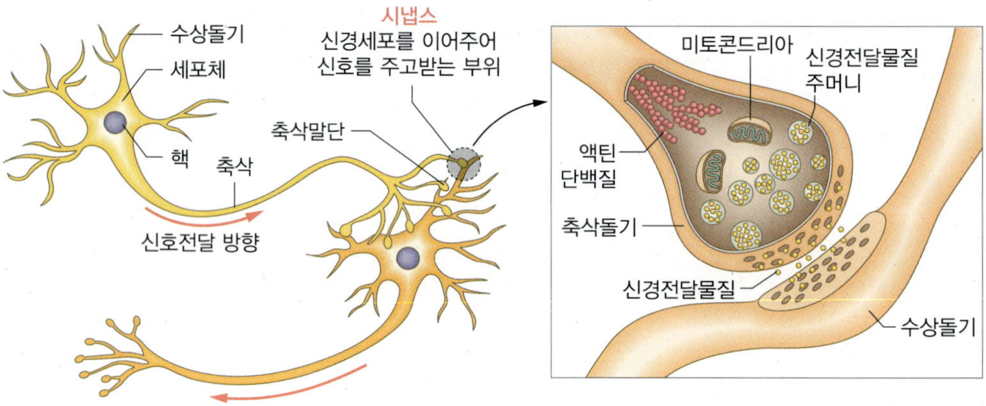

그림 14·1 일반적인 신경세포 뉴런과 시냅스

2. 주요 신경계질환

1) 치매

치매(dementia)란 뇌질환으로 인해 발생하는 하나의 증후군으로 대개 만성적이고 진행성으로 나타나며 기억력, 사고력, 이해력, 계산능력, 학습능력, 언어 및 판단력 등을 포함하는 뇌기능의 다발성 장애로 일컬어진다. 치매에는 10여 가지 이상의 다양한 질병이 포함된다. 그중 알츠하이머 치매는 가장 흔히 발생하는 치매로서, 전체 치매 환자의

80% 정도가 해당된다.

(1) 원인

우리나라 유병률이 높은 치매는 알츠하이머와 혈관성 치매이다. 알츠하이머 치매는 65세 이상 인구에서 50~60%의 높은 발병률을 나타내는 노인성퇴행성 질환이며, 콜린성 신경세포 수가 줄어들며 인지기능 저하를 보이게 된다. 신경세포 밖의 비정상적 베타아밀로이드(β-amyloid) 덩어리와 신경세포 안의 비정상적으로 꼬여 있는 신경섬유 덩어리(neurofibrillary tangle)가 생겨 기억과 인지능력에 중요한 뇌의 시상하부와 대뇌피질에 노인성 반점(senile plaque)이 생기는 질환이다. 혈관성 치매는 치매 발병 원인의 20% 정도를 차지하며, 뇌졸중 등 뇌혈류장애 이후에 발생한다.

(2) 증상

① 인지기능 감퇴

기억력의 감퇴와 더불어 언어능력, 공간감각, 추상적 사고능력, 문제 해결능력 등의 인지적 기능의 감퇴가 점차적으로 진행되는 질환이다. 초기에는 건망증 같은 단기 기억력의 감퇴가 나타난다. 새로운 정보를 습득하고 저장할 수 없으며, 일상생활을 해 나가는 수행능력이 크게 떨어진다. 일반적으로 병의 초기에는 주로 인지기능의 장애를 보이다가 후기에 신체 변화가 나타나는데, 시간이 갈수록 환자는 보행장애로 인해 주로 의자나 침대에서만 지내게 되며, 전신의 근육경직이 나타나고 대소변을 못 가리게 된다.

② 체중 감소

알츠하이머 치매의 초기에는 포도당 대사의 손상을 보여 공복 시에 높은 혈당치와 인슐린 농도를 나타낸다. 또한 왕성한 식욕을 보이기도 하나 체중 감소가 일반적으로 나타난다. 체중 감소의 원인으로는 감염으로 인한 대사 항진, 식품 섭취량 부족, 독립성 감소, 자기 스스로 식사할 수 없게 되는 것들을 들 수 있다.

③ 식행동 이상

알츠하이머 치매 환자는 먹는 것을 거부하거나 잊어버릴 수 있으며 먹는데 곤란을 느낀다. 먹을 것을 던지거나 숨기기도 하며, 먹지 못할 것을 먹거나 자신이 좋아하는 것만 먹으려고 하는 등의 부적절한 식행동을 나타낸다. 알츠하이머 치매가 심해질수록 환자는 스스로 음식을 먹는 일이 불가능해지고 타인이 먹여 주어야만 한다.

④ 미각과 후각 변화

알츠하이머 치매를 유발하는 비정상적인 단백질은 미각 및 후각 중추에 쌓여 감각 저하를 나타내며, 미각 및 후각의 상실은 식욕 감퇴를 동반하게 된다.

(3) 영양관리

알츠하이머 치매의 영양치료 목표는 질환의 진행속도를 늦추거나 개선하는 것이다. 질환의 진행 정도에 따라 여러 가지 영양문제가 발생할 수 있다 **표 14-1**. 질병의 진행단계에 따라 인지능력과 활동량에 차이가 많아지므로 단계별 영양관리 원칙을 세우는 것이 바람직하다.

알츠하이머 치매의 초기 단계에서는 식사하는 것을 잊어버리거나 감각기관의 변화로 인해 영양 불균형을 초래하기 쉬워 대부분 체중 부족현상을 보인다. 따라서 식사 시 알

표 **14·1** 알츠하이머 치매의 진행에 따른 영양문제

알츠하이머 치매의 진행 단계	증상	영양문제
1단계(초기)	• 기억 손상 • 사회적, 직업적 기능 감소 • 작업, 가사, 재정관리 어려움 • 길을 잃어버림 • 성격이 변함	• 식품 구매 및 요리하기 어려움 • 식사하는 것을 잊어버림 • 미각과 후각 변화 • 달고 짠 음식에 대한 기호 증가 • 식욕 조절기능 감퇴
2단계(중기)	• 사물의 이름을 기억하지 못함 • 시간 관념이 없어짐 • 망상, 우울 • 격앙된 감정	• 에너지 요구량 증가 • 음식을 입에 물고 있거나 삼키는 것을 잊어버리거나 식기를 사용할 수 없게 되어 숟가락 또는 손으로 먹기
3단계(말기)	• 지남력 감각 상실(disorientation) • 자기 이름 잊어버림 • 가족을 알아보지 못함 • 언어능력 손상 • 기본적인 자기관리가 불가능 • 대소변 가리지 못함	• 음식을 인지하지 못함 • 먹는 것을 거부하거나 먹일 때 입을 열지 않음 • Kluver-Bucy증후군(식품이 아닌 것을 먹기) • 경관급식이 필요한 경우 발생

알아보기 **치매환자 영양관리 포인트**

- 적절한 영양상태 유지를 위해 충분한 단백질과 에너지를 공급한다.
- 변비 예방과 항산화효과가 있는 채소류와 과일류를 충분히 섭취한다.
- 적절한 수분 섭취가 필수적이나 밤에는 과량의 수분 공급을 피한다.
- 필요한 경우 경관영양이나 퓌레상태로 된 음식을 제공한다.
- 환자가 음식을 손으로 잡고 먹을 수 있는 형태로 만들어 주거나 자주 음식을 주어 체중 유지에 도움을 준다.
- 가능한 식사시간을 규칙적으로 하며, 식사에 대한 적절한 감독과 보호를 한다.

맞은 양을 골고루 규칙적으로 섭취할 수 있도록 하며, 체중이 감소하거나 식사량이 감소할 경우 영양밀도가 높은 음식이나 상업용 영양보충음료를 제공하도록 한다. 또한 질환의 진행을 예방할 수 있는 것으로 보고되는 항산화영양소(비타민 E, 비타민 C)와 비타민 B_6, B_{12}, 엽산, 불포화지방산 등이 풍부한 식품과 어류를 섭취하도록 권장한다.

중기로 가면 불필요한 활동량이 증가하면서 에너지 요구량이 증가하므로 충분한 에너지와 단백질을 섭취하도록 한다. 음식을 삼키는 것에 장애가 발생할 수 있으므로 씹거나 삼키기 쉬운 음식으로 1일 4~6회 식사와 간식으로 소량씩 자주 섭취하는 것이 바람직하다.

말기에서는 혼자 식사하는 것이 불가능한 경우가 많고, 식욕과 갈증을 잘 표현하지 못하는 경우가 빈번하다. 이에 탈수 방지를 위해 일정 시간마다 수분을 제공하는 것이 바람직하고, 움직이지 못하고 섭취에 문제가 있는 경우 경관급식도 고려할 수 있다.

2) 파킨슨병

파킨슨병(Parkinson's disease)은 1817년 의사 제임스 파킨슨에 의해 처음으로 체계적으로 기술되었고, 중간 뇌에 존재하는 흑색질(substantia nigra)이라는 세포가 소실되어 나타나는 만성진행성 중추신경계질환이다. 파킨슨병은 일반적으로 50세 이후에 발병한다.

(1) 원인

신경전달물질인 도파민은 두뇌의 중요한 신경전달물질로, 뇌신경세포의 흥분 전달에 중요한 역할을 한다. 도파민은 흑색질 세포에서 생성되며, 기저핵(basal ganglia)으로 전달되어 운동을 원활히 하는 기능을 한다. 파킨슨병의 경우, 신경세포가 소실되어 도파민 분비가 감소하여 운동신경회로의 기능이 비정상적으로 변한다. 신경세포 소실에 대한 기전은 명확하지 않지만, 유전적·환경적 소인이 복합적으로 작용하는 것으로 추측되고 있다.

(2) 증상

대부분 서서히 진행되며, 주요 증상은 손발이 떨리는 진전증, 몸 동작이 느려지는 운동완서 증상 및 팔·다리 근육이 뻣뻣해지는 근육경직 등이 있다. 이 외에도 느려짐으로 인해 몸의 중심을 잡기 힘들게 되며 자꾸 넘어지고 걷다가 돌거나 서는 것이 힘들어진다. 얼굴의 무표정함과 구부정한 자세, 목소리 크기의 감소 및 심한 근육통과 관절통, 우울증이 동반되기도 한다. 음식 섭취와 관련하여 목과 입안의 근육이 약화되어 연하장애가 발생함으로써 음식을 삼키기 어려워지며, 침 흘림 증상을 보일 수 있다. 장 운동이 무뎌 변비도 빈번한데 치료약인 도파민제도 변비를 유발시킬 수 있다.

(3) 치료

파킨슨병의 치료는 부족한 도파민을 공급하기 위해 엘-도파를 경구투여하는 것이다. 도파민은 혈관-뇌장벽(blood-brain barrier)을 통과하지 못하지만 엘-도파는 혈관-뇌장벽을 통과하기 때문에 파킨슨병의 증상을 완화시킬 수 있다. 그러나 약물 부작용으로

알아보기 **파킨슨병의 증상**

- 1단계 : 떨림이나 강직이 한쪽 팔이나 다리에만 있음.
- 2단계 : 떨림이나 강직이 양쪽 팔다리에도 나타남.
- 3단계 : 넘어질 듯이 비틀거림.
- 4단계 : 혼자 잘 일어나지 못하고 보조기구가 필요함.
- 5단계 : 누워서만 지내게 됨.

식욕 부진, 구토, 후각기능 감소, 변비, 입안 건조 등의 증상이 나타날 수 있다. 약물 치료 외 물리치료, 수술에 의한 치료가 이용된다.

(4) 영양관리

식사요법의 목적은 도파민 투여와 관련된 영양문제, 환자의 섭취능력 증진, 적절한 체중 유지, 변비 예방, 신체적 기능 유지이다.

① 단백질

고단백식은 엘-도파 제제의 흡수를 지연시켜 혈중 농도를 저하시키며, 특히 중성 아미노산들은 장에서 엘-도파의 흡수를 방해하고 엘-도파가 뇌로 들어가는 경로에서 경쟁한다. 그러므로 하루 단백질 섭취량은 0.75~0.8 g/kg의 단백질 섭취가 바람직하며, 양질의 단백질 급원을 이용한다. 단백질은 주로 저녁에 많이 주고 활동이 많은 낮 시간은 10 g 이하로 주도록 한다.

② 비타민

과거 비타민 B_6 보충은 엘-도파 제제의 효과를 감소시켜 제한하였으나, 최근 사용되는 레보도파(levodopa)계의 약물은 비타민 B_6 복용 시에도 복용 가능한 것으로 알려져 있다. 더불어, 최근 연구에서는 비타민 B_6의 섭취량이 부족할 경우 혈중 호모시스테인 농도를 높여 파킨슨병을 가속화시키는 것으로 보고되고 있으므로 적절한 비타민 B_6의 섭취가 필요하다.

③ 체중 유지

식욕 감퇴나 연하장애로 인해 식품 섭취량이 감소하거나, 떨림 등의 불수의운동에 의해 에너지 소모가 증가하므로 체중 감소가 일어나기 쉽다. 반대로 비만해지면 몸의 움직임이 더욱 어려워지고 합병증이 더 쉽게 나타나므로 체중 증가에 유의하도록 한다. 그러므로 적절한 체중을 유지하는 것이 중요하다. 식사는 소량씩 자주 주고 저지방식과 고당질식을 공급한다. 파킨슨병 환자는 운동 부족, 배변근육의 운동력 저하 및 복용 약제에 의한 부작용으로 변비가 매우 흔하므로 채소와 과일을 충분히 섭취하도록 한다.

④ 식사 지원

질병이 진전됨에 따라 사지가 경직되므로 혼자 식사하는 것이 어렵고, 먹는데 1시간 이상 소요되기도 한다. 숟가락을 사용하는 것도 어려워지고 팔과 손이 떨리는 증상으로 액체를 엎지르기도 한다. 작게 자르거나 다지거나 부드러운 형태로 주며, 큰 숟가락이나 포크를 사용하여 혼자 식사할 수 있도록 돕는다.

3) 뇌전증

뇌전증(epilepsy)은 '발작'이란 뜻의 희랍어에서 유래되었다. 즉, 뇌전증은 신경세포 중 일부가 짧은 시간 동안 발작적으로 과도한 전기를 발생시킴으로써 일어나는 신경계 증상으로서 의식 상실, 불수의적 경련, 자율신경 증상 및 정신 증상 등의 신경계 증상을 일으키는 질환이다. 뇌전증은 주로 소아기(0~9세)와 노년기(70세 이상)에서 발생 빈도가 높으며, 만성병이지만 뇌전증 발작을 보이는 짧은 시간만 병이 있는 상태이며 발작이 없는 대부분의 시간은 정상적이다. 최근에는 신약과 뇌전증 수술 등으로 많은 뇌전증 환자가 정상인과 다름없이 사회·경제적 생활을 영위할 수 있다.

(1) 원인

뇌전증의 원인은 선천성 질환, 감염, 종양, 뇌졸중, 퇴행성 질환, 두부 손상 등 각종 질환 및 저혈당증, 고혈당증, 저칼슘증, 전해질 장애, 수분 축적 그리고 발열이다. 그러나 대부분 정확한 발생기전은 아직 명확하지 않다.

(2) 증상

발작이란 의식의 일시적 상실 또는 혼탁과 변화로서 눈꺼풀을 가볍게 깜박이는 것부터 몸 전체를 격심하게 떠는 것까지 다양하다. 대뇌전증(grandmal seizure)의 대표적 증상으로는 갑자기 의식을 잃고 쓰러지고 온 몸이 뻣뻣해지며, 호흡이 없고 얼굴이 창백해지고 근육이 뒤틀리며 청색증을 동반한다.

(3) 치료

뇌전증의 치료는 항경련제 약물 투여가 매우 중요하다. 환자 중 약 85%가 항경련제의 치료에 의해 완전히 조절될 수 있으며, 나머지 15%는 치료되지 않는 난치성 뇌전증으로써 수술적 치료법이 널리 시행되고 있다. 현재 뇌전증을 치료하기 위한 경구 항경련제는 발프로에이트(valproate), 카바마제핀(carbamazepin), 토피라메이트(topiramate) 등이 주로 처방되고 있다. 아울러 약물치료 이외에도 뇌전증을 일으키는 유발인자를 피하거나 식사요법, 정신치료도 중요하다.

(4) 영양관리

뇌전증 환자에게는 항경련제 치료와 함께 균형식을 공급한다. 그러나 약물 처방으로 질환 조절이 되지 않는 뇌전증 환자에게는 케톤식(ketogenic diet)을 이용하여 질환을 조절한다. 케톤체는 신경전달물질의 방해인자로 작용하여 체내 항경련효과를 나타내며, 대부분 소아들의 경우에는 케톤체 이용률이 높기 때문에 난치성 소아 환자들에서는 케톤식을 시행하고 있다.

① 영양상태 평가하기

케톤식을 계획하기 위해 아동의 신장, 체중, 최근 체중 변화를 확인하여 성장이 적절하게 진행되고 있는지 평가한다.

② 케톤식 영양소 구성 비율 정하기

일반적으로 소아의 경우 영양소 요구량은 당질:단백질:지방을 55~70%:7~20%:15~30%을 유지하도록 권장한다. 케톤성(지방)과 항케톤성(당질+단백질)의 비율로 환산하게 되면 1:3 정도가 된다. 그러나 케톤식이 필요할 경우 케톤성:항케톤성 비율이 주로 4:1이 되며, 만 1세 이전의 영아는 3:1로 진행하도록 한다.

③ 케톤식을 위한 영양소 요구량 산출하기

에너지는 또래 에너지 요구량의 75~80%로 제한하여 제공하는데, 이는 체중이 감소되지 않고 현재 체중을 유지할 수 있는 양이다. 연령별 필요에너지는 **표 14-2**를 참조하도

표 14-2 연령별 필요 에너지

연령	필요에너지
1세 미만	75~85 kcal/kg
1~3세	70~75 kcal/kg
4~6세	65~68 kcal/kg
7~10세	55~60 kcal/kg
11세 이상	30~40 kcal/kg

자료 : 세브란스병원, 2013

록 한다.

식사단위당 에너지는 4:1 비율의 케톤식일 경우, 지방 4 g과 단백질+당질 1 g으로 구성해야 하므로 식사단위당 에너지는 (4×9)+(1×4)=40 kcal가 된다.

④ 하루 총 식사단위 수 산출

식사단위당 에너지를 이용하여 하루에 필요한 총 식사단위 수를 산출하게 된다. 예를 들어, 하루 에너지요구량이 1,200 kcal이면서 케톤식 비율이 4:1인 경우에는 하루 총 식사단위 수는 1200 kcal÷40 kcal=30이 된다.

⑤ 각 영양소 필요량 산출

지방량은 하루 총 식사단위에 케톤식 비율 4를 곱한다. 단백질 필요량은 1~1.5 g/kg 정도를 유지하도록 한다. 아동의 체중이 18 kg이면 18×단백질 필요량=18 g이 된다. 당

알아보기 **케톤식 영양소 요구량 산정**

예) 체중 18 kg, 케톤식 4:1이 필요한 5세 남아의 경우

1. 에너지 요구량 산정 : 18 kg × (65~68)kcal=1,200 kcal
2. 4:1 식사단위당 에너지=40 kcal
3. 하루 총 식사단위 수=1,200 kcal/40 kcal=30
4. 지방량=30×4 g=120 g
5. 단백질량=18 kg×1 g/kg=18 g
6. 당질량=30 g−18 g=12 g

알아보기 **영양소와 항경련제의 상호작용**

발프로에이트, 카바마제핀 등의 항경련제는 비타민 D 대사를 항진시켜 골감소 및 골연화증에 위험이 있으므로 항경련제를 복용 중인 환자는 칼슘과 비타민 D 복용을 권장한다.

질은 산출된 하루 총 식사단위 수에서 단백질 필요량을 뺀 수가 된다.

일반적으로 케톤식은 극도로 맛이 없기 때문에 어린이들이 섭취하기가 어려우며, 성인의 경우에도 장기간 섭취하기 어렵다. 식욕 저하, 오심, 구토, 과민반응 등의 부작용이 발생할 수 있으며, 심한 경우 면역기능 저하 및 저혈당 증세가 나타날 수 있다.

4) 다발성경화증

다발성경화증(multiple sclerosis)은 중추신경계의 염증, 수초 손상을 특징으로 하는 중추신경계의 대표적인 자가면역질환이다. 주로 20~40세에 빈번히 발생하고, 여성의 유병률이 남성에 비해 2~3배 높으며, 유럽계 백인에서 가장 빈번하게 발생한다.

(1) 원인

다발성경화증은 정확한 기전이 밝혀지지 않았지만, 말초혈관과 림프절에서 감작된 자가반응 CD4 보조 T세포 혹은 CD8 살해 T세포, 여러 염증세포가 혈관-뇌장벽을 통과하여 미세아교세포(microglia) 등에 의해 한 번 더 활성화되면서 중추신경계 수초의 여러 항원에 공격을 하여 염증반응을 유발하고 신경회로의 탈수초와 축삭 손상을 일으킨다.

(2) 증상

뇌에 경화증이 생기면 뇌의 각 부분의 기능에 따라 다양한 증상(운동마비, 언어장애, 의식장애, 사고장애 등)이 발생할 수 있고, 척수를 침범할 경우에는 양 사지의 운동마비나 감각 이상, 배뇨 및 배변 장애 등의 증상을 나타낼 수 있다. 또 중요한 증상으로 시신경염이 나타나는데 심해지면 실명까지 할 수 있다.

특히 이 병의 특징은 재발성으로서 재발과 완화를 반복한다. 재발이 반복될수록 신경계의 손상은 점차 축적되어 결국 만성퇴행성 질환과 같은 양상으로 나타나게 된다.

(3) 치료

다발성경화증 치료는 단기적으로는 스테로이드를 처방하며, 장기적으로는 인터페론 베타(interferon beta), 글라티라머 아세테이트(glatiramer acetate), 미토산트론(mitoxantrone) 등이 사용된다. 단기간의 스테로이드제 사용 시 나타나는 부작용으로는 부종, 칼륨 손실, 체중 증가, 위장 장애, 정서적 불안정 등이 있다. 또한 식욕 증가, 체중 증가, 신경과민, 불면증 등도 유발할 수 있다. 장기적인 인터페론 베타 사용 시에는 주사 부위의 홍반, 통증, 부종, 근육통, 오한 등이 발생할 수 있으며, 글라티라머 아세테이트의 장기 사용 시에는 흉부 압박감, 호흡 곤란, 빈맥, 홍조 등이 발생할 수 있는 것으로 보고되고 있다.

(4) 영양관리

다발성경화증의 여러 신경학적 결함으로 인해 영양문제가 발생한다. 운동기능 약화, 부분적인 마비, 떨림 증상, 언어장애로 스스로 식사하기나 자기관리가 어렵게 된다. 신경원성 방광(neurogenic bladder) 증상으로 소변의 횟수가 잦아지거나 잘 참지 못하고 요실금을 보이므로 낮시간에 주로 수분을 섭취하고, 잠자기 전에는 제한하는 것이 바람직하다.

식사요법의 주요 목적은 적정체중을 유지하는 것이다. 대부분의 환자에서 체중 증가를 보이는데 이는 환자의 활동 감소 및 우울증으로 인한 것이다. 과도하게 체중이 증가한 경우에는 에너지 섭취량을 조정한다. 반대로 이 질병의 환자 중에는 식욕이 감소되고 음식에 대한 관심이 줄어들거나 편의식품에 의존하는 경향이 증가되는 경우도 있다. 질병의 급성기에 증상을 완화시키기 위해 코티솔을 투여한다면 이로 인한 식사 조정이 고려되어야 한다.

다발성경화증에는 식이섬유가 풍부한 채소류와 과일류, 전곡류의 섭취가 권장된다. 식이섬유가 풍부한 식품은 장내 미생물에 의한 발효작용으로 단쇄지방산을 생성하고, 단쇄지방산은 장내 상피세포에서 면역 조절에 관여하여 질환의 진전을 억제시키기 때문이다.

5) 중증 근무력증

(1) 원인

중증 근무력증(myasthenia gravis)은 대부분 신경근 접합부에 위치하는 아세틸콜린 수용체에 대한 항체와 연관되어 있는 자가면역질환이다. 신경근 접합부는 말초신경과 근육을 이어주는 부위로써 이 부위의 아세틸콜린 수용체 이상으로 아세틸콜린이 수용체에 결합하지 못하면 신경근 접합부에서의 신호가 차단되고 근육이 수축하지 않게 되어 결국 근력이 약화되는 증상을 초래한다.

(2) 증상

주요 증상으로는 복시, 안검하수증, 저작능력 감소, 발음 부정확, 콧소리가 나거나 삼키기 어려운 증상이 나타날 수 있다. 피로감과 팔다리 근육에 힘이 빠지는 증상이 나타나며, 심한 경우 몸통에 있는 근육에도 힘이 빠져 숨이 차게 되고, 더 나빠지면 호흡마비가 발생하여 기계를 통한 인공호흡이 필요해지기도 한다.

(3) 치료와 영양관리

치료원칙은 부작용을 최소화하면서 질병 완화를 유도하고 현 상태를 유지하는 것이다. 대부분 항콜린에스터라제 약물치료, 면역억제치료, 가슴샘절제술 등으로 치료하게 된다.

영양관리로는 에너지와 영양소를 충분히 섭취하며, 저작과 연하 곤란으로 식사가 어려울 수 있기 때문에 부드러운 질감으로 점도를 조절하여 소량씩 자주 공급하도록 한다.

CHAPTER **15**

선천성대사질환

1. 페닐케톤뇨증
2. 단풍시럽뇨증
3. 호모시스틴뇨증
4. 티로신혈증
5. 요소회로 대사 이상
6. 갈락토스혈증
7. 글리코겐저장병

학습목표

1. 아미노산 대사장애의 원인과 증상 및 영양관리 원칙을 설명할 수 있다.
2. 당질 대사장애의 원인과 증상 및 영양관리 원칙을 적용할 수 있다.

선천성대사질환(inborn error of metabolism)은 영양소의 대사과정에 필요한 특정 효소나 조효소의 부재 혹은 기능 저하로 인하여 나타나며, 대부분의 대사질환은 열성으로 유전된다. 특정 효소의 기질이 체내에 축적되고, 제때 진단되지 못하면 치료가 늦어져 이른 나이에 사망하게 된다. 최근 분석기술의 발달로 다양한 대사질환들이 새롭게 발견되고 있으며, 현재 알려진 종류만 해도 약 400여 종에 이르고 있다. 많은 선천성대질환이 임신 중에 진단이 가능하며, 이러한 대사질환 증세를 보이는 환자는 적극적인 영양관리가 필요하다. 영양관리는 결손되었거나 기능이 저하된 효소에 대한 기질의 양을 제한하거나, 최종산물의 양을 보충하거나 조효소를 보충하는 방법들을 사용한다.

선천성대사질환은 크게 '아미노산 대사 이상'과 '당질 대사 이상'으로 구분할 수 있으며 **표 15-1**, 선천성대사질환 중 가장 흔히 발생하는 것이 페닐케톤뇨증 등이다.

표 **15·1** 주요 선천성대사질환의 종류와 특징

구분	종류	결손효소/단백질	체내 축적물질	영양관리
아미노산 대사장애	페닐케톤뇨증	페닐알라닌 수산화효소	페닐알라닌, 페닐케톤	페닐알라닌 제한 티로신 보충
	단풍시럽뇨증	분지-케토산 탈수소효소 복합체	α-케토산	분지아미노산 제한
	호모시스틴뇨증	시스타티오닌 β-합성효소	호모시스테인	메티오닌 제한 시스테인 보충
	티로신혈증	푸마릴락토아세테이트 가수분해효소	티로신	페닐알라닌, 티로신 제한
당질 대사장애	갈락토스혈증	갈락토스 1-인산 유리딘 전이효소	갈락토스 1-인산	갈락토스 제한 대두단백분유
	당원병	글루코스 6-인산분해효소	글리코겐	정상 혈당 유지
요소회로대사이상증		요소회로 관여 효소	암모니아	아르기닌 보충 저단백식 양질의 단백질 공급 에너지 공급 비필수아미노산을 함유하지 않은 분유

1. 페닐케톤뇨증

1) 원인

페닐케톤뇨증(Phenylketouria, PKU)은 페닐알라닌 수산화효소(phenylalanine hydroxylase)의 부재나 기능 부족으로 페닐알라닌으로부터 티로신으로의 대사가 일어나지 않아 페닐케톤체가 축적되는 선천성대사질환이다 **그림 15-1**. 페닐케톤뇨증은 출생 직후 적절한 혈액검사만 이루어진다면 바로 진단할 수 있는 질환이다. 페닐알라닌의 혈청 내 수치가 20 mg/dL 이상일 때 페닐케톤뇨증으로 진단하며, 혈청 내 수치가 지속적으로 4~20 mg/dL이면 고페닐알라닌혈증으로 진단한다. 그 외 티로신 농도가 3 mg/mL 이하이며, 소변에 페닐피루브산(phenyl pyruvate)이나 *o*-하이드록시페닐아세트산(*o*-hydroxyphenylacetic acid)이 검출된다.

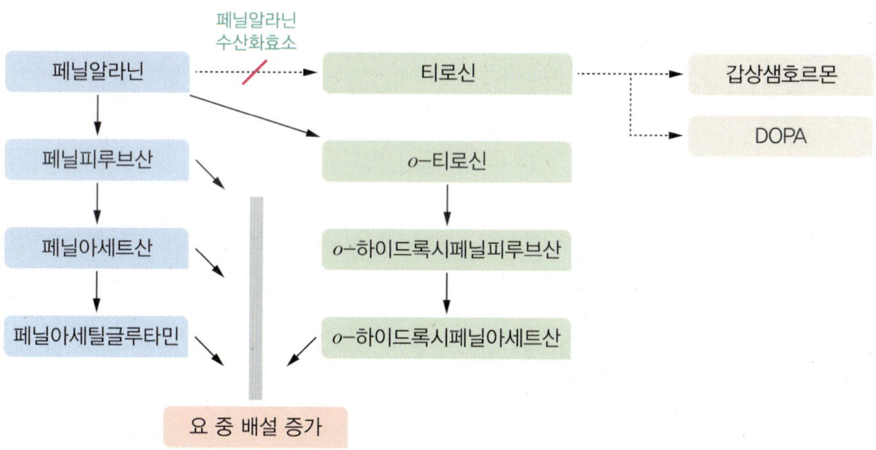

그림 **15-1** 페닐케톤뇨증의 대사장애

2) 증상

출생 직후에는 페닐케톤뇨증의 증상이 나타나지 않는다. 이 질환을 가진 영아는 비정상적으로 졸려하고 피곤해할 수 있고, 수유하기가 어려울 수 있다. 치료를 하지 않으면,

환아의 눈동자와 피부, 머리카락이 옅어지며, 습진과 비슷한 소발진이 생길 수 있다. 페닐케톤뇨증 환아들은 페닐알라닌의 대사 부산물인 페닐아세트산(phenylacetic acid) 때문에 소변과 땀에서 퀴퀴한 냄새가 난다. 추후 심한 정신지체를 보이게 되며, 발작, 과다행동, 불안정한 걸음걸이, 비정상적 자세, 공격적 행동, 정신과적 장애, 자폐증 등과 같은 여러 가지 신경학적 이상이 나타난다. 생후 1년까지도 치료를 받지 않은 환아는 IQ가 약 50 이하로 저하되나 생후 1개월 이내에 치료를 시작하면 지능 저하는 막을 수 있다.

표 **15-2** PKU 환자를 위한 식품교환표

<table>
<tr><th rowspan="2"></th><th rowspan="2">식품군</th><th rowspan="2">식품군명</th><th rowspan="2">식품 분류</th><th colspan="3">1단위(Phe 10 mg)당 평균치</th></tr>
<tr><th>에너지
(kcal)</th><th>단백질
(g)</th><th>중량
(g)</th></tr>
<tr><td rowspan="13">I</td><td rowspan="13">페닐알라닌 함유군</td><td>1군</td><td>곡류</td><td>7</td><td>0.2</td><td>3</td></tr>
<tr><td rowspan="3">2군</td><td>과일류</td><td>41</td><td>0.5</td><td>55</td></tr>
<tr><td>종실류</td><td>12</td><td>0.2</td><td>3</td></tr>
<tr><td>감자류</td><td>10</td><td>0.2</td><td>10</td></tr>
<tr><td rowspan="4">3군</td><td>녹황색채소</td><td>4</td><td>0.3</td><td>20</td></tr>
<tr><td>담색채소</td><td>11</td><td>0.4</td><td>30</td></tr>
<tr><td>버섯류</td><td>-</td><td>0.3</td><td>15</td></tr>
<tr><td>해조류</td><td>-</td><td>0.3</td><td>4</td></tr>
<tr><td rowspan="4">4군</td><td>어육류 및 난류</td><td>2</td><td>0.3</td><td>1.8</td></tr>
<tr><td>콩류</td><td>3</td><td>0.2</td><td>0.8</td></tr>
<tr><td>우유 및 유제품</td><td>9</td><td>0.2</td><td>7</td></tr>
<tr><td>분유, 치즈</td><td>4</td><td>0.2</td><td>1</td></tr>
<tr><td>5군</td><td>조미료</td><td>2</td><td>0.3</td><td>3</td></tr>
<tr><td rowspan="2">II</td><td rowspan="2">무페닐알라닌군</td><td rowspan="2">6군</td><td>설탕류</td><td></td><td></td><td></td></tr>
<tr><td>전분류</td><td></td><td></td><td></td></tr>
<tr><td rowspan="4">III</td><td rowspan="4">페닐알라닌과 에너지 조정에 사용되는 군</td><td>7군</td><td>유지류</td><td></td><td></td><td></td></tr>
<tr><td>기타</td><td>과자, 기호식품</td><td></td><td></td><td></td></tr>
<tr><td>치료용 식품</td><td></td><td></td><td></td><td></td></tr>
<tr><td>치료용 분류</td><td></td><td></td><td></td><td></td></tr>
</table>

자료 : 한영자 등, 2000

3) 영양관리

(1) 페닐알라닌 엄격 제한

혈중 비정상적으로 축적되어 있는 페닐알라닌을 정상 수준으로 유지할 수 있도록 기질인 페닐알라닌을 제한하고 최종산물인 티로신을 보충해 주어야 한다. 영유아에게는 페닐알라닌을 엄격히 제한하고, 학령기부터는 다소 완화할 수 있다. 대부분의 모든 단백질 식품은 페닐알라닌을 함유하고 있어 페닐알라닌 섭취량을 매일 계산하기 어렵기 때문에 PKU 식품교환표 **표 15-2**를 참조하여 페닐알라닌 섭취량을 파악할 수 있게 한다.

표 **15-3** 연령별 지시 영양량에 따른 단위 배분표

	연령(체중kg)		1개월 (4 kg)	5개월 (7 kg)	7개월 (8 kg)	10개월 (9 kg)	1~2세 (11 kg)	3~4세 (15 kg)	5~6세 (18 kg)	7~9세 (26 kg)	10~12세 (36 kg)	13~15세 (50 kg)
지시 영양량	Phe(mg/kg/일)		60	50	40	40	30	30	25	25	20	18
	Phe(mg/일)		240	350	320	360	330	375	450	650	720	900
	에너지(kcal)		480	750	880	950	1,200	1,400	1,600	1,800	2,100	2,300
	단백질(g)		14	21	24	27	30	40	45	50	60	65
식품의 분류 단위	치료용 Phe 제거 분유		0	0	0	0	0	0	0	0	0	0
			(56 g)	(100 g)	(120 g)	(120 g)	(138 g)	(99 g)	(110 g)	(110 g)	(135 g)	(137 g)
	조제분유		24	27	9	7	-	-	-	-	-	-
			(46 g)	(52 g)	(17 g)	(13 g)						
	1군	곡류	0	4	10	12	12	12	14	21	22	30
	2군	과일	0	0.2	1	1.5	2	2	2	2	3	3
		감자	0	0.3	1	2.5	3	5	7	10	12	15
	3군	채소	0	0.2	1	2	3	3	3	5	5	6
				0.3	2	2	3	4	4	7	8	9
	4군	어육난류	0	3	6	7	7	7	10	13	14	18
	5군	조미료	0	0	2	2	2	2	2	3	4	5
	6군	설탕, 전분	0	0	0	0	0	0	0	0	0	0
	7군	유지	0	0	0	0	0	0	0	0	0	0
	치료용 식품	전분미	0	0	0	0	1	2.5	3	3.5	4	4
섭취 영양량	Phe 섭취단위		24	35	32	36	33	37.5	45	65	72	90
	Phe(mg)		240	350	320	360	330	375	450	650	720	900
	에너지(kcal)		464	777	805	850	1,166	1,436	1,600	1,845	2,176	2,298
	단백질(g)		14	23	26	27	30	40	45	50	60	65

자료 : 희귀질환정보(helpline.nih.go.kr)

식품별 1단위(Phe 10 mg)당 식품 분량과 에너지 및 단백질량을 참고하여 페닐케톤뇨증 환자의 경우 단백질의 극심한 제한으로 인해 단조로워지기 쉬운 식단에 다양한 변화를 주도록 한다(부록 III 참조).

학령기 어린이들의 성장과 발달을 위해서는 제한된 양이지만 페닐알라닌을 함유한 단백질을 공급해야 한다. 성장에 필요한 페닐알라닌의 양은 5~10 mg/kg/일로 추정, 혈청 페닐알라닌 농도는 1주일에 한 번씩 검사하여 8 mg/dL 이하로 유지해야 한다.

식단 작성 시에는 처방을 기초로 하여 발육 시기에 따라 **표 15-3**를 참고로 어린이가 섭취해야 할 에너지, 단백질, 페닐알라닌의 양을 결정한다. **표 15-4**에는 식단의 예를 제시하였다.

표 **15-4** 페닐케톤뇨증 5세 여아(16 kg) 식단의 예

식사	메뉴	재료	사용량	Phe 함량(mg)
아침	백미	저단백밥(상용)	180	10.8
	채소조림	무	40	5
		버섯	10	7
		당근	5	1
		콩소메	2	7
	특수분유	특수분유	50	0
점심	김밥	저단백밥(상용)	100	6
		김	1	15
		오이	5	1
		단무지	5	2
		식초	7	1
		설탕	4	0
		소금	소량	0
	튀김	고구마	40	27
		호박	30	16
		완두	20	11
		밀가루	10	1
		조합유	10	0
		저염간장	2	2
	시금치나물	시금치	30	25
	방울토마토	방울토마토	20	6
	특수분유	특수분유	50	0

(계속)

식사	메뉴	재료	사용량	Phe 함량(mg)
간식	감귤	감귤	120	30
간식	감자칩	감자칩	20	48
간식	특수분유	특수분유	50	0
저녁	백미	저단백밥(상용)	180	10.8
저녁	팔보채	미역(건)	2	14
저녁	팔보채	삼엽초	2	1
저녁	팔보채	저염간장	2	3
저녁	팔보채	소금	소량	0
저녁	팔보채	베이컨	5	33
저녁	팔보채	양배추	30	8
저녁	팔보채	당근	5	1
저녁	팔보채	피망	5	1
저녁	팔보채	배추	20	2
저녁	팔보채	죽순	15	12
저녁	팔보채	표고	10	10
저녁	팔보채	무	20	1
저녁	살구	살구	180	60
저녁	특수분유	특수분유	50	0
합계				379

자료 : 희귀질환정보(helpline.nih.go.kr)

(2) 페닐알라닌 제한 조제유

영아 환자를 위하여 카제인의 가수분해물이나 아미노산을 이용하여 페닐알라닌을 완전히 제거하고 티로신을 강화한 PKU 조제분유가 시판되고 있다. PKU 환자를 위해 시판되는 상업용 제품의 특징을 **표 15-5**에 비교하였다. 조제분유 섭취 시 다른 식품 섭취를 고려하며, 하루 단백질 필요량의 85~90%를 공급받도록 한다.

(3) 기타 영양지원 시의 주의사항

아스파탐은 설탕의 200배 단맛을 가진 인공감미료로 페닐알라닌을 함유하고 있으므로 PKU인 환자에게는 사용할 수 없고, 식품을 선택할 때 아스파탐의 함유 여부를 확인해야 한다.

혈중 페닐알라닌 농도를 2~6 mg/dL 수준으로 유지하기 위해 자주 검사하며, 아동

표 **15-5** 상업용 PKU 치료용 조제분유

회사명	제품명	대상	무게 (g/용기 내 스푼)	페닐알라닌 (mg/100 g)	단백질 (g/100 g)	에너지 (kcal/100 g)
매일유업	PKU-1	신생아~3세	3.9	0	15.4	462
	PKU-2	4세~성인	4	0	30	425
Mead Johnson	Phenyl free 1	영유아, 어린이	4.5	0	16.2	500
	Phenyl free 2	어린이~성인	14.1	0	22	410
	Phenyl free 2HP	어린이~성인, 임산부	15.1	0	40	390
Ross	Phenex-1	영유아	8	0	15	480
	Phenex-2	어린이~성인	8	0	30	410
SHS	PKU periflex junior Plus	1세 이상 어린이	9	0	28	385
	Periflex advance	9세~성인, 임산부	–	0	35	385

자료 : 각 사 홈페이지

의 성장 및 정신적 발달을 돕기 위해 아동의 상태를 주의 깊게 관찰한다. 매일 식사를 기록하여 두면 치료나 자가관리에 도움이 될 수 있다. 식사요법을 계속하지 않으면 점차 지능이 낮아지고 학습능력이 저하되며, 주의집중시간이 짧아지고 행동에 어려움이 나타난다. 필요 이상으로 페닐알라닌 섭취량이 많아지거나, 혹은 에너지 섭취 부족이나 감염, 외상 등으로 체조직의 분해가 일어나면 아미노산이 방출되어 혈중 페닐알라닌 농도가 상승하게 된다. 대부분 식욕 부진으로 인해 식품 섭취량이 감소하므로 조직의 분해를 방지하기 위해서는 가능한 많은 음식을 섭취하는 것이 중요하다.

4) 영양교육

(1) 어린이

PKU인 어린이의 에너지와 단백질 필요량은 정상 아동과 동일하다. 중요한 것은 어린이 자신과 보호자들이 스스로 적절하게 식품을 선택할 수 있도록 교육하는 것이다. 2~3세 아동들에게는 섭취해도 되는 식품을 구별하는 방법을 가르치고 점차 교육내용을 확대하는 것이 필요하다.

(2) 성인

저페닐알라닌 식사를 권장하며, 식품교환표를 활용하여 다양한 식품을 선택할 수 있도록 한다. 성인기 동안 식사관리를 잘 수행하면 혈중 페닐알라닌 농도를 낮게 유지할 수 있을 뿐 아니라 지적 수행능력, 반응시간, 문제 해결능력이 개선될 수 있음을 상기시키고, 지속적인 관리가 중요함을 교육한다.

2. 단풍시럽뇨증

1) 원인

단풍시럽뇨증(maple syrup urine disease, MSUD)은 루신, 이소루신, 발린 등의 분지아미노산의 탈산화를 촉진시키는 탈탄산 분해효소가 선천적으로 결핍되어 발생한다 그림 15-2.

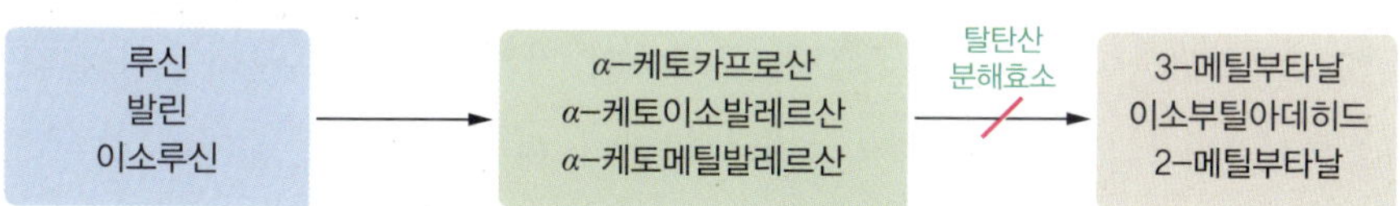

그림 15-2 단풍시럽뇨증 대사 이상

2) 증상

단풍시럽뇨증은 소변에서 단풍나무시럽과 같은 캐러멜 냄새가 나기 때문에 붙여진 이름이며, 혈액 중 분지아미노산 3가지와 아미노산 유래 케토산의 농도가 증가한다.

정상적으로 보이던 신생아가 출생 4~5일 후에 잘먹지 않고, 구토, 무기력 및 주기적 고혈압 증세를 나타내게 된다. 생후 1주일 후에는 소변과 호흡 시 특징적인 단 냄새가 난다. 1주일 이내 치료를 시작하지 못하면 산성증, 신경장애, 발작, 혼수에 이어 사망에 이른다. 즉각적으로 분지아미노산을 제한하고, 복막투석과 수분 공급이 필요하다. 혈중 루신 농도가 190 μmol/L 이하로 떨어지면 분지아미노산을 제공한다. 반면에 혈중 루신 농도가 1,525 μmol/L 이상으로 높아지면 즉시 식사에서 루신을 제거하고, 정맥치료를 해야 한다. 혈중 루신 농도는 2~5 mg/dL(150~380 μmol/L) 수준을 유지하는 것이 바람직하며, 10 mg/dL(760 μmol/L) 이상이 되면 케토산혈증이나 신경장애 증상을 나타내고, 심할 경우 혼수, 사망에까지 이를 수 있다.

조기에 발견하여 빨리 대처할수록 정상적으로 성장할 가능성이 높다. 상업적으로 시판되는 제품은 BCAA-free formular(매일), Ketonex-1, Ketonex-2(Ross) 등이 있다.

3) 영양관리

장기간 영양관리의 목표는 혈장 아미노산 농도를 정상범위 내로 유지시키는 것으로 식후 2~4시간의 정상 아미노산 농도는 **표 15-6**과 같다.

분지아미노산의 필요량은 개개인의 탈탄산효소의 활성 정도에 따라 다르고 연령, 성장, 건강상태에 따라서도 다르다. 일반적으로 치료 시작 시 가장 적은 양으로 시작하고, 혈중 분지아미노산 농도를 자주 측정하여 필요량을 조절한다. 이들 아미노산은 필수아미노산이므로 결핍증이 일어나지 않도록 주의하며, 각각의 결핍증은 다음과 같다.

- 이소루신결핍증 : 체중 변화가 없거나 약간의 체중 감소, 볼 점막이 붉어짐, 구각염, 사지떨림, 혈청 콜레스테롤 감소, 피부박리
- 루신결핍증 : 식욕 감소, 무관심, 자극 과민성, 체중 변화가 없거나 체중 감소, 혈장 리신 감소
- 발린결핍증 : 식욕 불량, 졸음, 영아에서 지나친 자극과민성과 울음, 체중 감소나 체

표 15-6 단풍시럽뇨증의 식후 2~4시간의 정상 아미노산 농도

아미노산	μmol/L	mg/dL
알라닌	275~450	2.4~4.0
알로이소루신	0	0
이소루신	50~105	0.6~1.4
루신	50~185	0.6~2.4
발린	130~318	1.5~3.7

자료 : Acosta PB et al., 2001

중 증가 지연, 혈장 알부민이 감소

식단 작성 시 에너지, 단백질, 루신, 이소루신, 발린의 1일 필요량은 개별적으로 평가하여야 하며, 영아와 소아에서는 정상적인 성장에 필요한 양을 산정하고, 성인에서는 정상 체중을 유지할 수 있도록 해야 한다. 단풍시럽뇨증 영아와 소아의 영양소 섭취기준은 정상 아동과 동일하며, 아미노산 필요량은 지침을 참고하여 제공한다(부록 III 참조).

유아의 경우 필요한 최소량의 분지아미노산을 공급하기 위해 상업적으로 시판되는 특수분유에 일반 조제우유를 소량씩 첨가한다. 아동과 성인에게는 저단백식품을 제공하고, 이를 위해 단풍시럽뇨증 환자를 위한 식품교환표를 이용하여 루신, 이소루신, 발린의 1일 섭취량을 계산할 수 있다 **표 15-7**.

표 **15-7** 단풍시럽뇨증 환자를 위한 식품교환표

식품군	이소루신(mg)	루신(mg)	발린(mg)	단백질(g)	에너지(kcal)
곡류군	18	35	25	0.4	30
지방군	7	10	7	0.1	70
과일군	17	25	22	0.6	75
채소군	22	30	24	0.6	15
자유식품 A	3	5	4	0.1	50
자유식품 B	0	0	0	0.0	55
우유(100 mL)	203	329	224	3.4	62

자료 : Acosta PB et al., 2001

3. 호모시스틴뇨증

1) 원인 및 증상

호모시스틴뇨증(homocystinuria)은 함황아미노산 대사에 관여하는 효소가 결핍되어 혈액과 요중 호모시스테인의 농도가 높아지는 질환으로 시스타티오닌 β-합성효소(cystathionine β-synthase) 이상이 가장 많다.

시스타티오닌 β-합성효소가 결핍되면 혈액 중 메티오닌과 호모시스테인이 축적되고

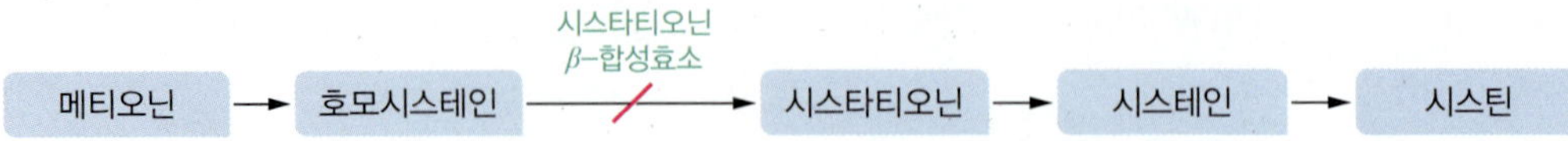

그림 **15-3** 호모시스틴뇨증의 대사 이상

시스테인과 시스틴은 결핍된다. 주된 증상으로 지능 저하, 경련, 척추 기형, 발육장애 등을 나타낸다.

2) 영양관리

시스테인은 비필수아미노산이지만, 호모시스틴뇨증에서는 효소 결함으로 인해 시스테인이 필수아미노산으로 되어 성장 발육과 건강 유지를 위한 양을 충분히 공급해야 한다. 기본적으로는 시스테인이 첨가된 저메티오닌 분유를 중심으로 하여 최소 필요량의 메티오닌을 제공한다. 시판되는 분유로는 메티오닌프리가 있다. 식품 중 단백질에는

표 **15-8** 호모시스틴뇨증의 1일 영양권장량

연령		메티오닌	시스틴	단백질	에너지	수분
영아		(mg/kg)	(mg/kg)	(g/kg)	(kcal/kg)	(mL/kg)
0~3개월 미만		15~30	300	3.5~3.0	120	150~125
3~6개월 미만		10~25	250	3.5~3.0	115	160~130
6~9개월 미만		10~25	200	3.0~2.5	110	145~125
9~12개월 미만		10~25	200	3.0~2.5	105	135~120
소아		(mg/d)	(mg/d)	(g/d)	(kcal/d)	(mL/d)
1~4세 미만		10~20	100~200	30	1,300	900~1,800
4~7세 미만		8~16	100~200	35	1,700	1,300~2,300
7~11세 미만		6~12	100~200	40	2,400	1,650~3,300
여아	11~15세 미만	6~14	50~150	50	2,200	1,500~3,000
	15~19세 미만	6~12	25~125	50	2,100	1,200~3,000
	19세 이상	4~10	25~100	50	2,100	1,400~2,500
남아	11~15세 미만	6~14	50~105	55	2,700	2,000~3,700
	15~19세 미만	6~16	25~125	65	2,800	2,100~3,900
	19세 이상	6~15	25~100	65	2,900	2,000~3,300

자료 : 한국보건사회연구원, 2000

0.9~3.6%의 메티오닌이 포함되어 있으므로 식품성분표를 참조하여 메티오닌의 섭취량을 계산한다 **표 15-8**. 베타인(betaine)은 호모시스테인을 메티오닌으로 변환시키는데 관여하므로 베타인을 보충하기도 한다.

4. 티로신혈증

1) 원인

티로신혈증(tyrosinemia)은 티로신 대사에 관여하는 효소들의 부족으로 인해 혈중 티로신 농도가 정상치보다 증가하고, 티로신과 그 대사산물이 간, 중추신경계, 신장에 축적되어 여러 가지 증상을 일으키는 질환이다.

2) 증상

티로신혈증은 3가지 유형이 있으며, 1형 티로신혈증은 티로신 대사에 관여하는 효소 중 푸마릴락톤아세테이트 가수분해효소(fumarylacetoacetate hydrolase) 결핍으로 발생한다. 1형 티로신혈증의 경우 간과 신장에 손상을 주어 간과 비장의 비대, 황달, 출혈, 발육 지연, 체중 감소, 간기능장애를 나타낸다. 2형 티로신혈증은 티로신 아미노전이효소(tyrosine aminotransferase)의 결함으로 나타나며, 주로 2~4세경 발생한다. 각막의 궤양, 수족의 각화증, 정신지체 등이 나타난다. 3형 티로신혈증은 발생빈도는 매우 드물지만, 4-하이드록시페닐피루브산 디옥시제나아제(4-hydroxyphenylpyruvate dioxygenase) 결함으로 발생하며, 정신지체, 발작, 간헐적인 운동실조를 나타낸다 **그림 15-4**.

3) 영양관리

티로신혈증인 환자의 식사 처방은 페닐알라닌 대사 이상의 경우와 유사하나 식사에서 페닐알라닌과 티로신 모두를 제한해야 한다. 혈액 내 페닐알라닌과 티로신 농도를 정상

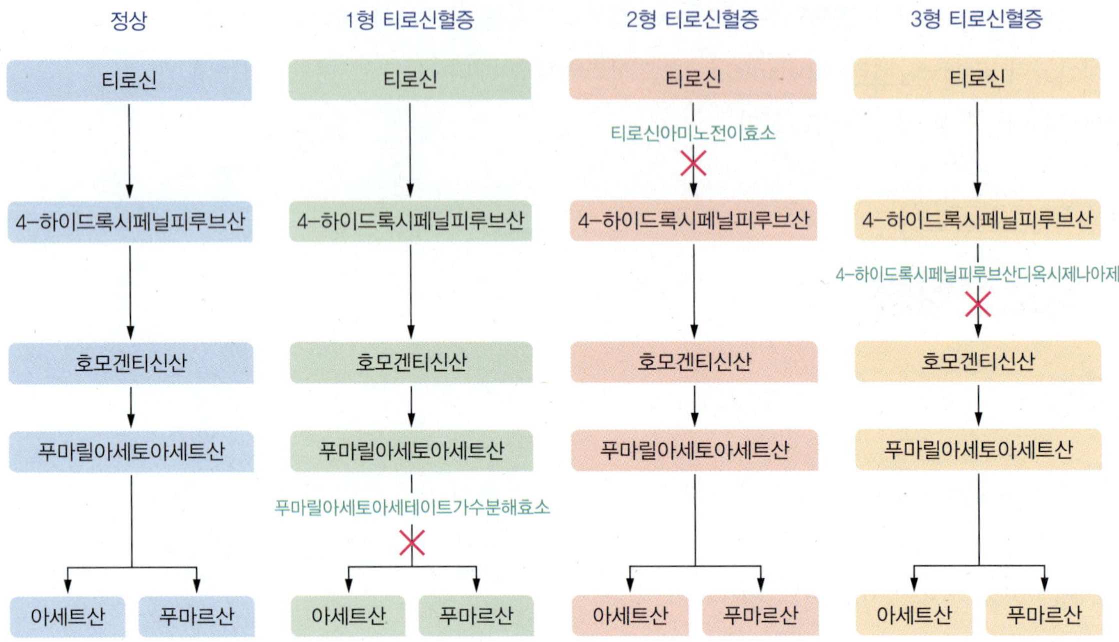

그림 **15·4** 티로신혈증의 대사 이상

수준 **표 15-9**으로 유지할 수 있도록 한다.

식사계획 시에는 간 대사 부담을 최소화하기 위해 단백질 섭취량을 제한하고, 적당량의 비타민 C(50~100 mg/일)를 공급하여 티로신 대사를 도와주도록 한다. 티로신혈증 식품교환표를 이용하여 페닐알라닌과 티로신의 1일 섭취량을 계산한다 **표 15-10**. 시판되는 분유로는 TYR anamix가 있다.

표 **15·9** 티로신혈증의 식후 2~4시간의 정상 아미노산 농도

아미노산	μmol/L	mg/dL
페닐알라닌	35~90	0.58~1.49
티로신	40~80	0.72~1.45
메티오닌	18~45	0.27~0.67

자료 : Acosta PB et al., 2001

표 **15-10** 티로신혈증 환자를 위한 식품교환표

식품군	페닐알라닌(mg)	티로신(mg)	단백질(g)	에너지(kcal)
곡류군	30	20	0.6	30
지방군	5	0	0.1	60
과일군	15	10	0.5	60
채소군	15	10	0.5	10
자유식품 A	5	4	0.1	65
자유식품 B	0	0	0	55

자료 : Acosta PB et al., 2001

5. 요소회로 대사 이상

1) 원인과 증상

단백질 및 펩티드, 아미노산, 핵산 등 질소 함유 분자는 최종적으로 암모니아로 전환된다. 요소회로 대사 이상(inborn error of urea cycle)의 경우 대부분 오르니틴 카바밀전이효소(ornithine trans-carbamylase)의 결핍에 의해 발생한다 **그림 15-5**. 이 효소는 요소회로에서 카바밀인산(carbamylphosphate)과 오르니틴(ornithine) 결합을 촉매하여 시트룰린을 형성한다. 결핍될 경우 고암모니아혈증이 초래되고 이와 관련된 구토, 무기력, 점진적인 발작, 혼수 등의 다양한 신경학적 증상이 나타난다. 그 외 카바밀인산 합성효소, 아르기니노숙신산 합성효소, 아르기니노숙신산 분해효소, 아르기닌분해효소 등의 결핍으로 인해 요소회로대사이상증이 발생한다.

2) 영양관리

치료를 위해서는 단백질 및 질소 함유 물질을 제한하며, 에너지, 비타민, 무기질은 충분히 제공한다. 아르기나아제의 결핍인 경우에는 L-카르니틴을 400~700 mg/kg·BW/일 수준으로 보충해 준다.

요소회로대사이상증의 영양소 섭취기준은 일반 아동들과 동일하며, **표 15-11**에는 요소회로대사이상증 환자를 위한 식품교환표를 제시하였다.

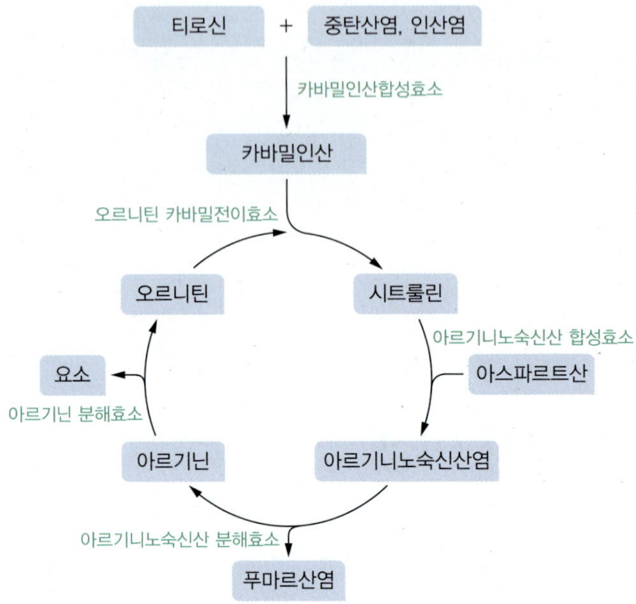

그림 **15-5** 요소회로 대사이상증

표 **15-11** 요소회로대사이상증 환자를 위한 식품교환표

식품군	단백질(g)	에너지(kcal)	식품군	단백질(g)	에너지(kcal)
곡류군	1.0	50	우유	3.2	60
과일군	0.5	60	조제분유	1.7	70
채소군	0.5	10	견과류	1.0	35
지방군	0.1	45	어육류	1.0	11
자유식품	0.1	55	난류, 콩류	1.0	15

6. 갈락토스혈증

1) 원인

유당은 소장 내의 락타아제에 의해 갈락토스와 포도당으로 분해된 후 흡수되며, 갈락토스는 세 가지 효소반응의 단계에 의해 포도당으로 변환된다. 갈락토스혈증(galactosemia)은 이러한 과정 중의 필수 효소인 갈락토스-1-인산염 우리딜 전이효소

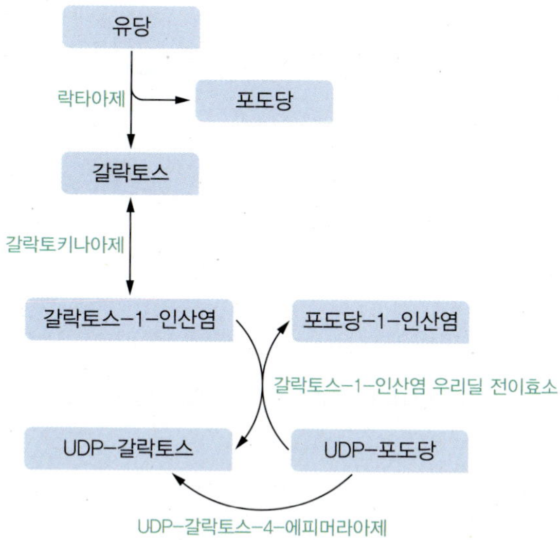

그림 **15-6** 갈락토스 대사 이상

(galactose-1-phosphate uridyl transferase), G-1-PUT, 갈락토키나아제 1 또는 UDP-갈락토스-4-에피머라아제가 부족해서 체내에 갈락토스가 축적되어 발생하는 질환이다 **그림 15-6**.

2) 증상

증세는 생후 2주 정도에 발현되기 시작하고, 구토, 설사, 무기력, 성장 지연, 황달, 간 비대, 백내장, 정신지체 등이 나타난다. 일부에서는 저혈당 증세를 보이기도 하고, 그람음성균에 대한 저항력이 저하되며, 방치하면 정신지체나 패혈증으로 인해 사망에 이르게 된다.

3) 영양관리

현재 신생아 스크리닝 검사로 선별하여 특별 식사 조절을 할 수 있으며, 적절한 식사가 진행되면 정상적으로 성장하고 발달할 수 있다. 영양관리 목표는 영아와 소아의 경우는 정상 성장·발달이고, 성인은 적절한 체중과 정상 영양상태를 유지하는 것이다. 식후 2~4시간의 적혈구 내 G-1-P 농도는 2~4 mg/dL로 유지하고, 혈액과 소변 내 갈락토스가 없는 상태로 유지하도록 한다.

(1) 갈락토스 제한

모든 종류의 우유 및 유제품을 엄격하게 금한다. 영아의 경우 갈락토스가 포함되는 않는 카제인 가수분해분유나 콩단백분유를 사용하며, 유아는 두유를 공급하도록 한다. 시판되는 제품으로는 베지밀베이비(정식품), 뉴트라미겐(메드존슨), 이소밀(로스), 베이비웰

표 **15-12** 갈락토스 제한식에서 허용식품과 제한식품

식품 종류	허용식품	제한식품
음료수	콩단백질 분유(soy-based formula) 또는 카제인 가수분해 조제식, 탄산음료, 과즙음료, 토마토주스, 커피, 홍차	우유, 유제품
빵류	우유나 유제품을 넣지 않고 만든 빵, 바게트 빵, 대부분의 베이글, 가염크래커	우유, 유당을 함유하고 있는 빵, 머핀, 비스킷, 팬케이크 등
시리얼	우유를 함유하고 있지 않은 제품	우유를 함유하고 있는 제품
감자류	감자, 고구마, 마카로니, 국수, 쌀, 스파게티 등	우유나 버터가 들어간 매시드포테이토, 가공 중 유당이 들어간 프렌치프라이 등
치즈	없음	모든 치즈와 치즈 제품
후식류	젤라틴, 과일 아이스바, 과일이 들어간 파이, 과일푸딩, 우유를 넣지 않고 만든 제품	우유, 크림, 버터, 요구르트가 들어간 아이스크림, 케이크, 쿠키, 커스터드, 푸딩, 파이
달걀	모든 달걀	우유나 유제품, 버터, 크림이 들어간 스크램블, 오믈렛
지방	땅콩버터, 견과류, 식물성 기름, 동물성 지방, 유제품이 함유되어 있지 않은 드레싱, 다이어트 마가린	버터, 마가린, 시판 샐러드 드레싱, 우유를 함유하고 있는 크림 소스제품
과일, 과일주스	모든 생과일, 냉동과일 또는 통조림 과일, 유당을 함유하지 않은 과일주스	유당을 함유하고 있는 과즙음료나 제품
육류	쇠고기, 돼지고기, 햄, 베이컨, 햄버거, 닭고기, 칠면조고기, 오리고기, 생선, 어패류 등	분유를 함유하고 있는 제품, 즉 볼로냐 소시지, 살라미 소시지, 내장육
수프	맑은수프, 채소수프, 닭고기수프, 쇠고기수프, 묽은수프(broth), 콩소메, 소·닭고기의 맑은수프(bouillon), 허용된 재료로 만든 수프	우유로 만든 크림수프, 시판 수프, 가루수프
당류	설탕, 꿀, 메이플시럽, 콘시럽, 젤리, 잼, 마멀레이드, 테이블 시럽, 사탕, 껌, 마시멜로, 흑설탕	우유나 버터, 크림이 들어간 제품(예 : 버터스카치, 캐러멜, 밀크초콜릿)
채소류	채소	조리중 유당이 함유된 제품
기타	소금, 후추, 양념, 식포, 케첩, 피클, 토마토소스, 코코넛 등	우유, 유장, 응고된 유장, 커드, 카제인, 카제인염을 함유하고 있는 제품, 발효된 간장

자료 : Acosta PB et al., 2001

소이, 호프알레기 등이 있다. 대추야자, 파파야, 파프리카, 감, 토마토, 수박 등은 가식부 100 g당 10 mg 정도의 갈락토스를 함유하고 있으므로 이들 식품도 제한해야 한다. 갈락토스 제한식에서 허용식품과 제한식품은 표 15-12에 나타내었다.

(2) 단백질

단백질은 정상 아동 및 성인의 1일 영양소 섭취기준에 맞게 공급한다. 조제두유나 고형식의 단백질 함량을 계산하여 섭취량을 조절하고, 3~4개월 이후의 영아에게는 다양한 이유식을 제공하도록 한다.

(3) 에너지

에너지는 정상인의 1일 영양소 섭취기준에 맞게 공급한다.

7. 글리코겐저장병

1) 원인과 증상

글리코겐저장병(당원병, glycogen storage disease)은 간에서 글리코겐이 포도당으로의 전환되지 않는 질병으로 결핍된 효소의 종류나 유형에 따라 13가지 형태로 구분하는데 가장 흔한 것은 제1형과 제3형이다. 증상으로는 성장 지연, 저혈당증, 간 비대 및 콜레스테롤과 중성지방의 대사 이상이 나타난다.

제1형(von Gierke's disease)은 포도당-1,6-인산화효소(glucose-1,6-phosphatase)의 결핍이 원인이고, 심각한 저혈당 증세를 나타낸다. 제3형(Cori's disease)은 아밀로-1,6-글루코시다아제(amylo-1,6-glucosidase)의 부족으로 글리코겐이 분해될 때 가지 친 부위에서 더 이상의 분해가 일어나지 않게 된다. 제3형의 증상은 제1형에 비해 덜 심하고 단순한 간 비대에서 심각한 저혈당증까지 증상은 다양하다.

2) 영양관리

제1형의 경우 저혈당 증세를 방지하기 위해 생옥수수전분을 위주로 하는 고당질·저지방 식사가 권장되고 있으나, 생전분을 먹는 것이 힘든 경우에는 포도당 중합체를 위로 직접 제공하는 방법도 시도되고 있다. 혈당을 일정한 수준으로 유지할 수 있도록 잘 관리하면 심각한 저혈당증의 위험도 감소하고 성장률 개선 및 간의 크기도 정상으로 회복할 수 있다. 제3형의 경우 옥수수전분을 이용한 식사요법에 고단백(총 에너지의 25%)·중지방(총 에너지의 30%)의 식사패턴을 권장한다.

알아보기 글리코겐저장병의 영양관리지침

정상 혈당수치를 유지하고 저혈당 예방을 위한 식사관리

1) 낮 동안의 잦은 섭취 : 식간이나 밤시간 이전에 복합당질로 이루어진 소량의 잦은 식사나 간식 섭취를 권장한다.
2) 비위관 튜브나 위루관이 있다면 밤 동안 지속적으로 당분을 주입한다. 영유아는 8~10 mg/kg/분, 소아는 6~8 mg/kg/분의 당분 주입을 권장한다.
3) 유아기부터 생옥수수가루를 섭취한다. 식간이나 자기 전에 섭취하여 식사에 방해하지 않도록 한다.

성장과 발달을 위한 식사관리

1) 복합당질은 하루 섭취량의 60~70% 정도가 적당하고, 옥수수전분가루나 빵, 쌀, 감자 등의 정제하지 않은 곡물의 전분가루를 권장한다. 영유아는 유당과 자당의 섭취를 엄격하게 제한하고, 설탕, 과일주스, 액상과당 등이 함유된 가공음료를 제한한다. 유아기 때 하루 권장량은 약 42 g의 치즈나 1컵의 요구트르 혹은 1컵의 탈지유가 적당하다. 저혈당 예방을 위해 지속적인 혈당검사가 필요하며, 옥수수가루 섭취가 과도하게 공급되지 않도록 한다. 체중이 과도하게 증가 시, 점차적으로 옥수수전분가루 섭취량을 줄이고 물에 섞어서 공급한다.
2) 단백질은 하루 에너지 섭취량의 10~15% 정도가 적당하고, 당질이나 단백질이 필요한 영유아에게 두유가 권장된다.
3) 지방은 하루 섭취량의 10~15% 정도가 적당하고, 카놀라유나 올리브유 등을 권장한다.
4) 성장과 골무기질화를 위한 칼슘, 비타민 D를 공급한다.
5) 빈혈과 철 결핍을 예방하기 위해서는 철을 공급한다.

자료 : 서울아산병원

CHAPTER **16**

약물과 영양

1. 약물의 일반 특성
2. 약물이 영양소 이용에 미치는 영향
3. 식품이나 영양소가 약물작용에 미치는 영향

학습목표

1. 약물의 작용 기전을 설명할 수 있다.
2. 약물이 영양소 이용에 미치는 영향을 설명할 수 있다.
3. 식품이나 영양소가 약물작용에 미치는 영향을 설명할 수 있다.

약물은 체내에서 여러 단계의 대사과정을 통해 그 효과를 나타내므로 약물과 영양소 대사 간 상호작용이 있으며, 영양은 약물의 효율을 결정하는 중요 인자이다. 약물 투여는 영양상태에 영향을 미칠 수 있고, 식욕을 변화시켜 식품 섭취에 영향을 미치며, 영양소의 흡수, 대사, 배설에 영향을 줌으로써 영양상태의 변화를 초래할 수 있다. 반면 음식물은 소화기에서 약물의 흡수를 지연시킬 수 있으며, 약물의 흡수 및 대사, 배설에 영향을 줄 수 있다.

1. 약물의 일반 특성

1) 작용기전

약물은 질병을 예방, 진단, 치료하는 데 사용되는 화학물질로서, 체내에서 이루어지는 대사 기전을 증가시키거나 감소시킨다. 약물은 효소와 조효소의 기능 조절, DNA를 자극하여 단백질 합성 자극, 세포막 투과성의 증가, 혹은 결합제(금속이온의 경우)로 작용하여 약리효과를 나타낸다.

약물 작용 기전으로 가장 보편적인 것은 약물과 작용기관의 수용체가 결합하여 약물-수용체 복합체를 형성하는 것으로 약물의 반응 정도는 약물-수용체 복합체가 얼마나 형성되는가에 비례한다. 그러나 약물이 적절한 수용체가 아닌 다른 물질과 결합되면 불필요한 반응, 즉 부작용이 나타나게 된다.

2) 투여방법

약물의 투여경로는 약물의 화학적 특성, 원하는 약물효과 및 환자의 특징 등에 따라 결정된다. 체내 전체로 퍼지는 약물은 위장관을 통해 투여하는 경우가 가장 많은데, 대부분이 경구 투여용이고 간혹 혀 밑에 투여하거나 튜브를 통해 위나 소장으로 직접 공급할 수 있고, 항문을 통해 공급할 수도 있다.

그 외에 비경구 투여, 피부나 점막 투여, 흡입의 경로로도 약물을 제공할 수 있다. 비경구 투여방법은 근육주사, 피하주사, 정맥주사 등이 있다. 국소요법은 피부나 점막을 통해 직접적으로 흡수되는 패치가 속한다. 흡입경로를 통하는 것은 마취제, 천식약 등을 들 수 있다.

3) 대사과정

(1) 흡수

약물의 흡수기전은 영양소 흡수기전과 동일하다. 수동확산, 촉진확산, 능동수송 방법에 의하여 약물 투여 부위로부터 혈액 또는 림프로 운반된다. 약물의 용해도는 약물의 형태(현탁액, 캡슐, 알약 등)에 따라 달라지고, 용해도 조절을 위해 첨가제를 이용하기도 한다(예 : 인슐린에 프로타민황산염 첨가로 용해도를 감소시켜 인슐린이 너무 빨리 흡수되지 않도록 한다).

약물을 식사와 같이 복용하면 약물의 농도가 낮아지고 흡수는 천천히 일어난다. 약물 분자 크기가 클수록 천천히 흡수되고, 지용성 경향이 클수록 세포막을 잘 통과하여 흡수가 빠르다. 이온화가 될수록 흡수속도는 낮아진다. 따라서 약물이 강산 혹은 강염기면 이온화되어 막을 잘 통과할 수 없어 흡수가 잘 안 된다. 위 배출이 지연되면 약물 흡수가 천천히 일어난다. 혈관이 많은 근육에 주사 시 흡수는 빠르다. 반면 피하에 주사하면 저장지방이 많아 흡수속도는 지연된다.

(2) 체내 분포

약물이 순환계로 들어가면 혈액에 희석되므로 약물의 분포는 혈액량과 같으며, 작용기관으로의 혈액 공급량이 많을수록 약물은 빨리 분포된다. 또한 작용기관에는 유리형 약물이 들어가므로 약물이 혈중 알부민과 결합하면 작용기관에 들어가지 못하여 약물의 체내 분포가 느려진다. 따라서 단백질 부족이 심하면, 혈장 내 알부민이 저하되어 유리형 약물이 많아져 약물효과가 빨리 나타난다. 이럴 경우 소량의 약물을 공급해도 충분한 효과가 나타나며, 동량 공급하면 약물 과잉현상을 일으킬 수도 있다.

(3) 대사

약물의 대사는 약물의 물리적 성상을 변화시키는 생체 내 변환과정인데, 약물을 비활성화시켜 소변이나 담즙을 통해 배설되게 할 수도 있다. 약물 대사는 주로 간의 사이토크롬 P-450(cytochrome P450 isoenzymes) 계열 효소가 주로 담당한다. 어떤 약물은 사이토크롬 P-450의 억제제(inhbitor) 또는 유도체(inducer)로서 작용할 수 있는데, 억제제로 작용하는 약물은 약물 대사를 감소시켜 약물의 효능을 증가시키며, 유도체로 작용하는 약물은 약물 대사를 증가시켜 약물의 효능을 감소시킨다.

약물 투여용량은 약물의 대사율에 맞추어 조정되어야 한다. 치료 시 유효 투여용량 범위는 치료의 창(therapeutic window)이라 부르는데, 치료상의 혈중 농도가 유효 투여용량 범위보다 낮으면 효과가 없고, 유효 투여용량 범위보다 높으면 독성을 나타낸다. 또한 약물 대사에 니아신, 리보플라빈, 철, 아연, 마그네슘, 구리 등이 필요하므로 영양소 부족은 약물 해독작용에 영향을 미칠 수 있다.

(4) 배설

대부분의 약물은 소변으로 배설되나, 담즙과 위장관을 통해서도 배설된다. 휘발성 약물(예 : 기침약)은 폐를 통해 나가고, 일부는 땀, 눈물, 타액, 유즙 등을 통해 배설된다. 침을 통해 배설되면 미각을 변화시킬 수 있으며, 유즙을 통해 배설되면 수유 중인 유아들도 약물에 노출되므로 유의하여야 한다.

4) 효과

약물의 효과는 체중, 체구성분, 나이, 성별, 건강상태 등에 의해 영향을 받는다.

- 체중 : 체중이 적은 사람은 약 효과가 더 크게 나타나므로, 약물 투여 시 체중당으로 환산하여 투여하여야 한다.
- 신체 구성 : 체지방량이나 수분 함량에 따라 약물 효과가 다르다.
- 나이 : 영아는 약물 효과가 빠르게 나타나고 오래 지속된다. 이는 약물 대사 효소가 아직 덜 발달되었기 때문이므로 아이는 성인에 비해 소량을 사용해야 한다. 노인도 체중과 체구성이 변하므로 젊은이에 비해 약물 대사가 변화될 수 있음을 고

려해야 한다.

- 성별 : 여자가 남자에 비해 지방성분이 많고 수분량은 적으므로 남자에 비해 소량의 약물이 필요하다.
- 건강상태 : 간은 약물의 해독작용과 직접적으로 관계가 있으며, 신장은 약물 제거율과 관련된다. 부종이 있으면 약물 분포량이 커져 동량이어도 약물 효과가 덜 나타난다.

2. 약물이 영양소 이용에 미치는 영향

1) 섭취에 미치는 영향

약물 복용의 흔한 부작용인 오심, 구토, 설사, 변비, 식욕 감소 또는 증가 현상은 영양소 섭취에 영향을 미친다. 또한 타액 분비에 영향을 줄 수 있다. 예를 들어, 항우울제인 아미트립틸린(amitriptyline)은 타액 분비를 감소시켜 구강 건조, 식욕 저하, 거식증을 나타낸다. 일부 약물(예 : 항암제, 진통제, 심장병약, 항생제, 중추신경계약물, 항균제 등) 복용 후에는 금속맛, 짠맛, 단맛, 또는 고약한 맛 등이 느껴져 음식 섭취에 불편함을 호소하기도 한다. 일부 약물은 식욕 변화를 일으키기도 하는데, 코르티코스테로이드(부신피질호르몬제, 항염증스테로이드 약물을 통칭) 및 조현병 치료제 등은 포만감과 관련된 세로토닌 수용체를 방해하여 식품 섭취를 증가시켜 체중이 증가할 수 있다. 반면에 프로작(prozac)과 같은 항우울제는 식욕 감소로 체중을 감소시킨다.

또한 질병 자체에 의해 미각과 후각이 변하기도 하는데, 가장 간단한 예로 감기에 걸리면 후각이 둔화되거나 입맛이 변화되어 짠맛을 쓴맛으로 느끼게 되는 경우를 들 수 있다 표 16-1.

표 **16-1** 미각과 후각을 변화시키는 질병 및 상황

미각 및 후각 변화	관련 질병 및 상황
역치 증가	고령, 화상, 구리결핍, 아연결핍, 안면 마비, 뇌 손상, 갑상샘기능저하증, 만성신부전증, 낭포성섬유증, 쇼그렌증후군 등
예민도 변화	크레틴병, 월경, 임신, 당뇨병, 암, 신부전증, 혀 또는 구개 손상 질환, 쇼그렌증후군 등

2) 흡수에 미치는 영향

위장관기능에 관여하는 약물은 주로 다음과 같은 기전에 의해 영양소 흡수에 영향을 미친다.

(1) 식품의 장내 체류시간 감소

변비 치료제로 사용하는 완하제(laxatives)를 장기간 사용하거나 과량 복용하면 장의 연동운동이 증진되거나 칼슘과 칼륨 및 지용성 영양소 손실을 유발한다.

(2) 약물과 영양소 간 결합

고콜레스테롤혈증 치료제인 콜레스티라민(cholestyramine)은 지용성 비타민과 결합하여 지용성 비타민 흡수를 저해한다. 항생제인 테트라사이클린(tetracycline)은 칼슘과 결합하여 칼슘 흡수를 저해하므로 유제품과 함께 복용하지 않도록 한다. 그 외에 철, 마그네슘, 아연 등과 결합하는 항생제도 있으므로 무기질 보충제 복용에 유의한다.

(3) 위산 분비 감소

제산제는 위산 분비를 저하시켜 인의 흡수를 저하시키므로 인 결핍을 유도하여 저인산혈증을 나타낼 수 있다. 소화성궤양 치료제인 양성자 펌프 억제제는 위산 분비 저하로 칼슘 흡수에 영향을 줄 수 있다.

(4) 장점막 손상

통풍 치료제로 사용되는 항염증제인 콜키신(colchicine)은 점막 구조 변화로 락타아제의 활성 저하, 나트륨, 칼륨, 지방, 카로틴, 비타민 B_{12}의 흡수를 저해한다. 또한 아스피린의 장기 사용은 위나 소장 점막에 궤양을 일으켜 만성적 혈액 손실과 철 결핍을 가져올 수 있다.

3) 대사에 미치는 영향

약물은 단백질의 대사를 방해하거나 지방 대사를 변화시켜 혈장 중성지방 농도 및 콜레스테롤 농도를 증가 또는 감소시키며, 당질 대사에 영향을 주어 혈당을 증가 혹은 감소시킨다. 코르티코스테로이드는 당신생을 촉진하여 고혈당을 유발하거나 질소의 손실을 초래한다.

약물로 인해 비타민 길항작용이나 효소 생성능력이 변화됨으로써 세포의 대사작용이 변화한다 **표 16-2**. 항암제, 항염증제로 쓰이는 메토트렉세이트(methotrexate), 칼륨 보존성 이뇨제인 트리암테렌(triamterene)은 엽산 대사의 길항제로 작용하므로 장기간 복용은 엽산 결핍을 유도한다. 또한 발작을 치료하는데 쓰이는 페노바비탈(phenobarbital)과 페니토인(phenytoin)은 비타민 D의 대사율을 증가시키고, 이로써 칼슘과 비타민 D 대사의 변화를 가져와 골연화증과 구루병을 일으킬 수 있으며, 장기간 복용 시 엽산 농도 감소를 초래하므로 엽산 보충이 필요하다. 윌슨병에 복용하는 페니실라민(penicillamine)은 구리, 아연과 결합하여 구리와 아연의 영양상태가 나빠질 수 있다.

결핵 치료제인 이소니아지드(isoniazide)는 비타민 B_6의 대사 길항제로 작용하여 비타민 B_6의 영양상태를 저하시키므로 결핵약을 사용할 때는 비타민 B 복합체를 함께 준다. 경구피임제를 사용하는 사람에게 엽산, 리보플라빈, 비타민 B_1, 비타민 C의 임상적인 결핍이 유발될 수 있으므로 이들에게 비타민을 보충해 준다.

표 16-2 약물이 영양소 대사에 미치는 영향

의약품군	의약품 예	영양소 대사에 미치는 영향
항암제	메토트렉세이트(methotrexate)	엽산 길항작용, 엽산 및 비타민 B_{12}, 지방 흡수불량, 고요산혈증
칼륨 보존성 이뇨제	트리암테렌(triamterene)	엽산 길항작용, 전해질 불균형(고칼륨혈증)
항발작제	페노바비탈 (phenobarbital) 니토인(phenytoin)	엽산, 비타민 D와 비타민 K 대사 증가
결핵치료제	이소니아지드(isoniazide)	비타민 B_6 길항작용
항고혈압제	히드랄라진(hydralazine)	비타민 B_6 길항작용, Na 및 수분 보유(장기 복용 시)

4) 영양소 배설에 미치는 영향

영양소 배설에 영향을 미칠 수 있는 약물은 **표 16-3**에 요약하였다. 이뇨제는 칼륨, 마그네슘, 아연 등 무기질 배설에 영향을 준다. 이뇨제는 칼륨 고갈성과 보존성의 두 가지 종류가 있는데, 칼륨 고갈성 이뇨제의 경우 칼륨 보충이 필요하다. 한편 항고혈압제인 안지오텐신 전환효소 저해제는 칼륨 배설을 감소시키므로, 칼륨 보존성 이뇨제를 병행해서 사용할 때는 고칼륨혈증이 되지 않도록 유의한다.

스테로이드계, 항고혈압제, 항염증제 등의 약물 사용은 체내에 나트륨이나 수분을 축적시키는 부작용을 일으킨다. 코르티코스테로이드를 장기간 사용하면 심한 골손실(골다공증)을 일으키고 비타민 D 활성을 방해하기도 한다. 또한 칼륨과 칼슘의 배설을 증가시킨다. 코르티코스테로이드 복용으로 인한 당신생작용은 음의 질소균형을 가져오는데 이때 단백질 섭취량을 증가시키면 어느 정도 회복될 수 있다. 항고혈압제 복용 시 나트륨 보유로 인해 수분 축적을 유발한다. 진통제, 항염증제인 아스피린을 다량 복용하면 비타민 C 배설을 증가시키고, 철 결핍성 빈혈을 초래할 수 있으므로 보충이 필요하다. 또한 항염증제인 인도메타신(indomethacin)과 페닐부타존(phenylbutazone)은 나트륨과 수분 축적을 유발한다.

표 **16-3** 약물이 영양소 배설에 미치는 영향

의약품 군	의약품 예	영양소 배설에 미치는 영향
칼륨 고갈성 이뇨제	푸로세미드(furosemide)	K, Ca, Mg, Na, Cl, 수분 배설 증가, 전해질 불균형, 혈청 Zn 증가
	티아지드(thiazide)	K, Mg, Na, 수분 배설 증가, 전해질 불균형, Ca 배설 감소
칼륨 보존성 이뇨제	스피로노락톤(spironolactone)	Na, Cl, 수분 배설 증가, 전해질 불균형
호르몬	에스트로겐(estrogen)	Na, 수분 보유
	코르티코스테로이드(corticosteroids)	Na 배설 감소, K, Ca, N, Zn 배설 증가
항고혈압제	클로니딘(clonidine)	Na, 수분 보유
진통제, 항염증제	아스피린(aspirin)	다량 복용 시 비타민 C 배설 증가, K 고갈, 철 결핍성 빈혈 초래
	인도메타신(indomethacin)	Na, 수분 보유

3. 식품이나 영양소가 약물작용에 미치는 영향

1) 흡수에 미치는 영향

음식, 알코올 또는 영양보충제는 약물과 상호작용하여 약물의 작용에 영향을 미치는데, 이들 상호작용으로 인하여 약물의 흡수율 증가로 유용성이 증가되거나, 약물의 흡수율 감소로 치료효과가 떨어질 수도 있다. 이외에도 식품은 pH 및 삼투압을 변화시키거나 위장관의 연동운동에 영향을 미쳐 약물 흡수에 영향을 준다. 그러므로 약물은 식사 전 1시간이나 식후 2시간 후에 복용하는 것이 원칙이다. 골다공증 치료제인 포사맥스(fosamax)는 위에 음식이 있으면 흡수율이 현저히 감소된다. 그러나 두통, 근육통, 치통 등에 사용하는 아스피린, 피록시캄(piroxicam), 이부프로펜(ibuprofen) 등 진통소염제는 위를 자극할 수 있으므로 위장장애가 나타날 때는 음식 또는 우유와 함께 복용하는 것이 좋다.

항생제인 테트라사이클린은 2가 양이온(칼슘, 마그네슘, 철 등)과 불용성 염을 형성하므로 우유와 함께 먹으면 칼슘과 결합하여 약물이 흡수되지 못한다. 약물 흡수를 증가시키는 식품성분도 있는데, 항진균제인 그리세오풀빈(griseofulvin)은 지방성 식사 후 흡수가 촉진되므로 식사 직후 복용하는 것이 좋다.

2) 대사에 미치는 영향

영양소는 약물 대사에 관여하는 효소를 촉진 또는 억제하는 작용을 할 수 있다. 이로써 약물효과를 변화시켜 독성이나 부작용을 일으켜 사망까지도 이르는 경우가 발생한다. 단백질 영양상태가 불량하면 약물과 결합할 혈장 알부민 저하로 유리 약물 농도가 증가하게 되어 약효가 더 빠르고 크게 나타나 독성을 일으킬 우려가 있다. 세인트존스워트(St. John's wort)는 기관지 확장제인 테오필린(theophylline)이나 정신질환 치료제(세로토닌 재흡수 억제제, 조울증 치료제)의 작용을 약화시킬 수 있으므로 병용을 삼가야 한다.

또한 자몽주스와 아토르바스타틴(atorvastatin) 등의 이상지질혈증 약물을 함께 복용하면 약물의 효과를 과도하게 높여 부작용을 일으킬 수 있으므로 주의한다. 정맥혈전증 환자 등 혈액 응고 방지제 와파린을 장기 복용 시 석류주스를 많이 섭취하면 약효가 현저히 떨어질 수 있으므로 섭취에 주의하여야 한다. 크랜베리주스는 강한 신맛에 의해 소화성궤양 치료제인 란소프라졸(lansoprazole)의 흡수를 저해하고, 와파린의 대사를 방해할 수 있는 것으로 알려져 있어 이들 약물의 복용 시에는 섭취하지 않는 것이 좋다.

비타민 K(혈액 응고작용)가 많이 함유된 음식이나 비타민 K 보충제를 와파린(warfarin, 비타민 K 길항제)과 같이 복용할 때는 와파린 투여량을 증가시켜야 한다. 또한 마늘, 은행, 생강, 고춧가루, 오메가-3 지방산과 같은 건강기능식품도 혈액 응고에 영향을 줄 수 있다. 주요 질환의 약물 복용 시 음식과의 상호작용을 피하는 복약방법은 **표 16-4**와 같다.

알아보기 카페인-약물 상호작용

- 감기약, 복합진통제 : 약물 자체에 카페인이 들어 있는 경우가 많아 카페인 함유 식품과 함께 먹으면 중추신경계를 흥분시키는 역할이 증강되어 가슴이 두근거리거나 다리에 힘이 없어지는 증상이 나타날 수 있다.
- 항생제 : 약물이 카페인의 분해를 방해하여 혈액 중의 농도를 높여 카페인 작용을 지나치게 증가시킬 수 있다.
- 골다공증 치료제 : 카페인음료나 탄산음료는 신장이나 뼈에서 칼슘 배출을 촉진시키므로 골다공증에 좋지 않은 영향을 줄 수 있으므로 삼간다.
- 기관지확장제 : 커피나 초콜릿 등 카페인과 함께 먹으면 흥분, 불안, 심장 박동수 증가 등이 나타나므로 주의한다.
- 정신분열증 치료제(신경차단제) : 커피 혹은 홍차와 약물이 상호작용하여 형성된 물질은 매우 안정하여 약물 흡수와 효과를 방해한다.

알아보기 알코올-약물 상호작용

- 소염 및 해열 진통제 : 위장관 자극이 강한 아스피린 등을 복용 중인 사람은 알코올 섭취 시 위장관 출혈이 발생할 수 있으므로 음주를 제한한다. 또한 아세트아미노펜(acetaminophen) 성분은 간에서 대사되므로 알코올 분해로 부담을 갖는 간에 더욱 부담을 가중시켜 간 손상을 일으킬 수 있다.
- 항히스타민제 : 해열 진통제와 더불어 콧물이나 감기, 알레르기, 두드러기 등에 자주 사용되는데, 약물 복용 후에 술을 마시면 졸림, 어지럼증 등을 크게 증가시켜 안전사고 위험이 높아진다.
- 고혈압치료제, 당뇨병치료제, 이뇨제 : 알코올은 혈관 확장작용과 혈당 강하작용 그리고 이뇨작용이 있으므로, 약물과 알코올을 병용할 경우 과도한 이뇨·탈수 작용으로 인해 신독성이 나타날 수 있다. 또한 과도한 저혈압으로 인해 어지럼증을 일으켜 보행사고를 일으킬 수 있다.
- 혈액응고방지제(와파린 등) : 복용 전·후에 술을 마시면 위출혈 등 출혈 부작용 위험이 높아지고, 케토코나졸(ketoconazole) 등의 무좀약과 심바스타틴(simvastatin) 등의 이상지질혈증약도 알코올과 병용 시 간 손상이 나타날 수 있으므로 음주 시 삼가야 한다.

표 16-4 약물과 음식의 상호작용을 피하는 복약방법

질환군	의약품군	의약품 예	상호작용		
			피해야 할 음식	알코올	기타
알레르기	항히스타민제	브롬페니라민, 클로르페니라민, 세티리진 등	과일주스	중추신경 억제, 졸음 배가	
천식	기관지 확장제	알부테롤, 밤부테롤, 테오필린 등	고지방·고당질 식사, 카페인 함유식품	부작용 증강	세인트존스워트 병용 금기
관절염, 통증 및 발열	해열·진통제	아세트아미노펜		간 손상	
	비스테로이드성 진통제	아스피린, 아세클로페낙, 이부프로펜 등	우유와 복용 권장, 카페인 함유식품	위출혈, 간 손상	
	마약성 진통제	코데인, 히드로코돈, 옥시코돈 등		부작용 증강, 혼수·사망	
통풍	소염·요산 배설 촉진제	콜키신, 알로푸리놀, 프로베네시드 등	퓨린 함유 식품, 과당 첨가식품		다량 물로 복용, 알칼리성 식품 권장
골다공증	비스포스포네이트	알렌드로네이트, 이반드로네이트 등	카페인 함유 식품, 탄산음료, 고지방식사	칼슘 배설 촉진	
심혈관계질환	안지오텐신 전환효소 저해제	캅토프릴, 모엑시프릴, 라미프릴 등	매실, 바나나, 오렌지, 녹황색채소, 저염소금(칼륨 함유 식염 대용물)	기립성 저혈압	고칼륨혈증 초래
	안지오텐신II 수용체 길항제	칸데사르탄, 에프로사르탄 등			
	베타 차단제	아테놀롤, 나도롤, 메토프로롤 등		혈압 강하, 이상반응	
	알파 차단제	독사조신, 페콕시벤자민, 라조신 등	음식과 함께 복용		
	칼슘채널 차단제	암로디핀, 니페디핀, 니카르디핀 등	자몽주스(포멜로 포함)	저혈압	
	이뇨제	고리(loop)계 : 부메타니드, 푸로세미 등	알로에(저칼륨증)	기립성 저혈압	과일, 채소 권장(칼륨 보충)
		치아지드계 : 히드로클로로치아지드 등	알로에, 조미료 MSG		
		칼륨 보존성 : 아밀로라이드, 트리암테렌 등	매실, 바나나, 토마토, 오렌지, 녹황색채소, 저염소금(KCl 대용)		
	강심배당제	디곡신	식이섬유가 많은 음식		센나엽, 세인트존스워트, 감초 금기
	콜레스테롤 저하제	로바스타틴, 프라바스타틴, 심바스타틴 등	자몽주스(포멜로 포함)	간 손상	
	혈관 확장제	이소소르비드, 니트로글리세린 등		위험한 저혈압	
	비타민 K 길항제(혈액 응고 방지제)	와파린	비타민 K 함유 식품, 크랜베리주스, 비타민 E(400 IU 이상)	용량에 영향 출혈 초래	

(계속)

질환군	의약품군		의약품 예	상호작용		
				피해야 할 음식	알코올	기타
위·식도역류 질환	히스타민 길항제		시메티딘, 파모티딘, 니자티딘 등	카페인 함유식품	위염 악화	
	프로톤펌프 억제제		덱스란소프라졸, 에스오메프라졸			
	프로스타글란딘제제		미소프로스톨, 레바미피드 등	카페인 함유식품, 자극적인 음식	위염 악화	
	제산제		알마게이트, 보에마이트, 디오마그나이트 등	오렌지주스 등 과일주스 및 콜라		비타민 C는 알루미늄 흡수 증가
갑상샘 기능저하	갑상샘 치료제		레보티로신	콩식품, 목화씨가루, 호두 및 식이섬유, 자몽주스나 커피		칼슘, 철 보충제 금기
변비	완하제		비사코딜	우유(장용피 손상)		
감염증	항균제	퀴놀론계	오플록사신, 시프로플로사신, 레보플록사신, 에녹사신, 목시플록사신 등	유제품(우유, 요구르트), 무기질강화음료		카페인 배설 억제
		테트라사이클린계	독시사이클린, 미노사이클린 등	유제품, 제산제	약효 소실	철 함유 비타민 금기
		옥사졸리디논계	리네졸리드	티라민 다량 함유식품	혈압 상승	
		메트로니다졸계	메트로니다졸		디설피람양 마지막 복용 후 3일간 금주	
	항진균제		플루코나졸, 케토코나졸, 그리세오풀빈 등	유제품, 케토코나졸은 자몽주스		세인트존스워트 병용 금기
	항결핵제		에탐부톨, 이소니아짓, 리팜핀등	티라민 함유식품, 히스타민 함유식품	간독성	
	항원충제		메트로니다졸, 티니다졸 등		복용 후 3일까지 금주	
정신질환	벤조디아제핀계		알프라졸람, 클로나제팜, 로라제팜 등	자몽주스, 카페인	과도한 약효	
	세로토닌 재흡수 억제제		시탈로프람, 트라조돈, 벤라팍신 등		부작용 증강	세인트존스워트 병용 금기
	모노아민산화효소 억제제		모클로베미드	티라민 함유식품	혈압 상승 등 부작용 악화	세인트존스워트 병용 금기
	항정신병약		아리피프라졸, 클로자핀, 지프라시돈 등	카페인	부작용 악화	
	진정·수면제		디아제팜, 페노바르비탈, 졸피뎀 등		부작용 증가	
	조울증 치료제		카르바마제핀, 디발프로엑스, 리튬 등	자몽주스	부작용 증가	세인트존스워트 병용 금기

자료 : 식품의약품안전처 식품의약품안전평가원, 2016

부록

I 2015 한국인 영양소 섭취기준

자료 : 보건복지부, 한국영양학회, 2015

2015 한국인 영양소 섭취기준 - 에너지 적정비율

영양소		에너지 적정비율			
		1~2세	3~18세	19세 이상	비고
탄수화물		55~65%	55~65%	55~65%	
단백질		7~20%	7~20%	7~20%	
지질	총지방	20~35%	15~30%	15~30%	
	n-6계 지방산	4~10%	4~10%	4~10%	
	n-3계 지방산	1% 내외	1% 내외	1% 내외	
	포화지방산	-	8% 미만	7% 미만	
	트랜스지방산	-	1% 미만	1% 미만	
	콜레스테롤	-	-	300 mg/일 미만	목표섭취량

2015 한국인 영양소 섭취기준 - 당류

총 당류 섭취량을 총 에너지섭취량의 10~20%로 제한하고, 특히 식품의 조리 및 가공 시 첨가되는 첨가당은 총 에너지 섭취량의 10% 이내로 섭취하도록 한다. 첨가당의 주요 급원으로는 설탕, 액상과당, 물엿, 당밀, 꿀, 시럽, 농축과일주스 등이 있다.

2015 한국인 영양소 섭취기준 – 에너지와 다량영양소

성별	연령	에너지(kcal/일)				탄수화물(g/일)				지방(g/일)				n-6계 지방산(g/일)			
		필요추정량	권장섭취량	충분섭취량	상한섭취량	평균필요량	권장섭취량	충분섭취량	상한섭취량	평균필요량	권장섭취량	충분섭취량	상한섭취량	평균필요량	권장섭취량	충분섭취량	상한섭취량
영아	0~5(개월)	550						60				25				2.0	
	6~11	700						90				25				4.0	
유아	1~2(세)	1,000															
	3~5	1,400															
남자	6~8(세)	1,700															
	9~11	2,100															
	12~14	2,500															
	15~18	2,700															
	19~29	2,600															
	30~49	2,400															
	50~64	2,200															
	65~74	2,000															
	75 이상	2,000															
여자	6~8(세)	1,500															
	9~11	1,800															
	12~14	2,000															
	15~18	2,000															
	19~29	2,100															
	30~49	1,900															
	50~64	1,800															
	65~74	1,600															
	75 이상	1,600															
임신부[1]		+0 +340 +450															
수유부		+320															

성별	연령	n-3계 지방산(g/일)				단백질(g/일)				식이섬유(g/일)				수분(mL/일)				
		평균필요량	권장섭취량	충분섭취량	상한섭취량	평균필요량	권장섭취량	충분섭취량	상한섭취량	평균필요량	권장섭취량	충분섭취량	상한섭취량	평균필요량	권장섭취량	충분섭취량		상한섭취량
																액체	총수분	
영아	0~5(개월)			0.3				10								700	700	
	6~11			0.8		10	15									500	800	
유아	1~2(세)					12	15					10				800	1,100	
	3~5					15	20					15				1,100	1,500	
남자	6~8(세)					25	30					20				900	1,800	
	9~11					35	40					20				1,000	2,100	
	12~14					45	55					25				1,000	2,300	
	15~18					50	65					25				1,200	2,600	
	19~29					50	65					25				1,200	2,600	
	30~49					50	60					25				1,200	2,500	
	50~64					50	60					25				1,000	2,200	
	65~74					45	55					25				1,000	2,100	
	75 이상					45	55					25				1,000	2,100	
여자	6~8(세)					20	25					20				900	1,700	
	9~11					30	40					20				900	1,900	
	12~14					40	50					20				900	2,000	
	15~18					40	50					20				900	2,000	
	19~29					45	55					20				1,000	2,100	
	30~49					40	50					20				1,000	2,000	
	50~64					40	50					20				900	1,900	
	65~74					40	45					20				900	1,800	
	75 이상					40	45					20				900	1,800	
임신부[1]						+12 +25	+15 +30					+5					+200	
수유부						+20	+25					+5				+500	+700	

[1] 에너지, 단백질 임신부 1, 2, 3분기별 부가량

성별	연령	메티오닌+시스테인(g/일)				류신(g/일)				이소류신(g/일)				발린(g/일)				라이신(g/일)			
		평균 필요량	권장 섭취량	충분 섭취량	상한 섭취량	평균 필요량	권장 섭취량	충분 섭취량	상한 섭취량	평균 필요량	권장 섭취량	충분 섭취량	상한 섭취량	평균 필요량	권장 섭취량	충분 섭취량	상한 섭취량	평균 필요량	권장 섭취량	충분 섭취량	상한 섭취량
영아	0~5(개월)			0.4				1.0				0.6				0.6				0.7	
	6~11	0.3	0.4			0.6	0.8			0.3	0.4			0.3	0.5			0.6	0.8		
유아	1~2(세)	0.3	0.4			0.6	0.8			0.3	0.4			0.4	0.5			0.6	0.7		
	3~5	0.3	0.4			0.7	0.9			0.3	0.4			0.4	0.5			0.6	0.8		
남자	6~8(세)	0.5	0.6			1.1	1.3			0.5	0.6			0.6	0.7			1.0	1.2		
	9~11	0.7	0.8			1.5	1.9			0.7	0.8			0.9	1.1			1.4	1.8		
	12~14	1.0	1.2			2.1	2.6			1.0	1.2			1.2	1.5			2.0	2.4		
	15~18	1.1	1.3			2.4	3.0			1.1	1.3			1.4	1.7			2.2	2.7		
	19~29	1.0	1.3			2.3	3.0			1.0	1.3			1.3	1.6			2.4	3.0		
	30~49	1.0	1.3			2.3	2.9			1.0	1.3			1.3	1.6			2.3	2.9		
	50~64	1.0	1.2			2.2	2.7			1.0	1.2			1.2	1.5			2.2	2.8		
	65~74	0.9	1.2			2.1	2.6			0.9	1.2			1.2	1.5			2.1	2.7		
	75 이상	0.9	1.1			2.0	2.6			0.9	1.1			1.1	1.4			2.1	2.6		
여자	6~8(세)	0.5	0.6			1.0	1.2			0.5	0.6			0.6	0.7			0.9	1.2		
	9~11	0.6	0.7			1.4	1.7			0.6	0.7			0.8	1.0			1.2	1.5		
	12~14	0.8	1.0			1.8	2.3			0.8	1.0			1.1	1.3			1.7	2.1		
	15~18	0.8	1.0			1.9	2.3			0.8	1.0			1.1	1.3			1.7	2.1		
	19~29	0.8	1.1			1.9	2.4			0.8	1.1			1.1	1.3			2.0	2.5		
	30~49	0.8	1.0			1.8	2.3			0.8	1.0			1.0	1.3			1.9	2.4		
	50~64	0.8	1.0			1.8	2.2			0.8	1.0			1.0	1.2			1.8	2.3		
	65~74	0.7	0.9			1.7	2.1			0.7	0.9			0.9	1.2			1.7	2.2		
	75 이상	0.7	0.9			1.6	2.0			0.7	0.9			0.9	1.1			1.6	2.0		
임신부		0.3	0.3			0.6	0.7			0.3	0.3			0.3	0.4			0.3	0.4		
수유부		0.3	0.4			0.9	1.1			0.5	0.6			0.5	0.6			0.4	0.4		

성별	연령	페닐알라닌+티로신(g/일)				트레오닌(g/일)				트립토판(g/일)				히스티딘(g/일)			
		평균 필요량	권장 섭취량	충분 섭취량	상한 섭취량	평균 필요량	권장 섭취량	충분 섭취량	상한 섭취량	평균 필요량	권장 섭취량	충분 섭취량	상한 섭취량	평균 필요량	권장 섭취량	충분 섭취량	상한 섭취량
영아	0~5(개월)			0.9				0.5				0.2				0.1	
	6~11	0.5	0.7			0.3	0.4			0.1	0.1			0.2	0.3		
유아	1~2(세)	0.5	0.7			0.3	0.4			0.1	0.1			0.2	0.3		
	3~5	0.6	0.7			0.3	0.4			0.1	0.1			0.2	0.3		
남자	6~8(세)	0.9	1.1			0.5	0.6			0.1	0.2			0.3	0.4		
	9~11	1.3	1.6			0.7	0.9			0.2	0.2			0.5	0.6		
	12~14	1.7	2.2			1.0	1.3			0.3	0.3			0.7	0.9		
	15~18	2.0	2.4			1.1	1.4			0.3	0.4			0.8	0.9		
	19~29	2.7	3.4			1.1	1.4			0.3	0.3			0.8	1.0		
	30~49	2.7	3.3			1.1	1.3			0.3	0.3			0.7	0.9		
	50~64	2.6	3.2			1.0	1.3			0.3	0.3			0.7	0.9		
	65~74	2.4	3.1			1.0	1.2			0.2	0.3			0.7	0.9		
	75 이상	2.4	3.0			1.0	1.2			0.2	0.3			0.7	0.8		
여자	6~8(세)	0.8	1.0			0.5	0.6			0.1	0.2			0.3	0.4		
	9~11	1.1	1.4			0.6	0.8			0.2	0.2			0.4	0.5		
	12~14	1.5	1.8			0.9	1.1			0.2	0.3			0.6	0.7		
	15~18	1.5	1.9			0.9	1.1			0.2	0.3			0.6	0.7		
	19~29	2.2	2.8			0.9	1.1			0.2	0.3			0.6	0.8		
	30~49	2.2	2.7			0.9	1.1			0.2	0.3			0.6	0.8		
	50~64	2.1	2.6			0.8	1.0			0.2	0.3			0.6	0.7		
	65~74	2.0	2.5			0.8	1.0			0.2	0.2			0.5	0.7		
	75 이상	1.9	2.3			0.7	0.9			0.2	0.2			0.5	0.7		
임신부[1)]		0.8	1.0			0.3	0.4			0.1	0.1			0.2	0.2		
수유부		1.5	1.9			0.4	0.6			0.2	0.2			0.2	0.3		

[1)] 에너지, 단백질 임신부 1, 2, 3분기별 부가량

2015 한국인 영양소 섭취기준 - 지용성 비타민

성별	연령	비타민 A(μg RAE/일)				비타민 D(μg/일)				비타민 E(mg α-TE/일)				비타민 K(μg/일)			
		평균 필요량	권장 섭취량	충분 섭취량	상한 섭취량	평균 필요량	권장 섭취량	충분 섭취량	상한 섭취량	평균 필요량	권장 섭취량	충분 섭취량	상한 섭취량	평균 필요량	권장 섭취량	충분 섭취량	상한 섭취량
영아	0~5(개월)			350	600			5	25			3				4	
	6~11			450	600			5	25			4				7	
유아	1~2(세)	200	300		600			5	30			5	200			25	
	3~5	230	350		700			5	35			6	250			30	
남자	6~8(세)	320	450		1,000			5	40			7	300			45	
	9~11	420	600		1,500			5	60			9	400			55	
	12~14	540	750		2,100			10	100			10	400			70	
	15~18	620	850		2,300			10	100			11	500			80	
	19~29	570	800		3,000			10	100			12	540			75	
	30~49	550	750		3,000			10	100			12	540			75	
	50~64	530	750		3,000			10	100			12	540			75	
	65~74	500	700		3,000			15	100			12	540			75	
	75 이상	500	700		3,000			15	100			12	540			75	
여자	6~8(세)	290	400		1,000			5	40			7	300			45	
	9~11	380	550		1,500			5	60			9	400			55	
	12~14	470	650		2,100			10	100			10	400			65	
	15~18	440	600		2,300			10	100			11	500			65	
	19~29	460	650		3,000			10	100			12	540			65	
	30~49	450	650		3,000			10	100			12	540			65	
	50~64	430	600		3,000			10	100			12	540			65	
	65~74	410	550		3,000			15	100			12	540			65	
	75 이상	410	550		3,000			15	100			12	540			65	
임신부[1]		+50	+70		3,000			+0	100			+0	540			+0	
수유부		+350	+490		3,000			+0	100			+3	540			+0	

2015 한국인 영양소 섭취기준 - 수용성 비타민

성별	연령	비타민 C(mg/일)				티아민(mg/일)				리보플라빈(mg/일)				니아신(mg NE/일)[1)]				
		평균필요량	권장섭취량	충분섭취량	상한섭취량	평균필요량	권장섭취량	충분섭취량	상한섭취량	평균필요량	권장섭취량	충분섭취량	상한섭취량	평균필요량	권장섭취량	충분섭취량	상한섭취량[2)]	상한섭취량[2)]
영아	0~5(개월)			35				0.2				0.3				2		
	6~11			45				0.3				0.4				3		
유아	1~2(세)	30	35		350	0.4	0.5			0.5	0.5			4	6		10	180
	3~5	30	40		500	0.4	0.5			0.5	0.6			5	7		10	250
남자	6~8(세)	40	55		700	0.6	0.7			0.7	0.9			7	9		15	350
	9~11	55	70		1,000	0.7	0.9			1.0	1.2			9	12		20	500
	12~14	70	90		1,400	1.0	1.1			1.2	1.5			11	15		25	700
	15~18	80	105		1,500	1.1	1.3			1.4	1.7			13	17		30	800
	19~29	75	100		2,000	1.0	1.2			1.3	1.5			12	16		35	1,000
	30~49	75	100		2,000	1.0	1.2			1.3	1.5			12	16		35	1,000
	50~64	75	100		2,000	1.0	1.2			1.3	1.5			12	16		35	1,000
	65~74	75	100		2,000	1.0	1.2			1.3	1.5			12	16		35	1,000
	75 이상	75	100		2,000	1.0	1.2			1.3	1.5			12	16		35	1,000
여자	6~8(세)	45	60		700	0.6	0.7			0.6	0.8			7	9		15	350
	9~11	60	80		1,000	0.7	0.9			0.8	1.0			9	12		20	500
	12~14	75	100		1,400	0.9	1.1			1.0	1.2			11	15		25	700
	15~18	70	95		1,500	1.0	1.2			1.0	1.2			11	14		30	800
	19~29	75	100		2,000	0.9	1.1			1.0	1.2			11	14		35	1,000
	30~49	75	100		2,000	0.9	1.1			1.0	1.2			11	14		35	1,000
	50~64	75	100		2,000	0.9	1.1			1.0	1.2			11	14		35	1,000
	65~74	75	100		2,000	0.9	1.1			1.0	1.2			11	14		35	1,000
	75 이상	75	100		2,000	0.9	1.1			1.0	1.2			11	14		35	1,000
임신부		+10	+10		2,000	+0.4	+0.4			+0.3	+0.4			+3	+4		35	1,000
수유부		+35	+40		2,000	+0.3	+0.4			+0.4	+0.5			+2	+3		35	1,000

성별	연령	비타민 B_6(mg/일)				엽산(μg DFE/일)[3)]				비타민 B_{12}(μg/일)				판토텐산(mg/일)				비오틴(μg/일)			
		평균필요량	권장섭취량	충분섭취량	상한섭취량	평균필요량	권장섭취량	충분섭취량	상한섭취량	평균필요량	권장섭취량	충분섭취량	상한섭취량	평균필요량	권장섭취량	충분섭취량	상한섭취량	평균필요량	권장섭취량	충분섭취량	상한섭취량
영아	0~5(개월)			0.1				65				0.3				1.7				5	
	6~11			0.3				80				0.5				1.9				7	
유아	1~2(세)	0.5	0.6		25	120	150		300	0.8	0.9					2				9	
	3~5	0.6	0.7		35	150	180		400	0.9	1.1					2				11	
남자	6~8(세)	0.7	0.9		45	180	220		500	1.1	1.3					3				15	
	9~11	0.9	1.1		55	250	300		600	1.5	1.7					4				20	
	12~14	1.3	1.5		60	300	360		800	1.9	2.3					5				25	
	15~18	1.3	1.5		65	320	400		900	2.2	2.7					5				30	
	19~29	1.3	1.5		100	320	400		1,000	2.0	2.4					5				30	
	30~49	1.3	1.5		100	320	400		1,000	2.0	2.4					5				30	
	50~64	1.3	1.5		100	320	400		1,000	2.0	2.4					5				30	
	65~74	1.3	1.5		100	320	400		1,000	2.0	2.4					5				30	
	75 이상	1.3	1.5		100	320	400		1,000	2.0	2.4					5				30	
여자	6~8(세)	0.7	0.9		45	180	220		500	1.1	1.3					3				15	
	9~11	0.9	1.1		55	250	300		600	1.5	1.7					4				20	
	12~14	1.2	1.4		60	300	360		800	1.9	2.3					5				25	
	15~18	1.2	1.4		65	320	400		900	2.0	2.4					5				30	
	19~29	1.2	1.4		100	320	400		1,000	2.0	2.4					5				30	
	30~49	1.2	1.4		100	320	400		1,000	2.0	2.4					5				30	
	50~64	1.2	1.4		100	320	400		1,000	2.0	2.4					5				30	
	65~74	1.2	1.4		100	320	400		1,000	2.0	2.4					5				30	
	75 이상	1.2	1.4		100	320	400		1,000	2.0	2.4					5				30	
임신부		+0.7	+0.8		100	+200	+220		1,000	+0.2	+0.2					+1				+0	
수유부		+0.7	+0.8		100	+130	+150		1,000	+0.3	+0.4					+2				+5	

1) 1 mg NE(니아신 당량)=1 mg 니아신=60 mg 트립토판 2) 니코틴산/니코틴아미드 3) Dietary Folate Equivalents, 가임기 여성의 경우 400 μg/일의 엽산보충제 섭취를 권장함, 엽산의 상한섭취량은 보충제 또는 강화식품의 형태로 섭취한 μg/일에 해당됨.

2015 한국인 영양소 섭취기준 - 다량 무기질

성별	연령	칼슘(mg/일)				인(mg/일)				나트륨(mg/일)				
		평균필요량	권장섭취량	충분섭취량	상한섭취량	평균필요량	권장섭취량	충분섭취량	상한섭취량	평균필요량	권장섭취량	충분섭취량	상한섭취량	목표섭취량
영아	0~5(개월)			210	1,000			100				120		
	6~11			300	1,500			300				370		
유아	1~2(세)	390	500		2,500	380	450		3,000			900		
	3~5	470	600		2,500	460	550		3,000			1,000		
남자	6~8(세)	580	700		2,500	490	600		3,000			1,200		
	9~11	650	800		3,000	1,000	1,200		3,500			1,400		2,000
	12~14	800	1,000		3,000	1,000	1,200		3,500			1,500		2,000
	15~18	720	900		3,000	1,000	1,200		3,500			1,500		2,000
	19~29	650	800		2,500	580	700		3,500			1,500		2,000
	30~49	630	800		2,500	580	700		3,500			1,500		2,000
	50~64	600	750		2,000	580	700		3,500			1,500		2,000
	65~74	570	700		2,000	580	700		3,500			1,300		2,000
	75 이상	570	700		2,000	580	700		3,000			1,100		2,000
여자	6~8(세)	580	700		2,500	490	550		3,000			1,200		
	9~11	650	800		3,000	1,000	1,200		3,500			1,400		2,000
	12~14	740	900		3,000	1,000	1,200		3,500			1,500		2,000
	15~18	660	800		3,000	1,000	1,200		3,500			1,500		2,000
	19~29	530	700		2,500	580	700		3,500			1,500		2,000
	30~49	510	700		2,500	580	700		3,500			1,500		2,000
	50~64	580	800		2,000	580	700		3,500			1,500		2,000
	65~74	560	800		2,000	580	700		3,500			1,300		2,000
	75 이상	560	800		2,000	580	700		3,000			1,100		2,000
임신부		+0	+0		2,500	+0	+0		3,000			1,500		2,000
수유부		+0	+0		2,500	+0	+0		3,500			1,500		2,000

성별	연령	염소(mg/일)				칼륨(mg/일)				마그네슘(mg/일)			
		평균필요량	권장섭취량	충분섭취량	상한섭취량	평균필요량	권장섭취량	충분섭취량	상한섭취량	평균필요량	권장섭취량	충분섭취량	상한섭취량[1]
영아	0~5(개월)			180				400				30	
	6~11			560				700				55	
유아	1~2(세)			1,300				2,000		65	80		65
	3~5			1,500				2,300		85	100		90
남자	6~8(세)			1,900				2,600		135	160		130
	9~11			2,100				3,000		190	230		180
	12~14			2,300				3,500		265	320		250
	15~18			2,300				3,500		335	400		350
	19~29			2,300				3,500		295	350		350
	30~49			2,300				3,500		305	370		350
	50~64			2,300				3,500		305	370		350
	65~74			2,000				3,500		305	370		350
	75 이상			1,700				3,500		305	370		350
여자	6~8(세)			1,900				2,600		125	150		130
	9~11			2,100				3,000		180	210		180
	12~14			2,300				3,500		245	290		250
	15~18			2,300				3,500		285	340		350
	19~29			2,300				3,500		235	280		350
	30~49			2,300				3,500		235	280		350
	50~64			2,300				3,500		235	280		350
	65~74			2,000				3,500		235	280		350
	75 이상			1,700				3,500		235	280		350
임신부				2,300				+0		+32	+40		350
수유부				2,300				+400		+0	+0		350

1) 식품외 급원의 마그네슘에만 해당

2015 한국인 영양소 섭취기준 - 미량 무기질

성별	연령	철(mg/일)				아연(mg/일)				구리(μg/일)				불소(mg/일)			
		평균 필요량	권장 섭취량	충분 섭취량	상한 섭취량	평균 필요량	권장 섭취량	충분 섭취량	상한 섭취량	평균 필요량	권장 섭취량	충분 섭취량	상한 섭취량	평균 필요량	권장 섭취량	충분 섭취량	상한 섭취량
영아	0~5(개월)			0.3	40			2				240				0.01	0.6
	6~11	5	6		40	2	3					310				0.5	0.9
유아	1~2(세)	4	6		40	2	3		6	220	280		1,500			0.6	1.2
	3~5	5	6		40	3	4		9	250	320		2,000			0.8	1.7
남자	6~8(세)	7	9		40	5	6		13	340	440		3,000			1.0	2.5
	9~11	8	10		40	7	8		20	440	580		5,000			2.0	10.0
	12~14	11	14		40	7	8		30	570	740		7,000			2.5	10.0
	15~18	11	14		45	8	10		35	650	840		7,000			3.0	10.0
	19~29	8	10		45	8	10		35	600	800		10,000			3.5	10.0
	30~49	8	10		45	8	10		35	600	800		10,000			3.0	10.0
	50~64	7	10		45	8	9		35	600	800		10,000			3.0	10.0
	65~74	7	9		45	7	9		35	600	800		10,000			3.0	10.0
	75 이상	7	9		45	7	9		35	600	800		10,000			3.0	10.0
여자	6~8(세)	6	8		40	4	5		13	340	440		3,000			1.0	2.5
	9~11	7	10		40	6	8		20	440	580		5,000			2.0	10.0
	12~14	13	16		40	6	8		25	570	740		7,000			2.5	10.0
	15~18	11	14		45	7	9		30	650	840		7,000			2.5	10.0
	19~29	11	14		45	7	8		35	600	800		10,000			3.0	10.0
	30~49	11	14		45	7	8		35	600	800		10,000			2.5	10.0
	50~64	6	8		45	6	7		35	600	800		10,000			2.5	10.0
	65~74	6	8		45	6	7		35	600	800		10,000			2.5	10.0
	75 이상	5	7		45	6	7		35	600	800		10,000			2.5	10.0
임신부		+8	+10		45	+2.0	+2.5		35	+100	+130		10,000			+0	10.0
수유부		+0	+0		45	+4.0	+5.0		35	+370	+480		10,000			+0	10.0

성별	연령	망간(mg/일)				요오드(μg/일)				셀레늄(μg/일)				몰리브덴(μg/일)				크롬(μg/일)			
		평균 필요량	권장 섭취량	충분 섭취량	상한 섭취량	평균 필요량	권장 섭취량	충분 섭취량	상한 섭취량	평균 필요량	권장 섭취량	충분 섭취량	상한 섭취량	평균 필요량	권장 섭취량	충분 섭취량	상한 섭취량	평균 필요량	권장 섭취량	충분 섭취량	상한 섭취량
영아	0~5(개월)			0.01				130	250			9	45							0.2	
	6~11			0.8				170	250			11	65							5.0	
유아	1~2(세)			1.5	2.0	55	80		300	19	23		75				100			12	
	3~5			2.0	3.0	65	90		300	22	25		100				100			12	
남자	6~8(세)			2.5	4.0	75	100		500	30	35		150				200			20	
	9~11			3.0	5.0	85	110		500	39	45		200				300			25	
	12~14			4.0	7.0	90	130		1,800	49	60		300				400			35	
	15~18			4.0	9.0	95	130		2,200	55	65		300				500			40	
	19~29			4.0	11.0	95	150		2,400	50	60		400	25	30		550			35	
	30~49			4.0	11.0	95	150		2,400	50	60		400	20	25		550			35	
	50~64			4.0	11.0	95	150		2,400	50	60		400	20	25		550			35	
	65~74			4.0	11.0	95	150		2,400	50	60		400	20	25		550			35	
	75 이상			4.0	11.0	95	150		2,400	50	60		400	20	25		550			35	
여자	6~8(세)			2.5	4.0	75	100		500	30	35		150				200			15	
	9~11			3.0	5.0	85	110		500	39	45		200				300			20	
	12~14			3.5	7.0	90	130		2,000	49	60		300				400			25	
	15~18			3.5	9.0	95	130		2,200	55	65		300				400			25	
	19~29			3.5	11.0	95	150		2,400	50	60		400	20	25		450			25	
	30~49			3.5	11.0	95	150		2,400	50	60		400	20	25		450			25	
	50~64			3.5	11.0	95	150		2,400	50	60		400	20	25		450			25	
	65~74			3.5	11.0	95	150		2,400	50	60		400	20	25		450			25	
	75 이상			3.5	11.0	95	150		2,400	50	60		400	20	25		450			25	
임신부				+0	11.0	+65	+90			+3	+4		400				450			+5	
수유부				+0	11.0	+130	+190			+9	+10		400				450			+20	

II 영양관리과정을 이용한 영양관리 사례

1. 영양관리과정 서식

당뇨병 사례

이름 : ○○○(병록번호 : 00000000) / 성별 : 남성 / 나이 : 44세

1차 상담일 : 2018.03.13

영양판정

환자 과거력	• 진단명 : Type 2 diabetes mellitus, Hyperlipidemia • 수술명 : 없음 • 병력 : 없음 • 약물처방 : Humalog 6-8-8IU, Toujeo 10IU(2018.03.09) • 가족력 : 없음
신체 계측	Ht 173 cm, Wt 68 kg, IBW 65.8 kg, BMI 22.7 kg/m^2, Usual Wt 68 kg, Wt change (–)
생화학적 자료, 의학적 검사와 처치	• Labs(2018.03.09) : Glucose 724 mg/dL, HbA1c 13.1%, PP2Hr 253 mg/dL, Hb 16.0 g/dL, Hct 46.8%, Albumin 4.6 g/dL, Total protein 7.9 g/dL, BUN/Cr 14/0.74 mg/dL, AST/ALT 16/25 IU/L
영양 관련 신체검사 자료	• 소화기 관련 증상 : 없음 • 활력 증후 : 혈압 121/73 mmHg, PR 103회/분
식품/영양소와 관련된 식사력	• 식사처방 및 식사 관련 경험 및 환경 : 당뇨식 2,000 kcal, 영양교육 및 영양상담 경험 없음 • 식품 및 수분/음료 섭취 〈식사력〉 - 1일 3끼 식사를 하지만 식사시간이 불규칙함 - 매끼 밥 1공기 이상 섭취하고, 식사량 일정하지 않음(아침 1공기, 점심 1.5~2공기, 저녁 1.5공기 정도 섭취) - 아침은 집에서 간단하게 국물 위주로 섭취, 점심 및 저녁은 주 5회 이상 외부에서 찌개나 탕 위주로 섭취함 - 어육류군 1일 2~3단위, 채소군 1일 3~4단위 섭취함 - 간식으로 1일 탄산음료 4캔 이상, 믹스커피 8잔 이상, 과일군 3단위 이상(사과 1개 이상) 섭취함 - 술안주로 과자, 튀김, 탕, 삼겹살 등을 다양하게 섭취함 • 에너지 및 영양소 섭취량 : 에너지 2,600 kcal, C : P : F ratio 74% : 9% : 17%, 당질 480 g, 단백질 60 g, 지방 49 g • 지식/신념/태도 : 당뇨병 진단을 처음 받아 당뇨병 식사요법에 대한 지식은 전혀 없으나 혈당 조절을 위한 식습관 개선에 대한 의지가 높으며, 영양교육에 대한 순응도도 양호함 • 약물과 약용식물 보충제, 생리활성물질 : 없음 • 알코올 섭취 및 흡연 : 음주 주 2~3회 소주 2병 이상, 흡연 1일 1갑 • 신체적 활동 및 기능 : 평소 신체 활동량 많지 않으며, 운동 거의 안 함
영양필요량	에너지 2,000 kcal/일(30~32 kcal/65.8 kg IBW) 단백질 75 g/일(1.0~1.2 g/65.8 kg IBW)

영양진단		
문제	원인	징후/증상
불규칙한 당질 섭취	규칙적이고 일정한 양의 당질 섭취 필요성에 대한 식품·영양 지식 부족	• 일정하지 않은 밥 량(아침 1공기, 점심 1.5~2공기, 저녁 1.5공기 섭취)
당질 섭취 과다	• 당질의 적정 섭취량에 대한 식품·영양 관련 지식 부족 • 당질 식품을 선호하는 식습관	• 당질 섭취 480 g(74% of total energy) • 탄산음료, 믹스커피, 과자 등 당질 간식 과다 섭취 • 과일 과다 섭취(3단위 이상/일)
알코올 섭취 과다	적정 알코올 섭취량과 관련한 식품·영양 관련 지식 부족	• 주 2~3회 소주 2병 이상 섭취

영양중재			
영양처방	**에너지 2,000 kcal/일, 단백질 75 g/일**		
영양중재	□식품/영양소 제공 ■영양교육 ■영양상담 □다분야 협의		
	영양진단	**중재내용**	**목표 / 기대효과**
	불규칙한 당질 섭취	• 인슐린 치료 시 규칙적인 식사 및 일정량의 당질 섭취 중요성 강조 • 1일 영양필요량 제시 및 식품교환표를 이용한 식품군별 적정 섭취량 교육 • 저혈당 발생 주의 및 저혈당의 원인, 증상, 대처요령 교육	• 매끼 일정량의 당질 섭취 • 저혈당 미발생
	당질 섭취 과다	• 당질 식품 섭취와 혈당과의 관계 및 당질 급원식품의 종류에 대한 교육 • 당질 간식 섭취의 문제점 및 간식 섭취 요령 교육	• 당질 섭취 비율 60% 이하로 조절 • 고당질 간식 섭취 제한 • 과일 1~2단위/일 이내로 섭취
	알코올 섭취 과다	• 알코올 섭취와 혈당과의 관계 교육 • 알코올 섭취의 문제점 및 절주·금주 시 이점 교육 • 당뇨병을 고려한 음주 시 주의사항 교육	• 금주 실천 • 금주가 어려울 경우 1회 음주량 2잔 이내로 제한
제공 교육자료	1. 당뇨병의 식사요법 2. 식품교환표		
Follow Up 일정	7주 후 외래 시 F/U 예정		

2차 상담일 : 2018.04.30	
영양판정	
신체 계측	Ht 173 cm, Wt 68 kg, IBW 65.8 kg, BMI 22.7 kg/m^2, Usual Wt 68 kg, Wt change (–)
생화학적 자료, 의학적 검사와 처치	• Labs(2018.04.26) : HbA1c 9.3%, PP2Hr 87 mg/dL
영양 관련 신체검사 자료	• 소화기 관련 증상 : 없음 • 활력 증후 : 혈압 104/64 mmHg, PR 107회/분
식품/영양소와 관련된 식사력	• 식사처방 및 식사 관련 경험 및 환경 : 당뇨식 2,000 kcal, 영양교육 및 영양상담 경험 없음 • 식품 및 수분/음료 섭취 〈식사력〉 - 3끼 규칙적 식사, 1끼에 밥 0.5~1공기씩 섭취함(아침 0.5공기, 점심·저녁 1공기씩 섭취) - 저혈당 3회 발생(아침과 점심 사이 발생)

(계속)

식품/영양소와 관련된 식사력	- 1일 2끼(아침, 저녁)는 집에서 식사하며 매끼 어육류군 2~3단위, 채소군 2~3단위 이상, 김치 및 국물 매끼 섭취함 - 1일 1끼는 직장에서 식사하며 주로 찌개나 탕으로 섭취함(직장인으로 동료들과 함께 식사하므로 메뉴 선택의 어려움이 있음) - 탄산음료 및 믹스커피, 밀가루 음식(빵, 과자, 면 등), 과일 섭취하지 않음 • 에너지 및 영양소 섭취량 : 에너지 1,800 kcal, C : P : F ratio 57% : 21% : 22%, 당질 256g, 단백질 94g, 지방 44g • 지식/신념/태도 : 1차 당뇨병 영양교육 이후 식사 및 간식 섭취 관련 교육 내용을 준수하고자 노력했으나 식습관 개선에 대한 스트레스를 많이 받음 • 약물과 약용식물 보충제, 생리활성물질 : 없음 • 알코올 섭취 및 흡연 : 금주 약 7주 경과, 흡연 1일 0.5갑 • 신체적 활동 및 기능 : 주 4~5회 저녁 식후 걷기 20~30분
영양필요량	에너지 2,000 kcal/일(30~32 kcal/65.8 kg IBW) 단백질 75 g/일(1.0~1.2 g/65.8 kg IBW)

영양 모니터링 및 평가		
모니터링 목표	결과	목표 달성 여부
• 매끼 일정량의 당질 섭취 • 저혈당 미발생	• 아침 0.5공기, 점심과 저녁 1공기씩 섭취 • 저혈당 발생함	□ 목표 달성 □ 목표 일부 달성 ■ 상태 불변 □ 부정적 결과 도출
• 탄수화물 섭취 비율 60% 이하 • 고당질 간식 섭취 제한 및 과일 1~2단위/일 이내로 섭취	• 탄수화물 섭취 비율 57% • 탄산음료, 믹스커피, 과자 등 당질 간식 및 과일 섭취하지 않음	■ 목표 달성 □ 목표 일부 달성 □ 상태 불변 □ 부정적 결과 도출
금주 실천, 어려울 경우 2잔/회 이내로 제한	영양상담 이후 금주	■ 목표 달성 □ 목표 일부 달성 □ 상태 불변 □ 부정적 결과 도출

영양진단		
문제	원인	징후/증상
불규칙한 당질 섭취	규칙적인 당질 섭취와 관련된 영양 권고사항에 대한 이해 부족	• 일정하지 않은 밥량(아침 0.5공기, 점심·저녁 1공기) • 아침과 점심 사이 저혈당 발생

영양중재			
영양처방	**에너지 2,000 kcal/일, 단백질 75 g/일**		
영양중재	□식품/영양소 제공 ■영양교육 ■영양상담 □다분야 협의		
	영양진단	중재내용	목표 / 기대효과
	불규칙한 당질 섭취	• 혈당과 인슐린과의 관계 재교육 • 인슐린 치료에 따른 일정량의 당질 섭취의 중요성 재강조 • 적정 당질 섭취량 제시 • 식사기록 및 혈당측정 기록 비교 • 저혈당 발생 주의, 저혈당의 원인 및 대처요령 재교육	• 매끼 일정량의 당질 섭취 • 저혈당 미발생
제공 교육자료	1. 당질 식품 교환단위 2. 저혈당 시 대처요령		
Follow Up 일정	3개월 후 외래 시 F/U 예정		

자료 : 박서경, 2018

고혈압 및 뇌졸중 사례

이름 : ○○○(병록번호 : 00000000) / 성별 : 여성 / 나이 : 85세

1차 상담일 : 2018.8.3(입원 초기 영양판정 시 영양불량 위험군으로 판정되어 영양관리)

영양판정	
환자 과거력	• 입원동기 : 최근 1년 동안 무릎관절통으로 거동이 어려워 요양원 입원 중으로 7월 31일 13시경 말이 어눌하고 얼굴이 한쪽으로 돌아간 것 같은 모습을 보였으나 팔다리 위약은 없었음. 이후 8월 1일 9시경 좌측 팔다리 마비 증상이 발견되어 응급실을 통해 입원함 • 진단명 : Rt MCA territory infarction(N14) • 수술명 : 없음 • 병력 : Bullous pemphigus, osteoarthritis, hypertension 2016년부터 요양원 입원 중이며, 혈압이 높다고 들은 이력이 있으나 특별히 관리하지 않음 • 약물처방 : Doxycycline Tab 100mg, Albis D Tab • 가족력 : 없음
신체 계측	Ht 152 cm, Wt 83 kg, IBW 48.5 kg, BMI 35.9 kg/m^2, Usual Wt 83 kg, Wt change (−)
생화학적 자료, 의학적 검사와 처치	• Labs(2018.8.1) : Hb 10.9 g/dL, Hct 33.2%, albumin 3.4 g/dL, Total protein 6.9 g/dL, BUN/Cr 5.7 mg/0.37dL, AST/ALT 15/7 U/L, glucose 96 mg/dL, HbA1C 5.6%, TC/TG 198/126 mg/dL, HDL-chol/LDL-chol 31/142 mg/dL, Ferritin 414.4 μg/L, Homocystein 17.6 μMol/L
영양 관련 신체검사 자료	• 소화기 관련 증상 : 없음 • 활력 증후 : 혈압 141/82 mmHg
식품/영양소와 관련된 식사력	• 식사처방 및 식사 관련 경험 및 환경 : IOD#3 연하곤란식 2단계 죽, 영양상담 경험 없음 • 식품 및 수분/음료 섭취 〈입원 전 식사력〉 - 입원 전까지 의사소통이나 경구식사에 전혀 문제 없었으며, 1일 3끼 규칙적으로 식사함 - 매끼 밥 1/2공기, 국·찌개, 어육류군 1~2단위/일, 채소군 3~4단위/일 섭취함 - 간식으로는 가끔 과일을 먹거나 두유를 소량 마심 - 씹을 수는 있으나 치아상태가 좋지 않아 가능한 부드럽게 조리한 음식과 국·찌개 위주로 섭취함 〈입원 후 식사력〉 - 연하곤란식 2단계 죽 1~2스푼 섭취함 - Tamipool Inj 1Vial × 1회/일 - Winuf Peri Inj 40 cc/시간 • 에너지 및 영양소 섭취량 : 에너지 750 kcal, C : P : F ratio 48% : 19% : 33%, 당질 90 g, 단백질 35 g, 지방 27 g • 지식/신념/태도 : ICU 재원 중이며, 의식이 혼미한 상태로 간단한 의견 수렴은 가능하나 상담 및 교육 진행은 어려움 • 약물과 약용식물 보충제, 생리활성물질 : 없음 • 알코올 섭취 및 흡연 : 없음 • 신체적 활동 및 기능 : 무릎관절염으로 거의 누워 지냄, 편마비(+)
영양필요량	에너지 1,400 kcal/일(28 kcal/kg IBW) 단백질 60 g/일(1.2 g/kg IBW)

영양진단		
문제	**원인**	**징후/증상**
고도비만	고령의 연령 및 관절염으로 거의 누워 지냄	BMI 35.9 kg/m^2

(계속)

식품 및 영양 관련 지식 부족	혈압관리 및 뇌졸중의 식사요령에 대한 영양교육 경험 없음	혈압이 높다고 들은 이력이 있으나 특별히 관리하지 않았음(혈압 141/82 mmHg)
영양 섭취 부족	뇌졸중으로 인한 저작 및 연하 곤란(GUSS[1) 12[2)])	• 삼키기 못하고 입에 물고 있음 • 경구섭취 에너지 및 단백질 양은 각각 권장량의 7.1%, 8.3% 수준임(TPN 포함 시 53.5%, 58.3%)

영양중재			
영양처방	**에너지 1,400kcal/일, 단백질 60g/일**		
영양중재	■식품/영양소 제공 □영양교육 ■영양상담 □다분야 협의		
	영양진단	**중재내용**	**목표 / 기대효과**
	식사 섭취 부족	• 연하곤란식 1단계로 변경 • TPN으로 영양지원 유지	경구식사 및 TPN으로 영양필요량의 80% 이상 유지
제공 교육자료	경구식사 및 TPN으로 영양필요량의 80% 이상 유지 방법		
Follow Up 일정	3일 후 F/U 예정		

1) Gugging Swallowing Screen

2) 20 : normal diet/15~19 : dysphagia diet(pureed and soft food)/10~14 : dysphagia diet(semisolid, all liquid must thickened), additional PN/0~9 : NPO

2차 상담일 : 2018.8.6(영양불량 위험 환자 추후 영양관리)	
영양판정	
신체 계측	Ht 152 cm, Wt 83 kg, IBW 48.5 kg, BMI 35.9 kg/m^2, Usual Wt 83 kg, Wt change (–)
생화학적 자료, 의학적 검사와 처치	• Labs(2018.8.1 이후 영양 관련 F/U lab 없음)
영양 관련 신체검사 자료	• 소화기 관련 증상 : 없음 • 활력 증후 : 혈압 139/98 mmHg
식품/영양소와 관련된 식사력	• 식사처방 및 식사 관련 경험 및 환경 : HOD#3 연하곤란식 2단계 죽 → HOD#4 연하곤란식 1단계 죽 • 식품 및 수분/음료 섭취 - 연하곤란식 1단계 죽 5~6스푼 섭취함 - 제공된 식사 외에 물을 포함하여 시도한 음식 없음 - 식사 시 음식을 물고 있으며, 간혹 사레에 걸리는 증상이 관찰됨 - Winuf Peri Inj 60cc/시간 • 에너지 및 영양소 섭취량 : 에너지 1,200 kcal, C : P : F ratio 50% : 18% : 32%, 당질 150 g, 단백질 55 g, 지방 42 g • 지식/신념/태도 : HOD#4에 일반병동으로 이실, 보호자가 상주하면서 식사량을 늘리고자 노력하고 있으나 연하곤란 및 식사에 대한 지식 부족으로 식사 섭취에 어려움이 있음 • 약물과 약용식물 보충제, 생리활성물질 : Folic acid, Benforex, Lipitor, Lanston LFDT, Albis D, Doxycycline, Harnal D, Pregrel, Pletaal, Mucosta • 알코올 섭취 및 흡연 : 없음 • 신체적 활동 및 기능 : 편마비로 침상 안정 중
영양필요량	에너지 1,400 kcal/일(28 kcal/kg IBW) 단백질 60 g/일(1.2 g/kg IBW)

(계속)

영양 모니터링 및 평가		
모니터링 목표	결과	목표 달성 여부
경구식사 및 TPN으로 영양필요량의 80% 이상 유지	• 연하곤란식 1단계로 변경 후 식사량 증가 • TPN으로 영양지원 병행하며 에너지 및 단백질 권장량의 85.7%, 91.6% 섭취	■ 목표 달성 □ 목표 일부 달성 □ 상태 불변 □ 부정적 결과 도출

영양진단		
문제	원인	징후/증상
고도비만	고령의 연령 및 관절염으로 거의 누워 지냄	BMI 35.9 kg/m^2
식품 및 영양 관련 지식 부족[3]	혈압관리 및 뇌졸중의 식사요령에 대한 영양교육 경험 없음	• 혈압 139/98 mmHg • 연하곤란 시 적합한 식사 자세, 점도증진제 사용 방법 등에 대한 지식 부족

영양중재			
영양처방	**에너지 1,400 kcal/일, 단백질 60 g/일**		
영양중재	□식품/영양소 제공 ■영양교육 ■영양상담 ■다분야 협의		
	영양진단	중재내용	목표 / 기대효과
	고도비만	• 재활치료 등 침상에서 할 수 있는 활동량 증가 방법 교육	추가적인 체중 증가 없도록 유지
	식품 및 영양 관련 지식 부족	• 뇌졸중의 영양관리 • 점도증진제 사용 및 수분 보충 방법 교육 • 고혈압의 식사관리 방법 교육	• 권장식사 실천 • 목표혈압 유지(140/90 mmHg 미만)
제공 교육자료	뇌졸중의 영양관리		
Follow Up 일정	3일 후 F/U 예정(daily 치료식 영양관리 시행)		

[3] 1차 상담 시 환자의 의식상태가 명료하지 않아 보호자 동반하여 동일한 내용으로 2차 상담 진행함

3차 상담일 : 2018.8.9(퇴원교육)	
영양판정	
신체 계측	Ht 152 cm, Wt 83 kg, IBW 48.5 kg, BMI 35.9 kg/m^2, Usual Wt 83 kg, Wt change (–)
생화학적 자료, 의학적 검사와 처치	• Labs(2018.8.1 이후 영양 관련 F/U lab 없음)
영양 관련 신체검사 자료	• 소화기 관련 증상 : 없음 • 활력 증후 : 혈압 141/95 mmHg
식품/영양소와 관련된 식사력	• 식사처방 및 식사 관련 경험 및 환경 : HOD#3 연하곤란식 2단계 죽 → HOD#4 연하곤란식 1단계 죽 • 식품 및 수분/음료 섭취 - 연하곤란식 1단계 죽 8~10스푼 섭취함 - 반찬 1~2가지 섞어서 죽 1/3공기 정도 섭취함 - 식사 자세 교정 후 사레에 걸리거나 기침하는 증상 없어짐 - 물은 점도증진제 섞어서 식후에 섭취함 - 식사속도가 느리고, 식사 시 자려는 증상 관찰됨 - Winuf Peri Inj 40cc/시간

(계속)

식품/영양소와 관련된 식사력	• 에너지 및 영양소 섭취량 : 에너지 1,300 kcal, C : P : F ratio 63% : 16% : 21%, 당질 200 g, 단백질 50 g, 지방 30 g • 지식/신념/태도 : 익일 퇴원 예정으로 퇴원 후 식사에 대한 관심 높음 • 약물과 약용식물 보충제, 생리활성물질 : Folic acid, Benforex, Lipitor, Lanston LFDT, Albis D, Doxycycline, Harnal D, Pregrel, Pletaal, Mucosta, Norvasc • 알코올 섭취 및 흡연 : 없음 • 신체적 활동 및 기능 : 편마비로 침상 안정 중임, 8월 7일부터 재활의학과에서 bedside PTx 시작(Complex Therapeutic Exercise)
영양필요량	에너지 1,400 kcal/일(28 kcal/kg IBW) 단백질 60 g/일(1.2 g/kg IBW)

영양 모니터링 및 평가		
모니터링 목표	**결과**	**목표 달성 여부**
활동량 증가, 추가적인 체중 증가 없음	• bedside PTx, 스트레칭, 마사지 등 신체 활동량 증가 • 체중 변화 없음	■ 목표 달성 □ 목표 일부 달성 □ 상태 불변 □ 부정적 결과 도출
• 권장식사 실천 • 목표혈압 유지(140/90 mmHg 미만)	• 식사 자세 실천, 점도증진제 사용 후 연하곤란 증상 호전 • 혈압 141/95 mmHg으로 퇴원 시 약에 고혈압약제 추가	□ 목표 달성 ■ 목표 일부 달성 □ 상태 불변 □ 부정적 결과 도출

영양진단		
문제	**원인**	**징후/증상**
경구섭취 부족	뇌졸중으로 인한 저작 및 연하곤란(GUSS 12, 8/8 VFSS[4] 검사 결과 dysphagia로 liquid 제한이 필요한 단계)	경구섭취 에너지 및 단백질 양은 각각 권장량의 45.7%, 26.6% 수준

영양중재			
영양처방	**에너지 1,400 kcal/일, 단백질 60 g/일**		
영양중재	□식품/영양소 제공 ■영양교육 ■영양상담 □다분야 협의		
	영양진단	**중재내용**	**목표 / 기대효과**
	경구 섭취 부족	• 퇴원교육 - TPN 중단 시 경구섭취만으로 영양 섭취가 부족할 수 있음을 보호자에게 설명 - 연하곤란 증상이 호전될 때까지는 현재 식사 유지 - 연하곤란식 및 영양보충제 사용 방법	- 반찬 포함하여 죽 2/3공기 이상 섭취 - 영양필요량의 80% 이상 유지
제공 교육자료	1일 영양필요량, 연하곤란식 및 영양보충제 사용 방법		
Follow Up 일정	8월 9일 요양원으로 전원, 1개월 후 외래 F/U 예정		

[4] Videofluoroscopic Swallowing Study(비디오투시 연하검사) : 조영제(바륨)를 섞은 물이나 음식을 씹거나 삼키면서 x-선으로 투시하는 검사, 연하곤란 소견이 있는 경우 재활치료 보험수가 인정됨

자료 : 김미향, 2018

간암 사례

이름 : ○○○(병록번호 : 00000000) / 성별 : 여성 / 나이 : 62세

1차 상담일 : 2018.3.20(간암 수술 8일째 당뇨 식사 처방되어 영양상담 시행)

영양판정	
환자 과거력	• 입원동기 : 2년 전 타병원에서 B형 간염으로 약물치료 중 Hepatocellular carcinoma 진단받고 본원에 수술을 하기 위해 입원함 • 진단명 : B-viral hepatitis, Hepatiocellular Carcinoma • 수술명 : Hepatectomy(Rt. post. sectionectomy, wedge resection) • 병력 : DM(+), HTN(+), B-viral hepatitis, dyslipidemia, MDD • 복용약물 : Metformin(당뇨병 치료제), Viread(B형 간염 치료제), Duowell(이상지질혈증 치료제), Gasmotin, Polybutine(소화불량 치료제), Bonaling A(진통제), Paramacet(진통소염제), Abilify, Zanapam, Cymbalta, Gliatilin(우울증 치료제), Neurontin, Livotril(항전간제) • 가족력 : 위암(부), 결핵(모, 언니)
신체 계측	Ht 150 cm, Wt 56.4 kg, IBW 47.2 kg, BMI 25 kg/m^2, Usual Wt 56 kg, Wt change 0.4 kg gain for recent weeks
생화학적 자료, 의학적 검사와 처치	• Labs(2018.3.20) : Hb 11.8 g/dL, Hct 34.6%, CRP 4.8 mg/dL, albumin 2.6 g/dL, Total protein 4.2 g/dL, BUN/Cr 15.9/0.54 mg/dL, AST/ALT 61/97 IU/L, ammonia 29 μMol/L
영양 관련 신체검사 자료	• 소화기 관련 증상 : 식욕부진, 복부 팽만감, 변비 • 활력 증후 : 혈압 138/88 mmHg
식품/영양소와 관련된 식사력	• 식사처방 및 식사 관련 경험 및 환경 : 당뇨식 죽 1,600kcal, 영양교육 경험 없음 • 식품 및 수분/음료 섭취 〈수술 전 식사력〉 - 20년 전부터 우울증 치료 중으로 식욕이 부진한 편임 - 아침은 잘 먹지 않고, 아침 겸 점심식사와 저녁식사만 함(2끼) - 쌀밥이나 잡곡밥 1/2공기, 국은 소량씩 섭취함 - 어육류, 채소류는 고루 먹는 편임 - 간식으로는 과일 1단위 정도 섭취하고, 이외에는 거의 섭취하지 않음 〈수술 후 식사력 : POD#8〉 - 수술 후 3일째부터 일반식 죽으로 시작함 - 복부 불편감으로 죽과 반찬 30% 정도 섭취함 - Combiflex peri 40 cc/시간 • 에너지 및 영양소 섭취량 : 에너지 1,000 kcal, C:P:F ratio 70%:15%:15%, 당질 170 g, 단백질 40 g, 지방 15 g • 약물과 약용식물 보충제, 생리활성물질 : 없음 • 알코올 섭취 및 흡연 : 없음 • 신체적 활동 및 기능 : ICU(intensive care unit)에서 일반병동으로 전실하여 걷기
영양필요량	에너지 1,500~1,600 kcal/일(조정체중 기준 30~33 kcal/kg) 단백질 65~75 g/일(조정체중 기준 1.3~1.5 g/kg)

영양진단		
문제	원인	징후/증상
경구 식품/음료 섭취 부족	복부 팽만감, 수술 후 식욕부진	1일 에너지와 단백질 요구량의 30% 수준의 경구섭취

(계속)

주의식품 : 칼륨, 인 함량이 높음

식품명	무게(g)	식품명	무게(g)
초콜릿	20	황설탕	25
흑설탕	25	로열젤리	80

자료 : 대한영양사협회, 대한신장학회, 1997

3. PKU 식품교환표

PKU 식품교환표(식품군별 1교환단위의 양)

식품명	1단위			식품명	1단위		
	중량 (g)	에너지 (kcal)	단백질 (g)		중량 (g)	에너지 (kcal)	단백질 (g)
(1군) 곡류 : 1단위당 에너지 7 kcal, 단백질 0.2 g							
밥	7.1	11.0	0.2	밀가루(중력분)	2.0	7.4	0.2
쌀	2.7	10.0	0.2	소면(말린 것)	1.8	6.5	0.2
현미(백미)	2.6	0.6	0.2	국수(말린 것)	1.4	5.9	0.4
수수(도정)	2.3	8.4	0.2	마카로니(건)	1.4	5.3	0.2
보리쌀	2.1	7.5	0.2	오트밀	1.3	5.0	0.2
보리, 겉보리(통보리)	2.0	6.7	0.2	옥수수(말린 것)	2.2	7.7	0.2
찹쌀, 현미	3.1	11.3	0.2	곰보빵	2.2	6.0	0.2
율무(도정)	1.3	4.8	0.3	롤빵	2.1	6.0	0.2
조(도정)	1.6	5.8	0.2	떡(모찌)	4.4	10.0	0.2
메밀가루(도정)	1.8	6.5	0.1	팝콘	1.8	8.0	0.2
식빵	2.1	6.3	0.2				
(2군) 과일류 : 1단위당 에너지 4 kcal, 단백질 0.5 g							
사과(국광)	200.0	98.0	0.4	참외	59.0	18.0	0.5
바나나(생것)	27.8	22.8	0.3	복숭아(백도)	111.0	43.0	0.9
배(생것)	200.0	102.0	1.0	살구(생것)	48.0	16.0	0.5
메론	76.9	24.6	1.0	매실(생것)	83.0	24.0	0.6
딸기(재래)	41.7	11.3	0.3	자몽	91.0	33.0	0.7
수박	58.8	11.2	0.2	감(단감)	58.8	34.0	0.2
파인애플	100.0	37.0	0.3	귤(생것)	58.8	28.2	0.5
포도(생것)	125.0	75.0	0.5	귤(과즙음료)	250.0	118.0	0.5
포도(건포도)	17.0	54.0	0.5	귤(천연과즙)	143.0	57.0	0.7
자두	100.0	46.0	0.6	토마토	58.0	8.0	0.4
키위	27.0	12.4	0.2	토마토주스	53.0	9.0	0.4
오렌지	62.5	28.8	0.6				

(계속)

식품명	1단위			식품명	1단위		
	중량 (g)	에너지 (kcal)	단백질 (g)		중량 (g)	에너지 (kcal)	단백질 (g)
(2군) 감자류 : 1단위당 에너지 10 kcal, 단백질 0.2 g							
고구마(생)	15.0	15.3	0.1	곤약	250.0	-	0.3
감자(생)	13.0	10.8	0.3	튀긴 감자	12.0	16.0	0.2
토란(생)	7.6	6.0	0.2	감자칩	5.0	28.0	0.2
(2군) 종실류 : 1단위당 에너지 12 kcal, 단백질 0.2 g							
아몬드(말린 것)	1.0	6.0	0.2	참깨	1.0	5.6	0.2
호박씨	0.7	4.0	0.2	해바라기씨	1.0	8.0	0.2
은행(생것)	5.1	9.3	0.3	땅콩(말린 것)	0.7	3.8	0.2
밤(생것)	11.0	17.6	0.4	땅콩(볶은 것)	0.3	1.8	0.1
호두(말린 것)	1.2	7.5	0.2	잣(볶은 것)	1.8	11.4	0.3
호두(볶은 것)	1.2	10.1	0.2				
(3군) 녹황색 채소 : 1단위당 에너지 4 kcal, 단백질 0.3 g							
대파	13.0	4.0	0.3	파슬리	10.0	4.0	0.3
배추	24.0	4.0	0.3	완두콩(생것)	14.0	13.0	1.0
쑥갓	9.0	2.0	0.3	순무	21.0	3.0	0.3
미나리	16.0	3.0	0.3	아스파라거스	17.0	3.0	0.3
부추	12.0	2.0	0.3	갓	9.0	2.0	0.3
당근	29.0	10.9	0.3	호박(일본호박)	26.0	9.0	0.3
시금치	8.0	2.7	0.2	호박(서양호박)	20.0	15.0	0.3
(3군) 담색 채소 : 1단위당 에너지 11 kcal, 단백질 0.4 g							
양배추	36.0	9.0	0.5	양파	40.0	14.0	0.4
오이	38.0	5.0	0.3	옥수수(생)	7.0	7.0	0.2
우엉	19.0	17.0	0.5	가지(생)	28.0	8.0	0.3
셀러리	59.0	22.0	0.5	머위	63.0	7.0	0.3
무	111.0	36.7	2.2	토란줄기	63.0	10.0	0.3
잠두(생것)	2.0	2.6	0.3	죽순(생)	9.0	3.0	0.3
고비	19.0	5.0	0.3	죽순(통조림)	20.8		
연근	27.0	10.3	0.5	콩나물	4.0	1.2	0.2
고사리	12.0	3.0	0.3	숙주	5.0	1.1	0.2
(3군) 버섯류 : 1단위당 에너지 kcal, 단백질 0.3 g							
팽이버섯	11.0	-	0.3	느타리버섯	12.0	(4.1)	0.4
송이버섯	15.0	-	0.3				
(3군) 해조류 : 1단위당 에너지 kcal, 단백질 0.3 g							
김(말린 것)	0.7	(1.8)	0.3	톳(말린 것)	3.0	(4.2)	0.2
다시마(말린 것)	5.0	(9.6)	0.4	우뭇가사리(우무)	250.0	-	0.3
미역(말린 것)	3.0	(6)	0.6	우뭇가사리(한천)	11.0	-	0.3

(계속)

식품명	1단위			식품명	1단위		
	중량 (g)	에너지 (kcal)	단백질 (g)		중량 (g)	에너지 (kcal)	단백질 (g)
(4군) 어·육·난류 : 1단위당 에너지 2 kcal, 단백질 0.3 g							
〈어류〉				〈패류〉			
도미	1.4	2.0	0.2	전복	3.1	2.0	0.4
전갱이	1.3	2.0	0.3	대합	2.7	2.0	0.3
장어	1.6	3.0	0.2	갱조개	3.6	2.0	0.2
도미(옥돔)	1.3	1.0	0.2	바지락조개	3.6	2.0	0.4
은어	1.4	2.0	0.2	굴	3.1	3.0	0.3
정어리(눈퉁멸)	1.1	1.0	0.2	소라	1.6	2.0	0.3
정어리(멸치)	1.4	2.0	0.2	가리비	2.4	2.0	0.5
연어	1.2	3.0	0.3	〈난류〉			
말린연어알젓	0.8	2.0	0.2	메추리알	1.6	3	0.2
고등어	1.3	3.0	0.3	계란(난황)	1.6	6	0.2
삼치	1.2	2.0	0.2	달걀(전란)	1.6	3	0.2
꽁치	1.2	3.0	0.3	달걀(난백)	1.6	1	0.2
대구	1.6	1.0	0.3	오리알	1.4	3	0.2
대구알젓	1.0	1.0	0.2	〈수산가공품〉			
미꾸라지	1.5	1.0	0.2	생선묵	2.2	2.0	0.3
날치	1.2	1.0	0.3	소시지	2.2	4.0	0.3
청어	1.5	3.0	0.3	〈조·육류〉			
모래무지	1.5	1.0	0.2	오리고기	1.5	5	0.2
넙치	1.2	1.0	0.2	소고기	1.3	4	0.2
복어	1.4	1.0	0.3	칠면조	1.3	2	0.3
방어	1.3	1.0	0.2	닭고기	1	1	0.2
광어	1.2	2.0	0.3	돼지고기	1.3	2	0.3
빙어	1.1	1.0	0.3	〈그 외〉			
마이와시(정어리)	1.3	3.0	0.2	보리새우	1.9	2.0	0.3
뱀장어(생)	1.6	4.0	0.3	성게	1.9	3.0	0.3
뱀장어구이	1.2	4.0	0.2	산양염소	1.3	2	0.3
가다랭이(생)	1.1	1.0	0.3	오징어	2.0	2.0	0.4
가다랭이(절여서 말림)	0.3	1.0	0.2	새우	1.2	1.0	0.2
가자미	1.3	1.0	0.2	게	1.3	1.0	0.2
보리멸	1.3	1.0	0.3	갯가재	1.8	2.0	0.3
잉어	1.3	2.0	0.2	낙지	2.1	2.0	0.3
〈가공품〉				해삼	11.1	3.0	0.4
베이컨	2	8	0.3				
소시지	0.8	4	0.2				
햄	1.4	2	0.3				

(계속)

식품명	1단위			식품명	1단위		
	중량 (g)	에너지 (kcal)	단백질 (g)		중량 (g)	에너지 (kcal)	단백질 (g)
(4군) 콩류 : 1단위당 에너지 3 kcal, 단백질 0.2 g							
팥	0.9	3.0	0.2	잠두(말린것)	1.0	3.5	0.2
앙금	4.3	9.0	0.2	대두	0.5	2.1	0.2
강낭콩	0.9	2.0	0.2	두부	2.5	2.4	0.2
대각두(大角豆)	0.8	3.0	0.2	구이두부	2.4	2.0	0.2
유부(채소를 넣은)	1.2	3.0	0.2	〈조미료〉			
냉두부	0.3	2.0	0.2	간장	3.0	2.0	0.2
담맥	0.2	1.0	0.2	쌀된장	1.9	4.0	0.2
두유	5.0	3.0	0.2	보리된장	2.1	4.0	0.2
버지	4.0	3.2	0.2	콩된장	1.1	2.0	0.2
(4군) 우유 및 유제품 : 1단위당 에너지 4 kcal, 단백질 0.2 g							
〈크림류〉							
고지방크림	11.4	49.0	0.2	유산균음료(비유제품)	50.0	28.0	0.2
보통지방크림	9.1	19.0	0.2	아이스크림(고지방)	5.7	12.0	0.2
요구르트(전지무당)	6.7	4.0	0.2	아이스크림(보통지방)	5.1	9.0	0.2
요구르트(함지무당)	5.3	4.0	0.2	아이스밀크	5.9	10.0	0.2
요구르트(탈지가당)	6.9	5.0	0.2	소프트크림	5.3	8.0	0.2
유산균음료(유제품)	20.0	14.0	0.2	〈그 외〉			
유산균음료(살균유제품)	13.3	28.0	0.2	모유	23.8	15.0	0.3
(4군) 분유 치즈 : 1단위당 에너지 4 kcal, 단백질 0.2 g							
탈지분유	0.6	2.2	0.2	내추럴치즈	0.7	3.0	0.2
조제분유	1.8	0.5	0.2	프로세스치즈	0.8	3.0	0.2
(5군) 조미료 : 1단위당 에너지 2 kcal, 단백질 0.3 g							
간장	3.0	2.0	0.2	미림	50.0	118.0	0.2
소스	18.0	20.0	0.2	콩소메(묽은수프)	3.0	6.0	0.2
토마토케첩	13.0	17.0	0.2	풍미조미료	0.8	2.0	0.2
토마토소스	10.0	5.0	0.2	청주	1.4	3.0	0.2
카레(분말)	1.5	-	0.2	우스터소스	29.0	33.0	0.3
카레(고형)	3.0	15.0	0.2	고춧가루	11.0	40.0	1.7
마요네즈(전란형)	13.0	91.0	0.2	고추장	6.0	8.1	0.5
마요네즈(난황형)	7.0	47.0	0.2				
(6군) 설탕, 전분류							
〈전분류〉				〈잼류〉			
고구마전분	250.0	830.0	0.3	살구	159.0	411.0	0.5
감자전분	250.0	835.0	0.3	딸기	95.0	240.0	0.5
옥수수전분	250.0	885.0	0.3	포도	25.0	72.0	0.5
당면	100.0	349.0	0.1	사과	119.0	332.0	0.5

(계속)

식품명	1단위			식품명	1단위		
	중량 (g)	에너지 (kcal)	단백질 (g)		중량 (g)	에너지 (kcal)	단백질 (g)
〈당류〉							
백설탕	10.0	38.7	0.0				
꿀	100.0	294.0	0.2				
(7군) 유지류							
〈유지류〉							
마가린	67.0	509.0	0.2	들기름	10.0	88.4	0.0
버터	33.0	246.0	0.2	옥수수기름	10.0	88.0	0.0
〈크림류〉				유채기름	10.0	88.4	0.0
크림(고지방)	11.0	48.0	0.2	참기름	10.0	88.3	0.0
크림(보통지방)	9.0	19.0	0.2	콩기름	10.0	88.3	0.0

자료 : 한영자 등, 2000 :

단풍시럽뇨증 영양, 소아, 성인의 영양소 섭취기준

연령	이소루신(mg/kg)	루신(mg/kg)	발린(mg/kg)	단백질(g/kg)	에너지(kcal/kg)	수분(mL/kg)
영아						
0~3개월 미만	36~60	60~100	42~70	3.0~3.5	120(95~145)	125~150
3~6개월 미만	30~50	50~85	35~60	3.0~3.5	120(95~145)	130~160
6~9개월 미만	25~40	40~70	28~50	2.5~3.0	110(80~135)	125~145
9~12개월 미만	18~33	30~55	21~38	2.5~3.0	105(80~135)	120~135
소아	(mg/d)	(mg/d)	(mg/d)	(g/d)	(kcal/d)	(mL/d)
1~4세 미만	165~325	275~535	190~375	30	1,300(900~1,800)	900~1,800
4~7세 미만	215~420	360~695	250~490	35	1,700(1,300~2,300)	1,300~2,300
7~11세 미만	245~470	410~785	285~550	40	2,400(1,650~3,300	1,650~3,300
여아						
11~15세 미만	330~445	550~740	385~520	50	2,200(1,500~3,000)	1,500~3,000
15~19세 미만	330~445	550~740	385~520	50	2,100(1,200~3,000)	1,200~3,000
19세 이상	300~450	400~620	420~650	50	2,100(1,400~2,500)	1,400~2,500
남아						
11~15세 미만	325~435	540~720	375~505	55	2,700(2,000~3,700)	2,000~3,700
15~19세 미만	425~570	705~945	495~665	65	2,800(2,100~3,900)	2,100~3,900
19세 이상	575~700	800~1,100	560~800	65	2,900(2,000~3,300)	2,000~3,300

자료 : Acosta PB et al., 2001

IV 혈액 및 소변 중 생화학적 분석 정상(참고) 수치

일반혈액검사	
검사명	정상범위(참고범위)
백혈구수(WBC)	5.0~10.0 109/L
적혈구수(RBC)	남 4.5~5.5×10^{12}/L 여 4.0~5.0×10^{12}/L
혈소판수(platelet)	150~450×10^{9}/L
혈색소(Hb)	남 14.0~18.0 g/dL 여 12.0~16.0 g/dL
헤마토크리트(Hct)	남 42.0~52.0% 여 37.0~47.0%
평균적혈구용적(MCV)	80~100 fL
평균적혈구헤모글로빈(MCH)	26.0~34.0 pg
평균적혈구헤모글로빈농도(MCHC)	33.0~36.0%
철결합능(TIBC)	300~360 μg/dL
호모시스테인(Hcy)	5.0~15.0 μmol/L
나트륨(Na)	135~148 mmol/L
칼륨(K)	3.5~5.1 mmol/L
칼슘(Ca)	8.2~10.2 mg/dL
인(P)	2.5~4.5 mg/dL
비타민D (25-OH-Vitamin D3)	20~30.00 ng/mL
알부민(albumin)	3.5~5.3 g/dL
총단백량(total protein)	6.5~8.3 g/dL
크레아틴인산활성효소(CPK)	남 56~244 U/L 여 43~165 U/L
젖산탈수소효소(LDH)	200~400 IU/L
고감도C반응성단백질(hc-CRP)	0.1~5.0 mg/L
총콜레스테롤(Total Chol)	~200 mg/dL
중성지방(TG)	34~149 mg/dL
고밀도콜레스테롤(HDL-C)	40~59 mg/dL
저밀도콜레스테롤(LDL-C)	~129 mg/dL
요산(uric acid)	남 2.5~8.5 mg/dL 여 2.5~7.3 mg/dL

당 검사	
검사명	정상범위(참고범위)
공복혈당	60~99 mg/dL
HbA1c	4.0~5.6%

갑상선 기능검사	
검사명	정상범위(참고범위)
트리요드티로닌(T3)	0.80~2.0 ng/ml
유리티록신(Free T4)	0.89~1.79 ng/dl
갑상선자극호르몬(TSH)	0.30~4.0 mIU/L

종양표지자검사	
검사명	정상범위(참고범위)
알파피토프로테인(α-FP)	8.1 ng/mL
태아성암항원(CEA)	0~5 ng/mL
CA 19-9	0~37.0 U/mL
Cyfra 21-1	0~3.5 ng/mL
CA 125	0~35.0 U/mL
전립선특이항원(PSA)	남 0.04~4.0 ng/mL

신장기능검사	
검사명	정상범위(참고범위)
요소질소(BUN)	8.0~23.0 mg/dL
크레아티닌(Cr)	0.5~1.2 mg/dL

간기능검사	
검사명	정상범위(참고범위)
AST(SGOT)	13~36 IU/L
ALT(SGPT)	5~40 IU/L
γ-GTP	11~73 IU/L
총빌리루빈(total bilirubin)	0.2~1.4 mg/dL

소변검사			
검사명	정상범위(참고범위)	검사명	정상범위(참고범위)
산도(pH)	pH 5~6	요잠혈(occult bood)	음성
비중	1.005~1.030	아질산염(nitrite)	음성
요단백(albumin)	음성	케톤체(ketone body)	음성
요당(glucose)	음성	적혈구(RBC), 백혈구(WBC)	0~4 cells/HPF

*정상범위 및 참고범위는 분석기기에 따라 상이할 수 있음

자료 : 순천향대학병원 및 대한진단검사의학회

참고문헌

구재옥 외. 식사요법. 교문사. 2017.

국제암연구소. IARC Monographs on the evaluation of carcinogenic risks to human. 2010.

권종숙 외. 임상영양학. 신광출판사. 2018.

김광국. 다발성경화증. 대한의사협회지 56(8):702-708. 2013.

김미향. 임상영양사를 위한 영양관리과정(nutrition care process) 사례 VIII. 당뇨병. 국민영양 41(8):12-16. 2018.

김상균, 김재규, 신성관, 김현수, 설상영. 대한헬리코박터 및 상부위장관 연구학회. 소화성궤양의 진단 가이드라인. 대한소화기학회지 54:279-284. 2009.

김선효 외. 다이어트와 건강체중. 파워북. 2018.

김유리 외. 영양판정. 파워북. 2016.

김준성, 김병욱. 소화성 궤양의 원인과 역학. 대한헬리코박터연구학회지 14(1):1-5. 2014.

김지영. 임상영양사를 위한 질환별 영양관리과정(Nutrition care process) 사례 XII. 유전성대사질환. 국민영양 42(2):20-24. 2019.

김태현. 담낭 담석의 치료 및 관리. 대한내과학회지 75(6):624-632. 2008.

김화영. 노화와 영양이 면역기능에 미치는 영향. 이화여자대학교 아시아식품영양연구소 개소 30주년 기념논문집. 2002.

김화영 외. 임상영양학. 신광출판사. 2012.

김화영 외. 영양판정. 교문사. 2017.

김화영, 이현숙. 신장질환자의 영양판정 및 관리. 영양의학 1(3):141-155. 1999.

김화영, 황선영, 이현숙, 정현주. N-3계 지방산이 나이가 다른 흰쥐의 신장기능에 미치는 영향. 한국영양학회지 33(2):134-140. 2000.

김현정, 차라리, 김현진. 로마 기준 IV 이해하기: 과민성 장증후군과 기능성 설사. 대한내과학회지 92(4):366-371. 2017.

농촌진흥청, 국립농업과학원. 국가표준 식품성분표 제9개정판. 2016.

대한간학회. 간경변증 진료가이드라인 개정. 2011.

대한간학회. 간경변증 진료가이드라인-복수 및 관련 합병증. 2017.

대한간학회. 만성 B형간염 진료 가이드라인. 2015.

대한간학회. 비알코올성 지방간질환 진료 가이드라인. 2013.

대한간학회. 한국인 간질환백서. 2013.

대한간학회. C형간염 진료 가이드라인. 2017.

대한고혈압학회. 2018 고혈압진료지침. 2018.

대한골대사학회. 골다공증의 진단 및 치료지침. 2015.

대한뇌전증학회 역학위원회. 뇌전증 역학조사보고서. 2012.

대한당뇨병학회. 2015 당뇨병 진료지침. 2015.

대한비만학회. 비만진료지침 2018. 2018.

대한소화기기능성질환·운동학회. 과민성 장증후군과 음식. 2017.

대한심장학회 심부전연구회. 만성심부전 진료지침. 2016.

대한영양사협회. 임상영양관리지침서 제3판. 2008.

대한영양사협회, 대한신장학회. 신장질환자를 위한 식품성분표. 1997.

대한외과대사영양학회. 외과대사영양 지침서 제1판. 2013.

박경식. 과민성 장증후군 치료에서 저포드맵식이의 역할은?. 대한소화기학회지 71(2):107-111. 2018.

박경식. 위수술 후 급·만성 위장관 장애. 대한내과학회지 78(2):170-176. 2010.

박서경. 임상영양사를 위한 영양관리과정(nutrition care process) 사례 VII. 당뇨병. 국민영양 41(7):13-16. 2018.

박예수. 골다공증의 진단과 치료. 대한의사협회지. 55(11):1083-1094. 2012.

박유희. 비알코올성 지방간질환의 임상영양치료. 2018년 한국임상영양학회 하계학술대회. 2018.

박하나. 비알코올성 지방간질환의 최신 치료 지침. 2018 한국임상영양학회 하계학술대회. 2018.

범재원, 한태륜. 뇌질환 환자에서의 연하곤란 치료법. 대한의사협회지 56(1):7-15. 2013.

변기원 외. 이해하기 쉬운 생화학. 파워북. 2017.

보건복지부, 한국영양학회. 2015 한국인 영양소섭취기준. 2015.

심재규. 소화성 궤양의 출혈의 진단과 치료. 대한내과학회지 88(2):156-160. 2015.

윤옥현 외. 포인트 식사요법. 교문사. 2012.

윤종현. 골관절염의 최신지견. 대한내과학회지 82(2):170-174. 2012.

이경혜 외. 국제 임상영양 NCP 표준용어 실무교육현장에서의 NCP 사용 활성화를 위한 워크샵. 영양교육 및 상담의 실제. 라이프사이언스. 2016.

이동환. 페닐케톤뇨증 만화로 알기. 웅진. 2000.

이명숙 외 편역. 임상영양학. 양서원. 2012.

이미숙 외. 임상영양학. 파워북. 2015.

이보경 외. 이해하기 쉬운 임상영양관리 및 실습. 파워북. 2018.

이연숙 외. 이해하기 쉬운 인체생리학. 파워북. 2017.

이연희. 임상영양사를 위한 영양관리과정(nutrition care process) 사례 IV. 간암. 국민영양 41(3):10-13. 2018.

이우주 편저. 의학용어사전. 대한의학협회. 2001.

이은봉. 통풍의 증상과 진단. 대한내과학회지 80(3):255-259. 2011.

이종호 외. 임상영양치료를 위한 병태생리학. 교문사. 2013.

이종호, 채지숙, 한광협. 간경변증의 영양평가 및 개선대책. 대한간학회지 11(2):97-105. 2005.

이진성. 유전성 대사질환의 치료 및 관리. 대한소아과학회지 49:1153-1157. 2006.

이현숙, 김화영. 만성신부전 모델 쥐에서 인의 함량은 같고 단백질 수준이 다른 식사가 신기능과 골격대사에 미치는 영향. 한국영양학회지 34(4):359-366. 2001.

임경숙 외. 임상영양학. 교문사. 2014.

서정숙 외. 영양교육과 상담. 교문사. 2018.

손숙미 외. 임상영양학. 교문사. 2018.

송경희 외. 식사요법. 파워북. 2018.

송정수. 통풍의 새로운 진단분류 기준과 치료지침. 대한내과학회지 93(4):344-350. 2018.

세브란스병원. 케톤식 식사가이드. 2013.

장유경 외. 임상영양관리 및 실습. 파워북. 2016.

정경희. 관절염의 진단과 치료. 대한신경과학회지 35(4):25-60, 2017

정병국. 비알코올성 지방간질환 치료. 데일리메디(https://www.dailymedi.com). 2017. 1. 8. 기사.

정원일. 알코올성 간질환의 병태생리 및 기초연구. 대한내분비학회지 소식지(http://www.endocrinology.or.kr/webzine/201507/sub8.html). 2015.

질병관리본부 희귀난치성질환센터. 유전성 대사질환의 식사요법. 희귀난치성질환 교육자료 #36. 2009.

최명규. 만성설사의 진단과 치료. 대한내과학회지 83(5):585-590. 2012.

최철원. 외래에서 시행하는 빈혈의 진단과 치료. 가정의학회지 24:303-311. 2003.

최혜미 외. 21세기 영양학원리. 교문사. 2016.

통계청. 2016년 사망원인통계. 2017.

한국연구재단. 만성질병에 있어 환자-기관 통합관리모델의 구축에 관한 실증적 연구: 제2형 당뇨병을 중심으로. 2015.

한국지질동맥경화학회. 이상지질혈증 치료지침제정위원회. 2015.

한영자 외. 선천성 대사 이상 질환 식이지침서. 한국보건사회연구원·보건복지부. 2000.

해부 병태생리로 이해하는 SIM 통합내과학 제6권 : 소화기. 정담. 2013.

Acosta PB et al. The Ross metabolic formula system: Nutrition support protocols. 4th ed. Ross Laboratories. Columbos. p85, 2001

Adamson JW, Longo DL. Anemia and polycythemia. In: Harison's principles of internal medicine. 15th ed. New York: McGraw-Hill Co., p348-54. 2001.

Alzheimer's disease international. Policy brief for heads of government: the global impact of dementia 2013-2050. London:Alzheimer's disease international. 2013.

American Diabetes Association. Classification and diagnosis of diabetes. Diabetes Care. 38(Suppl):S8-S16, 2015.

American Dietetic Association Oncology Toolkit. 2010.

American Diabetes Association. Standards of medical care in diabetes: 2007. Diabetes Care. (Suppl 1):S4-41. 2007.

ASPEN Board of Directors and the Clinical Guidelines Task Force. Guidelines for the use of parental and enteral nutrition in adult and pediatrics. JPEN. 26(1 suppl):1SA-138SA. 2002.

Bae JM. Nutritional Consequences and Management After Gastrectomy. Hanyang Med. Rev. 31(4):254-260. 2011.

Bang CS, Baik GH. Complications and Management of Peptic Ulcer Disease. Kor J Helicobacter Up Gastrointest Res. 14(1):18-23. 2014.

Boyer SW, Barclay LJ, Burrage LC. Inherited Metabolic Disorders: Aspects of Chronic Nutrition Management. Nutr Clin Pract. 30(4):502-510. 2015.

Burda P, Hochuli M. Hepatic glycogen storage disorders: what have we learned in recent years? Curr Opin Clin Nutr Metab Care. 18(4):415-421. 2015.

Cho JH, Hwang JY, Lee SE, Jang SP, Kim WY. Nutritional status and the role for diabetes mellitus in hemodialysis patients. Nutr Res Prac. 2(4):301-307. 2008.

Cristine M. Trahms. Nutritional care in metabolic Disorders. In Mahan LK, Escott-Stump S. eds. Krauser's Food, Nutrition, & Diet therapy, 9th ed. p899-924. 1996.

DeLegge MH, Kelly AT. State of nutrition support teams. Nutr Clin Pract. 28:691-697. 2013.

Escott-Stump S. Nutrition and diagnosis-related Car, 3rd ed. Philadelphia; Lea & Febiger. 1992.

Evert AB, Boucher JL, Cypress M, Dunbar SA, Franz MJ, Mayer-Davis EJ, Neumiller JJ, Nwankwo R, Verdi CL, Urbanski P, Yancy WS Jr. Nutrition therapy recommendations for the management of adults with diabetes. Diabetes Care. 37(Suppl 1):S120-143. 2014.

Gottschlich MM, Matares LE, Shronts EP eds. Nutrition Support Diabetics - Core Curriculum, 2nd ed. ASPEN. 1993.

Gustafsson UO, Scott MJ, Schwenk W, Demartines N, Roulin D, Francis N, McNaught CE, Macfie J, Liberman AS, Soop M, Hill A, Kennedy RH, Lobo DN, Fearon K, Ljungqvist O; Enhanced Recovery After Surgery (ERAS) Society, for Perioperative Care; European Society for Clinical Nutrition and Metabolism (ESPEN); International Association for Surgical Metabolism and Nutrition (IASMEN). Guidelines for perioperative care in elective colonic surgery: Enhanced Recovery After Surgery (ERAS(®)) Society recommendations. World J Surg. 37(2):259-284. 2013.

Hetmsfield SB. Enteral solutions: Is there a solution? Nutr Clin Prac. 10:4-7. 1995.

Ho G, Ueda K, Houben RF, Joa J, Giezen A, Cheng B, van Karnebeek CD. Metabolic Diet App Suite for inborn errors of amino acid metabolism. Mol Genet Metab. 117(3):322-327. 2016.

Hwang JY, Cho JH, Lee YJ, Jang SP, Kim WY. Family history of chronic renal failure is associated with malnutrition in Korean hemodialysis patients. Nutr Res Prac. 3(3);247-252. 2009.

International Diabetes Federation Guideline Development Group. Global guideline for type 2 diabetes. Diabetes Res Clin Pract. 104:1-52. 2014.

Jee SH, Jang Y, Oh DJ, Oh BH, Lee SH, Park SW, A coronary heart disease prediction model: the Korean Heart Study. BMJ Open. 4:e005025. 2014.

Jun DW. Nutrition and chronic liver disease. Hanyang Med.l Rev. 31(4): 228-234. 2011.

Lee HJ. Update and perspectives on alcoholic liver disease in Korea 2010. Clin Mol Hepatol. 16(2s):23-44. 2010.

Mahan LK, Escott-stump S. Krause' Food, nutrition & diet therapy, 11th ed, Saunders. 2004.

Mahan LK, Escott-Stump S, Raymond J. Krause's Food & the Nutrition Care Process, 13th ed. Saunders. 2012.

Moon SH, The role of biliary system in digestion. Korean J Pancreas Biliary Tract. 19(Suppl 1):34-38. 2014.

Morris AA, Kožich V, Santra S, Andria G, Ben-Omran TI, Chakrapani AB, Crushell E, Henderson MJ, Hochuli M, Huemer M, Janssen MC, Maillot F, Mayne PD, McNulty J, Morrison TM, Ogier H, O'Sullivan S, Pavlíková M, de Almeida IT, Terry A, Yap S, Blom HJ, Chapman KA. Guidelines for the diagnosis and management of cystathionine beta-synthase deficiency. J Inherit Metab Dis. 40(1):49-74. 2017.

National Cholesterol Education Program (NCEP) Expert Panel on Detection, Evaluation, and Treatment of High Blood Cholesterol in Adults (Adult Treatment Panel III). Third Report of the National Cholesterol Education Program (NCEP) Expert Panel on Detection, Evaluation, and Treatment of High Blood Cholesterol in Adults (Adult Treatment Panel III) final report. Circulation. 106:3143-3421. 2002.

National Osteoporosis Foundation. Clinician's guide to prevention and treatment of osteoporosis. Washington, D.C.: National Osteoporosis Foundation. 2010.

Nelms MN, Sucher KP, Lacey K, Roth SL. Nutrition therapy & pathophysiology, 2nd ed. Wadsworth. 2011.

Nelson JK, Moxoness KE, Jensen MD, Gastineau CF. Mayo Clinic Diet Manual: a handbook od nutrition practices, 7th ed. Mosby. 1994.

Nelson JK, Moxness KE, Jenson MD, Gastineau CF. Endocrin/Metabolism disease and disorders. In Jennifer K. Nelson, Karen E. Moxness, Michael D. Jensen, Clifford F. Gastineau, 7th ed: Diet manual, a handbook of nutrition practices. Missouri p.204-212. 1994.

Oh JY, Lim S, Kim DJ, Kim NH, Kim DJ, Moon SD, Jang HC, Cho YM, Song KH, Park KS; Committee of the Korean Diabetes Association on the Diagnosis and Classification of Diabetes Mellitus. The diagnosis of diabetes mellitus in Korea: a pooled analysis of four community-based cohort studies. Diabet Med. 24:217-218. 2007.

Ottery FD. Scored patient-generated subjective global assessment(PG-SGA). 2015.

Park YH, Park SJ. Organization and the role of nutrition support team. Korean J Gastroenterol. 65(6):342-345. 2015.

Ross AC, Caballero B, Cousins RJ, Tucker KL, Ziegler RG, Modern Nutrition in Health and Disease. 11th ed. Lippincott Williams & Wilkins p176-188. 2014.

Sharon RR. Understanding Normal and Clinical Nutrition. Thomson Books. 2012.

Wu YT, Beiser AS, Breteler MMB, Fratiglioni L, Helmer C, Hendrie HC, Honda H, Ikram MA, Langa KM, Lobo A, Matthews FE, Ohara T, Pérès K, Qiu C, Seshadri S, Sjölund BM, Skoog I, Brayne C. The changing prevalence and incidence of dementia over time - current evidence. Nat Rev Neurol. 13(6):327-339. 2017.

Yang YJ. Mild cognitive impairment and nutrition in old adults. Hanyang Med Rev. 34:53-59. 2014.

WHO. Haemoglobin concentrations for the diagnosis of anaemia and assessment of severity. Vitamin and Mineral Nutrition Information System. Geneva, World Health Organization, 2011 (WHO/NMH/NHD/MNM/11.1) (http://www.who.int/vmnis/indicators/haemoglobin. pdf, accessed [18.10.01]).

http://health.cdc.go.kr/health/HealthInfoArea/HealthInfo/List.do

http://health.cdc.go.kr/health/mobileweb/content/group_view.jsp?CID=3C489E0800

http://helpline.nih.go.kr.

http://helpline.nih.go.kr/cdchelp/disease.gst?NO_DISEASE_CODE_SEQ=274&cateCode=4&dic_use=Y&method=detailView&potalDis=Y

http://livercancer.or.kr

http://ko.wikipedia.org

http://www.cdc.go.kr.

http://www.gastrokorea.org

http://www.kasl.org

http://www.kidee2011.or.kr

http://www.kns.or.kr

http://www.kosaids.or.kr/

http://www.ksgm.org/

https://www.maeil.com/brand/list_brand1.jsp?category=153

http://www.nifds.go.kr.

https://www.nutricia-na.com/CanadaPRG2016.pdf

http://static.abbottnutrition.com/cms-prod/abbottnutrition.com/img/Phenex-1.pdf

https://static.abbottnutrition.com/cms-prod/abbottnutrition-2016.com/img/Phenex_2.pdf

https://terms.naver.com/list.nhn?cid=56763&categoryId=56763&so=st4.asc

http://www.wcrf.org

http://www.who.int

찾아보기

ㄱ

ㅇ

ㅈ

ㅊ

ㅋ

ㅌ

ㅍ

ㅎ

저자 소개

양은주
호남대학교 식품영양학과 교수

원혜숙
동남보건대학교 식품영양학과 교수

이현숙
동서대학교 식품영양학과 교수

이은
건국대학교병원 영양팀장

박희정
유한대학교 식품영양학과 교수

이선희
삼성서울병원 임상상담영양사
이화여자대학교 임상보건융합대학원 겸임교수

새로 쓰는
임상영양학

2019년 7월 25일 초판 인쇄 | 2019년 7월 31일 초판 발행

지은이 양은주·원혜숙·이현숙·이은·박희정·이선희 | **펴낸이** 류원식 | **펴낸곳** **교문사**

편집부장 모은영 | **책임진행** 이정화 | **디자인** 황순하 | **본문편집** 북큐브
제작 김선형 | **홍보** 이솔아 | **영업** 정용섭·송기윤·진경민 | **출력·인쇄** 삼신문화사 | **제본** 한진제본

주소 (10881)경기도 파주시 문발로 116 | **전화** 031-955-6111 | **팩스** 031-955-0955
홈페이지 www.gyomoon.com | **E-mail** genie@gyomoon.com
등록 1960. 10. 28. 제406-2006-000035호
ISBN 978-89-363-1847-5 (93590) | **값** 26,800원

* 저자와의 협의하에 인지를 생략합니다.
* 잘못된 책은 바꿔 드립니다.